工程材料与机械制造

第 2 版

主　编　刘建华
参　编　朱　蕾　李昆鹏

机械工业出版社

本书主要阐述工程中常用材料的分类、成分、组织、性能特点，各种材料的成形原理、方法、成形工艺特点及其应用；机械制造基础知识，常用机械加工方法及特点，加工工艺规程制订。本书主要内容包括金属材料及热处理，铸造、压力加工、焊接成形技术，粉末冶金、工程塑料及其成型技术，其他工程材料与材料选择，金属切削加工的基础知识，常用切削加工方法，机械加工工艺过程，零件的结构工艺性。每章通过导读和本章小结进行引导阅读和重点内容的总结，并附有一定数量的思考题与习题。

本书可作为高等工科院校机械类及近机械类专业的教材，还可作为职工大学、成人大学、广播电视大学的专业基础课程教材和工程技术人员的参考书。

图书在版编目（CIP）数据

工程材料与机械制造／刘建华主编. -- 2版. 北京：机械工业出版社，2024. 10. -- ISBN 978-7-111-76543-1

Ⅰ. TB3；TH16

中国国家版本馆CIP数据核字第2024D86V62号

机械工业出版社（北京市百万庄大街22号　邮政编码100037）
策划编辑：王春雨　　　责任编辑：王春雨　田　畅
责任校对：张爱妮　陈　越　封面设计：马精明
责任印制：常天培
北京机工印刷厂有限公司印刷
2024年10月第2版第1次印刷
169mm×239mm・22.75印张・443千字
标准书号：ISBN 978-7-111-76543-1
定价：89.00元

电话服务　　　　　　　　　网络服务
客服电话：010-88361066　机　工　官　网：www.cmpbook.com
　　　　　010-88379833　机　工　官　博：weibo.com/cmp1952
　　　　　010-68326294　金　书　网：www.golden-book.com
封底无防伪标均为盗版　　　机工教育服务网：www.cmpedu.com

第 2 版前言

本书自出版以来，已经在实际教学中使用多年。此次根据教学和实践需要，结合多年教学、使用实践经验，以及广大读者建议及意见，在第 1 版的基础上进行了修订。

为了增强教材的可学习性，本书在每章开始增加导读，说明本章的基本内容及要求，阐明重点、难点内容，在学习本章之前，让读者了解本章的基本要求、重难点问题；每章末增加本章小结，对本章的主要内容进行总结、概括，辅助完成对本章学习内容的归纳；另外，根据教学要求，本书对内容进行了精简，并修订了课后习题，增加了实践类型题目，使读者更好地理解和强化重点、难点内容。同时，本书按照现行国家标准更新材料数据，并对第 1 版中的错误进行了修改。

参加本书修订的有长安大学刘建华（第 1 章，第 2 章，第 7 章，第 10 章，第 11 章），朱蕾（第 3 章，第 4 章，第 5 章），李昆鹏（第 6 章，第 8 章，第 9 章）。全书由刘建华任主编。本书在编写过程中，得到了机械工业出版社的大力支持，在此表示感谢！

由于编者水平有限，书中难免会有不妥之处，恳请读者批评指正。

编者

第1版前言

材料是人类赖以生存和发展的物质基础。人类的生活、生产实践对材料不断提出新的要求。新材料的出现推动了人类生活和生产的进一步发展。近年来，随着现代科学技术、工业生产的迅猛发展和我国制造业大国地位的确立，对材料成形及制造加工工艺提出了新的、更高的要求。新材料和新工艺的发展已成为我国最重要和最有发展潜力的工业支柱产业之一，日益受到人们的重视。

本书是根据高等学校机械类专业的“工程材料与机械制造基础”课程改革和实践的要求，并结合多年教学实践经验编写而成的。在编写过程中，突出了以下特点：

1. 以“材料—成形工艺原理和方法—机械制造加工—零件的结构工艺性”为主线，使内容层次分明、系统性强。

2. 通过实例分析进行工艺规程编制，实践应用性强。

3. 基于注重能力培养的教学特点，在原理及方法理论之外有应用型内容——典型零件的成形工艺分析和成形材料、成形方法选择及机械加工工艺设计等实例，以培养学生分析和解决实际问题的能力。

4. 关注材料发展及前沿的新技术、新工艺，在一定程度上反映材料科学与工程学科的新成果，以适应当前科技发展的需要。

本书的适用面广，既适用于机械类各专业，如机械设计制造及自动化、车辆工程等专业，也适用于近机械类专业，如自动化、工业工程、电气工程及其自动化等专业。在授课过程中，可根据专业的特点，有选择地讲授。

参加本书编写的有长安大学宋绪丁（第1章），刘建华（第2章，第3章），李珂（第4章，第9章），朱蕾（第5章，第6章），李昆鹏（第7章，第8章，第10章，第11章）。全书由刘建华任主编。全书由张涛、张伟社教授审阅，他们提出了许多宝贵意见，在此表示感谢！

由于编者水平有限，书中难免会有不妥之处，恳请读者批评指正。

编者

目　录

第1章　金属材料及热处理

[导读]　本章介绍了金属材料的主要性能、晶体结构及结晶过程、铁碳合金、常用金属材料及其热处理等内容，重点内容为铁碳合金、钢的普通热处理方法。通过学习，基于金属材料基本性能，了解了金属的晶体结构类型及结晶过程，掌握了铁碳合金结晶过程及平衡组织；掌握了可通过普通热处理方法，改善钢的性能。

在工业生产中所用的纯金属和合金材料统称为金属材料。通常把金属材料分为黑色金属和有色金属两大类。铁、锰、铬或以它们为主形成的合金称为黑色金属，如合金钢、铸铁和碳素钢等。除黑色金属外的金属和合金称为有色金属，如铜、锡及黄铜、铝合金和轴承合金等。

金属材料是现代机械制造工业中应用最广泛的材料之一。它不仅资源丰富，具有优良的物理、化学和力学性能，而且还具有较简单的成形方法和良好的成形工艺性能。因此，金属材料在各种机械设备所占的比例达90%以上。

金属材料的性能主要与其成分、组织和表面结构特性有关。热处理就是通过改变金属材料的内部组织或表面成分及组织来改变其性能的一种热加工工艺。

1.1　金属材料的主要性能

金属材料的性能主要是在加工过程中和使用过程中所表现出来的特性。它包括使用性能和工艺性能两个方面。在使用过程中所表现出来的特性为使用性能，包括物理性能、化学性能和机械（力学）性能。金属材料的使用性能决定了其应用范围、安全可靠性和使用寿命等。金属材料在加工过程中所表现出来的特性为工艺性能。主要包括铸造、压力加工、焊接、切削加工、热处理等方面的性能。

金属材料的机械性能也称为力学性能，即是指金属材料在外力作用时表现出来的性能。金属零件或构件在工作时承受不同的外力作用，相应地就有不同的机械性能指标，而这些机械性能指标又是通过不同的试验测定的，常用的有拉伸试验、冲击试验、硬度试验和疲劳试验。根据零件的使用温度不同，有室温和高温机械性能指标。

1.1.1　室温下的机械性能指标

室温下的机械性能指标包括刚度、强度、塑性、硬度、冲击韧性和疲劳强

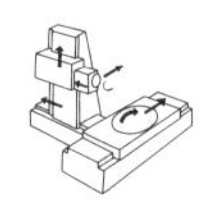

度。我们常以拉伸强度作为最基本的强度值，所以拉伸试验是工业上广泛采用的机械性能试验方法之一。拉伸试验可测定金属材料的刚度、强度和塑性等。

拉伸试验是在拉伸试验机上进行的。把一定尺寸和形状的金属试样（见图 1-1a）装夹在试验机上，然后对试样逐渐施加拉伸载荷，直至把试样拉断为止。图 1-1b 所示为低碳钢的应力应变图。图中纵坐标为应力 R、横坐标为应变 e，拉伸过程中的变形可分为五个阶段。如图 1-1b 中 Oa 段是弹性变形阶段，是一条斜直线。材料在外力作用下发生变形，若外力去除后变形随之消失，这种变形称为弹性变形。当拉伸外力继续增加时，试样进一步发生变形，此时若除去外力，弹性变形消失，而保留了微量变形，这种不能恢复的变形称为塑性变形（永久变形），即图中 ab 段为微量塑性变形阶段。当载荷超过 b 点时，曲线上出现一段水平线段或锯齿线，此时载荷不增加，而试样的塑性变形量却继续增大，这种现象称为屈服现象。随着载荷的不断增加，塑性变形增大，载荷到达 e 点载荷时，为材料所能承受最大载荷，即图中的 ce 段，为强化阶段。当载荷超过最大载荷以后，试样局部截面缩小，产生局部颈缩现象，随后试样继续伸长，所受载荷迅速减少直至在颈缩处断裂，即图中的 ef 颈缩阶段。

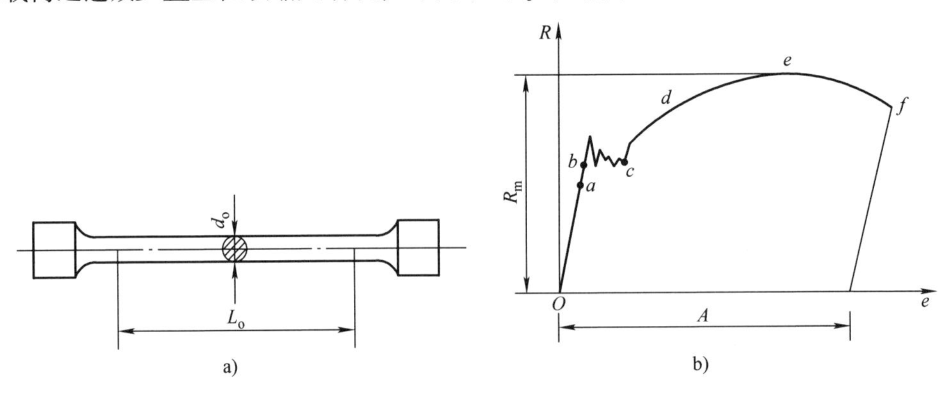

图 1-1　低碳钢的拉伸试验

1. 刚度

刚度是指零（构）件在受外力时抵抗弹性变形的能力，它等于材料弹性模量与零（构）件截面积的乘积。因此衡量材料刚度指标是弹性模量 E，其值的大小反映了金属材料弹性变形的难易程度。E 越大，材料的刚度越大，表明在一定外力作用下产生的弹性变形越小。弹性模量 E 主要取决于材料中原子本性和原子间结合力。熔点高低可以反映原子间结合力的强弱，通常材料的熔点愈高，其弹性模量也愈高。另外，弹性模量对温度很敏感，随温度升高而降低。处理方法（如热处理、冷加工和合金化等）对 E 值的影响很小。另外，对同一种材料增加横截面积或改变截面形状，可以提高其刚度。一般机械零件大多在弹性状态

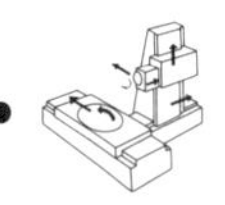

下工作，要求零件具有一定的刚度。例如，发动机的机座和机体直接或间接支承着曲轴、连杆、活塞等运动件和其他零件，因此要求机座和机体必须有足够的刚度以保证零件之间正确的相对位置和各自的运动状态。

2. 强度

强度是金属材料在外力作用下抵抗变形和断裂的能力。根据载荷作用方式的不同，强度可分为抗拉强度、抗压强度、抗弯强度、抗剪强度和抗扭强度五种。工程上常用零件受拉时的屈服强度和抗拉强度为指标。

（1）屈服强度　屈服强度是指当金属材料呈现屈服现象时，在试验期间达到塑性变形发生而力不增加的应力点，区分为上屈服强度 R_{eH} 和下屈服强度 R_{eL}，如图 1-2 所示。它表示材料抵抗微量塑性变形的能力，是设计和选材的主要依据之一。上屈服强度 R_{eH} 为试件发生屈服，应力首次下降前的最大应力。下屈服强度 R_{eL} 指在屈服期间，不计初始瞬间效应时的最小应力。屈服强度越大，其抵抗塑性变形的能力越强，越不容易发生塑性变形。

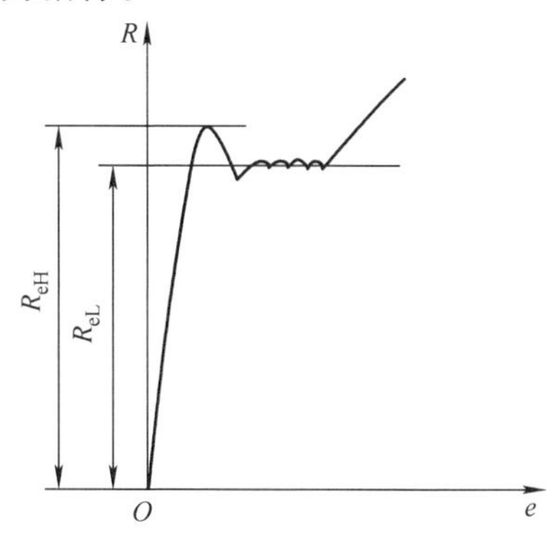

图 1-2　应力－应变曲线中上、下屈服强度

（2）抗拉强度　材料在常温和载荷作用下发生断裂前的最大应力称为抗拉强度，用符号 R_m 表示，单位为 N/mm^2 或 MPa。它表示材料抵抗断裂的能力。R_m 越大，材料抵抗断裂的能力越强。

3. 塑性

金属材料在外力作用下产生塑性变形而不破坏的能力称为塑性。许多零件和毛坯是通过塑性变形而成形的，要求材料有较高的塑性，并且为防止零件工作时脆断，也要求材料有一定的塑性。塑性也是金属材料的主要力学性能指标之一。通过拉伸试验，可测定金属材料的塑性指标。常用的塑性指标有断后伸长率 A 和断面收缩率 Z。

$$A = \frac{l_u - l_o}{l_o} \times 100\% \qquad Z = \frac{S_o - S_u}{S_o} \times 100\%$$

式中，l_o 和 l_u 分别为试样的原始长度和拉断时对应的长度（mm）；S_o 和 S_u 分别为试样的原始横截面积和断后缩颈处的最小横截面积（mm^2）。

A 和 Z 的数值越大，表示金属材料的塑性越好。一般把 $A \geqslant 5\%$ 的材料称为塑性材料，把 $A < 5\%$ 的材料称为脆性材料，如铸铁是典型的脆性材料，低碳钢是黑色金属中塑性最好的材料，其良好的塑性既能保证压力加工和焊接的顺利进行，又能保证零件工作时的安全可靠，防止突然断裂。

4. 硬度

硬度是金属材料局部抵抗硬物压入其表面的能力或金属材料表面抵抗局部塑性变形的能力，常用的硬度测定方法有布氏硬度、洛氏硬度和维氏硬度等测试方法。

（1）布氏硬度测试法　通常以一定的试验力，将直径为 D 的球形压头压入被测金属表面（见图 1-3）并保持一定时间后卸去试验力，根据表面压痕直径 d 计算获得硬度值为布氏硬度，以 HBW（硬质合金球压头）表示。硬度值越高，材料越硬。

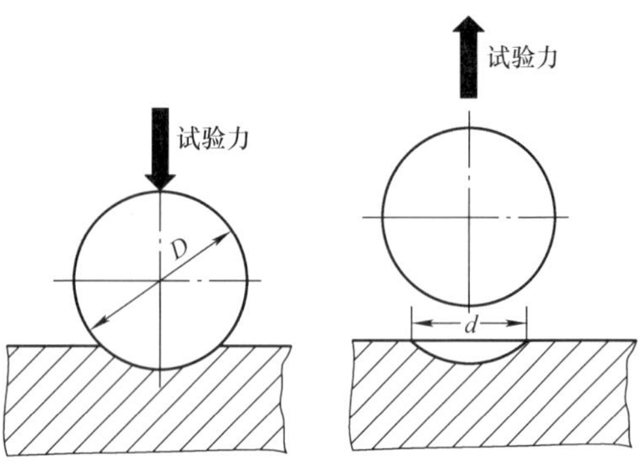

图 1-3　布氏硬度试验原理

布氏硬度表示为“硬度值 HBW 球头直径/载荷大小/载荷保持时间”，如 170HBW10/1000/30 表示用直径 10mm 的钢球，在 1000N 的试验载荷作用下，保持 30s 时测得的布氏硬度值为 170。

布氏硬度测量精度较高，但因压痕较深且面积大，故不适宜测试太薄的试样和成品零件的硬度。

（2）洛氏硬度测试法　用一定的试验力，将顶角为 120°的金刚石圆锥体或球形压头压入被测金属表面，根据压痕的深度确定被测金属材料硬度值的方法称为洛氏硬度测试法。

根据所加试验力的大小和压头类型不同，测量范围和应用范围也不同，部分洛氏硬度试验力及应用范围见表 1-1。

表 1-1　部分洛氏硬度试验力及应用范围（GB/T 230.1—2018）

符号	应用范围	压头类型	总试验力/N
HRA	20～95HRA	金刚石圆锥	588.4
HRBW	10～100HRBW	直径 1.5875mm 钢球	980.7
HRC	20～70HRC	金刚石圆锥	1471
HRD	40～77HRD	金刚石圆锥	980.7
HREW	70～100HREW	直径 3.175mm 钢球	980.7
HRFW	60～100HRFW	直径 1.5875mm 钢球	588.4
HRGW	30～94HRGW	直径 1.5875mm 钢球	1471
HRHW	80～100HRHW	直径 3.175mm 钢球	588.4
HRKW	40～100HRKW	直径 3.175mm 钢球	1471

洛氏硬度测试法测硬度简便、迅速、压痕小，可测定的材料范围广。但由于压痕小，对组织和硬度不均匀的材料，所测结果不够准确，因此，需在试件上测

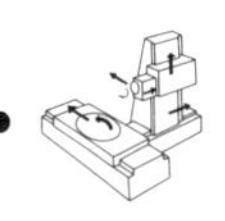

定三点取其平均值。

（3）维氏硬度测试法　维氏硬度是采用夹角为 136°的四棱锥体金刚石压头，在载荷作用下压入材料的表面，保持规定时间后，卸载，测量试样表面压痕对角线长度计算的硬度，即为维氏硬度，用 HV 来表示。维氏硬度表示为“硬度值 HV 试验力/试验力保持时间”，如 640HV30/20 为在试验力为 30kgf（294. 2N）的作用下保持 20s 的硬度值为 640。

5. 冲击韧度

金属材料抵抗冲击载荷作用而不破坏的能力，是评价材料在冲击载荷作用下的脆断倾向，由冲击韧度反映。

冲击韧度通常采用夏比摆锤冲击试验测定。夏比摆锤冲击试验是将规定几何形状的缺口试样置于试验机两支座之间，缺口背向打击面，摆锤从一定高度落下，试样在一次冲击下被冲断。在这一过程中，试样所吸收的能量称为冲击吸收能量，用 K 表示。常用的试样缺口有 U 形缺口和 V 形缺口两种，测得的冲击吸收能量分别表示为 K_u 和 K_v。如 K_{u2} 表示 U 形缺口冲击试样在 2mm 切削刃下的冲击吸收能量。冲击吸收能量越大，说明材料的冲击韧度越好。

6. 疲劳强度

许多机械零件如发动机的曲轴、连杆、齿轮、弹簧等都是在交变载荷下工作的。所谓交变载荷，是指载荷的大小、方向随时间发生周期性变化的载荷。零件在交变载荷下经过较长时间的工作而发生突然断裂的现象叫疲劳。例如，各种气阀上的弹簧经常发生折断，往往就是由于工作时弹簧产生疲劳。据统计，在机械零件断裂失效中有 80% 以上属于疲劳断裂。

大量试验证明，应力减小，试样能经受的交变载荷循环次数增加，而且应力越小，试样能经受的循环次数越多。图 1-4 所示为交变应力与循环次数的关系曲线，称疲劳曲线。从疲劳曲线可以看出，当应力低于一定值时，试样可以经受无限周期循环而不破坏，这个应力值我们称为疲劳强度或疲劳极限，用 σ_{-1} 表示。

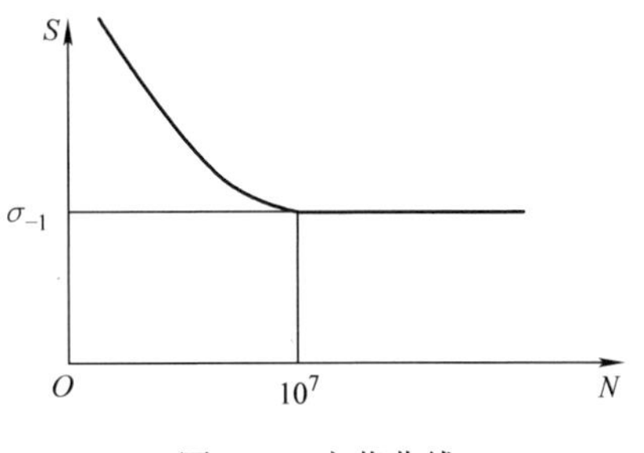

图 1-4　疲劳曲线

实际上，要实现无限次交变载荷试验是不可能的。根据 GB/T 4337—2015 规定，一般黑色金属取循环周次为 10^7 时能承受的最大循环应力为疲劳强度，有色金属、高强度钢等取 10^8 次。

为提高零件的疲劳强度，可采取改善零件的结构形状，降低零件的表面粗糙度，提高表面加工质量和应用化学热处理、表面淬火、喷丸处理、表面滚压等各种表面强化处理的方法。

1.1.2　高温下的机械性能指标

柴油机的排气阀、涡轮增压器的涡轮叶片、高压蒸汽锅炉等零件长期在高温条件下运转，高温下材料的强度随温度升高而降低；而随加载时间的延长而降低。金属长时间在高温和载荷作用下，即使应力小于屈服强度也会发生缓慢的塑性变形的现象称为蠕变。温度越高，蠕变越严重，甚至会导致零件断裂。一般金属只有当温度超过 $0.3T_m$ ~ $0.4T_m$（T_m为材料的熔点，以 K 为单位）时才会出现较明显的蠕变。

金属材料的高温机械性能不能简单用室温下短时拉伸应力 - 应变曲线来评定，还需加入温度和时间两个因素。金属在高温下的机械性能指标有高温强度（又称热强度）和热硬性。

1. 高温强度

高温强度是应力、应变、温度和时间综合作用的反映。其指标为蠕变极限和持久强度。

（1）蠕变极限　蠕变极限是金属材料长期在高温和载荷的作用下抵抗塑性变形的能力。以符号 $R_{A/t}^{T}$表示，单位为 MPa，即在给定温度 T（单位为℃）下和规定时间 t（单位为 h）内使试样产生一定的蠕变总变量 A（单位为%）的应力值。$R_{1/10^5}^{500}$ = 100MPa 表示材料在 500℃温度下，10^5h 后总变形量为 1% 的蠕变极限为 100MPa。

（2）持久强度　持久强度是金属材料长期在高温和载荷作用下抵抗断裂的能力。是在给定温度 T（单位为℃）和规定时间 t（单位为 h）内使试样发生断裂的应力，以符号 R_t^T 表示。例如 R_{1000}^{700} = 300MPa 表示材料在 700℃ 温度下经 1000h 后的持久强度为 300MPa。

2. 热硬性

热硬性是金属材料在高温下保持较高硬度的能力。热硬性是高温下工作的机器零件和高速切削刀具的主要力学性能指标。

1.1.3　金属材料的物理、化学及工艺性能

1. 物理性能

金属材料的物理性能是指在重力、电磁场、温度等物理因素作用下，材料所表现的性能或固有属性。主要包括密度、熔点、导电性、导热性、热膨胀性、磁性等。金属材料的物理性能对于选材、热加工工艺等方面有较大的影响。如大功率高速柴油机的活塞材料选用铝合金作为活塞材料正是利用其密度小、导热性好的特性，以有效降低往复惯性力和提高效率；散热器、热交换器则用导热性好的铜合金作为热交换元件。

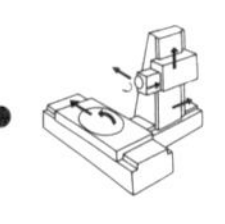

2. 化学性能

金属材料的化学性能是指材料抵抗其周围介质侵蚀的能力。主要包括耐腐蚀和抗氧化性。

(1) 耐腐蚀　耐腐蚀是指金属材料在常温下抵抗氧、水蒸气及其他化学介质腐蚀破坏作用的能力。根据介质侵蚀能力的强弱，对于不同介质中工作的金属材料的耐腐蚀要求也不相同，如海洋设备及船舶用钢，应耐海水和海洋大气腐蚀；而贮存和运输酸类的容器、管道等，则应具有较高的耐酸性能。一种金属材料在某种介质、某种条件下是耐腐蚀的，而在另一种介质或条件下就可能不耐腐蚀，如镍、铬不锈钢在稀酸中耐腐蚀，而在盐酸中不耐腐蚀；铜及铜合金在大气中耐腐蚀，而在氨水中却不耐腐蚀。

(2) 抗氧化性　抗氧化性是指金属材料在加热时抵抗氧化作用的能力。在高温（高压）下工作的锅炉、各种加热炉、内燃机中的零件等都要求具有良好的抗氧化性。

3. 工艺性能

金属材料的工艺性能是指它在加工、制造过程中表现出来的特性。主要包括铸造、压力加工、焊接、切削加工、热处理等方面的性能。这些性能将在后续章节中分别介绍。

1.2　金属的晶体结构及结晶过程

金属材料的化学成分不同，其性能也不同。但化学成分相同的金属材料，通过不同的方法改变材料内部的组织结构，也可使其性能发生很大的变化。因此，除化学成分外，金属的内部结构和组织状态也是决定金属材料机械性能的重要因素。因此，了解金属的内部微观结构及其对金属性能的影响，对于选用和加工金属材料具有非常重要的意义。

1.2.1　金属的晶体结构

1. 晶体和非晶体

自然界中一切物质都是由原子组成的，根据固态物质内部原子的聚集状态，固体分为晶体和非晶体两大类。

原子按一定几何形状做有规律的重复排列的物质称为晶体。如冰、结晶盐、金刚石、石墨及固态金属与合金。原子无规律地堆积在一起的物质称为非晶体。如沥青、玻璃、松香等。

2. 金属的晶体结构

金属晶体是由许多金属原子（或离子）在空间按一定的几何形式规则地紧

密排列而成的，如图 1-5a 所示。为了便于研究各种晶体内部原子排列的规律及几何形状，把每一个原子假想为一个几何结点，并用直线从其中心连接起来形成空间的格子，称为结晶格子，简称晶格，如图 1-5b 所示。晶格的结点为原子振动的平衡中心位置。晶格中各种方位的原子面称为晶面。晶体是由层层的晶面堆砌而成，晶格中由原子组成的任一直线，都能代表晶体空间的一个方向，称为晶向。晶格的最小几何单元称为晶胞，如图 1-5c 所示。

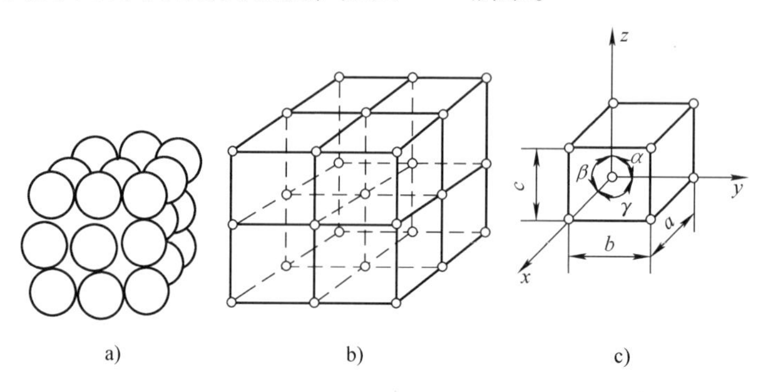

图 1-5　晶格结构示意图

a）晶体模型　b）晶格　c）晶胞

晶胞可以描述晶格的排列规律，组成晶胞的结构就是该金属的晶格结构，不同的晶格结构具有不同的性能，而相同的晶胞类型若有不同的晶格常数，也会使金属具有不同的性能。

3. 常见金属的晶体结构

在金属原子中，约有 90% 以上的金属晶体都属于以下三种晶格结构。

（1）体心立方晶格　如图 1-6a 所示，体心立方晶格的晶胞是一个正立方体。原子位于立方体的中心和八个顶点上，顶点上的每个原子为相邻的八个晶胞所共有。属于这种晶格类型的金属有铬（Cr）、钨（W）、钼（Mo）、钒（V）及 α - 铁（Fe）等。

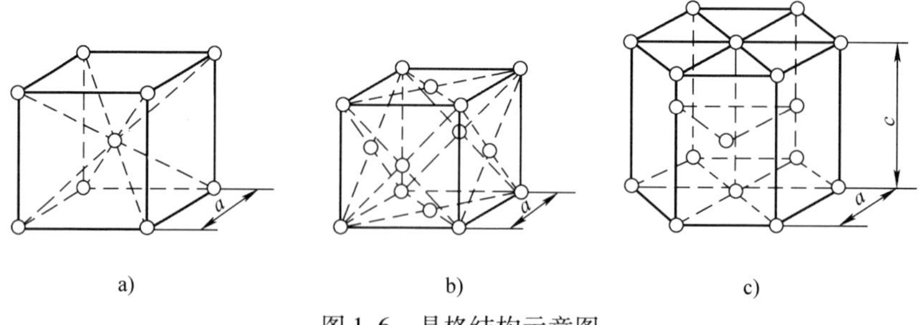

图 1-6　晶格结构示意图

a）体心立方晶格　b）面心立方晶格　c）密排六方晶格

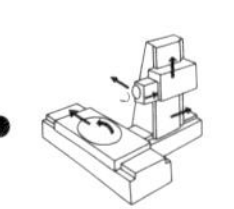

（2）面心立方晶格　如图 1-6b 所示，面心立方晶格的晶胞也是一个正立方体，原子位于立方体六个面的中心和八个顶点，顶点上的每个原子为相邻八个晶胞所共有，面心的每个原子与其相邻晶胞所共有。属于这种晶格类型的金属有铝（Al）、铜（Cu）、镍（Ni）、银（Ag）、γ-铁（Fe）等。

（3）密排六方晶格　如图 1-6c 所示，密排六方晶格的晶胞是一个正六方柱体，原子位于两个底面的中心处和十二个顶点上，柱体内部还包含着三个原子。顶点的每个原子同时为相邻的六个晶胞所共有，上下底面中心的原子同时属于相邻的两个晶胞，而柱体中心的三个原子为该晶胞所独有。属于这类晶格的金属有镁（Mg）、锌（Zn）、铍（Be）、镉（Cd）等。

1.2.2　纯金属的结晶

晶体中原子排列规律相同、晶格位向完全一致的晶体称为单晶体。实际的金属材料由许多小晶体组成。由于每个小晶体外形不规则，且呈颗粒状，称为“晶粒”。晶粒与晶粒之间的界面称为“晶界”。由许多晶粒组成的晶体称为多晶体，固态金属材料一般都是多晶体。

金属由液态转变为原子呈规则排列的固态晶体的过程称为结晶，而金属在固态下由一种晶体结构转变为另一种晶体结构的过程称为重结晶。结晶形成的组织，将直接影响金属的性能。

1. 金属结晶的冷却曲线

金属结晶形成晶体过程的温度，可用热分析法测定，即将液态金属放在坩埚中以极其缓慢的速度进行冷却，在冷却过程中观测并记录温度随时间变化的数据，并将其绘制成图 1-7 所示的冷却曲线。

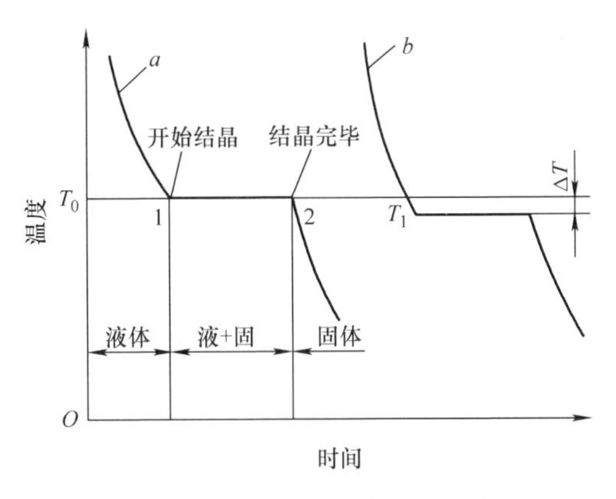

图 1-7　金属结晶的冷却曲线示意图

a—理论结晶温度曲线　b—实际结晶温度曲线

由图 1-7 可知，当液态金属冷却到 T_0 时，出现水平段 1—2，其对应的温度就是金属的理论结晶温度 T_0，冷却曲线上的水平段表示温度保持不变。纯金属的结晶是在恒温下进行的，这是因为金属在 1 点开始结晶时放出结晶潜热，补偿了向外界散失的热量，2 点结晶终止后，冷却曲线又连续下降。

实际生产中，金属不可能极其缓慢地由液体冷却到固体，冷却速度是相当快的，金属总是要在理论结晶温度 T_0 以下的某一温度 T_1 就开始结晶了。如图 1-7

中曲线 b 所示，图中 T_1 称为实际结晶温度，T_0 和 T_1 之差称为过冷度 ΔT，其大小和冷却速度、金属性质及纯度有关，冷却速度越大，过冷度也越大，实际金属的结晶温度越低。

2. 金属结晶的规律

液态金属冷却到 T_0 以下时，首先在液体中某些局部微小的体积内出现原子规则排列的细微小集团，这些细微小集团是不稳定的，时聚时散，有些稳定下来成为结晶的核心，称为晶核。当温度下降到 T_1 时，晶核不断吸收周围液体中的金属原子逐渐长大，液态金属不断减少，新的晶核逐渐增多且长大，直到全部液体转变为固态晶体为止，一个晶核长大成为一个晶粒，最后形成的是由许多外形不规则的晶粒所组成的晶体，如图 1-8 所示。

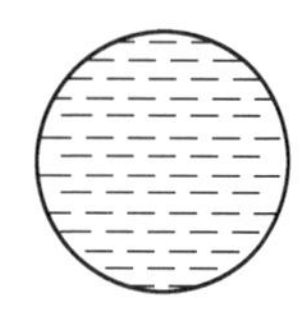 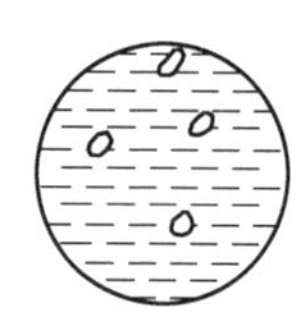 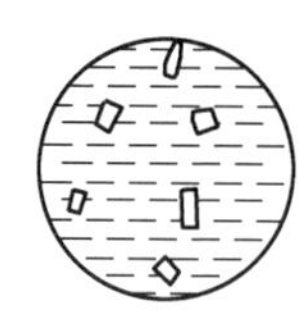   

图 1-8　纯金属结晶过程示意图

（1）金属晶核形成的方式　金属晶核形成的方式有两种，包括自发形核和非自发形核。对于理想的纯液体金属，加快其冷却速度，使其在具有足够大的过冷度下，不断产生许多类似晶体中原子排列的小集团，形成结晶核心，即为自发形核，是均匀形核。实际金属中往往存在异类固相质点，并且在冷却时金属总会要与铸型内壁接触，因此这些已有的固体颗粒或表面被优先依附，从而形成晶核，这种方式称为非自发形核。

（2）金属晶核的长大方式　晶核形成后，液相原子不断迁移到晶核表面而促使晶核长大成晶粒。但晶核的长大程度取决于液态金属的过冷度，当过冷度很小时，晶核在长大过程中保持规则外形，直至长成晶粒并相互接触时，规则外形才被破坏。反之，则以树枝晶形态生长。这是因为随过冷度增大，具有规则外形的晶核长大时需要将较多的结晶潜热散发掉，而其棱角部位因具有最优先的散热条件，因而便得到优先生长，如树枝一样先长出枝干，再长出分枝，最后再把晶间填满。

3. 金属晶粒的细化方法

金属结晶后是由许多晶粒组成的多晶体，而晶粒大小是金属组织的重要标志之一。金属内部晶粒越细小，则晶界越多，晶界面也越多，晶界就越曲折，则晶格畸变越大，从而使金属强度、硬度提高，并使变形均匀分布在许多晶粒上，塑性、韧性也好。生产中常采用过冷细化、变质处理和附加振动等细化晶粒的方法。

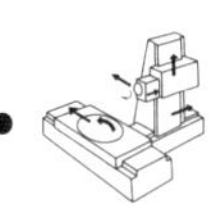

(1) 过冷细化　这种方法是采用提高金属的冷却速度，增大过冷度 ΔT 以细化晶粒的方法。如图 1-9 所示，金属结晶时，如图中实线部分所示，形核率 N 和长大速度 G 都随过冷度 ΔT 的增加而增加，当 ΔT 较小时，N 比 G 增长得慢，而当 ΔT 较大时，N 比 G 增长得快，当 ΔT 增大 T 时，N 与 G 均增加到一个最大值，当过冷度 ΔT 大到图中虚线部分时，并不实用，因为液态金属的结晶很难达到这样高的过冷度，在此之前金属早就结晶完毕。因此，在一般液体金属的过冷范围内，过冷度 ΔT 愈大，形核率 N 愈高，即长大速率相对较小，金属凝固后可得到细小的晶粒；反之则得到粗大的晶粒。增加过冷度，就是要提高金属凝固后的冷却速度。实际生产中常常采用降低铸型温度和采用导热系数大的金属铸型来提高冷却速度。

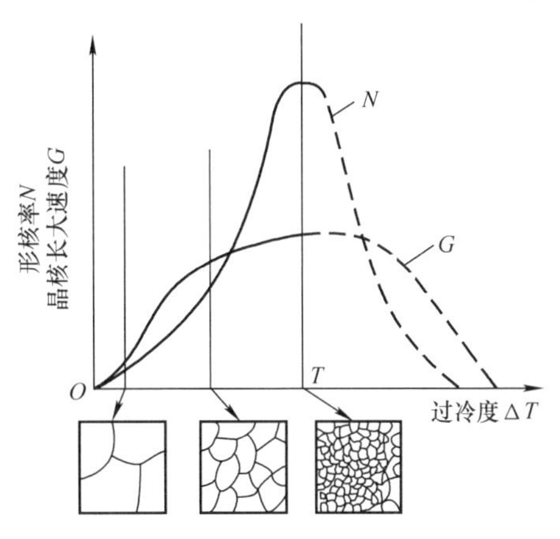

图 1-9　形核率和长大率与 ΔT 的关系

(2) 变质处理　对于大件或厚壁铸件，冷却速度的增加会有一定的限度。因此，提高冷却速度以细化晶粒的方法只能用于小件或薄壁件生产。况且，冷却速度过大也会引起金属中铸造应力的增加，给金属铸件带来各种缺陷。这时，为了得到细晶粒铸件，可进行变质处理。变质处理是在生产中向液态金属中加入多种难熔质点即变质剂，促使非自发形核，以提高形核率，抑制晶核长大速度，从而细化晶粒的方法。例如在铸件浇注前，向灰铸铁中加入硅铁或硅钙合金，能使石墨变细（也称为铸铁的孕育处理）；向铝硅合金中加入少量的钠或钠盐；向钢液中加入钛、锆、硼、铝等。

(3) 附加振动　在金属结晶过程中，采用机械振动、超声波振动、电磁搅拌等方法，可使正在生长的树枝晶被打断，破碎的细小晶体成为新的晶核，增大了形核率，从而细化晶粒。另外，采用压力加工和热处理等方法也能细化固态金属的晶粒。

1.2.3　金属的同素异构转变

金属经过结晶后都具有一定的晶格结构，且多数不再发生晶格变化。但 Fe、Co、Ti、Mn 等少数金属在固态下会随温度的变化而具有不同类型的晶体结构。

金属在固态下由一种晶格类型转变为另一种晶格类型的变化称为金属的同素异构（晶）转变。由金属的同素异构转变所得到的不同类型的晶体称为同素异晶体。金属的同素异构转变也是原子重新排列的过程，称为重结晶或二次结晶。

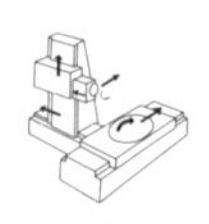

固态下的重结晶和液态下的结晶相似，也遵循晶体结晶的一般规律：转变在恒温下进行，也是形核与长大的过程，也必须在一定的过冷度下转变才能完成。同素异构转变与液态金属的结晶存在着明显的区别，主要表现为同素异构转变时晶界处能量较高，新的晶核往往在原晶界上形成；固态下原子扩散比较困难，固态转变需要较大的过冷度；固态转变会产生体积变化，在金属中引起较大的内应力。

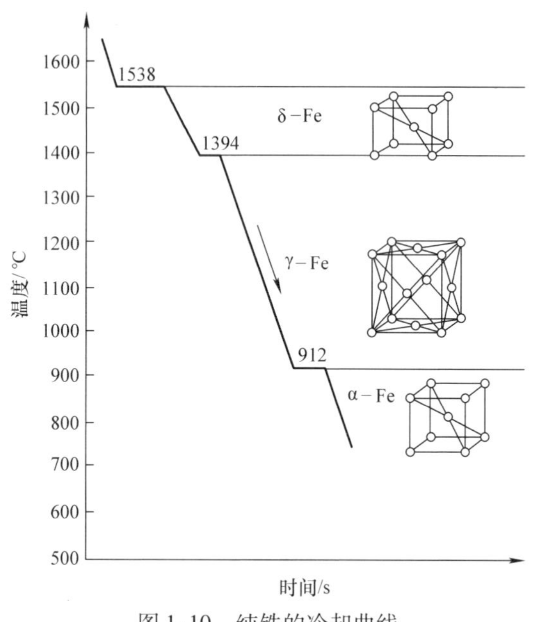

图 1-10 纯铁的冷却曲线

铁是典型的具有同素异构转变特性的金属。图 1-10 所示为纯铁的冷却曲线，在 1538℃ 时液态纯铁结晶成具有体心立方晶格的 δ－Fe，继续冷却到 1394℃ 转变为面心立方晶格的 γ－Fe，再继续冷到 912℃ 时又转变为体心立方晶格的α－Fe，以后一直冷到室温晶格类型不再发生变化。

纯铁的同素异构转变同样存在于铁基的钢铁材料中，这是钢铁材料能通过各种热处理方法改善其组织和性能的基础，从而使钢铁材料性能多种多样。

1.3 铁碳合金

纯金属虽然具有许多优良的性能，但其强度和硬度都比较低，且冶炼困难，成本高，满足不了工程技术上提出的高强度、高硬度、高耐磨性等各种性能要求。因此，在机械工业中大量使用的金属材料绝大多数都是合金材料，如碳钢、铸铁、黄铜、青铜、铸铝、硬铝等，尤其是钢铁材料使用最广。

1.3.1 合金的基本概念和结构

1. 基本概念

（1）合金　合金就是两种或两种以上的金属元素（或金属与非金属元素）熔合在一起形成的具有金属特征的物质。例如，黄铜是由铜、锌等元素所组成的合金；碳钢和铸铁是由铁和碳元素组成的合金。

（2）组元　组元是指组成合金的最基本的、独立存在的物质。组元就是组

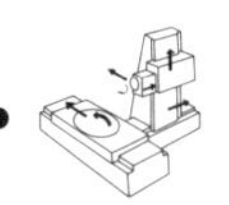

成合金的元素。例如普通黄铜的组元是铜和锌；铁碳合金的组元是铁和碳。合金中有几种组元就称之为几元合金，普通黄铜是二元合金，硬铝是由铝、铜、镁组成的三元合金。

（3）合金系 合金系是指有相同组元，而成分比例不同的一系列合金。例如：各种碳素钢，碳的质量分数各不相同，均是铁碳二元合金系中的一部分。按照组成合金的组元数不同，合金系可以分为二元系、三元系等。

（4）相 合金相即合金中具有同一聚集状态和晶体结构，成分和性能均一，并以界面相互分开的均匀组成部分。它是由单相合金和多相合金组成的。绝大多数的金属材料都是由一种或几种合金相所构成的合金。合金相的结构和性质及各相的相对含量，各相的晶粒大小、形状和分布对合金的性能起着决定性的作用。

（5）显微组织 显微组织是指在显微镜下看到的相和晶粒的形态、大小和分布。

2. 合金的相结构

合金的相结构是指合金组织中相的晶体结构。在合金中，相的结构和性质对合金性能起决定性作用。同时，合金中各相的相对数量、晶粒大小、形状和分布情况，对合金性能也会产生很大的影响。根据合金中各类组元的相互作用，合金中的相结构主要有固溶体和金属化合物两大类。

（1）固溶体 当合金由液态结晶为固态时，组成元素之间可像液态合金一样相互溶解，形成一种晶格结构与合金中某一组元晶格结构相同的新相，称为固溶体。固溶体中晶格结构保持不变的组元称为溶剂，晶格结构消失的组元称为溶质。

（2）金属化合物 当溶质含量超过溶剂的溶解度时，溶质元素和溶剂元素相互作用形成一种不同于任一组元晶格的新物质，即金属化合物。

绝大多数金属材料或是由固溶体组成，或是以固溶体为基，其中分布一定的金属间化合物。生产中常利用将金属化合物相分布在固溶体相的基体上来提高合金的强度、硬度，从而达到强化金属材料的目的。此时合金绝大多数组织是机械混合物，即由两种或两种以上的相混合在一起而组成的多相组织。

1.3.2 铁碳合金的基本组织

工业中应用最广泛的钢铁材料属于铁碳合金。固态下的铁碳合金中铁和碳的基本结合方式有两种：一是碳原子溶解到铁的晶格中形成固溶体。二是铁和碳按一定比例相互化合成化合物。

铁碳合金的基本组织有：铁素体、奥氏体、渗碳体、珠光体和莱氏体。

1. 铁素体

碳溶于 $\alpha-Fe$ 形成的间隙固溶体称为铁素体，用符号 F 表示，保持 $\alpha-Fe$

的体心立方晶格。铁素体的晶格间隙很小，因而溶碳能力极差，在727℃时溶碳量最大为0.0218%（质量分数），在室温下溶碳量仅为0.0008%（质量分数）。因而，固溶强化效果不明显，其性能与纯铁相近，表现为强度、硬度较低，塑性、韧性较好。低碳钢中含有较多的铁素体，故具有较好的塑性。

2. 奥氏体

碳溶于γ-Fe形成的间隙固溶体称为奥氏体，用符号A表示，保持γ-Fe的面心立方晶格。在1148℃时溶碳量最大为2.11%（质量分数），随着温度下降溶碳量逐渐减少，在727℃时溶碳量为0.77%（质量分数）。由于γ-Fe是在高温时存在的，所以奥氏体为高温组织，其强度、硬度一般随碳含量增加而提高，但强度、硬度仍然很低，而塑性较高。

3. 渗碳体

渗碳体是铁和碳形成的一种具有复杂晶格结构的间隙化合物，用符号Fe_3C表示，其碳含量为6.69%（质量分数），熔点为1227℃，其硬度很高，约为800HBW，而塑性、韧性极差，几乎为零，渗碳体不能单独使用，其数量、形状、大小和分布状况对钢和铸铁的性能有很大的影响，它是钢中的主要强化相。渗碳体在一定条件下会发生分解，形成石墨状的自由碳和铁。

4. 珠光体

奥氏体从高温稳定状态缓慢冷却到727℃时，将分解为铁素体和渗碳体呈均匀分布的两相机械混合物，称为珠光体组织，用符号P表示。碳含量为0.77%（质量分数），其组织特征可以看成是在铁素体的基体上均匀分布着强化相渗碳体。珠光体的机械性能介于铁素体和渗碳体之间，具有较高的强度和硬度，又有一定塑性和韧性，其组织也适合于形变加工。

5. 莱氏体

碳含量为4.3%（质量分数）的液态合金，缓冷到1148℃时，同时结晶出奥氏体和渗碳体呈均匀分布的混合物，称为高温莱氏体组织，用符号Ld表示。在727℃以下，莱氏体中的奥氏体将转变为珠光体，由珠光体和渗碳体组成的莱氏体，称为低温莱氏体，用符号Ld′表示。莱氏体的性能与渗碳体相似，硬度很高，塑性、韧性极差。

1.3.3　铁碳合金相图

相图是表示合金在缓慢冷却的平衡状态下，相或组织与温度、成分间关系的图形，又称状态图或平衡图。一般用热分析法，得到合金系中一系列不同成分合金的冷却曲线，并将冷却曲线上的结晶转变温度，即临界点，画在“温度-成分”坐标图上，最后把坐标图上的各相应点连接起来，得出该合金的相图。图1-11所示为简化的$Fe-Fe_3C$相图。

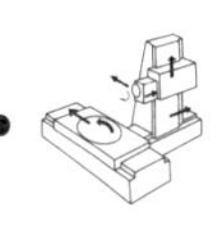

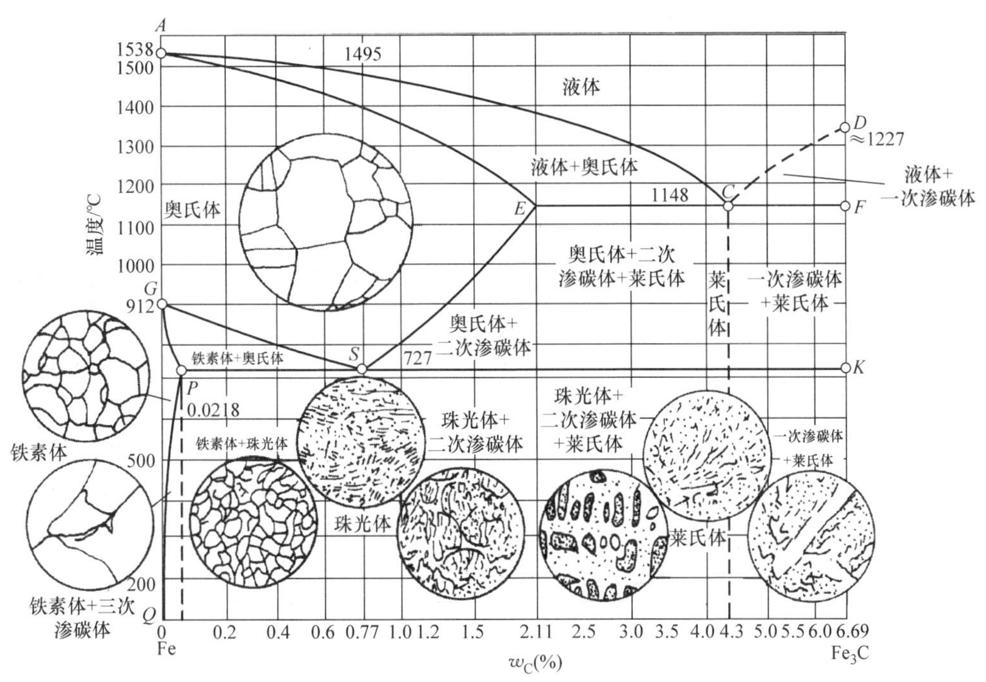

图 1-11　简化的 Fe－Fe_3C 相图

1. Fe－Fe_3C 相图分析

1）相图中的重要特征点温度、成分及其说明见表 1-2。

表 1-2　Fe－Fe_3C 相图中的特征点

点的符号	温度/℃	含碳量（质量分数,%）	说明
A	1538	0	纯铁熔点
C	1148	4. 3	共晶点
D	1227	6. 69	渗碳体熔点
E	1148	2. 11	碳在 γ－Fe 中最大溶解度
G	912	0	α－Fe⇌γ－Fe 纯铁的同素异构转变点
S	727	0. 77	共析点 A⇌F＋Fe_3C

2）相图中的重要特征线见表 1-3。

表 1-3　Fe－Fe_3C 相图中的特征线

特征线	说　　明	特征线	说　　明
ACD	铁碳合金的液相线	*ES*	碳在奥氏体中溶解度线，常用 A_{cm} 表示
AECF	铁碳合金的固相线	*ECF*	共晶转变线
GS	冷却时从奥氏体析出铁素体的开始线，常用 A_3 表示	*PSK*	共析转变线，常用 A_1 表示

3）相图中的合金分类。根据相图上的 P、E 两点，可将铁碳合金分为工业纯铁、碳钢和白口铸铁三类。其中碳钢和白口铸铁又可分为三种，因此，相图上共有七种典型合金，其各自的碳含量和室温组织见表1-4。

表1-4　铁碳合金分类

分类	名称	碳含量（质量分数,%）	室温组织
工业纯铁	工业纯铁	<0.0218	F
碳钢	亚共析钢	0.0218～0.77	F+P
	共析钢	0.77	P
	过共析钢	0.77～2.11	$P+Fe_3C_{II}$
白口铸铁	亚共晶白口铸铁	2.11～4.3	$P+Ld'+Fe_3C_{II}$
	共晶白口铸铁	4.3	Ld′
	过共晶白口铸铁	4.3～6.69	$Ld'+Fe_3C_I$

2. 典型合金平衡结晶过程及组织

（1）共析钢的结晶　图1-12所示合金Ⅰ为共析钢，其冷却曲线如图1-13a所示。合金Ⅰ在液相线以上处于液体状态，缓冷至1点时，液相L开始结晶出奥氏体晶粒，在1～2点区间为L+A，冷到2点时，结晶完毕，全部为单相均匀奥氏体晶粒。2～3点是单相奥氏体。缓冷到3点（727℃），将发生共析转变形成珠光体，即

$$A \rightarrow P(F+Fe_3C)。$$

珠光体中的渗碳体为共析渗碳体。当温度从727℃继续降低，珠光体不再发生变化。因此，共析钢的室温平衡组织为珠光体。

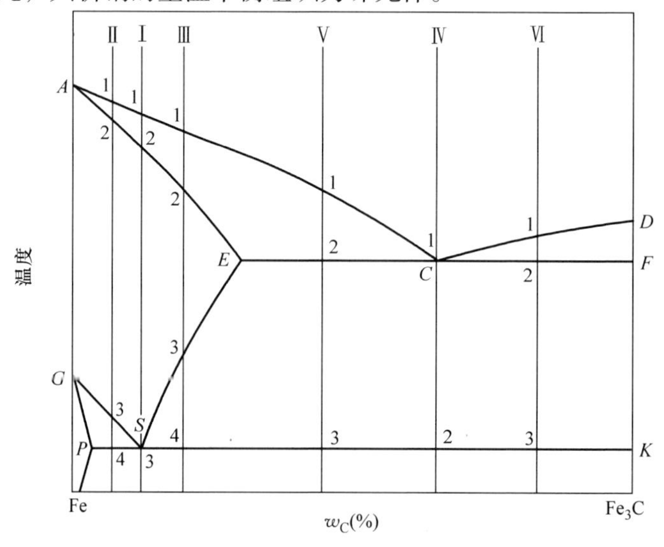

图1-12　铁碳合金结晶过程分析

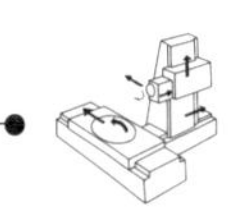

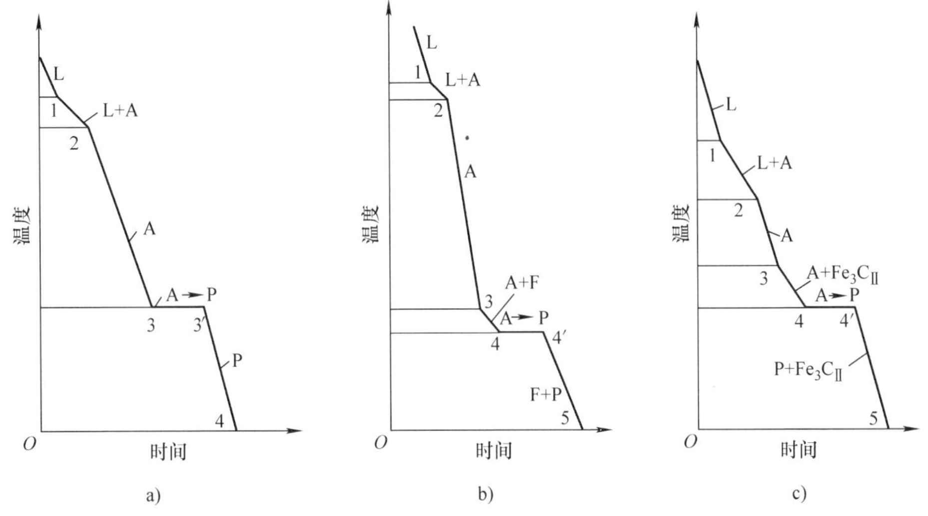

图 1-13　碳钢的典型合金结晶过程曲线示意图

（2）亚共析钢的结晶　图 1-12 所示的合金Ⅱ为亚共析钢，其结晶过程曲线如图 1-13b 所示。合金Ⅱ在 1 点以上为液相 L，当温度降到 1 点后，液相 L 开始结晶出奥氏体，在 1 ~2 间为 L + A，至 2 点全部结晶为奥氏体。2 ~3 是单相奥氏体。当温度降至 3 点时，从奥氏体的边界上开始析出铁素体，随温度继续降低，不断析出铁素体并逐渐长大，铁素体含碳量沿 *GP* 线逐渐增加，剩余的奥氏体量减少，其碳含量沿 *GS* 线不断增加，当温度降至 4 点时，未转变的奥氏体中的碳含量增加到 0.77%（质量分数），发生共析转变，形成珠光体。因此，亚共析钢室温平衡组织为铁素体和珠光体。在亚共析钢中，碳含量越高，珠光体愈多，铁素体愈少。

（3）过共析钢的结晶　图 1-12 所示合金Ⅲ为过共析钢，其结晶过程曲线如图 1-13c 所示。合金Ⅲ冷到 1 点，开始从液相中结晶出奥氏体，直到 2 点结晶完毕，形成单相奥氏体，当冷到 3 点时，开始从奥氏体中沿晶界先析出二次渗碳体（Fe_3C_{II}），并沿奥氏体晶界呈网状分布。随温度降低，Fe_3C_{II} 逐渐增加，未转变奥氏体中的碳含量沿 *ES* 线不断减少，至 4 点时剩余奥氏体中碳含量达到 0.77%（质量分数），于是发生共析转变形成珠光体。过共析钢室温平衡组织为珠光体与网状二次渗碳体组成的共析体。

（4）共晶白口铸铁的结晶　图 1-12 中合金Ⅳ为共晶白口铸铁，其结晶过程如图 1-14a 所示。温度在 1 点以上是均匀的液相，当温度冷到 1 点（即 *C* 点）时，液态合金将发生共晶反应同时结晶出奥氏体和渗碳体的机械混合物形成高温莱氏体即 L→Ld（$A + Fe_3C$）。

继续冷到 1 ~2 点区间，莱氏体中的奥氏体将不断析出 Fe_3C_{II}，Fe_3C_{II} 通常

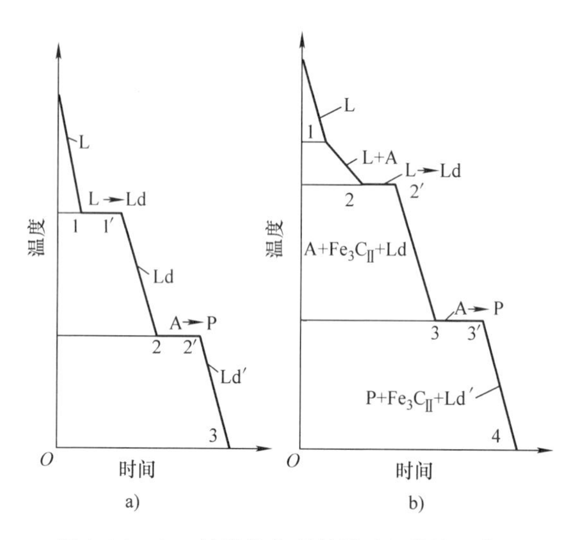

图1-14　白口铸铁的典型结晶过程曲线示意图

依附在共晶渗碳体不能分解。当温度降到2点（727℃）时，共晶奥氏体成分为S点（碳的质量分数为0.77%），此时在恒温下发生共析转变，形成珠光体，而共晶渗碳体不发生变化。共晶白口铸铁室温组织为珠光体和渗碳体组成的低温莱氏体组织。

（5）亚共晶白口铸铁的结晶　图1-12中合金Ⅴ为亚共晶白口铸铁，结晶过程如图1-14b所示。合金温度在1点以上为液相，缓冷至1点时，开始析出奥氏体晶体，在1~2点温度区间，随着温度下降，析出的奥氏体含量不断增加，液相不断减少，当温度降到2点（1148℃）时，奥氏体的碳含量为2.11%（质量分数），液相碳含量达到4.3%（质量分数），发生共晶转变，形成高温莱氏体。合金在2点的组织为奥氏体和高温莱氏体，继续降低温度时，从奥氏体（包括Ld中的A）中不断以Fe_3C_{II}形式析出碳，使得奥氏体中碳含量不断降低，高温莱氏体成分不变，2点至3点的温度区间组织是：$A+Fe_3C_{II}+Ld$。当冷却到3点时，奥氏体碳含量降到共析点S（碳的质量分数为0.77%），发生共析转变，奥氏体转变为珠光体，高温莱氏体Ld转变为低温莱氏体Ld′，再冷却直到室温，亚共晶白口铸铁组织不再转变，室温组织为珠光体、二次渗碳体和低温莱氏体Ld′。

（6）过共晶白口铸铁的结晶　图1-12中合金Ⅵ为过共晶白口铸铁。当合金冷到1点时，开始从液相中析出一次渗碳体（Fe_3C_I），一次渗碳体呈粗大片状。当温度继续下降到2点时，剩余液相碳含量达到4.3%（质量分数），发生共晶转变形成高温莱氏体。过共晶白口铸铁的室温组织为一次渗碳体和低温莱氏体。

3. 碳含量对铁碳合金组织和性能的影响

由上面的分析可知，随碳的质量分数增加，组织中渗碳体数量增多，渗碳体

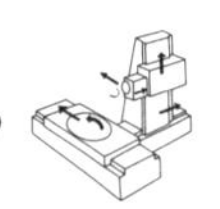

的分布和形态也发生变化。图 1-15 所示为碳的质量分数对碳钢力学性能的影响。由图可见，随着碳的质量分数的增加，钢的硬度直线上升，而塑性、韧性明显降低。但是碳的质量分数对碳钢的强度影响不同，当钢中碳的质量分数小于 0.9%，因二次渗碳体的数量随碳的质量分数的增加而急剧增多，且呈网状分布于奥氏体晶界上，降低了碳钢的塑性和韧性，也明显地降低了碳钢的强度。所以，为了确保工业用钢具有足够的强度和一定的塑性、韧性，其碳的质量分数一般不超过 1.4%。碳的质量分数大于 2.11% 的白口铸铁，由于组织中含有较多的渗碳体，性能上显得硬而脆，难以进行切削加工，所以在一般机械工业中应用不多。

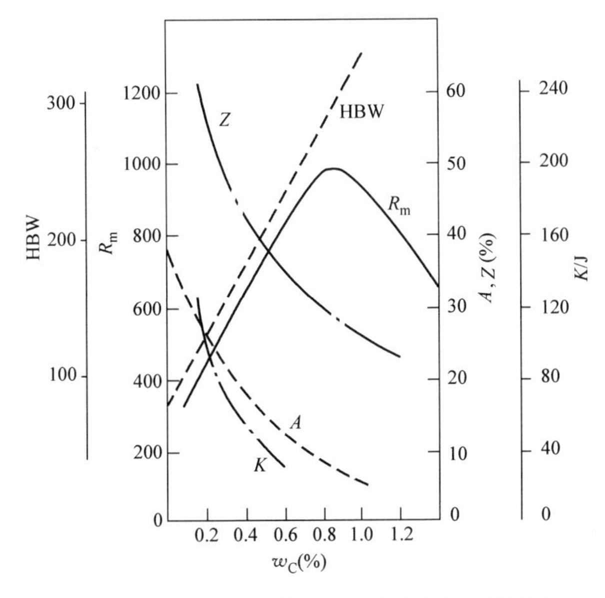

图 1-15　碳的质量分数对碳钢的力学性能的影响

4. Fe－Fe_3C 相图的应用

Fe－Fe_3C 相图在生产中具有很大的实际意义，主要应用在钢铁材料的选用和加工工艺的制订两个方面。

（1）在选材方面的应用　Fe－Fe_3C 相图所表明的成分－组织－性能的规律，为钢铁材料的选用提供了根据。若需要塑性、韧性、冷变形性及焊接性好的型钢，应采用含碳量小于 0.25%（质量分数）的碳钢，如船体、桥梁、锅炉及建筑结构用钢；各种机器零件需要强度、塑性及韧性都比较好的材料，应选用含碳量在 0.25%～0.55%（质量分数）之间的碳钢，如船用柴油机的曲轴、连杆，机床上的齿轮、轴类零件；各种工具要用硬度高和耐磨性好的材料，应采用含碳量大于 0.60%（质量分数）的碳钢。白口铸铁硬度高、脆性大，不能切削加工，也不能锻造，但其耐磨性好，铸造性能优良，适用于耐磨、不受冲击、形状复杂的铸件，如拔丝模、冷轧辊、火车车轮、球磨机的磨球等。另外，白口铸铁还用于生产可锻铸铁的毛坯。

（2）为制订热加工工艺提供依据

1）在铸造工艺方面的应用。根据 $Fe-Fe_3C$ 相图可以确定合金的浇注温度。浇注温度一般在液相线以上50～100℃。从相图上可看出，纯铁和共晶白口铸铁的凝固温度区间最小，流动性好，分散缩孔少，可以获得致密的铸件，因而铸造性能最好。铸铁在生产上总是选在共晶线成分附近。在铸钢生产中，碳的质量分数规定在0.15%～0.60%之间，因为在这个范围内钢的结晶温度区间较小，铸造性能较好。

2）在锻造工艺方面的应用。钢处于奥氏体状态时，强度低、塑性好，因此锻造或轧制温度必须选择在单相奥氏体区的适当温度范围。始轧和始锻温度不能过高，以免钢材氧化严重和发生奥氏体晶界熔化（称为过烧），一般控制在固相线以下100～200℃。而终轧温度或终锻温度不能过低，防止钢材因塑性差导致产生裂纹。一般对亚共析钢的热加工终止温度控制在稍高于 GS 线（即 A_3 线）；过共析钢控制在稍高于 PSK 线（即 A_1 线）。各种碳钢的始轧和始锻温度为1150～1250℃，终轧和终锻温度为750～850℃。

3）在热处理工艺方面的应用。$Fe-Fe_3C$ 相图对于制订热处理工艺有着特别重要的意义。一些热处理工艺如退火、正火、淬火的加热温度都是依据 $Fe-Fe_3C$ 相图确定的。

4）在焊接工艺方面的应用。$Fe-Fe_3C$ 相图可以指导焊接的选材及焊后热处理等工艺措施，如焊后正火、退火工艺的制订，从而改善焊缝组织，提高机械性能，得到优质焊缝。

1.4　常用金属材料

机器制造中用得最多的材料是金属材料，其中以钢和铸铁用量最大。本节介绍常用的钢材和铝、铜有色合金，铸铁在第2章中介绍。

1.4.1　钢

1. 钢的分类与编号

（1）钢的分类　钢的分类很多，常用的有按化学成分和用途分类。

1）按化学成分分类。将钢分成碳素钢和合金钢两大类。其中碳素钢按含碳量（质量分数）的高低又分成工业纯铁（$w_C \leq 0.04\%$）、低碳钢（$0.04\% < w_C \leq 0.25\%$）、中碳钢（$0.25\% < w_C < 0.6\%$）、高碳钢（$w_C \geq 0.6$）四类；而合金钢按合金元素含量的高低又分成低合金钢（合金元素的质量分数<5%）、中合金

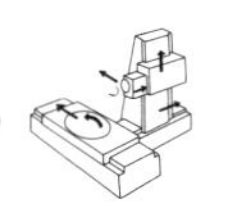

钢（合金元素的质量分数为 5% ~10%）和高合金钢（合金元素的质量分数 > 10%）三类。

2）按用途分类。将钢分成结构钢、工具钢、特殊性能钢三大类。其中结构钢是制造各种机器零件及工程构件的用钢，它包括调质钢、超高强度钢、弹簧钢、轴承钢及工程构件用钢等；工具钢包括各种刃具钢、量具钢、模具钢等；特殊性能钢有不锈钢和耐热钢等。

（2）钢的编号

1）碳素结构钢　由代表屈服强度的字母、屈服强度的数值、质量等级符号和脱氧方法符号等四个部分组成。例如 Q235 - A. F。

碳素结构钢的牌号、化学成分和力学性能见表 1-5。

表 1-5　碳素结构钢的牌号、化学成分和力学性能（GB/T 700—2006）

牌号	等级	化学成分（质量分数,%），≤					脱氧方法	抗拉强度 R_m/MPa ≥	断后伸长率（%）				
									厚度（或直径）/mm				
		C	Mn	Si	S	P			≤40	>40 ~ 60	>60 ~ 100	>100 ~ 150	>150 ~ 200
Q195	—	0. 12	0. 50	0. 30	0. 040	0. 035	F、Z	315 ~430	33	—	—	—	—
Q215	A	0. 15	1. 20	0. 35	0. 050	0. 045	F、Z	335 ~450	31	30	29	27	26
	B				0. 045								
Q235	A	0. 22	1. 40	0. 35	0. 050	0. 045	F、Z	370 ~500	26	25	24	22	21
	B	0. 20			0. 045								
	C	0. 17			0. 040	0. 040	Z						
	D				0. 035	0. 035	TZ						
Q275	A	0. 24	1. 50	0. 35	0. 050	0. 050	F、Z	410 ~540	22	21	20	18	17
	B	0. 21			0. 045	0. 045	Z						
		0. 22											
	C	0. 20			0. 040	0. 040	Z						
	D				0. 035	0. 035	TZ						

2）优质碳素结构钢。钢的杂质含量 $w_P \leq 0.035\% \sim 0.04\%$，$w_S \leq 0.03\% \sim 0.04\%$ 时属于优质钢。优质碳素结构钢采用两位数字表示，这两位数字表示该钢号的平均含碳量的万分数。如 45 钢表示含碳量为 0. 45% 的优质碳素结构钢。优质碳素结构钢的牌号、成分、性能及其用途见表 1-6。

3）碳素工具钢。其牌号由字母 T 和数字组成。T 表示碳素工具钢，数字表示碳的质量分数的平均千分数。例如 T10 表示碳的质量分数为 1% 的碳素工具钢。这类钢都是优质钢。当杂质含量 $w_P<0.03\%$，$w_S<0.02\%$ 时，该钢为高级优质碳素工具钢，在牌号的数字后加 A 表示，如 T10A。碳素工具钢的牌号、性能及用途见表 1-7。

表 1-6　优质碳素结构钢的牌号、成分、性能及其用途（GB/T 699—2015）

牌号	化学成分（质量分数,%），≤			力学性能					用途举例
	C	Si	Mn	抗拉强度 R_m/MPa	下屈服强度 R_{eL}/MPa	断后伸长率 A（%）	断面收缩率 Z（%）	冲击吸收能量 KU_2/J	
				≥					
08	0.05~0.11	0.17~0.37	0.35~0.65	325	195	33	60	—	各种形状的冲压件拉杆、垫片等
10	0.07~0.13	0.17~0.37	0.35~0.65	335	205	31	55	—	
20	0.17~0.23	0.17~0.37	0.35~0.65	410	245	25	55	—	杠杆吊环、吊钩
35	0.32~0.39	0.17~0.37	0.50~0.80	530	315	20	45	55	轴、螺母、螺栓
40	0.37~0.44	0.17~0.37	0.50~0.80	570	335	19	45	47	齿轮、曲轴、连杆、联轴器、轴
45	0.42~0.50	0.17~0.37	0.50~0.80	600	335	16	40	39	
60	0.57~0.65	0.17~0.37	0.50~0.80	675	400	12	35	—	弹簧、弹簧垫圈等
65	0.62~0.70	0.17~0.37	0.50~0.80	695	410	10	30	—	

表 1-7　碳素工具钢的牌号、性能及用途（GB/T 1298—2014）

牌号	化学成分（质量分数,%），≤			硬度		用途举例
	C	Mn	Si	退火后，布氏硬度 HBW，≤	淬火后，洛氏硬度 HRC，≥	
T7	0.65~0.74	≤0.40	≤0.35	187	62	锤头、锯钻头、木工用的錾子
T8	0.75~0.84					冲头、木工工具
T10	0.95~1.04			197		丝锥、板牙、锯条、刨刀、小型冲模
T13	1.25~1.35			217		锉刀、量具、剃刀

4）合金结构钢。采用两位数+元素符合+数字表示。前面两位数字表示钢中碳的质量分数的平均万分位，元素符号后的数字表示该元素含量的百分数。如果合金元素的质量分数为 1% 左右则不标其含量，如 20Cr、18Cr2Ni4W、30CrMnSi、40Cr 等。常用合金结构钢的牌号、性能及用途见表 1-8。

5）合金工模具钢和特殊性能钢。编号形式与合金结构钢相似，只是碳的质量分数的表示方法不同。当碳的质量分数大于或等于 1.0% 时，碳的质量分数不标出，当碳的质量分数小于 1.0% 时，以其千分数表示，如 9SiCr、W18Cr4V、

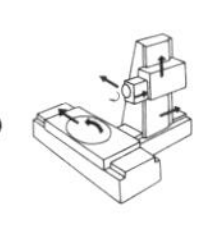

12Cr18Ni9 等。常用合金工具钢的牌号、性能及用途，见表 1-9。

表 1-8　常用合金结构钢的牌号、性能及用途

钢铁类别	牌号	淬火温度/℃	回火温度/℃	抗拉强度 R_m/MPa	屈服强度 R_{eL}/MPa≥	断后伸长率 ≥A(%)	用途举例
低合金高强度结构钢	Q355	—	—	510~660	345	22	压力容器、桥梁、船舶
	Q390	—	—	530~680	390	20	
合金渗碳钢	20Cr	880(水、油淬)	200	≥850	550	10	齿轮、活塞销、气门顶杆
	20CrMnTi	860（油淬）	200	≥1100	800	10	
合金调质钢	40Cr	850（油淬）	500	≥1000	800	9	曲轴、连杆、重要轴、齿轮
	35CrMo	850（油淬）	550	≥1000	850	12	
合金弹簧钢	60Si2Mn	870（油淬）	480	≥1300	1200	5	板簧、螺旋弹簧
	50CrV	850（油淬）	500	≥1300	1150	10	

注：低合金结构钢系热轧的试样测的力学性能值。

表 1-9　常用合金工具钢的牌号、性能及用途

钢铁类别	牌号	淬火		回火		用途举例
		温度/℃	HRC	温度/℃	HRC	
合金工具钢	9SiCr	860~880（油淬）	≥62	180~200	60~62	板牙、钻头、铰刀、冲模、量规、热锻模
	CrWMo	800~830（油淬）	≥62	140~160	62~65	
	5CrMnMo	820~850（油淬）	≥50	560~580	35~40	
高速钢	W18Cr4V	1280（油淬）	60~65	560（三次）	63~66	铣刀、钻头、车刀、刨刀

2. 结构钢

结构钢可分成工程构件用钢和机械制造用钢两类。其中，工程构件用钢一般用普通碳素结构钢和低合金钢。这类钢的强度较低，塑性、韧性和焊接性较好，价格低廉，一般在热轧态下使用，必要时进行正火处理以提高强度；机械制造用钢多用优质碳素结构钢和合金结构钢，按其组织和性能特点可分为以下几种主要类型。

（1）调质钢　调质钢制造零件要求由较高的强度和良好的塑性、韧性。碳的质量分数在 0.3%~0.6% 的钢经淬火、高温回火等到回火索氏体组织，可较好地满足性能要求。为保证淬透性，钢中常含有 Cr、Mn、Ni、Mo 等合金元素。常用钢种有 45、40Cr、35CrMo、40CrNiMo 等。

（2）表面硬化钢　这类钢制造零件除了要求有较高强度和良好的塑性、韧性外，还要求表面硬度高，耐磨性好。按表面硬化方式的不同划分为以下几种：

1）渗碳钢。这类钢碳的质量分数低（0.15%~0.25%）以保证工件心部获得低碳马氏体，有较高强度和韧性，而表层经渗碳后，硬度高而耐磨，热处理方式为渗碳后淬火加低温回火。常用钢种有15Cr、20Cr、20CrMnTi等。

2）渗氮钢。渗氮钢碳的质量分数中等（0.3%～0.5%）。渗氮前经调质处理，工件心部为回火索氏体，有良好的强度和韧性。渗氮后，表层为硬而耐磨、耐腐蚀的氮化层，心部组织与性能仍保持氮化前状态。常用钢有38CrMoAl、30CrMnSi、40Cr、42CrMo等。

（3）弹簧钢　这类钢要求有高的弹性极限和高的疲劳强度。碳的质量分数在0.5%～0.85%之间。经淬火、中温回火后得到回火屈氏体组织。常用钢种有70、65Mn、50CrV、60Si2Mn等。

3. 工具钢

工具钢要求具有高的硬度和耐磨性及足够的强度和韧性。这类钢碳的质量分数均很高，通常为0.6%～1.3%。按合金元素的含量可分为：

（1）碳素工具钢　经淬火、低温回火后，组织为高碳回火马氏体加球状碳化物。有很好的硬度和良好的耐磨性，价格低廉，淬透性差，工作温度低，主要适用于低速切削的刀具和尺寸较小的简单模具。

（2）低合金工具钢　热处理方式和组织与碳素工具钢相同。由于合金元素的加入，提高了淬透性和工作温度，适于较高速度切削的刀具和形状复杂的模具。常用钢种有9SiCr和CrWMn等。

（3）高合金工具钢　由于合金元素的加入，淬透性很高，工作温度也大大提高，按性能特点又可分为：

1）高速钢。在高温时，仍有很高的硬度，适于高速切削。最终热处理采用淬火加多次高温回火，组织为回火马氏体和碳化物。常用钢种有W18Cr4V和W6Mo5Cr4V2等。

2）高铬模具钢。其淬透性高，适于制作形状复杂大截面模具。常用钢种有Cr12和Cr12MoV等。

1.4.2 有色金属及其合金

1. 铝及其合金

纯铝是银白色金属，相对密度为2.7，大约是铜的三分之一，熔点657℃。纯铝为面心立方晶格。强度（抗拉强度 $R_m=80\sim100\text{Pa}$）和硬度低，有良好的塑性，具有优良的导电、导热性能，在大气中有良好的耐蚀性。主要用来制作电线、电缆及配制铝合金等。工业纯铝的牌号为1070A、1060、1050A等，顺序数字的编号越大，其纯度越低。

铝中加入锰、铜、镁、锌、硅等合金元素形成铝合金，可以有效提高其力学性能，而仍保持质量密度小，耐腐蚀的优点，是制作轻质结构件和机械零件的重要材料。

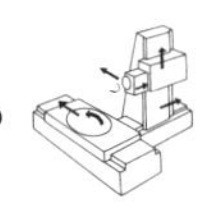

二元铝合金状态图如图 1-16 所示，将铝合金分为变形铝合金和铸造铝合金两大类见表 1-10。

表 1-10 铝合金的分类

类别	名称	合金系	编号举例	代号含义
变形铝合金	防锈铝	Al－Mn Al－Mg	3A21 5A05	第一位数字表示铝及铝合金的组别。第二位字母表示原始纯铝或铝合金的改型情况，最后两位数字用以标识同一组中不同的铝合金或表示铝的纯度
	硬铝	Al－Cu－Mg	2A01 2A11、2A13	
	超硬铝	Al－Cu－Mg－Zn	7A04	
	锻铝	Al－Mg－Si－Cu Al－Cu－Mg－Fe－Ni	2A50 2A70	
铸造铝合金	简单铝硅合金	Al－Si	ZL102	“铸铝”以汉语拼音“ZL”表示；后边三位数字中第一位数字表示类别：1－铝硅系，2－铝铜系，3－铝镁系，4－铝锌系；第二、三位数字为顺序号
	特殊铝硅合金	Al－Si－Mg Al－Si－Cu Al－Si－Mg－Mn	ZL101 ZL107 ZL104	
	铝铜铸造合金	Al－Cu	ZL203	
	铝镁铸造合金	Al－Mg	ZL301 ZL303	
	铝锌铸造合金	Al－Zn	ZL401	

（1）变形铝合金　如图 1-16 所示，成分位于状态图 B 点以左的合金 1，加热时能形成单相的 α 固溶体，塑性好，适于压力加工。这类合金又可分为：

1）不能热处理强化的变形铝合金　如图 1-16 所示，成分位于 D 点以左的合金 3，它在固态加热冷却时不发生相变。这类合金由于具有良好的抗蚀性，故称为防锈铝，如 3A21 等。

2）可热处理强化的变形铝合金　如图 1-16 所示，成分位于 B 与 D 之间的合金 4，通过热处理能显著提高力学性能。这类铝合金包括有硬铝和锻铝，如 2A01、2A11、2A13 等。热处理加热时，它们形成单相固溶体，在淬火快速冷却时，过剩相来不及析出，在室温下获得不稳定的过饱和 α 固溶体，这种处理方法称为固溶处理。经固溶处理后，铝合金的强度虽比淬火前的平衡态有所提高，但仍较低，若在适当温度加热保温数小时后，合金的强度可显著提高，这个过程称为时效强化。室温下进行的时效称为自然时效，在加热条件下进行的时效称为人工时效。时效过程是饱和固溶体分解发生沉淀硬化的过程。

（2）铸造铝合金　如图 1-16 所示，成分位于状态图 B 点以右的合金 2 由于

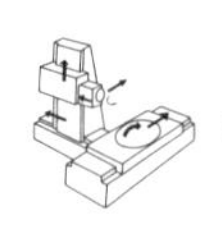

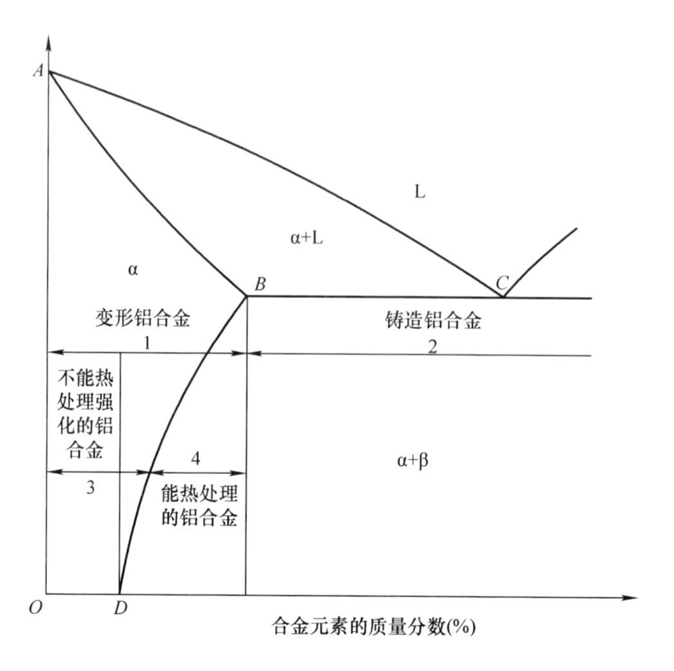

图 1-16　二元铝合金状态图

离共晶点较近，液态流动性较好，适于铸造生产。按照主要合金元素的不同，铸造合金可分为 Al－Si、Al－Cu、Al－Mg、Al－Zn 四类见表 1-10。

铸造铝硅合金又称为硅铝明，具有良好的力学性能、耐蚀性和铸造性能，是应用最广泛的铸造合金。硅铝明的含硅量一般较高，铸造后几乎全部得到共晶组织，若经浇注前向合金溶液中加入 2% ~3%（质量分数）的钠、钾盐进行变质处理，能显著细化合金组织，提高合金的强度和塑性。合金中如加入铜、镁等合金元素，则还能进行淬火时效处理，显著提高铝硅合金的强度。

2. 铜合金

纯铜有很好的导电、导热性和良好的耐蚀性。主要用于制作电工导体。由于强度低，不宜直接用作结构材料。有的也用于机械零件。

铜合金分三类。以锌为主要合金元素的铜合金称为黄铜，以镍为主要合金元素的称为白铜，以除了锌和镍以外的其他元素作为主要合金元素的铜合金称为青铜。

黄铜具有较高的强度和塑性，有良好的铸造性能和压力加工性能，还有较好的耐蚀性。

青铜根据主要合金元素的不同分为锡青铜、铝青铜、硅青铜、铍青铜、铅青铜等。强度较高、耐磨性和耐蚀性较好，主要用于轴承合金。

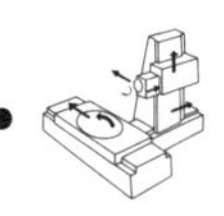

1.5　常用金属材料的热处理

金属材料的热处理是指将金属或合金在固态范围内采用适当的方式进行加热、保温和冷却，以改变其组织，从而获得所需要性能的一种工艺方法。热处理不仅可以强化金属材料、充分发挥钢材的潜力，提高或改善工件的使用性能和加工工艺性，而且还是提高加工质量、延长工件和刀具使用寿命、节约材料、降低成本的重要手段。

热处理方法很多，但任何一种热处理工艺都是由加热、保温和冷却三个阶段组成的，通常采用热处理工艺曲线来表示，如图 1-17 所示。

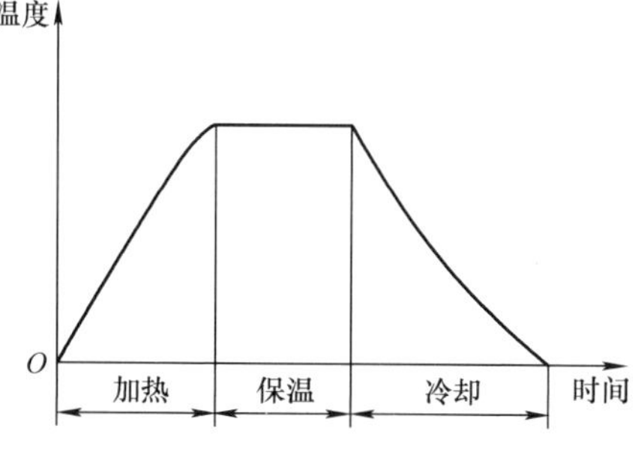

图 1-17　热处理工艺曲线

1.5.1　钢在加热时的组织转变

为了使钢件热处理后获得所需性能，在大多数热处理工艺中，将钢加热到相变温度以上，使其组织发生变化。对于碳素钢在缓慢加热和冷却过程中，相变温度可以根据 $Fe-Fe_3C$ 相图来确定，然而由于 $Fe-Fe_3C$ 相图中的相变温度 A_1、A_3、A_{cm}是在极其缓慢的加热和冷却条件下测定的，与实际热处理的相变温度有一些差异，加热时相变温度因有过热现象而偏高，冷却时因有过冷现象而偏低。随着加热和冷却速度的增加，这一偏离现象愈加严重，因此，常将实际加热时偏离的相变温度用 Ac_1、Ac_3、Ac_{cm}表示，将实际冷却时偏离的相变温度用 Ar_1、Ar_3、Ar_{cm}表示，如图 1-18 所示。

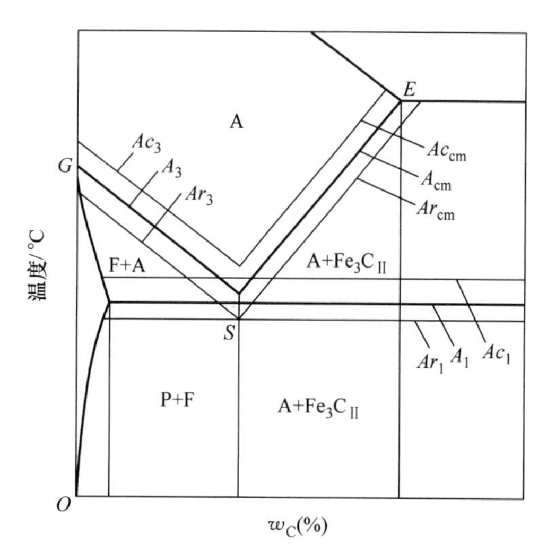

图 1-18　加热（或冷却）时相变温度变化

碳钢的室温组织基本上由铁素体和渗碳体两个相组成，只有在奥氏体状态下才能通过不同的冷却方式使钢转变为不同的组织，获得所需要的性能。所以，热处理时须将钢加热到一定温度，使其组织全部或部分变为奥氏体。

将共析钢加热到 Ac_1 以上时，珠光体将转变为碳的质量分数为0.77%的奥氏体，奥氏体的形成过程是一个形核、晶核长大、残余Fe_3C分解和均匀化的过程，如图1-19所示。适当的加热温度和保温时间可使奥氏体具有一定的形核率、较慢的晶核长大速度和均匀的成分，从而获得细小均匀的奥氏体晶粒。加热温度过高或高温下保温时间过长，都会产生粗大的奥氏体晶粒。奥氏体冷却转变时，转变产物的晶粒大小主要取决于奥氏体晶粒的大小。细晶奥氏体的转变产物也细小，从而钢的力学性能较好。因此，控制钢的加热温度和加热时间很重要。

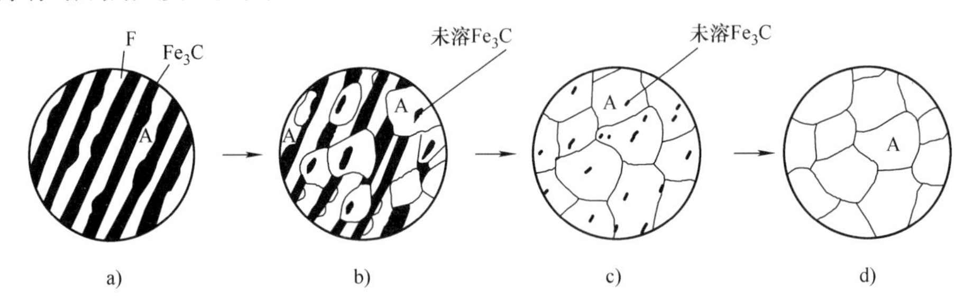

图1-19　共析钢的奥氏体化形成过程示意图

对亚共析钢或过共析钢，当加热到Ac_1时，钢中只有珠光体转变为奥氏体，其余的铁素体或二次渗碳体仍不发生变化，随着加热温度的升高，亚共析钢中的铁素体或过共析钢中的二次渗碳体才不断向奥氏体转变，直至加热温度超过Ac_3或Ac_{cm}以上时，钢中的铁素体完全消失，二次渗碳体逐渐溶解于奥氏体中，全部组织均转变为细而均匀的单一奥氏体，但过共析钢奥氏体晶粒较粗大。

1.5.2　钢在冷却时的组织转变

热处理后，钢的力学性能主要取决于奥氏体经冷却转变后所获得的组织，而冷却方式和冷却速度对奥氏体的组织转变有直接关系。实际生产中常用的冷却方式有两种。

1. 等温冷却

奥氏体化的钢以较快的冷却速度冷到相变点（A_1线）以下一定的温度，这时奥氏体尚未转变，称为过冷奥氏体。然后进行保温，使过冷奥氏体在等温下发生组织转变，转变完成后再冷却到室温。例如等温退火、等温淬火等均属于等温冷却方式。

等温冷却方式对研究冷却过程中的组织转变较为方便。以共析碳钢为例，将奥氏体化的共析碳钢以不同的冷却速度急冷至A_1线以下不同温度保温，使过冷奥氏体在等温条件下发生相变。测出不同温度下过冷奥氏体发生相变的开始时间和终了时间，并分别画在温度-时间坐标上，然后将转变开始时间和转变终了时

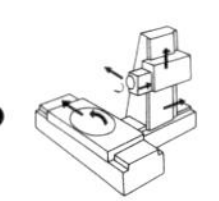

间分别连接起来，即得共析钢的过冷奥氏体等温转变曲线，如图 1-20 所示。过冷奥氏体等温转变曲线颇似“C”字，故简称 C 曲线，又称为 TTT 曲线。图中 A_1、*Ms* 两条温度线划分出上中下三个区域，A_1线以上是稳定奥氏体区；*Ms* 线以下是马氏体转变区；A_1和 *Ms* 线之间的区域是过冷奥氏体等温转变区。

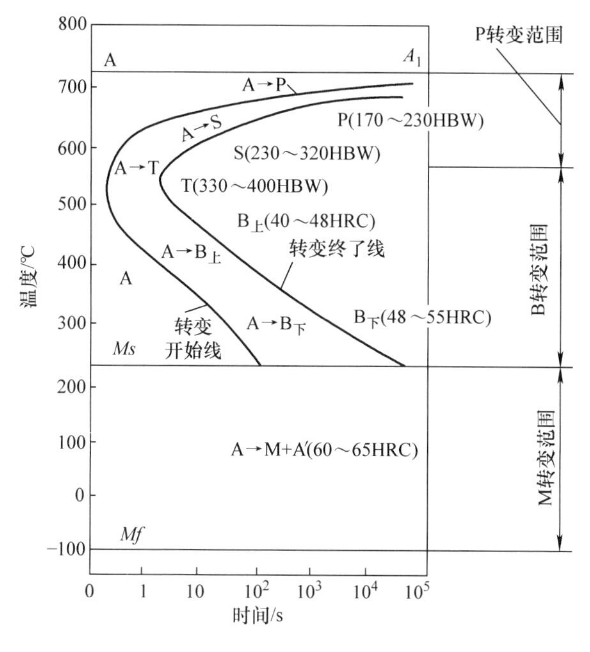

图 1-20　共析钢的过冷奥氏体等温转变曲线

图中两条 C 曲线又把等温转变区划分为左中右三个区域：左边一条 C 曲线为转变开始线，其左侧是过冷奥氏体区；右边一条 C 曲线为转变终了线，其右侧是转变产物区；两条 C 曲线之间是过冷奥氏体部分转变区。C 曲线表示了一定成分的钢经奥氏体化后，等温冷却转变的时间 - 温度 - 组织关系，是制订钢热处理工艺的重要依据。

共析钢过冷奥氏体等温转变产物可分为三个类型：

（1）高温转变产物　在 727 ~ 550℃之间等温转变的产物属珠光体组织，都是由铁素体和渗碳体的层片组成的机械混合物。过冷度越大，层片越细小，钢的强度和硬度也越高。依据组织中层片的尺寸，又把 727 ~ 650℃之间等温转变的组织称为粗片状珠光体；在 650 ~ 600℃之间等温转变的组织称为索氏体，在 600 ~ 500℃之间等温转变的组织称为索氏体（S）。

（2）中温转变产物　在 550 ~ 230℃之间等温转变的产物属贝氏体型组织，它是由含碳量过饱和的铁素体和微小的渗碳体混合而成的一种非层片组织。在 550 ~ 350℃范围内，碳原子有一定的扩散能力，在铁素体片的晶界上析出不连续短杆状的渗碳体，这种组织称为上贝氏体（$B_{上}$），其形态在光学显微镜下呈羽毛状。由于上贝氏体强度、硬度较高（40～48HRC），而塑性较低，脆性较大，所以生产中很少采用。在350℃～*Ms*范围内，碳原子的扩散能力更弱，难以扩散到片状铁素体的晶界上，只能沿与晶轴呈55°～60°夹角的晶面上析出断续条状渗碳体，这种组织称为下贝氏体（$B_{下}$），其形态呈黑色针状。下贝氏体具有高强度和硬度（48～55HRC）及良好的塑性和韧性，综合力学性能好，生产中常采用等温转变获得下贝氏体组织。

（3）低温转变产物　在*Ms*线以下范围内，铁、碳原子都已失去扩散的能力，但由于过冷度很大，过冷奥氏体的晶格结构仍发生变化，并将碳全部过饱和固溶于α－Fe晶格内，这种转变属于非扩散型转变，也称为低温转变，转变产物为马氏体（M）。马氏体的转变是在*Ms*～*Mf*范围内，不断降温的过程中进行的，冷却中断，转变随即停止，继续降温，马氏体转变继续进行，直至冷却到*Mf*点温度，转变终止。*Ms*为马氏体转变开始温度，*Mf*为马氏体转变终了温度。马氏体转变至环境温度下仍会保留一定数量的奥氏体，称为残留奥氏体，以A'或$A_{残}$表示。

马氏体的组织形态主要取决于过冷奥氏体的碳含量，当奥氏体碳含量小于0.2%（质量分数）时，钢淬火后几乎全部形成板条马氏体，也称低碳马氏体或位错马氏体，其立体形态呈平行成束分布的板条状，板条马氏体硬度在50HRC左右，具有较高的强韧性；当奥氏体碳含量大于1.0%（质量分数）时，钢淬火后几乎全部形成针状马氏体，也称高碳马氏体或孪晶马氏体，其立体形态呈双凸透镜状。当奥氏体中碳含量介于两者之间时，则得到两种马氏体的混合组织。针状马氏体硬度随马氏体中碳含量的增加而增加，马氏体硬度高达60～65HRC。

2. 连续冷却

经奥氏体化的钢，使其在温度连续下降的过程中发生组织转变。例如在热处理生产中经常使用的水、油或空气中冷却等都是连续冷却方式。

在热处理生产中，钢经奥氏体化后，多采用连续冷却的方式。图1-21所示为共析钢曲线与连续冷却曲线。v_1相当于随炉冷却速度（退火），与C曲线相交于700～670℃，过冷奥氏体转变为珠光体，硬度为170～230HBS。v_2相当于空气中冷却速度（正火），与C曲线相交于650～600℃，过冷奥氏体

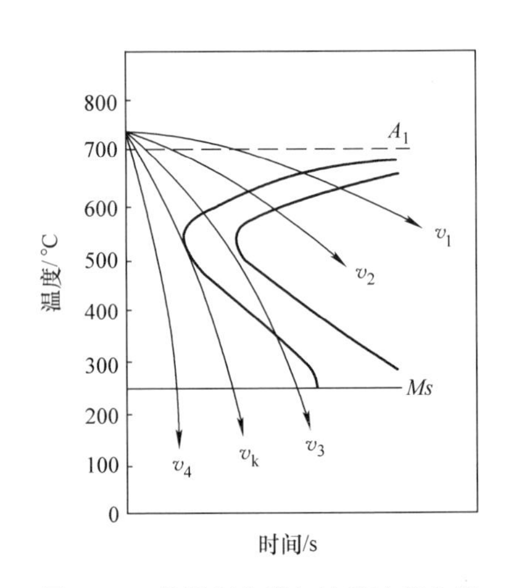

图1-21　共析钢曲线与连续冷却曲线

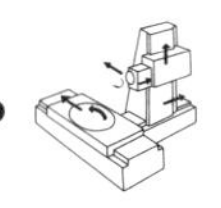

转变为索氏体，硬度为 230 ~ 320HBS。v_3 相当于油中淬火时的冷却速度，与 C 曲线相割于转变开始线，且割于 600 ~ 450℃，后又与 *Ms* 相交，过冷奥氏体转变为屈氏体、马氏体、残留奥氏体的混合组织，硬度为 45 ~ 55HRC。v_4 相当于水中冷却速度（淬火），与 C 曲线不相交而直接与 *Ms* 相交，过冷奥氏体在 A_1 ~ *Ms* 之间来不及分解，在 *Ms* 线以下转变为马氏体和残留奥氏体。v_k 为临界冷却速度，与 C 曲线相切于鼻部，过冷奥氏体转变为马氏体和残余留氏体。

1.5.3　钢的热处理

根据热处理的目的、加热和冷却的不同，热处理可以分为普通热处理和表面热处理。普通热处理包括退火、正火、淬火和回火。表面热处理包括表面淬火和化学热处理。

1. 钢的普通热处理

（1）退火　退火是将钢件加热到高于或低于钢的相变点适当温度，保温一定时间，随后在炉中或埋入导热性较差的介质中缓慢冷却，以获得接近平衡状态组织的一种热处理工艺。

退火的目的是降低硬度，利于切削加工（适于切削加工的硬度为 160 ~ 230HBW）；细化晶粒，改善组织，提高力学性能；消除内应力，防止变形和开裂，并为下道淬火工序做好准备；提高钢的塑性和韧性，便于冷加工的进行。

根据工件钢材的成分和退火目的不同，常用退火工艺可分为以下几种：

1）完全退火。将亚共析钢加热到 Ac_3 以上 30 ~ 50℃，保温一定时间后，随炉缓慢冷却到室温。所谓“完全”是指退火时钢件被加热到奥氏体化温度以上获得完全的奥氏体组织，并在冷至室温时获得接近平衡状况的铁素体和片状珠光体组织。完全退火的目的是降低硬度以提高切削性能，细化晶粒和消除内应力以改善机械性能。

完全退火主要用于处理亚共析钢和合金钢的铸件、锻件、热轧型材和焊接结构，也可作为一些不重要件的最终热处理。

2）球化退火。共析或过共析钢加热至 Ac_1 以上 20 ~ 50℃，保温一定时间，再冷至 Ar_1 以下 20℃左右等温一定时间，然后炉冷至 600℃左右出炉空冷，即为球化退火。在其加热保温过程中，网状渗碳体不完全溶解而断开，成为许多细小点状渗碳体弥散分布在奥氏体基体上。在随后的缓冷过程中，以细小渗碳体质点为核心，形成颗粒状渗碳体，均匀分布在铁素体基体上，成为球状珠光体。

球化退火主要用于消除过共析碳钢及合金工具钢中的网状二次渗碳体及珠光体中的片状渗碳体。由于过共析钢的层片状珠光体较硬，再加上网状渗碳体的存在，不仅给切削加工带来了困难，使刀具磨损增加，切削加工性变差，而且还易

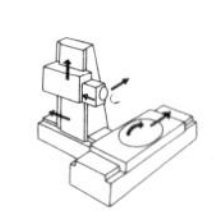

引起淬火变形和开裂。为了克服这一缺点，可在热加工之后安排一道球化退火工序，使珠光体中的网状二次渗碳体和片状渗碳体都球化，以降低硬度、改善切削加工性，并为淬火做组织准备。对存在严重网状二次渗碳体的过共析钢，应先进行一次正火处理，使网状渗碳体溶解，然后再进行球化退火。

3）去应力退火。又称低温退火，它是将钢件随炉缓慢加热（100～150℃/h）至500～650℃，保温一定时间后，随炉缓慢冷却（50～100℃/h）至300～200℃以下再出炉空冷的一种热处理工艺。去应力退火主要用于消除铸件、锻件、焊接件、冷冲压件及机加工件中的残余应力，以稳定尺寸、减少变形；或防止形状复杂和截面变化较大的工件在淬火中产生变形或开裂。由于钢件在低温退火过程中加热温度低于 Ac_1，所以无组织变化。经去应力退火可消除50%～80%的残余应力。

（2）正火　正火是将钢件加热至 Ac_3（亚共析钢）、Ac_1（共析钢）或 Ac_{cm}（过共析钢）以上30～50℃，经保温后从炉中取出，在空气中冷却的热处理工艺。

正火与完全退火的作用相似，都可得到珠光体型组织，但二者的冷却速度不同，退火冷却速度慢，获得接近平衡状态的珠光体组织；而正火冷却速度稍快，过冷度较大，得到的是珠光体类组织，组织较细，即索氏体，因此，同一钢件在正火后的强度与硬度较退火后高。

正火的主要目的是细化晶粒，提高机械性能和切削加工性能，消除加工造成的组织不均匀及内应力。对于低碳钢和低合金钢，正火可提高硬度，改善切削加工性；对于过共析钢，可消除或减少网状二次渗碳体，利于球化退火的进行；可以用正火代替中碳钢、合金钢的大直径或形状复杂零件的调质处理；可以用正火来代替铸锻件的退火处理。

正火与退火的选择在条件允许的情况下应优先考虑正火方法，因为正火生产率高。对于要求不高的普通零件则以正火为最终热处理。图1-22a所示为退火和正火的加热温度范围。

（3）淬火　淬火是将钢加热到 Ac_3（亚共析钢）或 Ac_1（共析或过共析钢）以上30～50℃，保温一定时间使其奥氏体化，然后在冷却介质中迅速冷却的热处理工艺。淬火的主要目的是得到马氏体，以提高钢的硬度和耐磨性，如各种工具、模具、量具、滚动轴承等都需要通过淬火来提高硬度和耐磨性。

淬火得到的组织是马氏体，但马氏体硬度高，而且组织很不稳定，还存在很大的内应力，极易变形和开裂，淬火后应及时回火以获得所需要的各种不同性能的组织，来满足使用要求。

碳钢的淬火加热温度可利用 $Fe-Fe_3C$ 相图来选择。对于亚共析碳钢，适宜

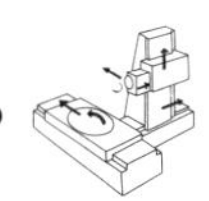

的淬火温度为 Ac_3 以上 30 ~ 50℃（见图 1-22b），淬火后获得均匀细小的马氏体组织。如果加热温度过低（$< Ac_3$），则在淬火组织中将出现大块未溶铁素体，造成淬火硬度不足。但也不允许温度过高，避免奥氏体晶粒粗大。

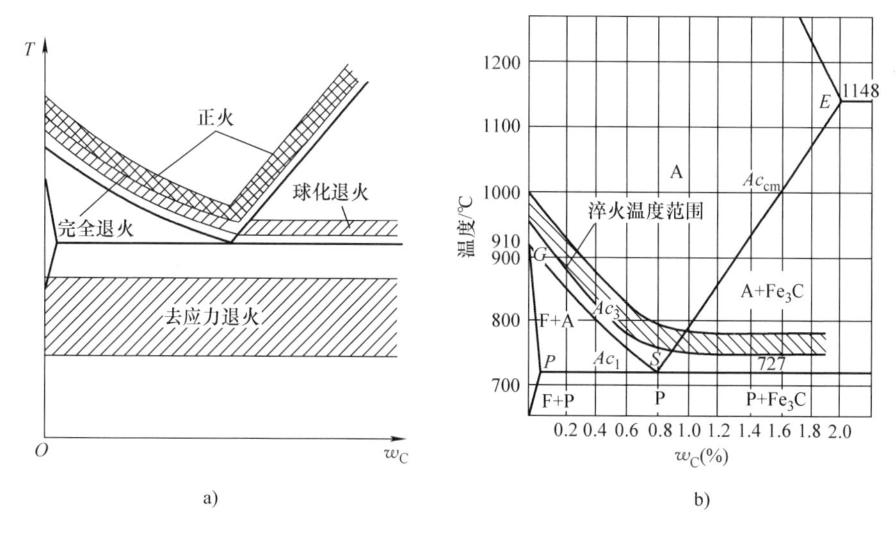

图 1-22　淬火加热温度示意图

a）退火和正火加热温度范围　b）淬火加热温度范围

对于共析碳钢和过共析碳钢，适宜的淬火温度为 Ac_1 以上 30 ~ 50℃，得到奥氏体和渗碳体组织，淬火后的组织为马氏体和粒状二次渗碳体，由于渗碳体的硬度大于马氏体的硬度，所以可提高钢的硬度和耐磨性。如果加热温度超过 Ac_{cm} 不仅会得到粗片状马氏体组织，脆性极大，而且由于奥氏体碳含量过高，使淬火钢中残留奥氏体量增加，降低了钢的硬度和耐磨性。

对于合金钢的淬火加热温度亦可参照其临界点的温度，用类似的方法来确定。但需指出，由于大多数合金元素会阻碍奥氏体晶粒长大，所以淬火温度允许比碳钢稍微高一些，这样可使合金元素充分溶解和均匀化，以取得较好的淬火效果。

淬火时若要得到马氏体，则淬火的冷却速度必须大于临界冷却速度。但根据碳钢的奥氏体等温转变曲线可知，要获得马氏体组织，并不需要在整个冷却过程中都进行快速冷却，关键是在过冷奥氏体最不稳定的 C 曲线鼻尖附近，即在 650 ~ 400℃的温度范围内尽快冷却，650℃以上及 400℃以下，并不需要快速冷却，300 ~ 200℃以下发生马氏体转变时，尤其不应该快速冷却，否则由于工件截面内外温差引起的热应力及组织转变应力的共同作用，会使工件产生变形和裂纹。

淬火常用的冷却介质是水、盐水、油等。水在 650 ~ 400℃范围内具有很高的冷却能力（>600℃/s），这对奥氏体稳定性较小的碳钢淬硬非常有利，特别是用浓度（质量分数）为10%～15%的盐水淬火，更能增加碳钢在650～400℃范围内的冷却能力，但因盐水和清水一样，在300～200℃的范围内因冷速较大，会产生较大的组织应力而造成工件严重变形或开裂。故盐水或水适用于形状简单、硬度要求高而均匀、表面要求光洁、变形要求不严格的碳钢零件，如螺钉、销钉等。

淬火用油几乎全部为矿物油（如机油、变压器油、柴油等），油在300～200℃范围内由于冷却速度小于水，对减小淬火工件的变形和开裂很有利，但在650～400℃范围内冷却速度远小于水，不适宜用于易开裂的碳钢因此多用于过冷奥氏体稳定性较大的合金钢的淬火。但油在长期使用后易老化，即黏度增大、使其冷却能力下降，另外油还不易清洗。

（4）回火 回火是将淬火后的钢加热到Ac_1以下温度，保温一段时间，然后置于空气或水中冷却的热处理工艺。回火总是伴随着淬火之后进行的，通常也是零件进行热处理的最后一道工序，所以它对产品的最终性能起着决定性的影响。

回火的目的是消除淬火钢中马氏体和残留奥氏体的不稳定性及冷却过快而产生的内应力，防止变形和开裂；促使马氏体转变为其他合适的组织，从而稳定零件的组织及尺寸；调整硬度，提高钢的韧性。

根据加热温度的不同，可将碳钢回火分为以下三类：

1）低温回火（150～250℃）。回火后的组织主要为回火马氏体，其组织与马氏体组织相近，基本上保持了淬火后的高硬度（如共析碳钢的低温回火硬度达58～62HRC）和高耐磨性。低温回火的主要目的是降低淬火应力和脆性，保留淬火后的高硬度。一般用于碳钢及合金钢制作的刀具、量具，柴油机燃油系统中的精密偶件，滚动轴承，渗碳件和表面淬火工件，如齿轮、活塞销、曲轴、凸轮轴等。

2）中温回火（350～500℃）。回火后的组织为回火屈氏体，回火屈氏体的硬度比回火马氏体低，如共析碳钢的中温回火硬度为40～50HRC，具有较高的弹性极限和屈服强度，并有一定的韧性。中温回火适用于处理弹性构件如各种弹簧。

3）高温回火（500～650℃）。回火后的组织为回火索氏体，回火索氏体具有良好的综合力学性能，硬度为25～35HRC。淬火加高温回火的热处理方法又称为调质处理，适用于处理承受复杂载荷的重要零件，如曲轴、连杆、轴类、齿轮等。

2. 钢的表面热处理

在扭转和弯曲等交变载荷作用下工作的机械零件，如柴油机的曲轴、活塞销、凸轮、齿轮等，需要提高表面层的强度、硬度、耐磨性和疲劳强度，而心部

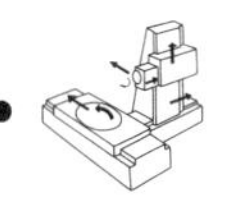

仍保持足够的塑性和韧性，使其能承受冲击载荷。显然，仅靠选材和普通热处理无法满足性能要求。若选用高碳钢淬火并低温回火，硬度高，表面耐磨性好，但心部韧性虽差；若选用中碳钢只进行调质处理，心部韧性虽好，但表面硬度低，耐磨性差。解决上述问题的正确途径是采用表面热处理，即表面淬火和化学热处理。

（1）钢的表面淬火　表面淬火是一种不改变钢的表面化学成分，但改变其组织的局部热处理方法。即将钢件表层快速加热至奥氏体化温度，就立即予以快速冷却，使表层获得硬而耐磨的马氏体组织，而心部仍保持原来塑性和韧性较好的退火、正火或调质状态组织。按其加热方式不同，可分为感应加热表面淬火、火焰加热表面淬火和激光加热表面淬火等。

（2）钢的化学热处理　化学热处理是将工件置于特定介质中加热和保温，使介质中的活性原子渗入工件表层，以改变表层化学成分和组织，从而达到使工件表层具有某些特殊力学性能或物理化学性能的一种热处理工艺。与表面淬火相比，化学热处理的主要特点是：表面层不仅有化学成分的变化，而且还有组织的变化。按照渗入元素的不同，化学热处理有渗碳、渗氮、碳氮共渗、渗硼、渗硫、渗金属等。

1）渗碳。渗碳是向低碳钢或低合金钢表面渗入碳原子的过程。渗碳的目的是使表层的含碳量增加，经淬火和低温回火后使表层具有高硬度和耐磨性，而心部仍保持一定的强度和较高的塑性及韧性。柴油机的十字头销、活塞销、凸轮及齿轮等常采用渗碳工艺。

渗碳件淬火后，都应进行低温回火，回火温度一般为 150～200℃。经淬火低温回火后，普通低碳钢（如 15、20 钢）表层为细小片状回火马氏体和少量渗碳体，硬度达 58～64HRC，耐磨性很好；心部为铁素体和珠光体，硬度为 10～15HRC；而对于某些低碳合金钢（如 20CrMnTi），心部由回火低碳马氏体及铁素体组成，硬度为 35～45HRC，并具有较高的强度及足够的韧性和塑性。

2）渗氮。渗氮是把氮原子渗入钢件表面的过程，俗称氮化。渗氮后可显著提高零件表面硬度耐磨性，并能提高其疲劳强度和耐蚀性。渗氮前需调质（以保证较高的强度和韧性）及精加工，为减小零件在渗氮处理中的变形，精加工后需进行消除应力的高温回火。渗氮用钢大多为含 Cr、Mo、Al、Ti、V 等元素的合金钢，因为这些元素能和氮形成高硬度、耐蚀性的氮化物，这些氮化物很稳定不易聚集或分解，能使钢在 500～550℃温度下仍保持高硬度。最常用的渗氮钢是 38CrMoAlA，也可用结构钢 20CrMnTi、20Cr、40Cr 等。

渗氮与渗碳相比，氮化件表面具有较高的硬度、耐磨性和疲劳强度，而且具有较好的热硬性及耐蚀性。氮化处理温度低，又不需要淬火处理，变形小。因此广泛用于交变载荷作用下要求疲劳强度很高的零件如高速柴油机曲轴，要求变形小且具有耐热、抗腐蚀性能的耐磨零件如柴油机进排气阀、气缸套及各种高速传动的精密齿轮、精密机床的主轴等，但渗氮需要一定的设备，且生产周期长，氮化层薄而脆，承受冲击振动能力差。

3）碳氮共渗。碳氮共渗是碳、氮原子同时渗入工件表面的一种化学热处理工艺。目前应用较广的是中温气体碳氮共渗法和低温气体氮碳共渗法。前者渗碳为主，后者渗氮为主。

本章小结

本章主要讨论金属材料结晶过程，以铁碳合金为例，讨论合金结晶过程，基本平衡组织转变和热处理基本类型及目的。

1. 金属的晶体结构及结晶过程

常见金属晶体结构有体心立方晶格、面心立方晶格和密排六方晶格三种晶格结构。

金属结晶过程的冷却曲线显示实际结晶温度低于理论结晶温度，其温度差称为过冷度。

生产中常采用过冷细化、变质处理和附加振动等细化晶粒的方法。

2. 铁碳合金

铁碳合金的基本组织有铁素体、奥氏体、渗碳体、珠光体和莱氏体。

铁碳合金相图中，典型合金平衡结晶过程：

共析钢：$L \xrightarrow{1} L+A \xrightarrow{2} A \xrightarrow{3} P$

亚共析钢：$L \xrightarrow{1} L+A \xrightarrow{2} A \xrightarrow{3} A+F \xrightarrow{4} P+F$

过共析钢：$L \xrightarrow{1} L+A \xrightarrow{2} A \xrightarrow{3} A+Fe_3C_{II} \xrightarrow{4} P+Fe_3C_{II}$

共晶白口铸铁：$L \xrightarrow{1} Ld \xrightarrow{2} Ld'$

亚共晶白口铸铁：

$L \xrightarrow{1} L+A \xrightarrow{2} A+Ld \longrightarrow A+Ld+Fe_3C \xrightarrow{3} P+Fe_3C_{II}+Ld'$

过共晶白口铸铁：$L \xrightarrow{1} L+Fe_3C \xrightarrow{2} Fe_3C+Ld \xrightarrow{3} Fe_3C+Ld'$

3. 常用金属材料热处理

热处理工艺是由加热、保温和冷却三个阶段组成。

实际生产中热处理常用的冷却方式有等温冷却和连续冷却两种。

普通热处理包括退火、正火、淬火和回火。

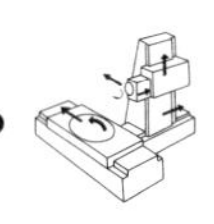

思考题与习题

1. 常用的力学性能有哪些？各性能的常用指标是什么？

2. 什么是过冷度？其对金属结晶有什么影响？

3. 什么是同素异构转变？它与金属结晶有何区别？

4. 在金属结晶过程中，采用哪些措施可以使其晶粒细化？为什么？

5. 最常见的晶体结构有哪几种？下列金属各具有哪些晶体结构。

Cr、Ni、Mg、Al、Mo、Zn、Cu。

6. 金属晶核形成的方式有哪两种？金属晶核的长大方式是什么？

7. 根据 $Fe-Fe_3C$ 相图

1）分析碳的质量分数 0.45%、1.2% 合金及 T10 钢的结晶过程，画出冷却曲线，并标出各温度下不同的组织。

2）分析含碳量对钢的组织和性能的影响，并定性比较 45 钢和 T12 钢的强度和硬度。

8. 为下列零件选用合适的材料，并说明理由。

垫圈、钢锯条、汽车曲轴、防盗门、易拉罐、菜刀、手机金属外壳、地下水管。

9. 什么是热处理？钢热处理的目的是什么？

10. 根据表 1-11 所列使用性能要求，为下表各工件选择合适的热处理方法。

表 1-11

工件名称	材料	使用性能	热处理方法
转轴	45	既强又韧，有良好的综合性能	
刮刀	T12	硬度高，耐磨性好	
弹簧	65Mn	强度高，弹性好	
齿轮	20CrMnTi	表面硬，耐磨，心部韧	

第2章　铸造成形技术

［导读］　本章介绍铸造性能、常用铸造合金铸造方法、砂型铸造工艺设计及铸造结构工艺性等内容，重点内容为铁碳合金、铸造工艺设计及结构工艺性。通过学习，掌握合金铸造性能，常见铸造缺陷及原因；常用铸造合金的铸造性能；常用铸造方法；砂型铸造工艺设计过程，以及绘制铸造工艺图；掌握铸造工艺性对铸造结构设计的要求。

铸造是将液态金属浇注到具有与零件形状及尺寸相适应的铸型空腔中，待冷却凝固后，获得一定形状和性能的零件或毛坯的方法。用铸造方法所获得的零件或毛坯，称为铸件。铸造是人类掌握比较早的一种金属热加工工艺，与其他成形方法相比，铸造生产具有下列优点：

（1）成形方便，工艺适应性强　铸件的大小几乎不受限制，并且可以制造外形复杂，尤其是具有复杂内腔的铸件。例如，机床床身、内燃机的缸体和缸盖、箱体等的毛坯均为铸造而成。另外，铸造使用的材料范围很广，可用于铸铁、铸钢、铸铜、铸铝等，其中铸铁材料应用最广泛，适用于单件小批量生产或成批及大批量生产。

（2）成本低廉，生产周期短　铸造生产使用的原材料成本低，来源方便，可回收，而且不需要大型、精密的设备，生产周期较短。铸件通常经过机械加工后，才可作为机器零件使用。合理的设计铸造工艺和结构，可提高铸件质量，减少切削加工的余量，节约金属材料。

但是，铸造方法还存在许多不足，其中广泛使用的砂型铸造，大多属于手工操作，工人的劳动强度大，生产条件差，铸造过程中产生的废气、粉尘等危害工人健康及环境。铸造生产工序较多，工艺过程较难控制，铸件中常有一些缺陷（如气孔、缩孔等），而且内部组织粗大、不均匀，使铸件质量不够稳定，废品率较高，而且力学性能也不如同类材料的锻件高。随着现代科学技术的不断发展，以及新工艺、新技术、新材料的开发，使铸造劳动条件大大改善，环境污染得到控制，铸件质量和经济效益也在不断提高。

2.1　合金的铸造性能

合金的铸造性能，是合金在铸造生产中表现出来的工艺性能，即获得优质铸件的能力。合金的铸造性能是选择铸造合金、确定铸造工艺方案及进行铸件结构

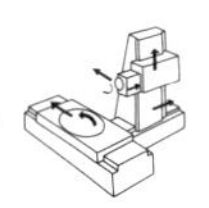

设计的重要依据。合金的铸造性能主要指合金的充型能力、收缩、吸气性等。其主要内容及其相互间的关联如图 2-1 所示。

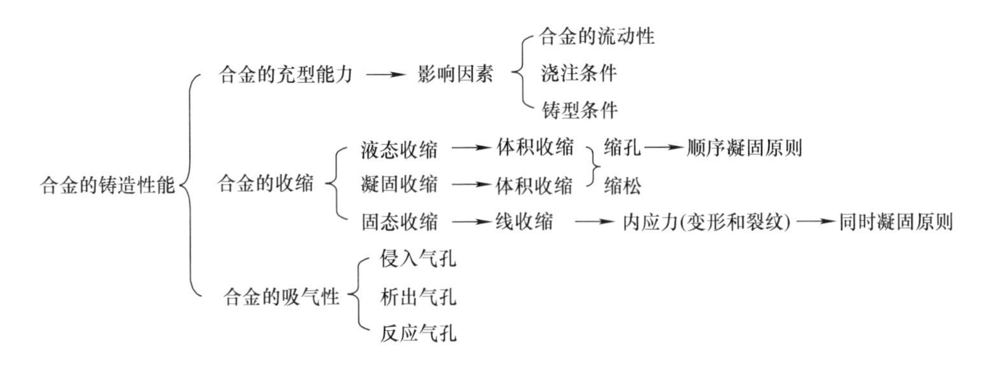

图 2-1　合金铸造性能的主要内容及其相互间的关联

2.1.1　合金的充型能力

合金的充型能力是指液态合金充满铸型型腔，获得尺寸正确、形状完整、轮廓清晰的铸件的能力。充型能力取决于液态金属本身的流动性，同时又受铸型、浇注条件、铸件结构等因素的影响。因此，充型能力差的合金易产生浇不到、冷隔、形状不完整等缺陷，使力学性能降低，甚至报废。影响合金充型能力的主要因素有：

1. 合金的流动性

合金的流动性是液态合金本身的流动能力，它是影响充型能力的主要因素之一。流动性越好，液态合金充填铸型的能力越强，越易于浇注出形状完整、轮廓清晰、薄而复杂的铸件；有利于液态合金中的气体和熔渣的上浮和排除；易于对液态合金在凝固过程中所产生的收缩进行补缩。如果合金的流动性不良，铸件易产生浇不足、冷隔等铸造缺陷。

合金的流动性大小，通常以浇注的螺旋试样长度来衡量。如图 2-2 所示，螺旋上每隔 50mm 有一个小凸点作为测量计算用。在相同的浇注条件下浇注出的试样越长，表示合金的流动性越好。不同合金的流动性不同。表 2-1 列出了常用铸造合金的流动性。由表 2-1 可知，灰口铸铁、硅黄铜的流动性最好，铸钢的流动性最差。

影响合金流动性的因素很多，凡是影响液态合金在铸型中保持流动的时间和流动速度的因素，如金属本身的化学成分、温度、杂质含量等，都将影响流动性。

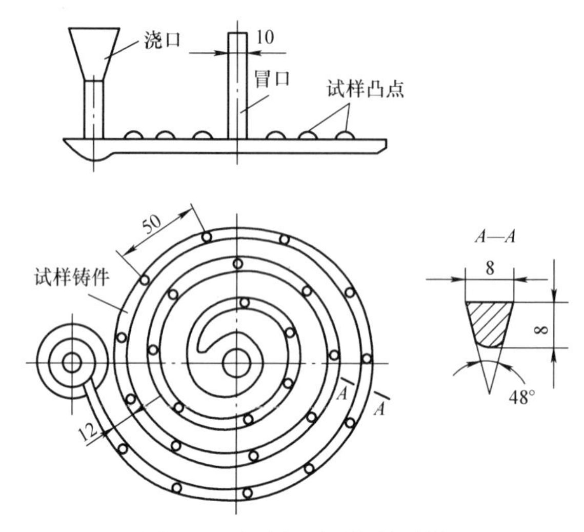

图 2-2　流动性测试螺旋试样

表 2-1　常用铸造合金的流动性

合金		铸型	浇注温度/℃	螺旋线长度/mm
铸铁	$w_{(C+Si)}6.2\%$	砂型	1300	1800
	$w_{(C+Si)}5.2\%$	砂型	1300	1000
	$w_{(C+Si)}4.2\%$	砂型	1300	600
铸钢		砂型	1600	100
			1640	200
锡青铜		砂型	1040	420
硅黄铜		砂型	1100	1000
铝合金		金属型	680~720	700~800

不同成分的铸造合金具有不同的结晶特点，对流动性的影响也不同。纯金属和共晶成分的合金是在恒温下进行结晶的，结晶过程中，由于不存在液、固并存的凝固区，所以断面上外层的固相和内层的液相由一条界线分开，随着温度的下降，固相层不断加厚、液相层不断减少，直达铸件的中心，即从表面开始向中心逐层凝固，如图 2-3a 所示。凝固层内表面比较光滑，因而对尚未凝固的液态合金的流动阻力小，故流动性好。特别是共晶成分的合金，熔点最低，因而流动性最好。非共晶成分的合金是在一定温度范围内结晶，其结晶过程是在铸件截面上一定的宽度区域内同时进行的，经过液、固并存的两相区，如图 2-3b 所示，在结晶区域内，既有复杂形状复杂的枝晶，又有未结晶的液体。复杂的枝晶阻碍着未凝固的液态合金的流动，而且使液态合金的冷却速度加快，所以流动性差。因此，合金结晶区间越大，流动性越差。

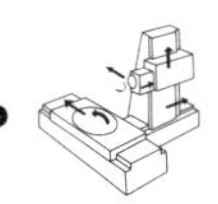

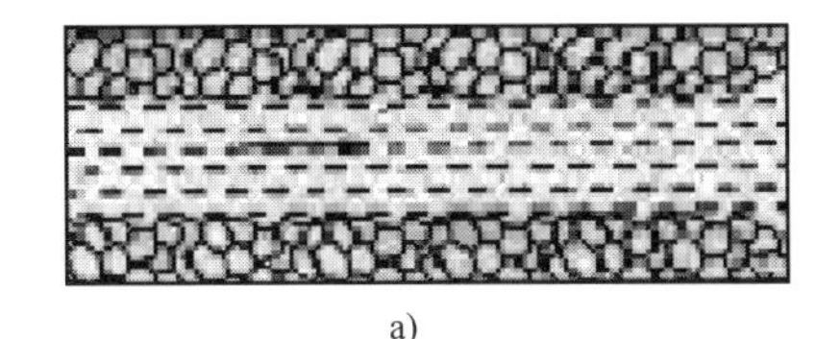
a)

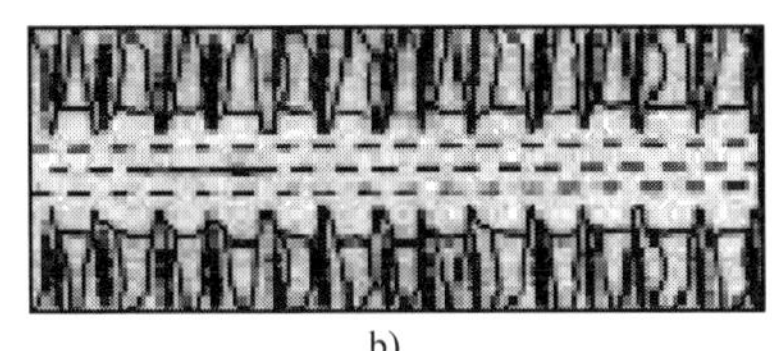
b)

图 2-3　不同成分合金的结晶
a）在恒温下凝固　b）在一定温度范围内凝固

另外，在液态合金中，凡能形成高熔点夹杂物的元素，均会降低合金的流动性，如灰铸铁中的锰和硫，多以 MnS（熔点 1650℃）的形式在铁液中成为固态夹杂物，妨碍铁液的流动。凡能形成低熔点化合物，降低合金液黏度的元素，都能提高合金的流动性，如铸铁中的磷。

2. 浇注温度

合金的浇注温度对流动性的影响极为显著。浇注温度越高，合金的黏度越低，液态金属所含的热量越多，在同样冷却条件下，保持液态的时间越长，传给铸型的热量越多，从而使铸型的温度升高，降低了液态合金的冷却速度，合金的流动性好，充型能力强。但是，浇注温度过高，会使液态合金的吸气量和总收缩量增大，增加了铸件产生气孔、缩孔等缺陷的可能性，因此在保证流动性的前提下，浇注温度不宜过高。在铸铁件的生产中，常采用“高温出炉，低温浇注”的方法。高温出炉能使一些难熔的固体质点熔化；低温浇注能使一些尚未熔化的质点及气体在浇包中的镇静阶段有机会上浮净化铁液，从而提高合金的流动性。对于形状复杂的薄壁铸件，为了避免产生冷隔和浇不足等缺陷，浇注温度以略高为宜。

3. 充型压力

金属液态合金在流动方向上所受到的压力为充型压力。充型压力越大，流速越快，流动性越好。但充型压力不宜过大，以免产生金属飞溅或因为气体排出不及时产生气孔等缺陷。砂型铸造的充型压力是由直浇道所产生的静压力形成的，提高直浇道的高度可以增大充型能力。对于压力铸造和离心铸造增加充型压力，可以提高金属液的流动性，增强充型能力。

4. 铸型条件

铸型条件包括铸型的蓄热系数、铸型温度及铸型中的气体含量等。铸型的蓄热系数是指铸型从金属液吸收并储存热量的能力。铸型材料的导热率、密度越大，蓄热系数越大，对金属液的冷却作用越大，金属液保持流动的时间就越短，充型能力越差。而铸型温度越高，金属液冷却越慢，充型能力越好。另外，在浇注时，铸型若产生气体过多，且排气能力不好，则会阻碍充型，并产生气孔缺陷。铸型结构或浇注系统布置不合理（见图 2-4），如直浇道过低，则液态合金静压力减小；内浇道截面过小，铸型型腔过窄或表面不光滑，则增加液态合金的流动阻力。因此，在铸型中增加液态合金流动阻力和液态合金冷却速度等，均会使流动性变差。

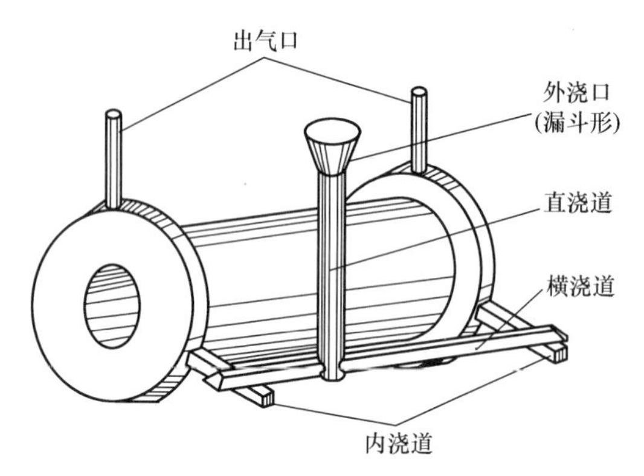

图 2-4　铸件浇注系统

2.1.2　合金的收缩

1. 合金的收缩及影响因素

（1）收缩的概念　液态合金从浇注温度逐渐冷却、凝固，直至冷却到室温的过程中，其尺寸和体积缩小的现象，称为收缩。它是铸造合金本身的物理性质，也是合金重要的铸造性能之一。整个收缩过程经历了液态收缩、凝固收缩和固态收缩三个阶段。

液态收缩为合金从浇注温度冷却至液相线温度的收缩。凝固收缩为合金从液相线冷却至固相线温度之间的收缩。固态收缩为合金从固相线温度冷却至室温时的收缩。合金的总收缩率为上述三阶段收缩率的总和。合金的液态收缩和凝固收缩表现为合金体积的缩减，常用体积收缩率表示，是铸件产生缩孔、缩松的基本原因；合金的固态收缩主要表现为铸件各个方向上的线尺寸的缩减，通常用线收缩率表示，是铸件产生内应力、变形和裂纹的基本原因。不同的合金其收缩率不同，表 2-2 列出了常见铁碳合金的收缩率。

表 2-2　常见铁碳合金的收缩率

合金的种类	含碳量（质量分数）	浇注温度/℃	液态收缩（%）	凝固收缩（%）	固态收缩（%）	总体积收缩（%）
铸造碳钢	0.35%	1610	1.6	3	7.86	12.46
白口铸铁	3.0%	1400	2.4	4.2	5.4～6.3	12～12.9
灰口铸铁	3.5%	1400	3.5	0.1	3.3～4.2	6.9～7.8

（2）影响因素

1）化学成分。不同的铸造合金有不同的收缩率，从表 2-2 中看出灰口铸铁收

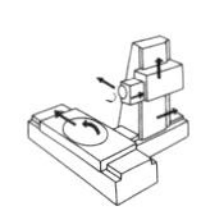

缩最小，铸钢收缩最大。灰口铸铁收缩小的原因是由于大部分的碳是以石墨状态存在，因石墨比容大，在结晶过程中，析出石墨所产生的体积膨胀，抵消了一部分收缩。硅是促进石墨化的元素，所以碳、硅含量越多，收缩率就越小。硫能阻碍石墨的析出，使铸件的收缩率增大。适当提高锰含量，锰与铸铁中的硫形成 MnS，抵消了硫对石墨化的阻碍作用，可减少硫对石墨化的阻碍作用，使收缩率减小。

2）浇注温度　浇注温度越高，过热量越大，合金的液态收缩增加，合金的总收缩率加大。对于钢液，通常浇注温度提高 100℃，体收缩率增加约 1.6%，因此浇注温度越高，形成缩孔的倾向越大。

3）铸型结构与铸型条件　合金在铸型中并不是自由收缩，而是受阻收缩。其阻力来自两个方面：其一，铸件在铸型中冷却时，由于形状和壁厚上的差异，造成各部分冷速不同，相互制约而对收缩产生阻力；其二，铸型和型芯对收缩的机械阻力。通常，带有内腔或侧凹的铸件收缩较小，型砂和型芯砂的紧实度越大，铸件的收缩越小。显然，铸件的实际线收缩率比合金的自由线收缩率小。因此，在设计模型时，应根据合金的材质，铸件的形状、尺寸等，选用适当的收缩率。

2. 铸件中的缩孔与缩松

浇入铸型中的液态合金，当因液态收缩和凝固收缩所产生的体积收缩得不到外来液体的补充时，会在铸件最后凝固的部位形成孔洞。大而集中的空洞称为缩孔，细小而分散的空洞称为缩松，是铸件上危害最大的缺陷之一。

（1）缩孔　缩孔常出现在铸件的上部或最后凝固的部位，其形状不规则，多呈倒锥形，且内表面粗糙。其形成过程，如图 2-5 所示。

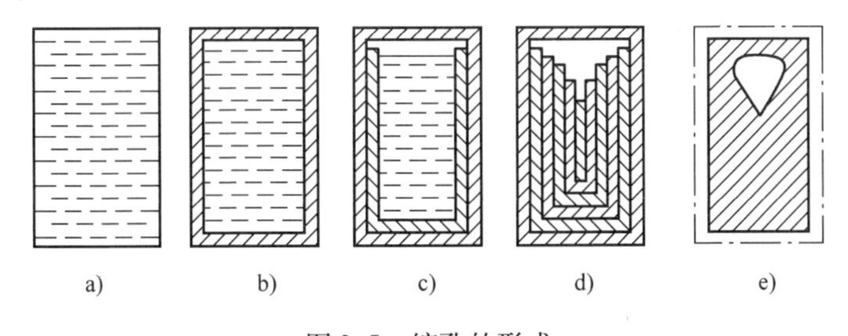

图 2-5　缩孔的形成

液态合金填满铸型后，逐渐冷却，出现液态收缩，因浇注系统尚未凝固，型腔还可以充满，如图 2-5a 所示。随着冷却的继续进行，当外缘温度降至固相线温度以下时，铸件表面凝固成一层硬壳，像一个封闭的容器，里面充满了液态合金，如图 2-5b 所示。铸件进一步冷却时，除了液态的合金产生液态收缩及凝固收缩外，已凝固的外壳还将产生固态收缩。但硬壳内合金的液态收缩和凝固收缩远大于硬壳的固态收缩，故液面下降，与硬壳顶面脱离，如图 2-5c 所示。此时在大气压力作用下，硬壳可能向内凹陷，如图2-5d所示。随着凝固的继续进行，凝固层不断加厚，液面继续下降，在最后凝固的部位，形成一个倒锥形的缩孔，如图2-5e所示。

（2）缩松 缩松分布面积较广，产生的原因是由于铸件最后凝固区域的收缩未能得到补充，或者是由于合金结晶间隔宽，被树枝状晶分隔开的小液体区难以得到补充所致。缩松可分为宏观缩松与显微缩松两种。宏观缩松用肉眼或放大镜可以观察到，它多分布在铸件中心，轴线处或缩孔下方，如图2-6所示。显微缩松是分布在晶粒之间的微小孔洞，要用显微镜才能观察到，其分布面积更广，如图2-7所示。显微缩松难以完全避免，对于一般铸件可不作为缺陷对待，但对气密性、力学性能、物理化学性能要求很高的铸件，则必须设法减少。

图2-6 宏观缩松

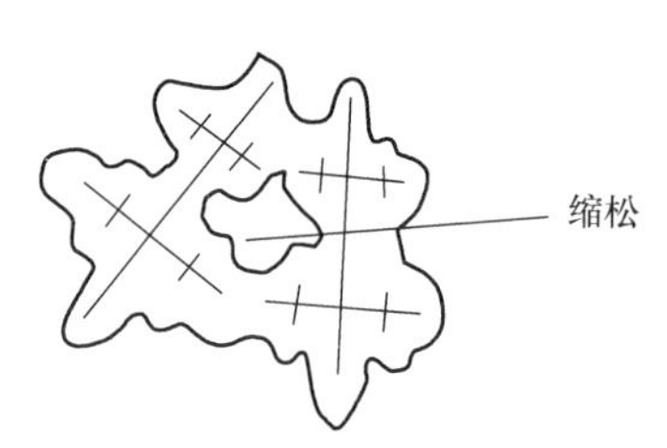

图2-7 显微缩松

由以上的缩孔和缩松的形成过程，可得到以下规律：

1）合金的液态收缩和凝固收缩越大（如铸钢，铝青铜等），铸件越易形成缩孔。

2）结晶温度范围宽的合金易于形成缩松，如锡青铜等；而结晶温度范围窄的合金、纯金属和共晶成分合金易于形成缩孔。普通灰口铸铁，尽管接近共晶成分，但因石墨的析出，凝固收缩小，形成缩孔和缩松的倾向都很小。

（3）防止缩孔的方法 收缩是铸造合金的物理性质，产生缩孔是必然的。缩孔和缩松的存在会减小铸件有效的截面面积，降低铸件的承载能力和力学性能，缩松还可使铸件因渗漏而报废，是铸件的重要缺陷。因此，必须予以防止。防止缩孔常用的工艺措施为“顺序凝固原则”，即在铸件可能出现缩孔的热节处，增设冒口或放置冷铁，使铸件远离冒口的部位先凝固，然后是靠近冒口的部位凝固，最后才是冒口本身凝固，如图2-8所示，顺序凝固使铸件按递增的温度梯度方向从一个部分到另一个部分依次凝固的工艺方法。按此原则进行凝固，能使缩孔集中到冒口中，最后将冒口切除，就可以获得致密的铸件了。

冒口是铸型内储存用于补缩的金属液的空腔，冷铁通常用钢或铸铁制成，仅是加快某些部位的冷却速度，以控制铸件的凝固顺序，但本身并不起补缩作用。冷铁和冒口设置的实例如图2-9所示，左侧为无冒口和冷铁的状况，在热节处可

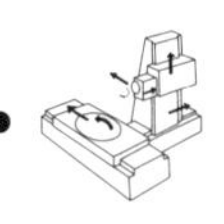

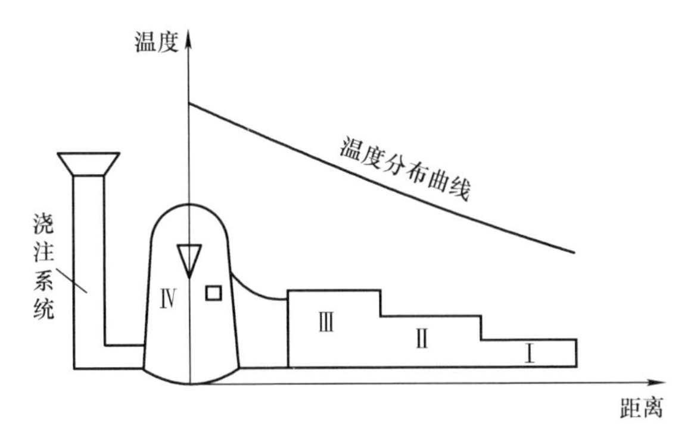

图 2-8　顺序凝固示意图

能产生缩孔；右侧为增设冒口和冷铁后，铸件实现了顺序凝固，防止了缩孔。

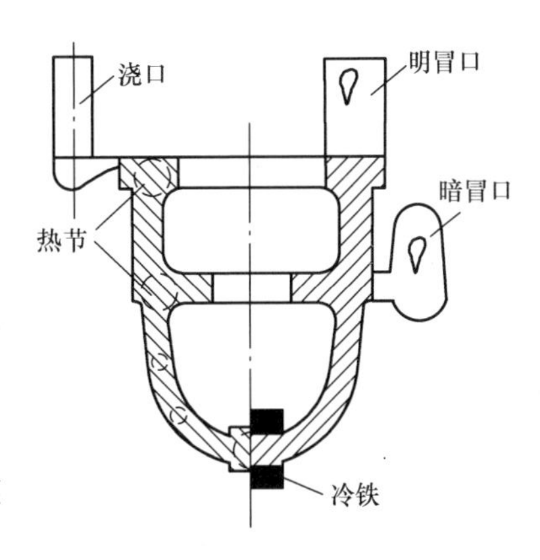

图 2-9　铸件设置冒口和冷铁示例

顺序凝固原则虽然可以有效地防止缩孔和宏观缩松，但铸造工艺复杂，不仅增大了铸件成本，也扩大了铸件各部分的温差，增大了铸件的变形和裂纹倾向。因此，它主要用于必须补缩的场合，如铸钢、铝硅合金等。另外，结晶温度范围宽的合金，结晶开始后，形成发达的树枝状骨架将布满整个截面，难以进行补缩，因而很难避免显微缩松的形成。因此，顺序凝固原则主要适用于纯金属和结晶温度范围窄，靠近共晶成分的合金，也适用于凝固收缩大的合金补缩。

通过加压补缩的方法也可以防治缩孔和缩松。即将铸型放于压力室中，浇注后使铸件在压力下凝固，可显著减少显微缩松。此外，采用压力铸造、离心铸造等特种铸造方法使铸件在压力下凝固，也可有效地防治缩孔和缩松。

3. 铸造内应力

铸件在固态收缩过程中，受到阻碍及热作用，会产生的应力，称为铸造内应力。它是铸件产生变形和裂纹等缺陷的主要原因。铸造内应力按产生的原因不同主要分为热应力和机械应力两种。

（1）热应力　热应力是由于铸件壁厚不均匀、各部分冷却速度不一致，致使铸件在同一时期内各部分的收缩不一致而引起的。应力状态随温度的变化而发生变化，金属在再结晶温度以上的较高温度下及较小的应力作用下即发生塑性变形，变形后应力消除，金属处于塑性状态。在再结晶温度以下的较低温度下，此时在应力作用下，将产生弹性变形，金属处于弹性状态。

以图2-10a所示的框形铸件来分析热应力的形成。该铸件由较粗的Ⅰ杆和较细的Ⅱ杆两部分组成，当温度为$t_{固}$时，两杆均为固态，温度继续下降，即当处于高温阶段（$T_0 \sim T_1$），两杆均处于塑性状态，尽管它们的冷却速度不同、收缩不一致，但所形成的应力均可通过塑性变形而消失。继续冷却至时间为T_1时，细杆Ⅱ温度达到$t_{临}$，则进入弹性状态；而粗杆Ⅰ并未到达$t_{临}$温度，仍处于塑性状态（$T_1 \sim T_2$），细杆冷却快，收缩大于粗杆，所以，Ⅱ杆受拉、Ⅰ杆受压，如图2-10b所示，形成暂时应力。但这个应力随着粗杆的微量塑性变形而消失，如图2-10c所示。当进一步冷却到较低温度时，Ⅰ、Ⅱ杆均处于弹性状态（$T_2 \sim T_3$），这时粗杆温度较高，还会进行大量的收缩，Ⅱ杆温度低，收缩趋于停止。因此粗杆Ⅰ的收缩受到Ⅱ杆的强烈阻碍，形成了内应力。粗杆受拉应力，而细杆受压应力。

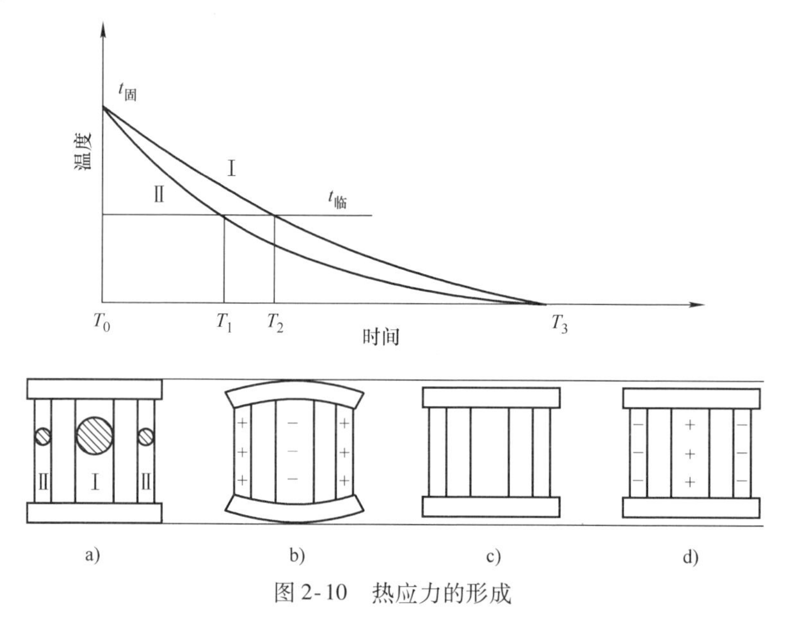

图2-10　热应力的形成

由此可见，热应力使铸件厚壁部分或心部受拉伸应力；薄壁部分或表面受压缩应力。合金的线收缩率越大，铸件各部分的壁厚差别越大，形状越复杂，所形成的热应力越大。

热应力产生的基本原因是由于冷却速度不一致所致，因此应尽量减小铸件各部分的温差，使其均匀冷却即可预防热应力。为此，设计铸件结构时应尽量使铸件的壁厚均匀，并在铸造工艺上采用同时凝固原则。

所谓同时凝固，就是将浇口开在铸件的薄壁处，以减小该处的冷却速度，而在厚壁处可放置冷铁以加快其冷却速度，如图2-11所示，使铸件各部分冷却速度尽量一致。铸件按同时凝固原则凝固，各部分温差小，热应力小，不易产生变

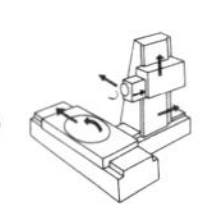

形和裂纹，而且不必设置冒口，铸造工艺简化。但是这种凝固方式易使铸件中心出现宏观缩松或缩孔，影响铸件的致密性。因此，这种凝固原则主要适用于缩孔、缩松倾向较小的灰口铸铁等合金。但是同时凝固原则的工艺措施与防止缩孔、缩松缺陷的顺序凝固措施相矛盾，应根据铸件的具体结构特点设计实际的工艺措施，以防止缺陷的产生。

（2）机械应力　铸件收缩时受到铸型、型芯等的机械阻碍而引起的应力称为机械应力，如图 2-12 所示，机械应力使铸件产生拉应力或切应力，机械应力是暂存的，铸件落砂后机械阻碍消除可自行消失。形成机械阻碍的原因是型砂的高温强度高、退让性差、铸件型腔结构不合理等。

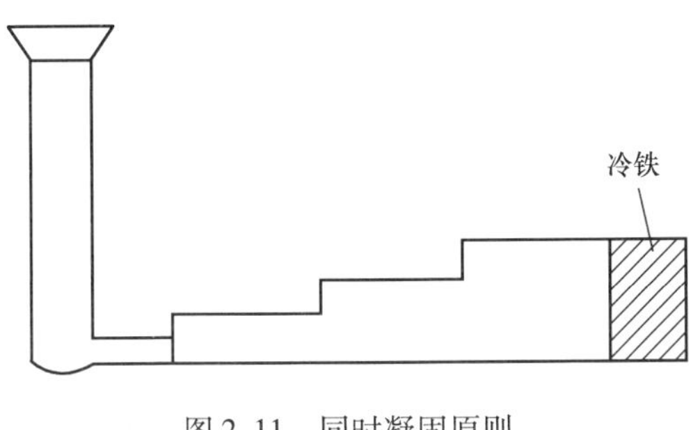

图 2-11　同时凝固原则

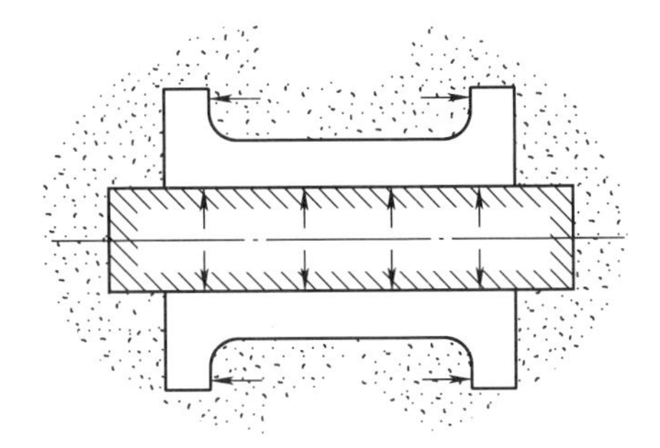

图 2-12　机械应力

当铸件的内应力大于铸件的抗拉强度时，铸件会产生裂纹，如图 2-12 所示。对于一般铸铁件，通常以预防缩孔缩松缺陷为主，因为铸件在冷却过程中产生的铸造内应力不致引起裂纹，铸造内应力问题往往不是主要的工艺问题，但由于会有残留下来的应力，可以通过时效处理加以消除。

时效处理可分为自然时效和人工时效两种。自然时效是将铸件放置在露天半年到一年的时间，从而使铸件内部的应力自行消失；人工时效是将铸件进行低温退火，它可缩短处理时间，将铸件加热到 550 ~ 650℃，保温 2 ~ 4h，随炉冷却至 150 ~ 200℃，然后出炉，消除铸件的残留应力。

（3）铸件的变形与防止　内应力的存在是铸件产生变形的主要原因。铸件中厚壁部位受拉应力，薄壁部位受压应力，处于应力状态的铸件是不稳定的，将自发地通过变形减小应力，以趋于达到稳定状态。显然，受拉的部分有缩短的趋势或向内凹；受压的部分有伸长的趋势，或向外凸这样才能使铸件中的残留应力减小或消除。图 2-13 所示为车床床身铸件，其导轨部分较厚，残留有拉应力，床壁部分较薄，残留有压应力，于是，床身朝着导轨方向弯曲，使导轨下凹。

铸件的变形使铸件精度降低，严重时可能使铸件报废，必须进行防止。为防止铸件变形，首先在铸件设计时，应尽量使铸件壁厚均匀、形状简单和结构对

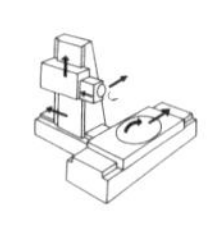

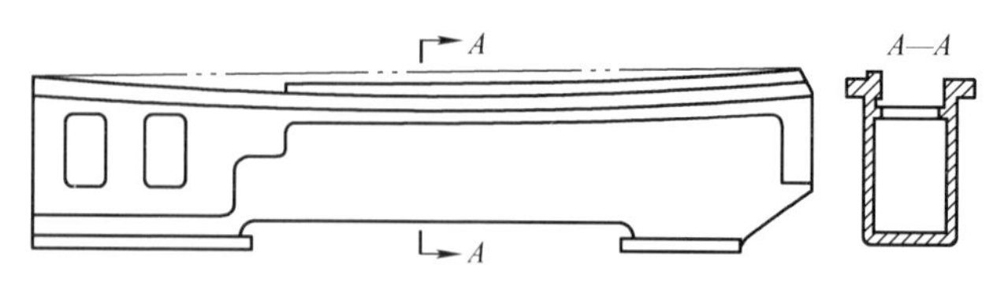

图 2-13　车床床身变形

称。图 2-14 所示为铸件结构对变形的影响。从图中可见，对称结构不易产生变形。另外，在生产中常用反变形法防止铸件变形。对图 2-13 床身铸件，预先将模样做成与铸件变形方向相反的形状，模样的预变形量（反挠度）与铸件的变形量相等，待铸件冷却后变形正好抵消。采用同时凝固原则，减少热应力也能减小铸件变形。实践证明，铸件冷却时产生一定的变形，只能减小应力，而不能彻底消除应力。铸件经机械加工后，会引起铸件的再次变形，零件精度降低。为此，对重要的铸件，还必须采用去应力退火。

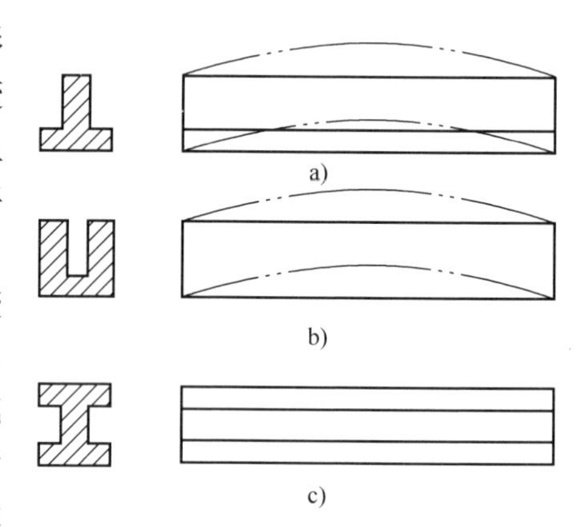

图 2-14　铸件结构对变形的影响

（4）铸件裂纹及防止　当铸造内应力超过金属的强度极限时，铸件便产生裂纹。裂纹是严重的铸造缺陷，必须设法防止。裂纹按形成的温度范围分为热裂和冷裂两种。

热裂是凝固末期，金属处于固相线附近的高温下形成的。在金属凝固末期，固体的骨架已经形成，但树枝状晶体间仍残留少量液体，此时合金如果收缩，就可能将液膜拉裂，形成裂纹。另外，研究表明，合金在固相线温度附近的强度、塑性非常低，铸件的收缩受到铸型等因素阻碍时，产生应力将很容易超出此温度时的强度极限，导致铸件开裂。热裂纹的形状特征是裂纹短、缝隙宽、形状曲折、缝内呈氧化色，即铸钢件呈黑色（或蓝色），铝合金呈暗灰色。铸件结构不合理，合金收缩大，型（芯）砂退让性差及铸造工艺不合理均可引发热裂。钢铁中的硫和磷降低了钢铁的韧性，使热裂纹倾向提高。因此合理地调整合金成分，合理地设计铸件结构，采用同时凝固原则和改善型砂的退让性都是有效的措施。

冷裂是在较低温度下形成的，此时金属处于弹性状态，当铸造应力超过合金的强度极限时产生。其形状特征是裂纹细小，呈连续直线状，有时缝内有轻微氧化色。冷裂常出现在复杂件的受拉伸部位，特别易出现在应力集中处。不同合金的冷裂倾向不同，灰口铸铁、高锰钢等塑性差的合金容易产生冷裂；钢中磷含量

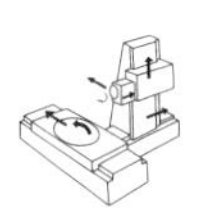

高，冷脆性增加，易形成冷裂，因此，对钢铁材料，应严格控制磷含量，并且浇注后不要过早落砂。冷裂的倾向与铸造内应力有密切关系，凡能减小铸造内应力的因素，均能防止冷裂。

2.1.3　合金的吸气性

在熔炼和浇注合金时，合金内存有大量气体，这种吸收气体的能力，称为吸气性。气体在冷凝的过程中不能逸出，冷凝后则在铸件内形成气孔缺陷。气孔表面比较光滑、明亮或略带氧化色，形状呈椭圆形、球形或梨形。气孔的存在破坏了金属的连续性，减少了承载的有效面积，并在气孔附近引起应力集中，降低了铸件的力学性能。

按照气体的来源，气孔可分为侵入气孔、析出气孔和反应气孔三类。

1. 侵入气孔

侵入气孔是砂型和型芯表面层聚集的气体侵入金属液中而形成的气孔。气体主要来自造型材料中的水分、黏结剂、附加物等，一般是水蒸气、一氧化碳、二氧化碳、氧气、碳氢化合物等。侵入气孔多位于砂型和型芯的表面附近，尺寸较大，呈椭圆形或梨形，孔的内表面被氧化。预防侵入气孔产生的主要措施是减少型（芯）砂的发气量、发气速度，增加铸型、型芯的透气性；或在铸型表面刷涂料，隔开型砂与金属液，防止气体的侵入。

2. 析出气孔

溶解于金属液中的气体在冷却和凝固过程中，由于气体的溶解度下降而从合金中析出，在铸件中形成的气孔，称为析出气孔。析出气孔的分布面积较广，有时遍及整个铸件截面，但气孔的尺寸很小，常被称为“针孔”。析出气孔在铝合金中最为多见。它不仅影响合金的力学性能，还将严重影响铸件的气密性，甚至引起铸件渗漏。

预防析出气孔的主要措施是减少合金的吸气量，即将炉料及浇注工具进行烘干，缩短熔炼时间，在覆盖层下或真空炉中熔炼合金等；可以利用不溶于金属的气泡，带走溶入液态金属中的气体，即对金属进行除气处理。如向铝液底部吹入氮气，当氮气泡上浮时可带走铝液中的氢气。也可在生产中采用提高铸件的冷却速度和使其在压力下凝固的办法，使气体来不及析出而过饱和地溶解在金属中，从而避免气孔的产生。如用金属型铸造铝铸件，比用砂型铸造铝铸件气孔要少。

3. 反应气孔

浇入铸型中的金属液与铸型材料、型芯撑、冷铁或熔渣之间，因化学反应产生气体而形成的气孔，称反应气孔。反应气孔的种类甚多，形状各异。如金属液与砂型界面因化学反应生成的气孔，多分布在铸件表层下 1 ~2mm 处，表面经过加工或清理后，许多小孔就会显现出来，被称为皮下气孔。反应气孔形成的原因和方式较为复杂，不同合金防止的方法也有所区别。通常可以通过清除冷铁、型芯撑表面油污、锈蚀并保持干燥来预防反应气孔的出现。

2.2　常用铸造合金及铸造方法

2.2.1　常用铸造合金

常用的铸造合金包括铸铁、铸钢和铸造有色合金。其中最常用的铸造合金是铸铁件，它大量应用于机器制造业中。通常铸铁件占机器总重量的50%以上。

1. 铸铁

铸铁是含碳量大于2.11%（质量分数）的铁碳合金。根据碳在铸铁中存在形式的不同，铸铁可分为白口铸铁、灰口铸铁和麻口铸铁。白口铸铁中碳以渗碳体形式存在，断口呈银白色，硬脆性大，很少用于制作机器零件，主要用于炼钢原料。灰口铸铁中碳以石墨形式存在，断口呈暗灰色，应用较广。麻口铸铁中碳以自由渗碳体和石墨形式混合存在，断口为黑白相间的麻点，硬脆性大，也很少使用。

其中灰口铸铁根据石墨形态的不同又可分为普通灰口铸铁、可锻铸铁、球墨铸铁和蠕墨铸铁。

（1）普通灰口铸铁　普通灰口铸铁通常简称为灰铸铁，石墨呈片状，化学成分靠近共晶点，熔点低，具有良好的流动性，并且铸件在结晶时，由于石墨的析出而产生膨胀，抵消了铸铁的凝固收缩，其总的收缩率很小，因而不易产生缩孔等缺陷，在一般情况下铸型很少需要冒口和冷铁。普通灰口铸铁浇注温度较低，因而对型砂的性能要求较低，普通的天然石英砂即可使用，通常多采用湿型铸造。因此，普通灰口铸铁具有良好的铸造性能，铸造工艺简化的特点，便于制造薄而复杂的铸件。此外，灰口铸铁件一般不需进行热处理，或仅需时效处理。

但是，普通灰口铸铁由于粗片状石墨的存在，导致力学性能降低（R_m不超过250MPa)，因此为了改善灰口铸铁的力学性能，通常需要采用孕育处理来改变片状石墨的大小和数量。石墨片越细小，越均匀，铸铁的力学性能便越高。铁液经孕育处理后，获得的亚共晶灰铸铁，称为孕育铸铁。其组织是在珠光体基体上均匀分布着细小石墨片，其强度和硬度明显高于普通灰口铸铁，但塑性和韧性仍比较差，可用来制造力学性能要求较高的铸件，如气缸、曲轴、凸轮、机床床身，特别是截面尺寸变化较大的铸件。

孕育处理过程是首先熔炼出碳硅含量低的高温原铁液，一般是碳的质量分数为2.7%~3.3%、硅的质量分数为1.0%~2.0%；然后将块度为3~10mm^3的小块或粉末状孕育剂均匀地撒到出铁槽或浇包中，由出炉的高温铁液将孕育剂冲熔，并被吸收后，搅拌、扒渣，然后进行浇注。常用的孕育剂为含硅75%（质

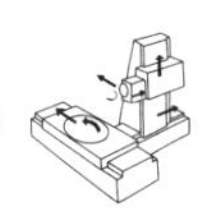

量分数）的硅铁合金，孕育剂的加入量为铁液重量的 0.25%～0.6%，厚件加入孕育剂的重量要取下限。由于低碳铁液的流动性差，处理后铁液温度要降低，所以铁液出炉温度一般控制在 1400～1450℃。孕育剂在铁液中形成了大量弥散的石墨结晶核心，提高了石墨化作用，从而得到细晶粒珠光体和分布均匀的细片状石墨组织，使铸铁的力学性能得到了提高。经孕育处理的铁液应及时进行浇注，因为随着时间的增加，孕育效果会减弱以致消失，产生孕育衰退，所以生产中规定了孕育处理到进行浇注之间的时间不要超过 15min。

普通灰口铸铁的牌号用力学性能来表示。以“HT”表示普通灰口铸铁，后面以三位数字表示普通灰口铸铁的最低抗拉强度值。常用普通灰口铸铁的牌号、性能和用途见表 2-3。

表 2-3 常用普通灰口铸铁的牌号、性能及用途

类别	牌号	铸件壁厚/mm	抗拉强度/MPa	硬度/HBS	特性及应用举例
普通灰口铸铁	HT100	2.5～10	130	110～167	铸造性能好，工艺简便，铸造应力小，不需人工时效处理，减振性好。适用于负荷很小的不重要件或薄件，如重锤、油盘、防护罩、盖板等
		10～20	100	93～140	
		20～30	90	87～131	
		30～50	80	82～122	
	HT150	2.5～10	175	136～205	性能与 HT100 相似，适用于承受中等载荷的零件，如机座、支架、箱体、轴承座、法兰、阀体、泵体、带轮、机油壳等
		10～20	145	119～179	
		20～30	130	110～167	
		30～50	120	105～157	
	HT200	2.5～10	220	157～236	强度较高，耐磨、耐热性较好，减振性好；铸造性能较好，但需进行人工时效处理。适用于承受中等或较大载荷和要求一定气密性或耐蚀性等较重要零件，如气缸、衬套、齿轮、飞轮、底架、机体、气缸体、气缸盖、活塞环、液压缸、凸轮、阀体、联轴器等
		10～20	195	148～222	
		20～30	170	134～200	
		30～50	160	129～192	
孕育铸铁	HT250	4～10	270	174～262	
		10～20	240	164～247	
		20～30	220	157～236	
		30～50	200	150～225	
	HT300	10～20	290	182～272	强度和耐磨性很好，但白口倾向大，铸造性能差，需进行人工时效处理。适用于要求保持高度气密性的零件，如压力机、自动车床和其他重型机床的床身、机座、主轴箱、曲轴、气缸体、气缸盖、缸套等
		20～30	250	168～251	
		30～50	230	161～241	
	HT350	10～20	340	199～298	
		20～30	290	182～272	
		30～50	260	171～257	

（2）可锻铸铁　可锻铸铁又称马铁或玛钢，石墨呈团絮状，是将白口铸铁件经高温石墨化退火，使其组织中的渗碳体分解为团絮状石墨而成。由于团絮状石墨的存在大大减轻了对基体的割裂作用，故抗拉强度得到了显著提高，特别是其强度和韧性比普通灰口铸铁高，因此得名，但是，事实上可锻铸铁通常不能用于锻造加工。

可锻铸铁的碳、硅含量较低，凝固温度范围较大，因而铁液的流动性较差，为此，必须适当提高铁液的出炉温度和浇注温度，以防止浇注时铸件产生冷隔和浇不足等缺陷，由于浇注温度高（一般不低于 1360℃），所以型砂的耐火性也要适当提高。可锻铸铁的铸态组织为白口，没有石墨化膨胀阶段，收缩大，容易形成缩孔、缩松和裂纹缺陷，因此，在铸造工艺上应采用顺序凝固原则，设置冒口和提高型砂的退让性等。可锻铸铁的生产过程比较复杂，退火周期长，能源消耗大，铸件成本较高。

可锻铸铁分为两类，一类为黑心可锻铸铁和珠光体可锻铸铁，基本组织分别为铁素体基体和珠光体基体，另一类为白心可锻铸铁，其基本组织取决于断面尺寸。表 2-4 所示为常用黑心和珠光体可锻铸铁的牌号、性能及用途举例。其中“KTH”为代表黑心可锻铸铁。“KTZ”代表珠光体可锻铸铁，后面第一组数字代表最低抗拉强度，第二组数字代表最低伸长率。

表 2-4　常用黑心和珠光体可锻铸铁的牌号、性能及用途（GB/T 9440—2010）

名称	牌号	力学性能			应用举例
		抗拉强度/MPa	伸长率 A/(%)	硬度/HBW	
黑心可锻铸铁	KTH300－06	300	6	≤150	三通、管件、中压阀门
	KTH330－08	330	8		扳手、农用工具
	KTH350－10	350	10		输电线路件，汽车、拖拉机的前后轮壳，差速器壳，转向节壳，制动器，农机件及冷暖器接头等
	KTH370－12	370	12		
珠光体可锻铸铁	KTZ450－06	450	6	150～200	曲轴、凸轮轴、连杆、齿轮、摇臂、活塞环、轴套、犁片、耙片、闸、万向接头、棘轮、扳手、传动链条、矿车轮
	KTZ500－05	500	6	165～215	
	KTZ600－03	600	3	195～245	
	KTZ700－02	700	2	240～290	

从表 2-4 中可见，黑心可锻铸铁具有较高的塑性和韧性，强度相对较低；而珠光体可锻铸铁强度、硬度较高，塑性较差。前者常用于制造受冲击、振动的零件，如汽车前后桥壳、减速器壳等；后者可用来制造具有较高强度及耐磨性的零件，如曲轴、连杆等。可锻铸铁目前多用于制造形状复杂、承受冲击载荷的薄壁小件，而对于大中型零件不宜采用。目前，球墨铸铁已代替部分可锻铸铁。

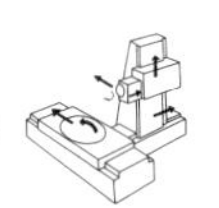

（3）球墨铸铁　球墨铸铁内石墨呈球状，化学成分接近共晶点，要求碳、硅含量比灰口铸铁高，锰、硫、磷含量比灰铸铁低。球墨铸铁的力学性能较好，其强度、塑性和韧性较高，并具有良好的耐磨性、抗疲劳性能和减振性，流动性较好，但铸造性能不及普通灰口铸铁，主要用来制造载荷较大，受力复杂的机器零件。

球墨铸铁生产时，为了获得球状石墨，需要进行球化处理，而球化剂具有阻碍石墨化的作用，并为防止白口组织现象，要进行孕育处理。但是因为球化处理时铁液温度会下降 50 ~ 100℃，铸件会产生浇不足等缺陷。因此，球墨铸铁要较高的浇注温度及较大的浇注尺寸。为保证浇注温度，铁液的出炉温度应在 1400℃以上。球墨铸铁在凝固收缩前，有较大的膨胀，当铸型刚度不足时，铸件的外壳将向外胀大，造成铸件内部金属液的不足，在铸件最后凝固部位易产生缩孔。因此，球墨铸铁一般需用冒口和冷铁，采用顺序凝固原则。另外，由于铁水中的 MgS 与型腔中的水分作用，生成 H_2S 气体，所以，球墨铸铁易产生皮下气孔，因此，在造型工艺上应严格控制型砂水分，适当提高型砂透气性。此外，球墨铸铁比灰口铸铁有较大的内应力、变形、裂纹倾向，所以对球墨铸铁要进行退火，以消除内应力。

球墨铸铁球化处理的目的是使石墨结晶时呈球状析出，常用的球化剂主要是稀土镁合金。其加入量为铁液量的 1.3% ~ 1.8%（质量分数）。球化处理一般采用包底冲入处理法，如图 2-15 所示，将球化剂放入铁液包底部，上面覆盖硅铁粉和草木灰，以防止球化剂上浮。铁液分两次冲入，第一次冲入 1/2 ~ 2/3，待球化作用后，再冲入其余铁液，经孕育处理、搅拌、扒渣后即可浇注。常用的孕育剂为质量分数为 75% Si 的硅铁合金，加入量为铁水重量的 0.4% ~ 1.0%。球化处理中，碳可改善铸造性能和球化效果；低的硅、锰和磷，可提高塑性和韧性；但硫易与球化剂合成硫化物，严重影响球化效果，应严格控制。另外，处理后的铁液应及时浇注，否则球化作用衰退会引起铸件球化不良，降低性能，因此为了防止球化衰退，通常要求在 15min 内浇注完成。

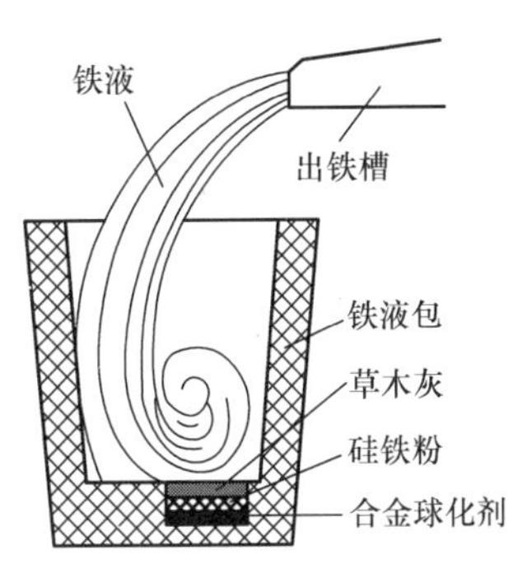

图 2-15　包底冲入球化法

常用球墨铸铁的牌号、性能及用途见表 2-5。其中以“QT”表示球铁，它们后面第一组数字代表最低抗拉强度，第二组数字代表最低伸长率。

表2-5　常用球墨铸铁的牌号、性能及用途（铸件壁厚 $t \leqslant 30$mm）（GB/T 1348—2019）

牌号	抗拉强度/MPa	屈服极限/MPa	伸长率（%）	主要特性及用途
QT400－18	400	250	18	焊接性及切削加工性能好，韧性高。主要应用于汽车、拖拉机底盘零件，如轮毂、驱动桥壳体、离合器壳
QT450－10	450	310	10	焊接性及切削加工性能好，塑性略低，强度高。适用于阀体、阀盖、压缩机高低压气缸
QT500－7	500	320	7	中等强度与韧性，切削加工性尚可，适合机油泵齿轮、座架、传动轴、飞轮
QT600－3	600	370	3	中高强度，塑性低，耐磨性较好。主要用于大型发动机曲轴、凸轮轴、连杆、进排气门座
QT800－2	800	480	2	较高的强度和耐磨性，但塑性和韧性较低。主要用于中小型机器的曲轴、缸体、缸套、机床主轴

（4）蠕墨铸铁　蠕墨铸铁内石墨呈蠕虫状，是近几十年来发展起来的新型铸铁材料。蠕墨铸铁的化学成分与球墨铸铁相似，力学性能介于相同基体组织的灰口铸铁和球墨铸铁之间，耐磨性比灰口铸铁好，减振性比球墨铸铁好，有良好的流动性和较小的收缩性，铸造性能接近于灰口铸铁，切削性能较好，特别是有很好的导热性和耐热疲劳性，强度接近于球墨铸铁。因此，蠕墨铸铁适合于制造工作温度较高、经受热循环载荷、组织要求致密、强度要求高的铸件，如气缸盖、排气管、制动盘、钢锭模、制动零件、液压阀的阀体和液压泵的泵体等。又由于其断面敏感性小，可用于制造形状复杂的大铸件，如重型机床和大型柴油机的机体等。

常用蠕墨铸铁的牌号、性能见表2-6，牌号为“RuT”表示，数字代表最低抗拉强度。

表2-6　常用蠕墨铸铁的牌号、性能（GB/T 26655—2022）

牌号	抗拉强度/MPa	屈服极限/MPa	伸长率（%）	硬度/HBW
RuT300	300	210	2	140～210
RuT350	350	245	1.5	160～220
RuT400	400	280	1.0	180～240
RuT450	450	315	1.0	200～250
RuT500	500	350	0.5	220～260

蠕墨铸铁的制造过程及炉前处理与球墨铸铁相同，不同的是以蠕化剂代替球

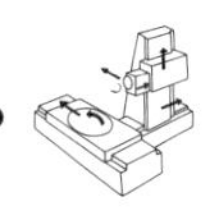

化剂。蠕化剂一般采用稀土镁钛、稀土镁钙和稀土硅钙等合金。加入量为铁液质量的 1% ~2%，蠕化处理后，还需加入孕育剂进行孕育处理。

2. 铸钢

铸钢为碳的质量分数小于 2.11% 的用于浇注铸件的铁碳合金。铸钢的强度与铸铁相近，但冲击韧性和疲劳强度要高得多，力学性能优于各类铸铁，主要用于强度、韧性、塑性要求较高、冲击载荷较大或有特殊性要求的铸件，如起重运输机械中的一些齿轮、挖土机掘斗等，另外铸钢的焊接性远比铸铁优良，这对于采用铸焊联合工艺制造大型机器零件而言是很重要的。铸钢件产量约占铸件总产量的 30%，仅次于铸铁件。

（1）铸钢的分类　铸钢按化学成分可分为碳素铸钢和合金铸钢两大类。

碳素铸钢应用最广，占铸钢总产量的 80% 以上，牌号以“ZG”加两组数字表示，第一组数字表示厚度为 100mm 以下铸件室温的最小屈服强度，第二组数字表示铸件的抗拉强度最小值。用于制造零件的碳素铸钢主要是含碳量在 0.25% ~0.45%（质量分数）的中碳钢。这是由于低碳钢熔点高，流动性差，易氧化和热裂；高碳钢虽然铸造性能较好（熔点低，流动性好），但由于含碳量增高，铸件收缩率增加，会使导热性能降低，容易产生冷裂。表 2-7 所示为常用碳素铸钢的牌号、化学成分及用途。

合金铸钢按合金元素的含量分为低合金铸钢和高合金铸钢两类。低合金铸钢中合金元素总质量分数小于或等于 5%，力学性能比碳钢高，因而能减轻铸钢重量，提高铸件使用寿命，主要用于制造齿轮、转子及轴类零件。高合金铸钢中合金元素总质量分数大于 10%，具有耐磨性、耐热性和耐蚀性，可用来制造特殊场合下的耐磨和耐腐蚀零件。

表 2-7　常用碳素铸钢的牌号、化学成分及用途（GB/T 11352—2009）

<table>
<tr><th rowspan="2">牌号</th><th colspan="4">化学成分的质量分数（%）</th><th rowspan="2">伸长率（%）</th><th rowspan="2">应用举例</th></tr>
<tr><th>C</th><th>Si</th><th>Mn</th><th>P、S</th></tr>
<tr><td>ZG200 - 400</td><td>0.20</td><td rowspan="5">0.60</td><td>0.80</td><td rowspan="5">0.035</td><td>25</td><td>用于受力不大、要求韧性高的各种机械零件，如机座、箱体等</td></tr>
<tr><td>ZG230 - 450</td><td>0.30</td><td rowspan="4">0.90</td><td>22</td><td>用于受力不大、要求韧性较高的各种机械零件，如外壳、轴承盖、阀体、砧座等</td></tr>
<tr><td>ZG270 - 500</td><td>0.40</td><td>18</td><td>用于轧钢机机架、轴承座、连杆、曲轴、缸体、箱体等</td></tr>
<tr><td>ZG310 - 570</td><td>0.50</td><td>15</td><td>用于负荷较高的零件，如大齿轮、缸体、制动轮、辊子等</td></tr>
<tr><td>ZG340 - 640</td><td>0.60</td><td>10</td><td>用于齿轮、棘轮、连接器、叉头等</td></tr>
</table>

（2）铸钢的铸造特点　铸钢的浇注温度高，易氧化，流动性差、收缩大，

因此铸造困难，容易产生黏砂、缩孔、冷隔、浇不足、变形和裂纹等缺陷。铸钢件造型用的型砂及芯砂的透气性、耐火性、强度和退让性要求高一些。为了防止黏砂，铸型表面还要使用石英粉或锆砂粉涂料。为了减少气体来源，提高合金流动性和铸型强度，一般多用干型或快干型。铸件大部分安置一定数量的冒口、冷铁，采用顺序凝固原则，以防止缩孔、缩松缺陷的产生。对于壁厚均匀的薄件，可采用同时凝固的原则，开设多道内浇口，让钢液均匀、迅速地填满铸件，必须严格控制浇注温度，防止过高或过低致使铸件产生缺陷。铸钢件铸后晶粒粗大，组织不均匀，有较大的铸造内应力，所以强度低，塑性、韧性较差。为了细化晶粒，消除应力，提高铸钢件的力学性能，铸钢铸后要进行退火或正火热处理。

3. 铸造有色合金

铸造有色合金的力学性能比铸铁或铸钢要低，但具有特殊的物理、化学性能，如较好的耐蚀性、耐磨性、耐热性和导电性等。常用的铸造有色合金有铝合金、铜合金、镁合金、钛合金及轴承合金等，应用较多的是铸造铝合金及铸造铜合金。

（1）铸造铝合金　铝合金的相对密度小、熔点低、导电性、导热性及耐蚀性好，所以广泛地用于航空工业及发动机制造等部门。

铸造铝合金熔点低，一般用坩埚炉熔炼。铝合金在高温下易氧化，生成高熔点的 Al_2O_3，造成非金属夹杂物悬浮在铝液中，很难清除，使合金的力学性能降低。此外铝合金在液态下还易吸收氢气，冷却时被覆盖其表面的致密 Al_2O_3 薄膜阻碍而不易排出，从而形成许多小针孔，严重影响铸件的气密性，并使力学性能下降。为防止铝合金氧化、吸入气体，在熔化时要向坩埚内加入如 KCl、NaCl 等盐类做熔剂，将铝液覆盖，与炉气隔绝。在铝液出炉之前，进行精炼，以排除吸入的气体，即将氯气用管子通入铝液中 6 ~ 10min，在铝液内会发生如下反应：

$$3Cl_2 + 2Al \rightarrow 2AlCl_3 \uparrow$$

$$Cl_2 + H_2 \rightarrow 2HCl \uparrow$$

生成的 $AlCl_3$、HCl、Cl_2气泡在上浮过程中，会将铝液中溶解的气体和 Al_2O_3 夹杂物一并带出液面而除去。

铸造铝合金流动性好，对型砂耐火性要求不高，可采用细砂造型，获得的铸件表面粗糙度值小，并可浇注薄壁复杂铸件。为防止铝液在浇注过程中的氧化和吸气，通常要用开放式的浇注系统，并多开内浇口，使铝液能够平稳而较快地充满铸型。

铸造铝合金根据合金成分不同分为四类，即铝硅合金、铝铜合金、铝镁合金和铝锌合金。铸造铝合金的牌号用“ZAl”表示，后面为其他主要合金元素符号及其名义含量。铝硅合金熔点较低，流动性较好，线收缩率低，热裂倾向小，气密性好，具有良好的铸造性能，力学性能、物理性能和切削性能较好，其应用最广，比如常用的有铝硅合金 $ZAlSi_7Mg$（代号 ZL101）和 $ZAlSi_{12}$（代号 ZL102），

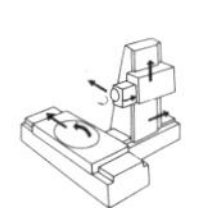

适用于制造形状复杂的薄壁件或气密性要求较高的零件，如泵壳、仪表外壳、化油器、调速器壳等。铝铜合金铸造性能较差，所以，应适当提高浇注温度和浇注速度，同时在厚铸件大部分安置冒口，以防止产生浇不足、缩孔和裂纹等缺陷。耐蚀性较低，但具有较高的力学性能，应用仅次于铝硅合金，常用于制造活塞、气缸盖、金属模型等。铝镁合金耐蚀性最好，密度最小，强度最高，但铸造工艺较复杂，常用于航天、航空或长期在大气、海水中工作的零件，如水泵体或车辆上的装饰性部件。铝锌合金耐蚀性差，热裂倾向大，但强度较高，用来制造汽车发动机配件、仪表元件等。

（2）铸造铜合金　铜合金的特性是有较高的耐磨性、耐蚀性、导电性和导热性，广泛用于制造轴套、蜗轮、泵体、管道配件及电器和制冷设备上的零件，但是铜的比重大，价格昂贵。

铸造铜合金分为铸造黄铜和铸造青铜两大类。铸造铜合金的牌号、性能、特性及用途见表 2-8。

表 2-8　铸造铜合金的牌号、性能、特性及用途（GB/T 1176—2013）

类型	牌号	砂型铸造力学性能			主要特性	用途举例
		抗拉强度/MPa	伸长率（%）	硬度/HBW		
铸造黄铜	ZCuZn38	295	30	60	具有优良的铸造性能和较高的力学性能，切削加工性能好，可以焊接，耐蚀性较好，有应力腐蚀开裂倾向	一般结构件和耐蚀零件，如法兰、阀座、手柄和螺母等
	ZCuZn40Pb2	220	15	80	有好的铸造性能和耐磨性，切削加工性能好，耐蚀性能好，在海水中有应力腐蚀倾向	一般用途的耐磨、耐蚀零件，如轴套、齿轮等
铸造青铜	ZCuPb10Sn10	180	7	65	润滑性能、耐磨性能和耐蚀性能好，适合用作双金属铸造材料	滑动轴承，内燃机双金属轴瓦，以及活塞销套、摩擦片等
	ZCuAl9Mn2	390	20	85	有高的力学性能，在大气、淡水和海水中耐蚀性好，铸造性能好，组织致密，气密性高，耐磨性好，可以焊接，不易钎焊	耐蚀、耐磨零件，形状简单的大型铸件，如衬套、齿轮、蜗轮
	ZCuSn10Pb5	195	10	70	耐腐蚀，特别是稀硫酸、盐酸和脂肪酸	结构材料，耐蚀、耐酸的配件

铸造黄铜是以锌为主要合金元素的铜基合金，锌的含量决定了黄铜的力学性能，随着合金中锌含量的增加，合金的强度、塑性显著提高，但当锌的质量分数超过47%时，黄铜的性能下降。锌是很好的脱氧剂，能使合金的结晶温度范围缩小，提高流动性，并避免铸件产生缩松。铸造黄铜熔点较低，流动性好，可浇注薄壁的复杂铸件，对型砂的耐火度要求不高，可采用较细的型砂造型，铸件表面粗糙度值小，加工余量少。铸造黄铜包括普通黄铜和特殊黄铜。只有铜、锌两种元素构成的黄铜为普通黄铜。特殊黄铜除了铜、锌以外，还有铝、硅、锰、铅等合金元素。普通黄铜的耐磨性和耐蚀性很差，工业上用得不多。特殊黄铜强度和硬度较高，耐蚀性、耐磨性和耐热性好，铸造性能和切削加工性能好，可用来制造耐磨、耐蚀零件，如内燃机轴承、轴套、调压阀等。

铸造青铜是铜与除锌以外的元素所构成的铜合金，耐磨性和耐蚀性比黄铜高，可制造重要轴承、轴套、调压阀座等。铸造青铜包括锡青铜、铝青铜、铅青铜和锰青铜等。锡能提高青铜的强度和硬度。锡青铜的结晶温度范围宽，合金流动性差，易产生缩松，不适于制造气密性要求较高的零件。因此，壁厚不大的铸件，采用同时凝固的方法；铸造时宜采用金属型，因冷速大而易于补缩，使铸件结晶致密。此外，锡青铜在液态下易氧化，需形成 Cu_2O 溶解在铜内，使力学性能下降。为防止氧化，需加熔剂（如玻璃、木炭、硼砂等）覆盖铜合金液表面，同时还加入质量分数为0.3% ~0.5%的磷铜脱氧，使 Cu_2O 还原。

2.2.2　常见铸造缺陷

由于铸造工序繁多，影响铸件质量的因素复杂，铸件的缺陷难以完全避免。表2-9所示为铸件常见缺陷的特征及产生原因，正确设计铸件的结构，并根据铸造生产的实际条件，合理地拟定技术要求可以防止缺陷的发生。

表2-9　铸件常见缺陷的特征及产生原因

类别	缺陷	简图特征	产生原因
孔眼	气孔	气孔	1. 舂砂太紧或造型起模时刷水太多 2. 型砂含水过多或透气性差 3. 型砂芯砂未烘干，或型芯通气孔阻塞 4. 铁液温度过低或浇注速度太快
	缩孔	缩孔 补缩冒口	1. 铸件设计不合理，无法补缩 2. 浇冒口布置不合理或冒口太小，或冷铁位置不对 3. 浇注温度太高或铁液成分不对，收缩太大

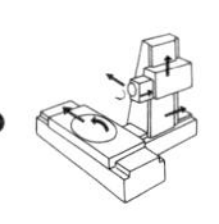

（续）

类别	缺陷	简图特征	产生原因
孔眼	砂眼	砂眼	1. 造型合箱时，散砂落入型腔或未吹净 2. 型砂强度不够，或舂砂太松 3. 浇口不对，致铁液冲坏砂型，或合箱时碰坏了砂型
	渣眼	孔形不规则，孔内充塞熔渣 渣眼	1. 浇注时，挡渣不良 2. 浇口不能起挡渣作用 3. 浇注温度太低，渣子不易上浮
表面缺陷	冷隔	冷隔	1. 浇注温度过低 2. 浇注时断流或浇注速度太慢 3. 浇注系统位置不当或浇口太小
	黏砂	黏砂	1. 砂型舂得太松 2. 浇注温度过高 3. 型砂耐火性差
	夹砂		1. 型砂受热膨胀，表层鼓起或开裂 2. 型砂湿压强度较低 3. 砂型局部过紧，水分过多 4. 内浇口过于集中，使局部砂型烘烤厉害 5. 浇注温度过高，浇注速度太慢
	裂纹	裂缝	1. 铸件设计不合理，厚薄相差太大 2. 浇注温度太高，致使冷却不匀，或浇口位置不当，冷却顺序不对 3. 砂型（芯）退让性差
形状尺寸不足	错箱	错箱	1. 型芯变形 2. 下芯时放偏 3. 型芯没固定好，浇注时被冲偏
	偏芯		1. 型芯变形或放置偏位，芯撑太少或位置不对 2. 型芯尺寸不准，或型芯固定不稳 3. 浇口位置不对，铁液冲走型芯

（续）

类别	缺陷	简图特征	产生原因
形状尺寸不足	浇不足	浇不足	1. 浇注温度太低，速度太慢并断流或铁液不够 2. 浇口太小或没开出气口 3. 铸件太薄

2.2.3　铸造方法

按工艺方法的不同，常用的铸造方法可分为砂型铸造和特种铸造两大类。砂型铸造是传统的铸造方法，其特点是适应性广，成本低，生产周期短，应用最为广泛，但铸件的精度不高，表面粗糙度值大，铸型仅能使用一次，而且工人的劳动强度也大等。特种铸造是指与普通砂型铸造有一定区别的一些铸造方法，如熔模铸造、金属型铸造、压力铸造、离心铸造等，这些方法主要从铸型及铸型材料，制造铸型的工艺方法，浇注条件及液态金属的冷却速度等方面加以改善，有利于提高铸件精度和表面质量，从而获得比砂型铸件力学性能更高的铸件。

1. 砂型铸造

砂型铸造以型砂和芯砂为造型材料制成铸型，如图2-16所示，是液态金属在重力下充填铸型来生产铸件的铸造方法。所用铸型一般由外砂型和型芯组合而成。砂型的基本原材料是铸造砂和型砂黏结剂。最常用的铸造砂是硅质砂，高温性不满足要求时可用锆英砂、铬铁矿砂、刚玉砂等特种砂。应用最广的型砂黏结剂是黏土，也可采用干性油或半性油、水柔性硅酸盐或磷酸盐和各种合成树脂。常用的砂型有湿砂型、干砂型和化学硬化型。

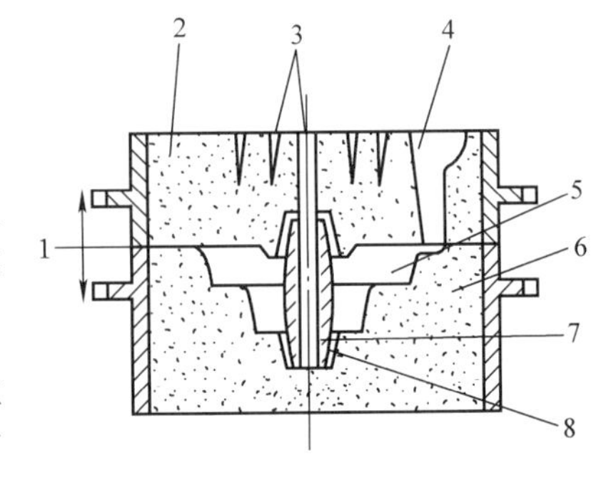

图2-16　砂型铸造铸型装配图
1—分型面　2—上型　3—出气孔
4—浇注系统　5—型腔　6—下型
7—型芯　8—芯头芯座

湿砂型以黏土和适量的水为型砂的主要黏结剂，制成砂型后直接在湿态下合型和浇注，砂型生产周期短，效率高，易于实现机械自动化，成本低，因而应用较广，但是砂型强度低，发气量大，易于产生铸造缺陷。干砂型用的型砂湿态水分略高于湿型用的型砂，砂型制好后，型腔表面涂以耐火涂料，放烘炉中烘干，冷却后可合型、浇注，铸型强度和透气性较高，发气量小，铸造缺陷较少，但生产周期

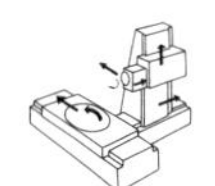

长，成本高，不易实现机械化，一般用于制造铸钢件和较大的铸铁件。化学硬化型所用型砂的黏结剂一般都是在硬化剂作用下能发生分子聚合反应进而成为立体结构的物质，铸型强度高，生产率高，粉尘少，但成本较高，易产生黏砂等缺陷，目前应用较广，可用于大、中型铸件。

砂型铸造根据完成造型工序的方法不同，分为手工造型和机器造型两大类。

（1）手工造型　手工造型操作灵活，工艺装备简单，成本低，大小铸件均可适应，特别能铸造出形状复杂、难以起模的铸件。但是手工造型铸件质量较差，生产率低，劳动强度大，要求工人技术水平高，适用于单件、小批量生产。手工造型的方法很多，表 2-10 所示为手工造型各种方法及应用。

表 2-10　手工造型各种方法及应用

造型方法		主要特点	应用
按模样特征分类	整模造型	模样为整体模，分型面是平面，铸型型腔全部在半个铸型内，造型简单，精度和表面质量较好	最大截面位于一端并且为平面的简单铸件的单件、小批量生产
	分模造型	模样为分开模，型腔一般位于上下两个半型中，造型简单	适用于套类、管类及阀体等形状较复杂的铸件的单件，小批量生产
	挖砂造型	模样为整体，但分型面不是平面，为取出模样，造型时要手工挖去阻碍起模的型砂。生产率低，要求工人技术水平高	用于分型面不是平面的铸件的单件，小批量生产
	假箱造型	为避免挖砂造型的缺点，在造型前特制一个底胎（假箱），然后在底胎上造下箱。由于底胎不参加浇注，称为假箱，与挖砂造型相比简单，分型面整齐	用于成批生产需挖砂的铸件
	活块造型	当铸件上有阻碍起模的小凸台、肋板时，需制成活动部分，起模时先取出主体模样，再取出活块。造型生产低，要求工人水平高	用于带有突出部分难以起模的铸件的单件，小批量生产
	刮板造型	用刮板代替模样造型。节约材料，缩短生产周期，但生产率低，要求工人技术水平高，铸件尺寸精度差	用于回转体大、中型铸件的单件，小批量生产。如带轮、弯头等
按砂箱特征分类	两箱造型	铸型由上箱和下箱构成，操作方便	适用于各种铸型，各种批量，是造型的最基本方法
	三箱造型	铸件的最大截面位于两端，必须用分开模、三个砂箱造型，模样从中箱两端的两个分型面取出。造型生产率低	主要用于手工造型，单件、小批量生产，具有两个分型面的中、小型铸件

（续）

造型方法		主要特点	应用
按砂箱特征分类	脱箱造型（无箱造型）	采用活动砂箱造型，在铸型合箱后，将砂箱脱出，重新用于造型	用于小铸件的生产。砂箱尺寸多小于400mm×400mm×150mm
	地坑造型	在地面砂床上造型，不用砂箱或只用上箱。减少制作砂箱的时间，但操作麻烦，劳动量大，要求工人技术较高	生产要求不高的中、大型铸件，或用于砂箱不足时批量不大的中、小铸件

（2）机器造型　用机器全部完成或至少完成紧砂操作的造型工序称机器造型。与手工造型相比，机器造型生产率高，改善了劳动强度，对环境污染小。制出的铸件尺寸精度和表面质量高，加工余量小。但设备和砂箱、模具投资大，费用高，生产准备时间长。所以，适用于中、小型铸件成批或大批量生产。同时，在各种造型机上只能采用模板进行两箱造型或类似于两箱造型的其他方法，并尽量避免活块和挖砂造型等，以提高造型机的生产率。常用机器造型方法的特点及应用见表2-11。

表2-11　常用机器造型方法的特点及应用

造型方法	原理	特点及应用
震压造型	先以机械震击紧实型砂，再用较低的比压压实	设备结构简单，造价低，效率较高，紧实度较均匀，但紧实度较低，噪声大。适用于成批大量生产中、小型铸件
微震压实造型	在高频率、小振幅振动下，利用型砂的惯性紧实作用并同时或随后加压紧实型砂	砂型紧实度较高且均匀，频率较高，能适应各种形状的铸件，对地基要求较低；但机器微震部分磨损较快，噪声较大。适用于成批、大量生产各类铸件
高压造型	用较高的比压紧实型砂	砂型紧实度高，铸件精度高、表面光洁；效率高，劳动条件好，易于实现自动化；但设备造价高、维护保养要求高。适用于成批、大量生产中、小型铸件
抛砂造型	利用离心力抛出型砂，使型砂在惯性力作用下完成填砂和紧实	砂型紧实度较均匀，不要求专用模板和砂箱，噪声小，但生产率较低，操作技术要求高。适用于单件、小批生产中、大型铸件
气冲造型	用燃气或压缩空气瞬间膨胀所产生的压力波紧实型砂	砂型紧实度高，铸件精度高；设备结构较简单、易维修，散落砂少，噪声小。适用于成批、大量生产中、小型铸件，尤其适于形状较复杂的铸件
负压造型	型砂不含黏结剂，被密封于砂箱与塑料膜之间，抽真空使干砂紧实	设备投资较少，铸件精度高、表面光洁；落砂方便，旧砂处理简便；环境污染小。但生产率低，形状复杂，覆膜较困难。适用于单件、小批生产形状不太复杂的铸件

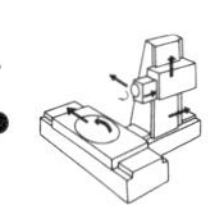

2. 熔模铸造

熔模铸造又称失蜡铸造。其工艺过程如图2-17所示，首先根据母模制作压型，然后将熔融的蜡料挤入压型中，冷却后从压型中取出，经修整便获得和铸件形状相同的蜡模，把蜡模熔接到浇注系统上组成蜡树，在蜡树上涂挂几层涂料和石英砂，至蜡模表面结成5~10mm的硬壳，再将型壳放入85~95℃的热水中，使蜡模熔化出来后，得到铸型的空腔，即中空的硬壳型，壳型还要烘干焙烧去掉杂质，最后将液态金属浇注到铸型的空腔中，待其冷却后，将硬壳破坏，获得所需的铸件。

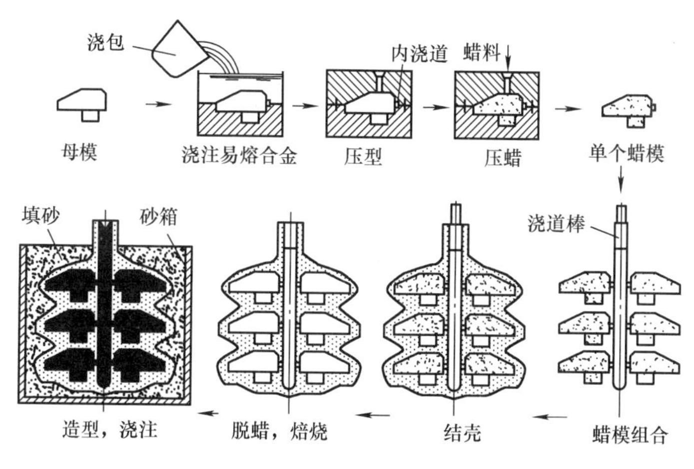

图2-17 熔模铸造工艺过程

熔模铸造出的铸件尺寸精度高，表面粗糙度值小，可以减少或省去机械加工余量。这种方法能铸造出各种合金的铸件，尤其是那些高熔点合金、难切削加工的合金及形状复杂的小型零件。如汽轮机叶片、成形刀具和汽车、拖拉机、机床上的小型零件。

3. 金属型铸造

将液态金属浇注到用金属制成的铸型而获得铸件的方法称金属型铸造。金属型通常使用铸铁或铸钢制成，可以反复使用，故铸造又称“永久型铸造”。

金属型的结构有整体式、水平分型式、垂直分型式和复合分型式几种。其中的垂直分型式由于便于开设内浇道，取出铸件和易于实现机械化而应用最广。金属型一般用铸铁或铸钢制造，型腔采用机械加工的方法制成，铸件的内腔可用金属芯或砂芯获得。图2-18所示为铸造铝活塞的金属型。

金属型铸造实现了“一型多铸”，节省了造型材料和工时，提高了劳动生产率。由于金属导热性好，散热快，使铸件组织结构致密，力学性能高。同时铸件的尺寸精度和表面质量比砂型铸造高，切削加工余量小，加工费用低。但金属型生产成本高，周期长，铸造工艺严格，而且铸件要从金属型中取出，对铸件的大小及复杂程度有所限制。所以，金属型铸造主要适用于形状简单的有色合金铸件的大批量生产。如内燃机的铝活塞、气缸体、气缸盖及铜合金的轴瓦、轴套等。有时也可用生产某些铸铁件或铸钢件。

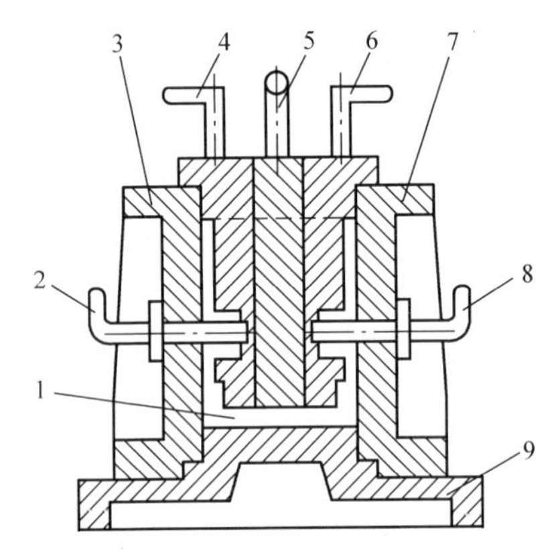

图2-18　铸造铝活塞的金属型
1—型腔　2、8—销孔型芯　3—左半型　4—左侧型芯　5—中间型芯　6—右侧型芯　7—右半型　9—底板

4. 压力铸造

压力铸造是指在高压作用下，使液态或半液态金属以高速充填金属铸型，并在压力作用下凝固而获得铸件的方法。高压和高速充填金属铸型是压力铸造区别于普通金属型铸造的重要特征。压铸时所用的压力高达数十兆（有时高达200MPa），充填速度为5～50m/s，液态合金充满铸型的时间为0.01～0.2s，在这种情况下，对金属的流动性要求不高，浇注温度可以降低，甚至可用半液态金属来进行浇注。

压力铸造是在专用的压铸机上进行的。压铸机的类型很多，压铸机可分为热室压铸机和冷室压铸机两大类，冷室压铸机又可分为立式和卧式等类型，但它们的工作原理基本相似。其中卧式冷室压铸机，用高压油驱动，合型力大，充型速度快，生产率高，应用较广泛。

压铸型是压力铸造生产铸件的模具，主要由活动半型和固定半型两大部分组成。固定半型固定在压铸机的定型座板上，由浇道将压铸机压室与型腔连通。活动半型随压铸机的动型座板移动，完成开合型动作。完整的压铸型包括型体、导向装置、抽芯机构、顶出铸件机构、浇注系统、排气和冷却系统等部分。压铸工艺过程如图2-19所示。

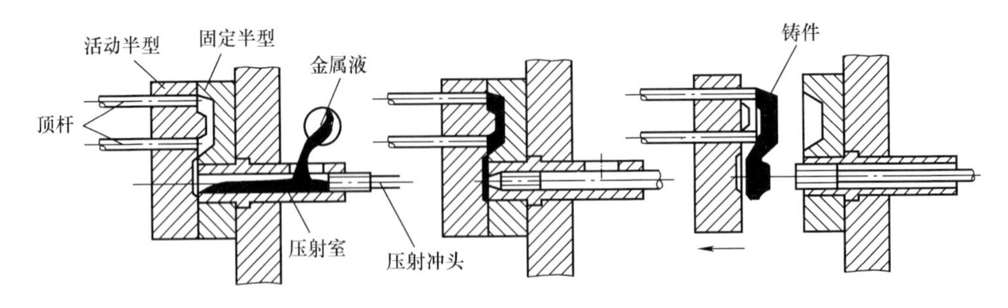

图2-19　压铸工艺过程示意图

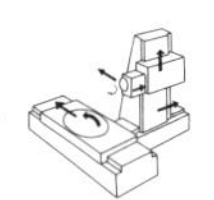

压力铸造所获得的铸件精度及表面质量高，可以压铸出形状复杂的薄壁件和很小的孔或螺纹等，由于压型的冷却速度快，所以铸件组织致密，抗拉强度比砂型铸造高。但由于液态金属充型速度高，压力大，气体难以排出，使铸件内部易产生皮下气孔，此外，金属液也难以补缩，铸件厚大部分易产生缩孔和缩松。压力铸造目前多用于有色金属精密铸件的大量生产。如发动机的气缸体及箱体、化油器、支架等。

5. 离心铸造

将液态金属浇入高速旋转的铸型中，使金属液在离心力的作用下充填铸型并结晶凝固制成铸件的方法，称为离心铸造。离心铸造必须在离心铸造机上进行，主要用于生产圆筒形铸件。

离心铸造机根据铸件旋转轴空间位置的不同分为立式和卧式两大类。图 2-20a所示为立式离心铸造机的铸型绕垂直轴旋转示意图，当其浇注圆形铸件时，金属液并不填满型腔，在离心力的作用下紧贴型腔外侧而自动形成中空的内腔，其厚度取决于加入的金属量。铸件内表面由于重力的作用呈上薄下厚的抛物线形，铸件高度越大，其壁厚差越大。因此，主要用于高度小于直径的环、套类零件。图 2-20b 所示为卧式离心铸造机的铸型绕水平轴旋转示意图，由于铸件各部分冷却条件相近，铸出的铸件壁厚沿长度和圆周方向都很均匀，因此，主要用于长度较大的筒类、管类铸件。

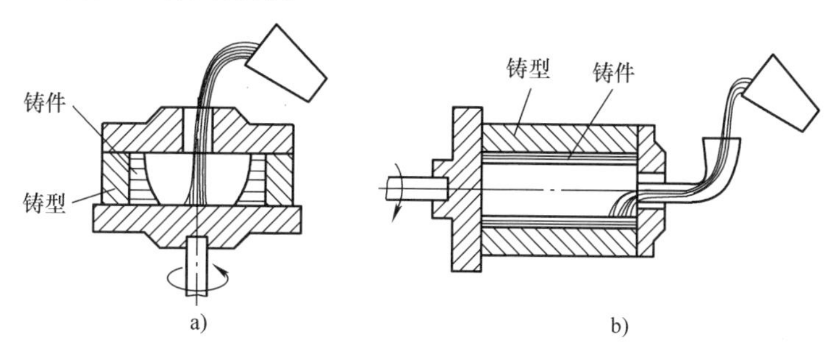

图 2-20　离心铸造示意图

a）立式离心铸造　b）卧式离心铸造

离心铸造由于金属的结晶是由外向内顺序凝固，铸件组织致密，无缩孔、缩松、气孔、夹渣等缺陷，力学性能好。当生产圆形内腔铸件时，不需要型芯，此外，还省去了浇注系统，节省了材料。离心铸造便于生产双金属铸件，如钢套镶铜衬套，其结合面牢固，节省了贵重金属。但离心铸造不宜生产偏析倾向大的合金，如铝青铜铸件。

6. 实型铸造

实型铸造又称消失模铸造，是用泡沫塑料模制造铸型后不取出模样，浇注金属时模样气化消失获得铸件的铸造方法。图2-21所示为实型铸造工艺过程。

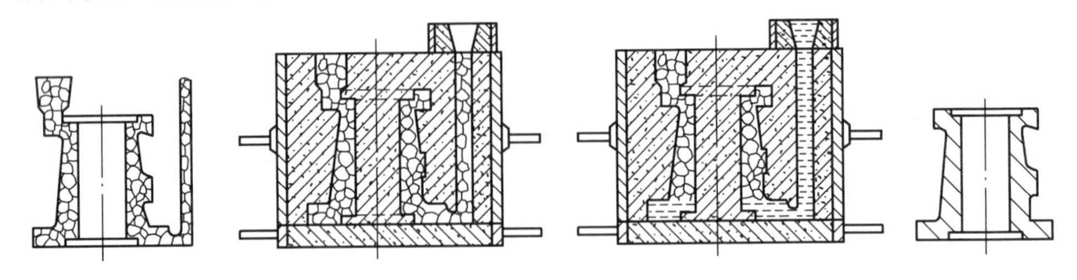

图2-21　实型铸造工艺过程

制模材料常用聚苯乙烯泡沫塑料，制模方法有发泡成形和加工成形等两种。发泡成形是用蒸汽或热空气加热，使置于模具内的预发泡聚苯乙烯珠粒进一步膨胀，充满模腔成形，用于成批、大量生产。加工成形是采用手工或机械加工预制出各个部件，再经黏结和组装成形，用于单件、小批生产。模样表面应涂刷涂料，以使铸件表面光洁或提高型腔表面的耐火性。型砂有以水泥、水玻璃或树脂为黏结剂的自硬砂和无黏结剂的干硅砂等，分别应用于单件、小批生产和成批、大量生产。

实型铸造不必起模和修型，工序少，生产率高；铸件精度高、形状可较复杂；可采用无黏结剂的干砂造型，劳动强度低。但存在模样气化时污染环境、铸钢件表层易增碳等问题。实型铸造应用范围较广，几乎不受铸件结构、尺寸、重量、批量和合金种类的限制，特别适用于形状较复杂铸件的生产。

7. 低压铸造

低压铸造是采用较压力铸造低的压力（一般为0.02～0.06MPa），使液体金属充填型腔，以形成铸件的一种方法。由于所用的压力较低，所以称低压铸造。其工艺过程如图2-22所示，在密封的坩埚（或密封罐）中通入干燥的压缩空气，金属液在气体压力的作用下，沿升液管上升，通过浇口平稳地进入型腔，并保持坩埚内液面上的气体压力，一直到铸件完全凝固为止。然后解除液面上的气体压力，使升液管中未凝固的金属液流坩埚，再打开铸型，取出铸件。铸型多采用金属型，也可采用砂型。

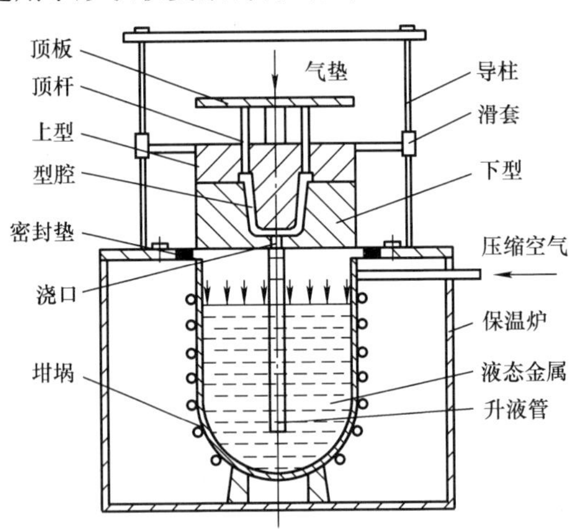

图2-22　低压铸造的工艺过程示意图

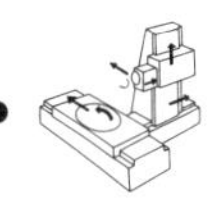

低压铸造在浇注及凝固时的压力容易调整、适应性强，可用于各种铸型、各种合金及各种尺寸的铸件；充型平稳，减少了金属液的飞溅和对铸型的冲刷，可避免铝合金件的针孔缺陷；铸件成形性好，有利于形成轮廓清晰、表面光洁的铸件，对于大型薄壁铸件的成形更为有利；金属利用率高，约 90% 以上；设备简单，劳动条件较好，易于机械化和自动化。但是，升液管寿命短，且在保温过程中金属液易氧化和产生夹渣。

低压铸造主要用来铸造一些质量要求高的铝合金和镁合金铸件，如气缸体、缸盖、曲轴箱和高速内燃机的铝活塞等薄壁件。

8. 挤压铸造

挤压铸造是对浇入铸型型腔内的液态金属施加较高的机械压力，并使其成形凝固，从而获得铸件的一种工艺方法。

挤压铸造的典型工艺程序可分为铸型准备、浇注、合型加压和开型取件四个步骤。铸型准备是指使上下型处于待浇注位置，清理型腔并喷刷涂料，对铸型进行冷却（或加热），将其温度控制在所需的范围内。然后以定量的液态金属浇入凹型中，将上下型闭合，依靠冲头的压力使液态金属充满型腔，升压并在预定的压力下保持一定的时间，使液态金属在较高的机械压力下凝固。最后卸压、开型，同时取出铸件。

挤压铸造是使液态金属在较高的机械压力下进行结晶，因此，挤压铸造工艺具有以下特点：

1）挤压铸造可以消除铸件内部的气孔、缩孔等缺陷，产生局部的塑性变形，使铸件组织致密。

2）液态金属在压力下成形和凝固，使铸件与型腔壁贴合紧密。挤压铸件有较小的表面粗糙度和较高的尺寸精度，其级别能达到铸件的水平。

3）挤压铸件在凝固过程中，各部位处于压应力状态，有利于铸件的补缩和防止铸造裂纹的产生。因此，挤压铸造工艺的适用性较强，使用的合金不受铸造性能好坏的限制。

4）挤压铸造是在压力机或挤压铸造机上进行的，便于实现机械化、自动化，可大大减轻工人的劳动强度。并且，由于挤压铸造通常不设浇冒口，毛坯精化，铸件尺寸精度高，因而金属材料的利用率高。

9. 铸造方法的比较与合理选择

各种铸造方法都有其优缺点，适应于一定的条件和范围。选择铸造方法时要结合具体生产情况，从合金的种类、生产批量、铸件的结构、质量、现有设备条件及经济性进行综合分析，比较出一种可行的最佳方案，进行铸造生产。表 2-12所示为各种铸造方法的比较，供选择时参考。

表 2-12　各种铸造方法的比较

比较项目	砂型铸造	熔模铸造	金属型铸造	压力铸造	低压铸造	离心铸造	实型铸造	挤压铸造
铸造合金种类	不限制	不限制，但以碳钢、合金钢为主	不限制，但以有色金属为主	以铝、锌、镁等低熔点合金为主	不限制	以铸铁及铜合金为主	不限制	不限制
铸件的质量范围	不限制	一般小于25kg	中、小铸件为主	一般为小于10kg的小件，但也用于中等铸件	中、小铸件为主	最重可达数吨	不限制	中、小铸件为主
铸件的最小壁厚/mm	铝合金 >3 灰铸件 >4 铸钢 >6	通常 0.2 ~ 0.7 孔 ϕ1.5 ~ 2.0	铝合金 >2 ~ 3 灰铸件 >4 铸钢 >5	0.5 ~ 1.0 孔 ϕ0.7	2 ~ 3	最小内孔可为 ϕ7	5	2 ~ 5
铸件的尺寸公差等级	IT16 ~ IT14	IT14 ~ IT11	IT14 ~ IT12	IT13 ~ IT11	IT14 ~ IT11	IT14 ~ IT11	IT16 ~ IT11	IT12 ~ IT11
铸件表面粗糙度值	粗糙	Ra2.5 ~ 3.2μm	Ra2.5 ~ 1.25μm	Ra6.3 ~ 3.2μm	Ra6.3 ~ 3.2μm	内孔粗糙	Ra6.3 ~ 3.2μm	Ra2.5 ~ 1.25μm
铸件内部质量	粗晶粒	粗晶粒	细晶粒	特细晶粒	细晶粒	细晶粒	细晶粒	细晶粒
铸件加工余量	大	小或不加工	小	不加工	小或不加工	内孔加工余量大	小	小
生产批量	不限制	成批、大批也可单件	大批	大批	大批	成批、大批	单件、中批、大批	成批、大批
生产率	低、中	低、中	中、高	最高	高	高	低、中、高	高
应用举例	各种铸件	刀具、动力机械、汽车与拖拉机零件、机床零件、计算机零件、测量仪表及电信设备零件	铝活塞、水暖器材、水轮机叶片、一般有色金属铸件	汽车化油器、喇叭、电器、仪表、照相机零件	气缸体、缸盖、曲轴箱、活塞	各种铁管、套筒、环、叶轮、滑动轴承等	发动机、医疗器械零件等	铝活塞、法兰盘、支座、轴瓦、齿轮、高压阀体等

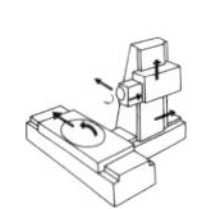

由表 2-12 综合比较可以看出，砂型铸造虽然有不少缺点，但由于砂型铸造的模具和设备简单，适应性强，单件小批量生产时费用低，目前仍然是最基本的铸造方法，砂型铸件目前占全部铸件总量的 90% 以上。特种铸造往往是在某种特定的条件下，才能显示出优越性。

2.3　砂型铸造工艺设计

铸造工艺设计就是根据铸造零件的结构特点、技术要求、生产批量和生产条件等，确定铸造方案和工艺参数，绘制铸造工艺图，编制工艺卡等技术文件的过程。铸造工艺设计的有关文件，是生产准备、管理和铸件验收的依据，并用于直接指导生产操作。因此，铸造工艺设计的好坏，对铸件品质、生产率和成本起着重要作用。

铸造工艺设计内容的繁简程度，主要决定于批量的大小、生产要求和生产条件。一般包括下列内容：铸造工艺图、铸件（毛坯）图、铸型装配图（合箱图）、工艺卡及操作工艺规程。广义地讲，铸造工艺装备的设计也属于铸造工艺设计的内容，如模样图、芯盒图、砂箱图、专用量具图等。本节以砂型铸造为例介绍铸造工艺的设计。

2.3.1　砂型铸造的基本过程

砂型铸造生产工艺过程如图 2-23 所示。由图 2-23 可以看出，砂型铸造首先是根据零件图绘制铸造工艺图，并以此做成适当的模型，再用模型和配制好的型砂制成一定的砂型，将液态合金浇注到铸型空腔中，待液态合金冷却凝固后，可落砂清理铸件，经检验获得符合图样技术要求的合格铸件。

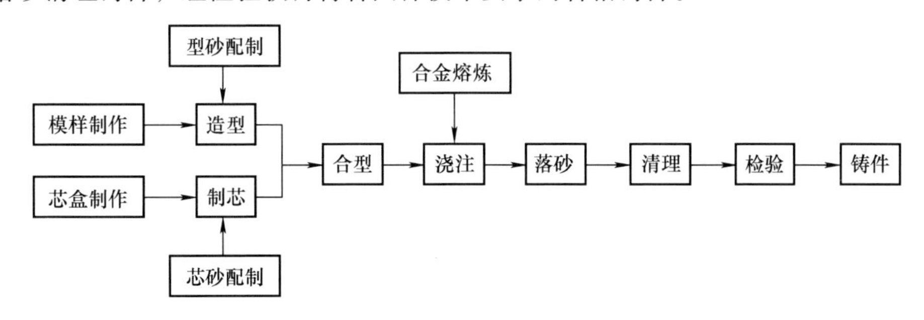

图 2-23　砂型铸造生产工艺过程

2.3.2　铸造工艺图的绘制

生产铸件时，首先要根据零件的结构特点、技术要求、生产批量及生产条件等因素，确定铸造工艺，并绘制铸造工艺图。铸造工艺图是指导模型和铸型的制造、生产准备和铸件验收的基本工艺文件，也是在大批量生产中绘制铸件图、模型图、铸型装配图的主要依据。

为了绘制铸造工艺图，首先要对铸件进行工艺分析，确定其浇注位置，进行分型面的选择，并在此基础上确定铸件的主要工艺参数，进行浇注系统及冒口设计等。

1. 浇注位置的选择

浇注位置是指浇注时铸件在铸型内所处的位置。浇注位置选择得正确与否，对铸件质量影响很大，选择时应考虑以下原则：

1）铸件的主要加工面或主要工作面应处于底面或侧面。这是因为铸件上部冷却速度慢，晶粒较粗大，上表面容易形成砂眼、气孔、渣孔等缺陷。铸件下部的晶粒细小，组织致密，缺陷少，质量优于上部。当铸件有几个重要加工面或重要面时，应将主要的和较大的加工面朝下或侧立。无法避免在铸件上部出现的加工面，应适当加大加工余量，以保证加工后的铸件质量。例如机床床身（见图2-24）和圆锥齿轮（见图2-25），图示的位置可以避免气孔、砂眼、缩孔、缩松等缺陷出现在工作面上。图2-26所示为起重机卷扬筒的浇注位置，因其圆周表面的质量要求均匀一致，因此采用立位浇注。

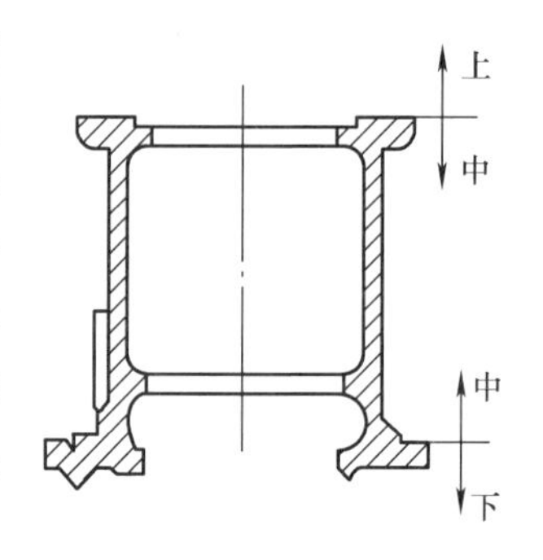

图2-24　机床床身

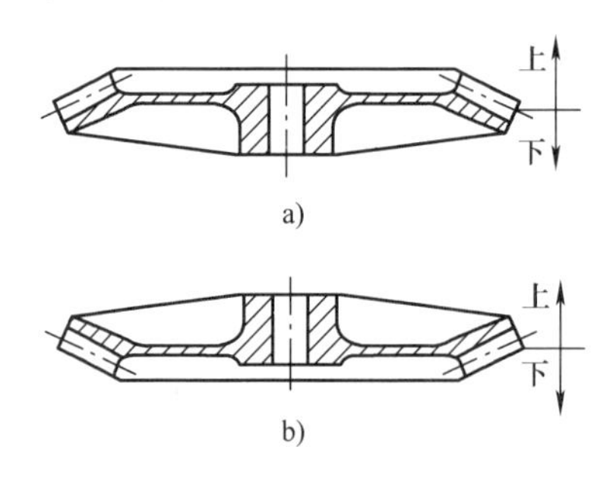

图2-25　圆锥齿轮
a）不合理　b）合理

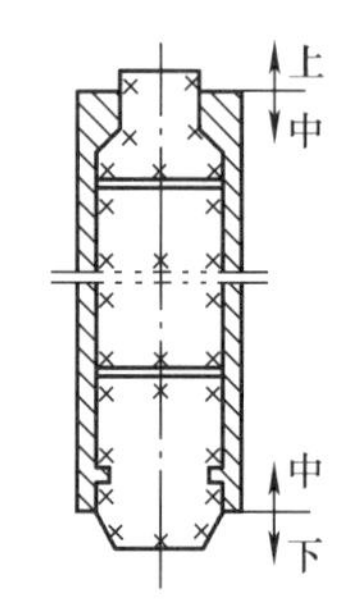

图2-26　起重机卷扬筒的浇注位置

2）铸件的大平面应朝下，如图2-27所示。因为在浇注时，高温的液态金属对型腔的上表面有强烈的热辐射，型腔上表面急剧地热膨胀而拱起或开裂，使铸件表面易产生夹砂缺陷。

3）铸件的薄壁部分应放在铸型的下部或侧面，以免产生浇不足、冷隔等缺

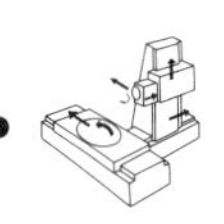

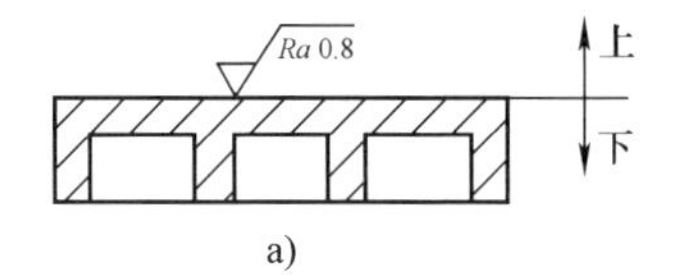

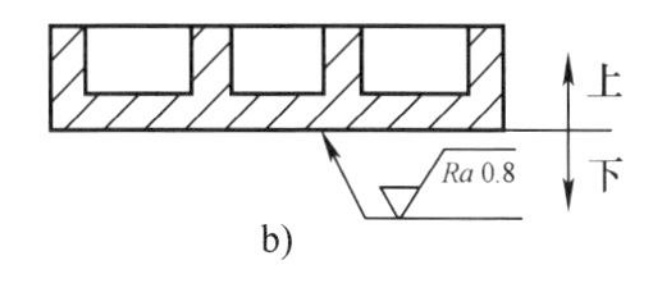

图 2-27　大平面铸件浇注位置

a）合理　b）不合理

陷，如图 2-28 所示。

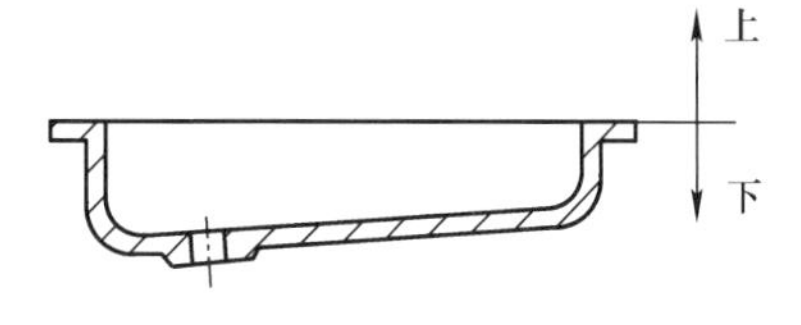

图 2-28　薄件浇注位置

4）对于容易产生缩孔的铸件，应将截面较厚的部分置于上部或侧面，以便在铸件厚处直接安置冒口，使之实现自下而上的凝固顺序。图 2-26 所示的卷扬筒铸件，厚截面放在上部是有利于补缩的。

5）尽量减小型芯的数量，便于型芯的固定、检验和排气。图 2-29 所示的床腿铸件，采用图 2-29a 所示的方案，中间空腔需要一个很大型芯，增加了制芯的工作量；采用图 2-29b 所示的方案，中间空腔由自带型芯来形成，简化了造型工艺。

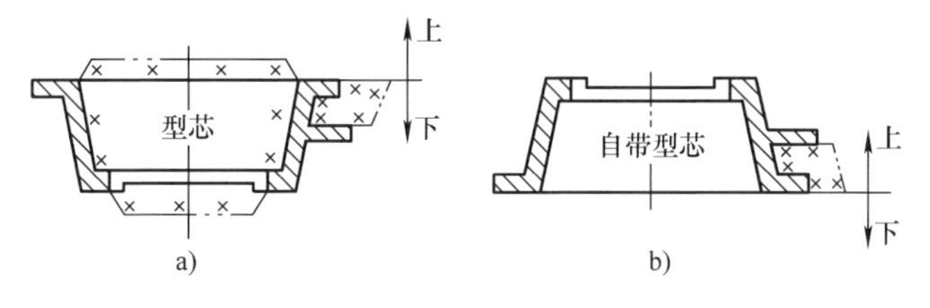

图 2-29　床腿铸件浇注位置

a）不合理　b）合理

2. 铸型分型面的选择

铸型分型面是指两半铸型相互接触的表面。分型面选择是否合理，对铸件的质量影响很大。因此分型面的选择应在保证铸件质量的前提下，简化铸造工艺过程，以节省人力物力，在选择分型面时要考虑以下原则：

1）铸件应尽可能放在一个砂箱内或将加工面或加工基准面放在同一砂箱内，以保证铸件的尺寸精度。图 2-30 所示为床身铸件分型面的选择方案，图 2-30a 所示的方案是合理的，它将铸件全部放在下型，避免错箱，以保证铸件精度。

2）尽量减少分型面的数量，并力求采用平直分型面代替曲折分型面。图 2-31所示为绳轮铸件，图 2-31a 有两个分型面，需要采用三箱造型。图 2-31b 利用环状外型芯措施，将原来的两个分型面减为一个分型面，并可采用机器造型。图 2-32 所示为起重臂分型面的方案，采用了分模造型，使造型工艺简化，若采用曲线作为分型面，则必须采用挖砂或假箱造型。

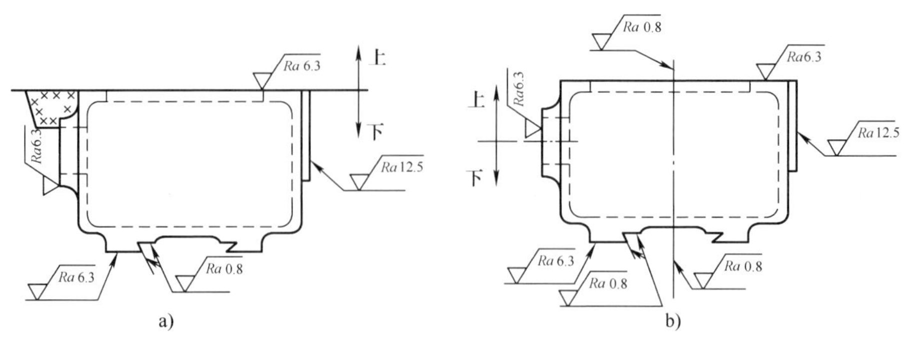

图2-30　床身铸件分型面方案

a）合理　b）不合理

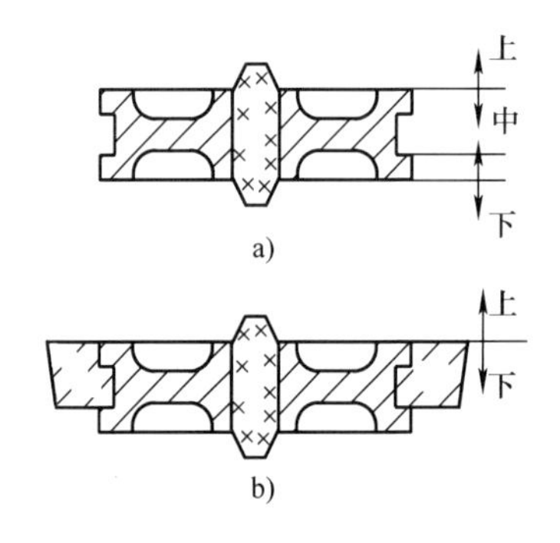

图2-31　绳轮铸件

a）不合理　b）合理

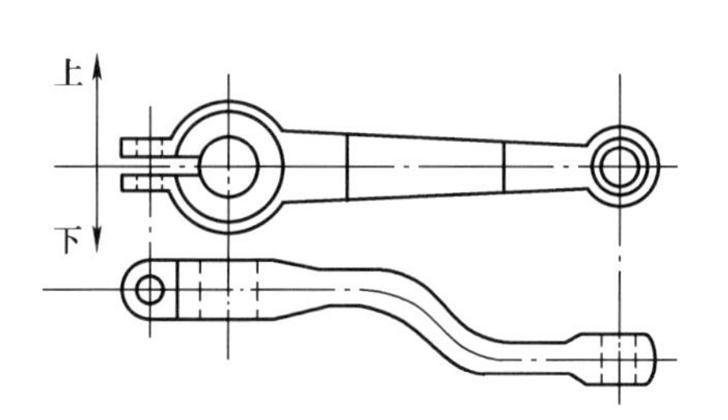

图2-32　起重臂分型面的方案

3）尽量减少型芯和活块的数量，以简化制模、造型、合型工序。图2-33所示为支架分型方案。若按图中的方案Ⅰ，则凸台必须采用四个活块制出。当采用方案Ⅱ时，可省去活块，仅在A处稍加挖砂即可。

4）为了方便下芯、合箱和检查型腔尺寸，通常把型芯放在下型箱内，如图2-34所示。

以上所述的几项原则，对于具体铸件往往难以全面符合，因此在确定浇注位置和分型面时，一般情况下，确定浇注位置是首要的，分型面尽量与浇注位置相适应，在保证铸件质量的前提下，解决主要问题，次要问题则应从工艺措施上设法解决。

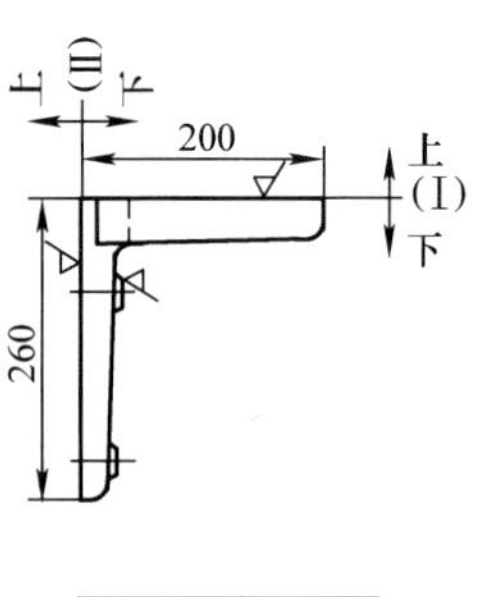

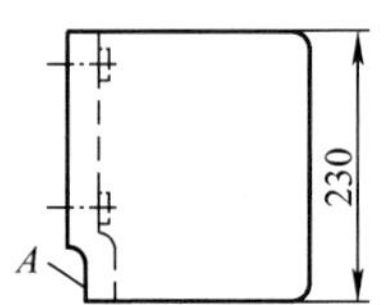

图2-33　支架分型方案

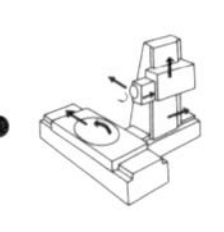

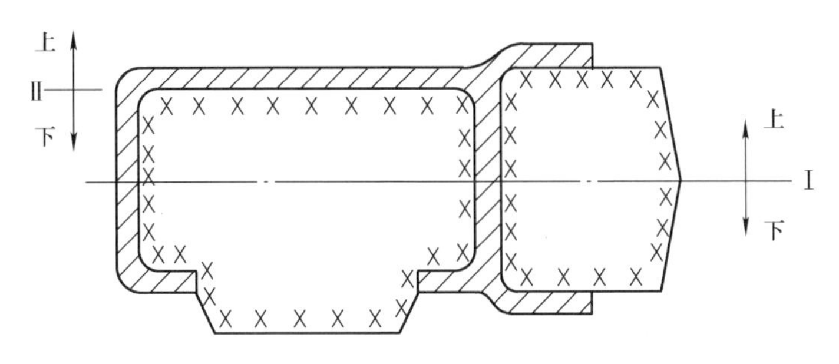

图 2-34 机床支柱分型面方案

3. 工艺参数的确定

（1）机械加工余量 铸件上为进行机械加工而加大的尺寸称为机械加工余量。加工余量的大小取决于铸件的大小、生产批量、合金种类、铸件的复杂程度及铸件在浇注时的位置等。铸钢件表面粗糙，变形量大，加工余量比铸铁件大；有色金属铸件表面光滑、平整且价格较贵，加工余量较小。浇注时朝上的表面缺陷多，其加工余量应比底面或侧面要大。此外，机器造型，则铸件精度高，加工余量小；而手工造型加工误差大，加工余量就大些。表 2-13 所示为灰口铸铁件的机械加工余量。其中加工余量数值的下限用于大批、大量生产，上限用于单件、小批量生产。

表 2-13 灰口铸铁件的机械加工余量

铸件最大尺寸/mm	浇注时位置	加工面与基准面的距离/mm					
		<50	50～120	120～260	260～500	500～800	800～1250
<120	顶面	3.5～4.5	4.0～4.5	—	—	—	—
	底、侧	2.5～3.5	3.0～3.5	—	—	—	—
120～260	顶面	4.0～5.0	4.5～5.0	5.0～5.5	—	—	—
	底、侧	3.0～4.0	3.5～4.0	4.0～4.5	—	—	—
260～500	顶面	4.5～6.0	5.0～6.0	6.0～7.0	6.5～7.0	—	—
	底、侧	3.5～4.5	4.0～4.5	4.5～5.0	5.0～6.0	—	—
500～800	顶面	5.0～7.0	6.0～7.0	6.5～7.0	7.0～8.0	7.5～9.0	—
	底、侧	4.0～5.0	4.5～5.0	4.5～5.0	5.0～6.0	5.5～7.0	—
800～1250	顶面	6.0～7.0	6.5～7.5	7.0～8.0	7.5～8.0	8.0～9.0	8.5～10.0
	底、侧	4.0～5.5	5.0～5.5	5.0～6.0	5.5～6.0	5.5～7.0	6.5～7.5

零件上的孔与槽是否铸出，应考虑工艺上的可行性和使用上的经济性。一般来说，较大的孔与槽应铸出，这样不仅节约金属材料和切削加工工时，同时可以减少铸件热节。铸铁件上直径小于 25mm 和铸钢件上直径小于 35mm 的加工孔，

在单件及小批生产时可不铸出，留待机械加工更经济。而零件图上不要求加工的孔、槽不论大小，都应铸出。

（2）收缩率　铸件在冷却过程中，由于收缩，铸件的尺寸比模型的尺寸要小，为了保证铸件要求的尺寸，必须加大模型的尺寸。合金收缩率的大小，随合金的种类及铸件的尺寸、形状、结构而不同，还与铸件结构的复杂程度（即受阻收缩）有关。通常灰口铸铁的收缩率为 0.7% ~1.0%，铸钢为 1.5% ~2.0%，有色金属为 1.0% ~1.5%。

（3）起模斜度　为了从砂型中起模或从芯盒中取芯方便，垂直于分型面的侧壁在制造模型时，必须做出一定的斜度，称为起模斜度，又称拔模斜度。

起模斜度的大小取决于垂直壁的高度、造型方法、模型材料等。通常为 30′ ~3°。模型越高，斜度越小；金属模比木模的斜度小；机器造型比手工造型的斜度小。铸件内壁应比外壁斜度大，一般为 3° ~10°。起模斜度的形式如图 2-35所示。

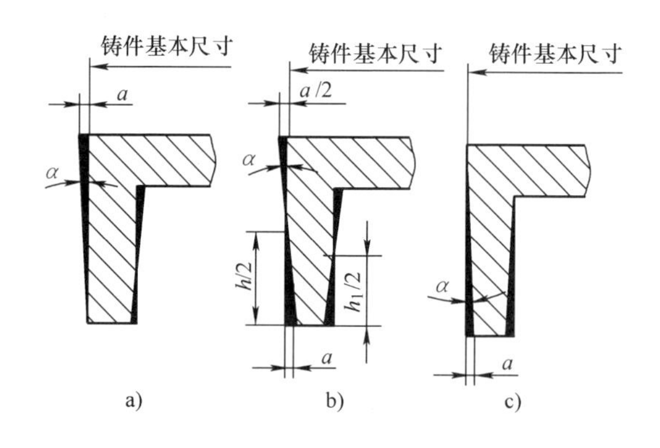

图 2-35　起模斜度的形式

a）增加铸件厚度　b）加减铸件厚度　c）减少铸件厚度

（4）铸造圆角　在设计和制造模样时，对相交壁的交角要做成圆弧过渡，称为铸造圆角。其目的是避免铸件壁在转角处产生裂纹、缩孔和黏砂等缺陷。铸造圆角的大小可以在有关手册中查出。

（5）芯头　芯头是指型芯的外伸部分，不形成铸件轮廓，只落入型芯座内，是为了型芯在铸型中的定位和固定而设置的。模样上用以在型腔内形成芯座并放置芯头的突出部分也称型芯头。芯头按在铸型中的位置分为垂直芯头和水平芯头两类如图 2-36 所示。垂直芯头一般都有上、下芯头如图 2-36a 所示，短而粗的型芯也可不设置上芯头，芯头的高度 H 主要取决于型芯直径 d。芯头必须留有一定的斜度 α。下芯头斜度应小些（5° ~10°），高度应大些，以便增强型芯的稳定

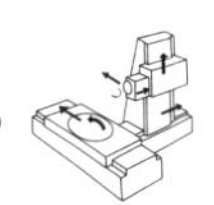

性；而上芯头斜度应大些（6° ~ 15°），高度应小些，以便于合箱。水平芯头（见图 2-36b）的长度 L 根据芯头的直径 d 和型芯的长度来确定。铸型上的型芯座端部也应留有一定的斜度 α。芯头和铸型型芯座之间应留有 1 ~ 4mm 的间隙，以便于铸型的装配。

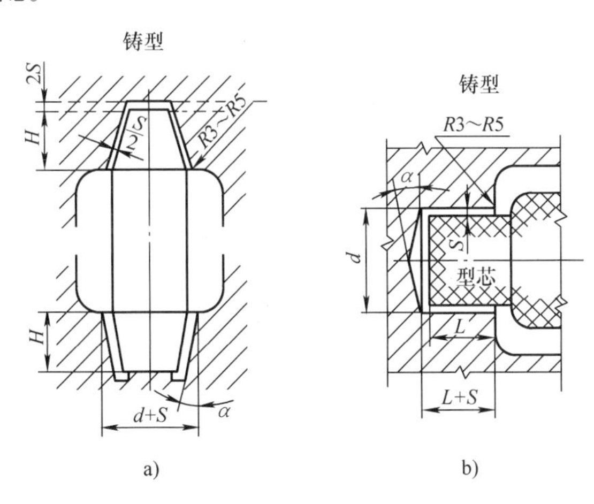

图 2-36　芯头的构造

a）垂直芯头　b）水平芯头

4. 浇注系统

浇注系统是将液态金属引入铸型型腔而在铸型内开设的通道，如图 2-37 所示，包括浇口杯、直浇道、横浇道和内浇道。浇口杯承接浇包倒进来的金属液，也称外浇口。直浇道连接外浇道和横浇道，将金属液由铸型外面引入铸型内部。横浇道则连接直浇道，分配由直浇道来的金属液流。内浇道连接横浇道，向铸型型腔灌输金属液。

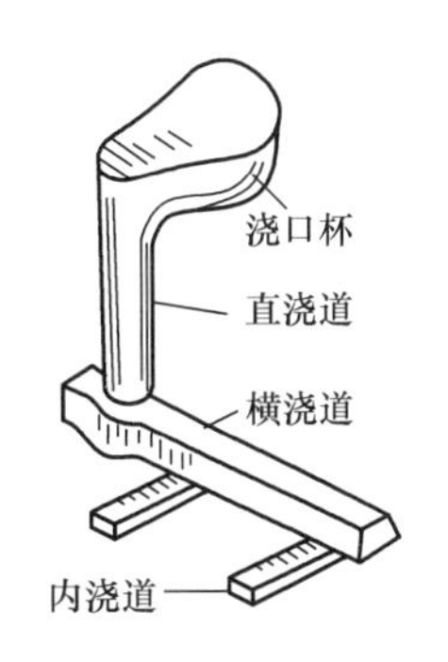

图 2-37　典型浇注系统

浇注系统的作用是控制金属液充填铸型的速度及充满铸型所需的时间；使金属液平稳地进入铸型，避免紊流和冲刷铸型；阻止熔渣和其他夹杂物进入型腔；浇注时不进入气体，并尽可能使铸件冷却时符合顺序凝固的原则。

内浇道的总截面面积、横浇道的总截面面积和直浇道的总截面面积是浇注系统的重要参数。根据内浇道、横浇道、直浇道的各自总截面积的比例不同，浇注系统分为开放式和封闭式两种。这里所说的截面面积都是指与液流方向垂直的最小截面面积。当内浇口的总截面面积最小时，浇注开始后整个浇注系统很快就充满了金属液，有利于阻止熔渣及夹杂物进入型腔，这种浇注系统通常称为封闭式浇注系统，一般都优先采用。当横浇道或直浇道的总截面面积小于内浇道的总截面面积时，浇注过程中金属液不会完全充满浇注系统，这种浇注系统通常称为开放式浇注系统，仅在特殊工艺采用。

设计浇注系统大致步骤为选择浇注系统类型；确定内浇道在铸件上的位置、数目和金属引入方向；决定直浇道的位置和高度；计算浇注时间并核算金属上升速度；计算阻流截面面积；确定浇道比并计算各组元截面面积；绘出浇注系统图形。实践证明，直浇道应设计得高一些，因为直浇道过低会使充型及液态补缩压力不足，易出现铸件棱角和轮廓不清晰、浇不到、上表面缩凹等缺陷。一般使直浇道高度等于上砂箱高度。并且直浇口的位置应设在横、内浇口的对称中心点上，以使金属液流程最短，流量分布均匀。近代造型机（如多触头高压造型机）模板上的直浇道位置一般都被确定，在这样的条件下应遵守规定的位置。直浇道距离第一个内浇道应有足够的距离。

5. 铸造工艺图的绘制

铸造工艺图是铸造工艺文件的一种，它是在零件图上用规定的红、蓝色的各种工艺符号表示出铸件的浇注位置、分型面、型芯及固定方法、铸造工艺参数、浇注系统、冒口及冷铁的布置等。根据铸造工艺图再绘制铸件图、模型图和铸型装配图，是指导生产的基本工艺文件。图2-38所示为压盖的零件图、铸造工艺图和铸件图。

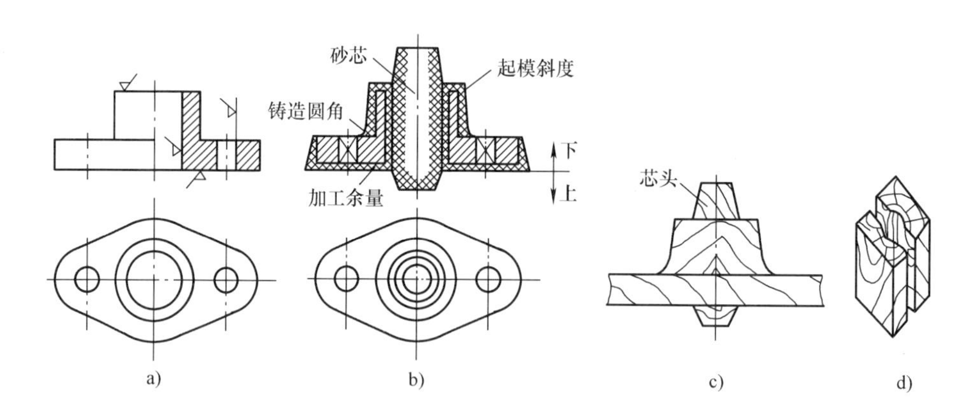

图2-38　压盖的零件图、铸造工艺图和铸件图

a）零件图　b）铸造工艺图　c）模样图　d）芯盒

铸造工艺符号及表示方法见表2-14。表中所列出的是常用的工艺符号及其表示方法，其他工艺符号可参阅有关资料。

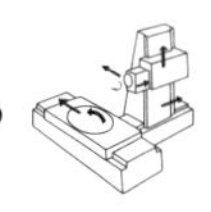

表 2-14　铸造工艺符号及表示方法

名称	符号	说明
分型面	上 下	用蓝线或红线和箭头表示
机械加工余量	上 下	用红线画出轮廓，剖面处全涂以红色（或细网纹格），加工余量值用数字表示。当有起模斜度时，一并画出
不铸出的孔和槽		用红“×”表示。剖面处涂以红色（或以细网纹格表示）
型芯	2# 1# 上 下	用蓝线画出芯头，注明尺寸。不同型芯用不同的剖面线，型芯应按下芯顺序编号
活块	活块	用红线表示，并注明“活块”
型芯撑		用红色或蓝色表示
浇注系统		用红线绘出，并注明主要尺寸
冷铁	冷铁	用绿色或蓝色绘出，注明“冷铁”

2.3.3 铸造工艺设计实例

C6140 车床进给箱体材料为 HT200，D 面为基准面，各部分尺寸及表面粗糙度值如图 2-39 所示，分别给出了单件小批和大批量生产时铸造工艺方案。

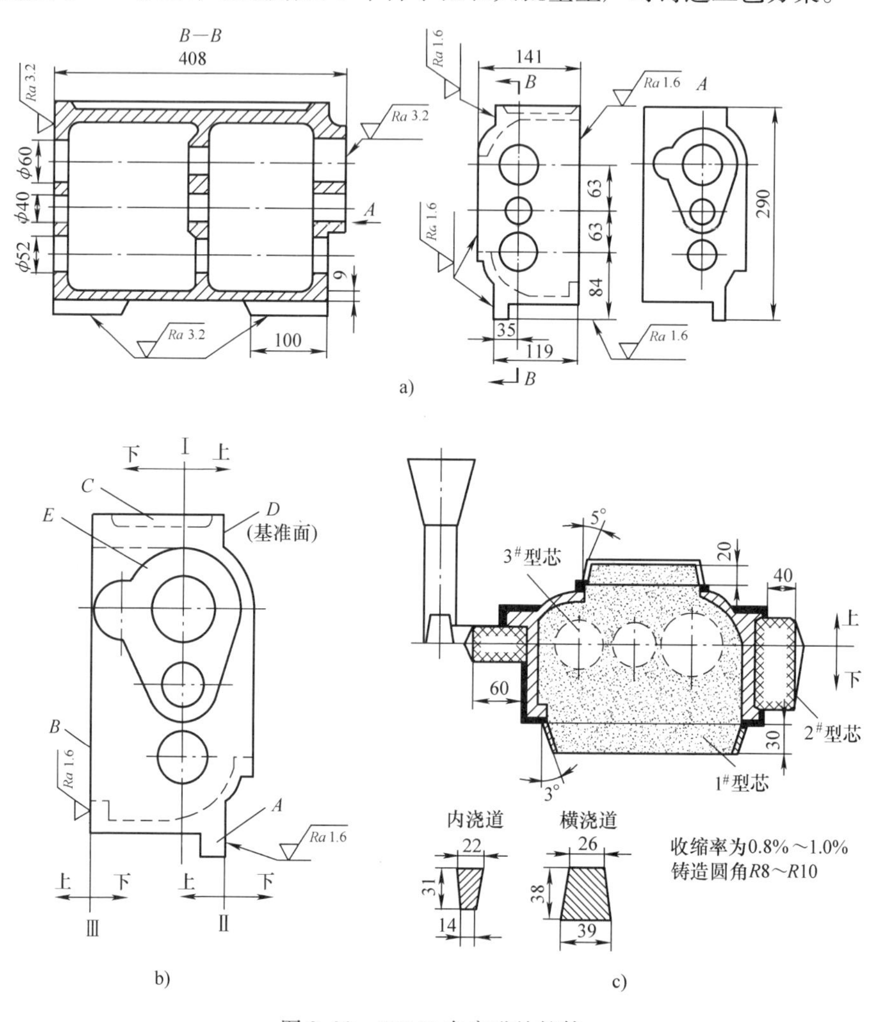

图 2-39 C6140 车床进给箱体

a）车床进给箱零件图 b）分型面的选择 c）车床进给箱铸造工艺图

工艺分析：该进给箱没有特殊质量要求的表面，但基准面 D 的质量要求应尽量保证，以便进行定位。由于该铸件没有质量要求特殊的表面，因此浇注位置和分型面的选择以简化造型工艺为主，同时应尽量保证基准面 D 的质量。进给箱体的工艺设计有图 2-39b所示的三种方案。

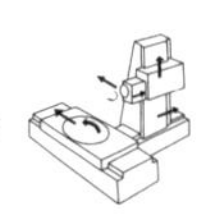

方案 1：分型面在轴孔中心线上。此时，凸台 A 距分型面较近，又处于上箱，若采用活块型砂易脱落，故只能用型芯来形成，槽 C 可用型芯或活块制出。本方案的主要优点是适于铸出轴孔，铸后轴孔的飞边少，便于清理。同时，下芯头尺寸较大，型芯稳定性好。其主要缺点是基准面 D 朝上，使该面较易产生缺陷，且型芯的数量较多。

方案 2：从基准面 D 分型，铸件绝大部分位于下箱。此时，凸台 A 不妨碍起模，但凸台 E 和槽 C 妨碍起模，也需采用活块或型芯来克服。它的缺点除基准面朝上外，其轴孔难以直接铸出，因无法制出型芯头，必须加大型芯与型壁间的间隙，致使飞边清理困难。

方案 3：从 B 面分型，铸件全部位于下箱。其优点是铸件不会产生错箱缺陷，基准面朝下，其质量易于保证，同时铸件最薄处在铸型下部，铸件不易产生浇不到、冷隔的缺陷。缺点是凸台 E、A 和槽 C 都需采用活块或型芯，内腔型芯上大下小稳定性差，若铸出轴孔，其缺点与方案 2 相同。

上述诸方案虽各有其优缺点，但结合具体生产条件，仍可找出最佳方案。

大批量生产：在大批量生产条件下，为减少切削加工工作量，轴孔需要铸出。此时，为了使下芯、合箱及铸件的清理简便，只能按照方案 1 从轴孔中心线处分型。为便于采用机器造型，应避免活块，故凸台和凹槽均应采用型芯来形成。为了克服基准面朝上的缺点，必须加大 D 面的加工余量。

单件、小批生产：在此条件下，因采用手工造型，故活块较型芯更为经济；同时，因铸件的精度较低，尺寸偏差较大，轴孔不必铸出，留待直接切削加工而成。显然，在单件生产条件下，宜采用方案 2 或方案 3；小批生产时，三个方案均可考虑，视具体条件而定。

铸造工艺图的绘制：在工艺分析的基础上，根据生产批量及具体生产条件，首先确定浇注位置和分型面。然后确定工艺参数机械加工余量、起模斜度、铸造圆角、铸造收缩率等。同时还要确定型芯的数量、芯头的尺寸及浇注系统的尺寸等。图 2-39c 所示为在大批量生产条件下绘制的铸造工艺图。图中组装而成的型腔大型芯的细节未能示出。

2.4　铸造结构工艺性

进行铸件结构设计时，不仅要保证零件的工作性能和力学性能，还要考虑铸造工艺、合金铸造性能和铸造方法的要求。铸件的结构是否合理，即结构工艺性是否良好，对铸件的质量、成本及生产率有很大影响。因此，设计铸件时必须从零件的全部生产过程出发，达到经济性与合理性的统一。

2.4.1　铸造性能对结构的要求

设计铸件的结构，如果不能满足合金的铸造性能要求，就可能产生缩孔、缩松、变形、裂纹、冷隔、浇不足、气孔等缺陷。因此，设计铸件时，应考虑以下几个方面。

1. 合理设计铸件壁厚

每种铸造合金，都有其适宜的壁厚，选择合理时，既能保证铸件的力学性能，又能防止铸件缺陷。铸件的最小壁厚在满足强度的前提下，还应考虑合金的流动性，否则铸件易产生浇不足、冷隔等缺陷。铸件的最小壁厚是由合金的种类、铸件的尺寸决定的，表2-15所示为砂型铸造条件下，常用合金铸件的最小壁厚。但是，铸件壁也不宜太厚。厚壁铸件晶粒粗大，组织疏松，易于产生缩孔和缩松等缺陷，使铸件的力学性能下降。设计过厚的铸件壁，也会造成金属的浪费。因此，不能单纯地增加壁厚，还要合理地选择截面形状，如T字形、工字形、槽形等结构，如图2-40所示。在铸件脆弱部分安置加强筋，也是保证铸件承载能力，减轻铸件质量的有效手段。

表2-15　常用合金铸件的最小壁厚

铸件尺寸/mm	合金种类					
	铸钢	灰口铸铁	球墨铸铁	可锻铸铁	铝合金	铜合金
<200×200	8	5~6	6	5	3	3~5
200×20~500×500	10~12	6~10	12	8	4	6~8
>500×500	15~20	15~20	15~20	10~12	6	10~12

2. 铸件的壁厚应尽可能均匀

铸件各部分壁厚相差过大，在厚壁处会形成金属积聚（热节），凝固收缩时在热节处易形成缩孔、缩松等缺陷。同时，由于冷却速度不一致，还会形成热应力，有时会使铸件厚薄连接处产生裂纹，如图2-41a所示，如果改进为图2-41b所示的均匀壁厚，则可以避免上述缺陷。

图2-40　铸件常用截面形状

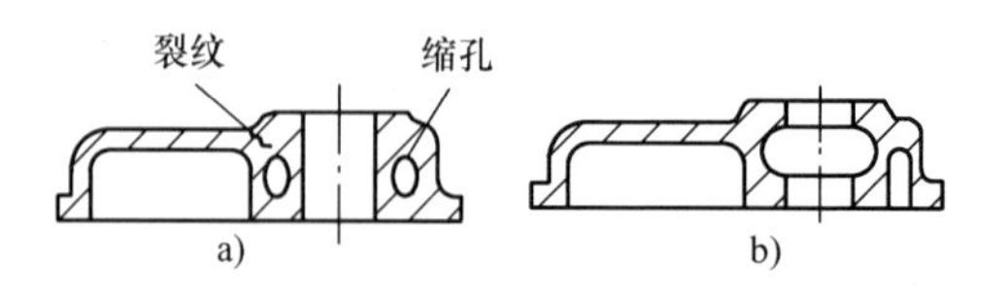

图2-41　顶盖的设计

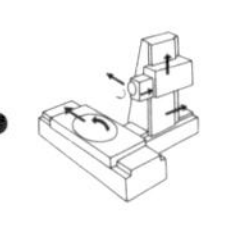

3. 铸件壁的连接

（1）铸件的结构圆角　铸件壁间的转角处一般设计成结构圆角。当铸件两壁直角连接时会形成金属的局部积聚而易形成缩孔、缩松如图 2-42a 所示；内侧转角处应力集中严重而易产生裂纹。此外，对于某些易生成柱状晶粒的合金，因直角处是树枝晶直交、汇合点（见图 2-43a），晶粒间的结合力被削弱，使该处的力学性能降低。因此，应将转角处设计成圆角，如图 2-42b 所示。这样不仅铸件外形美观，而且有利于造型，避免了铸型尖角损坏而形成黏砂或砂眼缺陷。铸件内圆角半径 R 的数值可参阅表 2-16。

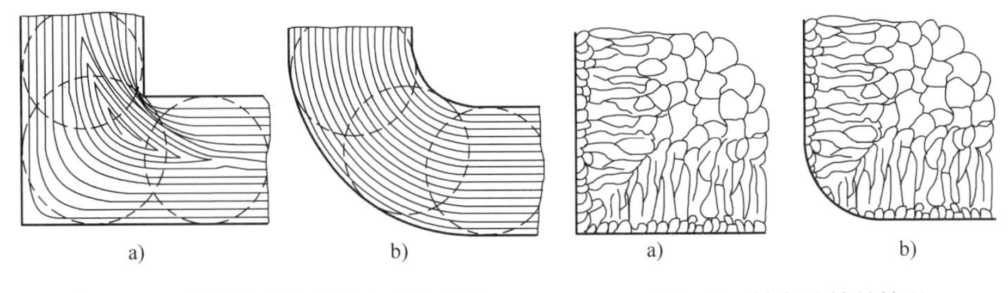

图 2-42　不同转角的热节和应力分布
a）合理　b）不合理

图 2-43　转角处结晶情况
a）合理　b）不合理

表 2-16　铸件的内圆角半径 R 值　（单位：mm）

	$(a+b)/2$		<8	8～12	12～16	16～20	20～27	27～35	35～45	45～60
	R 值	铸铁	4	6	6	8	10	12	16	20
		铸钢	6	6	8	10	12	16	20	25

（2）避免交叉和锐角连接　为了减少热节，避免铸件产生缩孔、缩松等缺陷，铸件上筋的连接应尽量避免交叉和锐角连接，如图 2-44 所示。中、小铸件

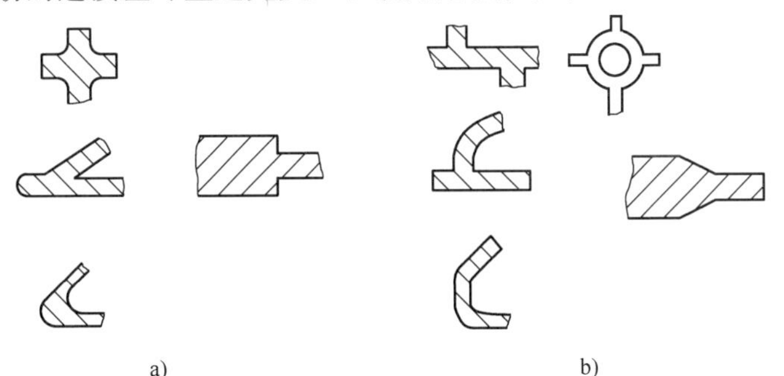

图 2-44　铸件的接头结构
a）不合理　b）合理

可采用交错接头，大件宜采用环状接头，而厚壁与薄壁相连接要逐步过渡，并不能采用锐角连接。

（3）厚壁与薄壁间的连接要逐步过渡　不同壁厚的各个部分应逐步过渡，避免壁厚突变而产生应力集中，同时防止裂纹的产生。表2-17所示为几种壁厚的过渡形式及尺寸。

表2-17　几种壁厚的过渡形式及尺寸

图　例	尺　　寸		
	$b \leqslant 2a$	铸铁	$R \geqslant (1/6 \sim 1/3)(a+b)/2$
		铸钢	$R \approx (a+b)/4$
	$b > 2a$	铸铁	$L > 4(b-a)$
		铸钢	$L > 5(b-a)$
	$b > 2a$	$R \geqslant (1/6 \sim 1/3)(a+b)/2$; $R_1 \geqslant R + (a+b)/2$ $C \approx 3(b-a)^{1/2}$, $h \geqslant (4 \sim 5)C$	

4. 应避免受阻收缩

对于线收缩较大的合金，在凝固过程中应尽量减少铸造应力，图2-45所示为轮辐的设计。图2-45a所示为偶数直线型。由于收缩应力过大，易产生裂纹。改成图2-45b的弯曲轮辐或图2-45c的奇数轮辐后，借轮辐或轮缘的微量变形来减少铸造内应力，可防止产生裂纹。

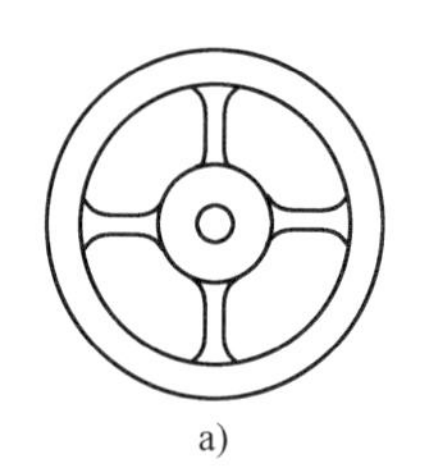
a)

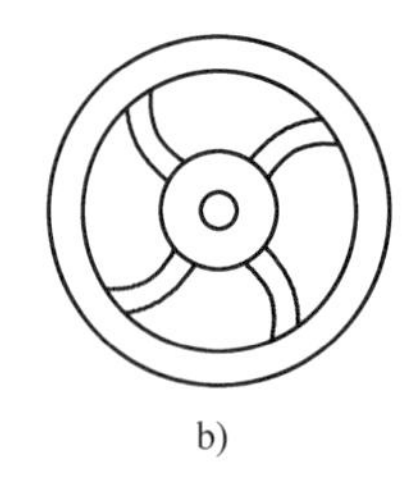
b)

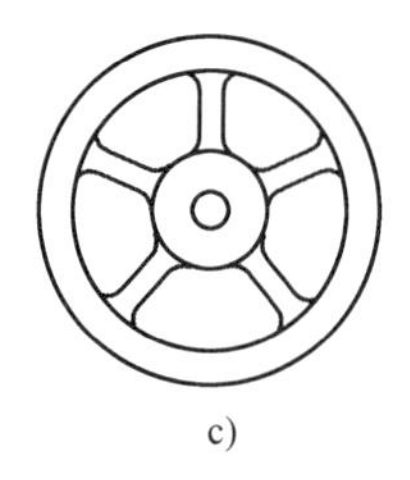
c)

图2-45　轮辐的设计

a）不合理　b）、c）合理

5. 铸件结构应尽量避免过大的水平面

浇注时铸件朝上的水平面易产生气孔、夹砂等缺陷。此外，大水平面也不利

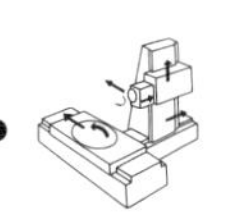

于金属的充填，易产生浇不足、冷隔等缺陷。图 2-46 所示为避免大水平面铸件的结构设计。

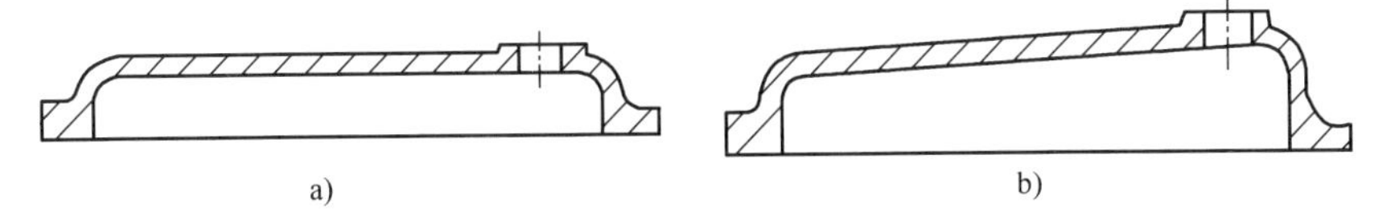

图 2-46　避免大水平面铸件的结构设计

a）不合理　b）合理

6. 防止铸件的变形

设计某些细长铸件时，应尽量采用对称截面形状的模样，以减少铸件的变形。图 2-47 所示为铸钢梁，图 2-47a 梁由于受较大热应力，产生变形，改成图 2-47b工字截面后，虽然壁厚仍不均匀，但热应力相互抵消，变形大大减小。

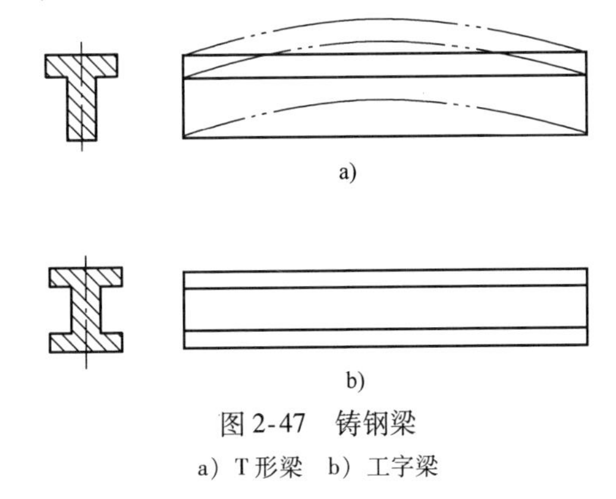

图 2-47　铸钢梁

a）T 形梁　b）工字梁

7. 不同铸造合金对铸件结构的要求

不同铸造合金有不同的铸造性能，要根据各种铸造合金的特点，设计相应的结构并采取不同的工艺措施。表 2-18 所示为常用铸造合金的结构特点。

表 2-18　常用铸造合金的结构特点

合金种类	性能特点	结构特点
普通灰口铸铁件	流动性好，体收缩率和线收缩率小，缺口敏感小。综合力学性能低，并随截面增加显著下降。抗压强度高，吸振性好	可设计薄壁（但不能过薄以防产生白口）、形状复杂的铸件，不宜设计很厚大的铸件，常采用中空、槽形、T 字形、箱形等截面，筋条可用交叉结构
球墨铸铁件	流动性和线收缩率与灰铸铁相近，体收缩率及形成铸造应力倾向较灰铸铁大，易产生缩孔、缩松和裂纹。强度、塑性比灰铸铁高，但吸振性较差，抗磨性好	一般都设计成均匀壁厚，尽量避免厚大截面。对某些厚大截面的球墨铸铁件可设计成中空结构或带筋结构

（续）

合金种类	性能特点	结构特点
可锻铸铁件	流动性比灰铸铁差，体收缩率很大。退火前为白口组织，性脆。退火后，线收缩率小，综合力学性能稍次于球墨铸铁	由于铸态要求白口铸铁，因此一般只适宜设计成薄壁的小铸件，最适宜的壁厚为5～16mm，壁厚应尽量均匀。为增加刚性，常设计成T字形或工字形截面，避免十字形截面。局部突出部分应用筋加强，设计时应尽量使加强筋承受压力
铸钢件	流动性差，体收缩率和线收缩率较大，裂纹敏感性较大	铸件壁厚不能太薄，不允许有薄而长的水平壁，壁厚应尽量均匀或设计成定向凝固，以利于加冒口补缩。壁的连接和转角应合理，并均匀过渡。铸件薄弱处多用筋加固，一些水平壁宜改成斜壁，壁上方孔边缘应做出凸台
铝合金铸件	铸造性能类似铸钢，力学强度随壁厚增加而下降得更为显著	壁不能太厚，其余结构特点类似铸钢件
锡青铜和磷青铜件	铸造性能类似灰铸铁，但结晶温度范围大，易产生缩松，高温性能差，易脆。强度随截面增加而显著下降	壁不能过厚，铸件上局部突出部分应用较薄的加强筋加固，以免热裂。铸件形状不宜太复杂
无锡青铜和黄铜件	流动性好，收缩较大，结晶温度区间小，易产生集中缩孔	结构特点类似铸钢件

2.4.2　铸造工艺对结构的要求

铸件的结构设计，在保证铸件的使用要求的前提下，还应尽量简化铸造工艺过程，以提高生产率，降低成本，尽量使生产过程机械化。

1. 对铸件外形设计的要求

（1）避免不必要的曲面和侧凹，减小分型面和外部型芯　图2-48所示为机床铸件。图2-48a在AB截面两侧设计成凹坑，必须采用两个较大的外型芯才能取出模型，改成图2-48b结构，将凹坑改为扩展到底部的凹槽，可省去外部型芯。图2-49所示为端盖铸件，图2-49a由于存在法兰凸缘，铸件产生了侧凹，铸件有两个分型面，需采用三箱造型，造型工艺复

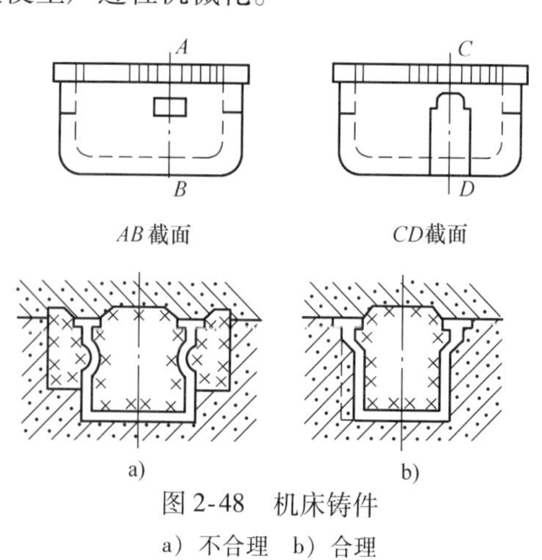

图2-48　机床铸件
a）不合理　b）合理

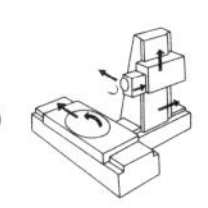

杂。图 2-49b 取消了上部法兰凸缘，使铸件仅有一个分型面，铸件精度由于造型工艺简化而得到了提高。

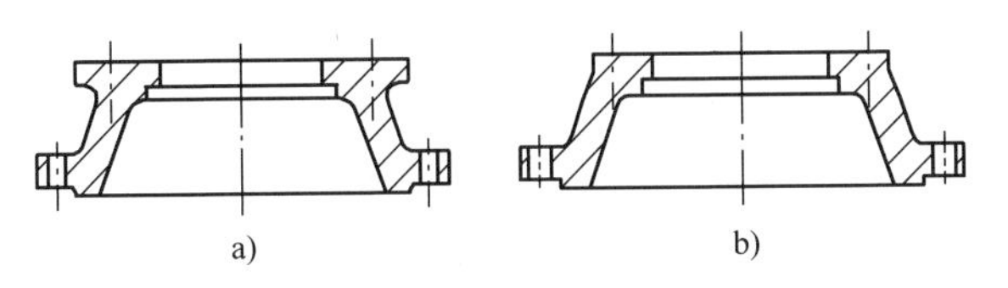

图 2-49　端盖铸件

（2）分型面应尽量平直　图 2-50 所示为摇臂铸件。图 2-50a 两臂的设计不在同一平面内，分型面不平直，使制模、造型困难，改进结构设计后可以采用简单平直的分型面进行造型，如图 2-50b 所示。

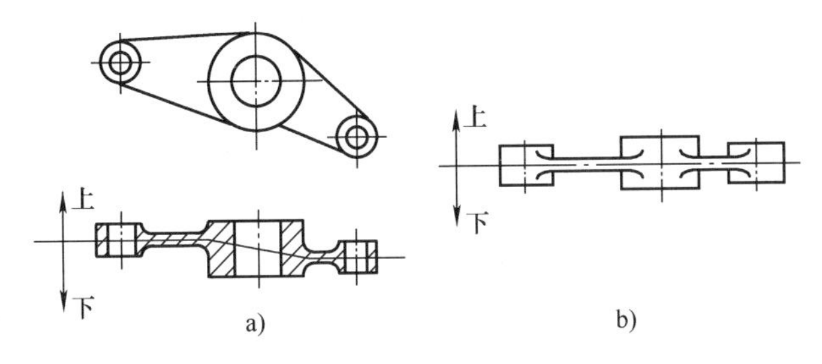

图 2-50　摇臂铸件

a）不合理　b）合理

（3）凸台、筋条的设计应便于造型　图 2-51a 中的凸台必须采用活块或外型芯才能取模，改成图 2-51b 后使造型简化。

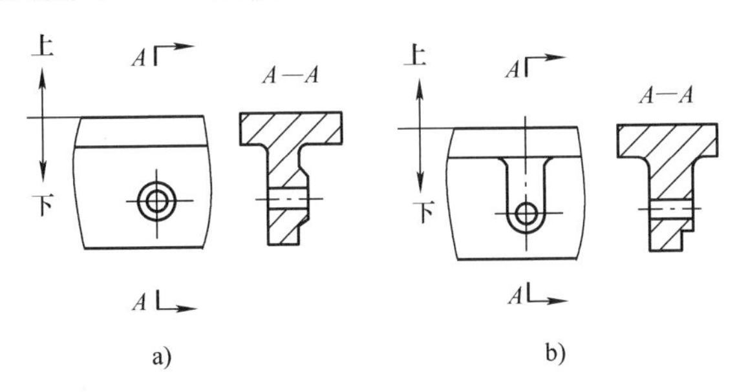

图 2-51　凸台的设计

a）不合理　b）合理

（4）铸件应有合适的结构斜度　铸件上垂直于分型面的不加工表面，最好具有结构斜度，便于取模。图 2-52 所示为结构斜度示例图。

铸件结构斜度的大小随垂直壁的高度而不同，高度越小，角度越大。一般当

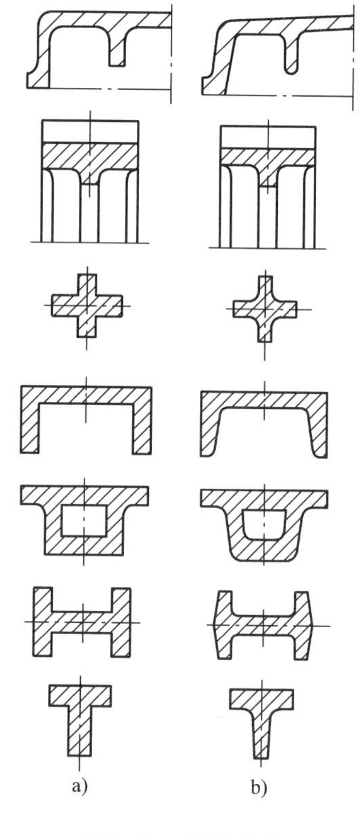

图2-52　结构斜度
a）不合理　b）合理

采用金属模或机器造型时，外侧面结构斜度可取0.5°~1°，砂型和手工造型可取1°~3°，内侧结构斜度较外侧大些。

2. 对铸件内腔设计的要求

（1）尽量不用或少用型芯　不用或少用型芯可以节省制造芯盒、造芯和烘干等工序的工具和材料，可避免型芯在制造过程中的变形、合箱中的偏差，提高铸件的精度。图2-53所示为支架铸件，图2-53a采用方形空心截面，需用型芯；而图2-53b改变为工字形截面，可省掉型芯。

（2）应使型芯安放稳定、排气畅通和清砂方便　图2-54所示为轴承支架铸件，图2-54a设计需用两型芯，其中大的型芯呈悬臂状态，下芯时必须使用型芯撑，改成图2-54b结构，型芯变成了一个整体，装配简便，易于排气，稳固性也大为提高。图2-55a铸件底没有孔，必须用型芯撑支撑型芯，型芯不稳定且清砂困难，在铸件底部增设工艺孔（见图2-55b），则能够解决以上问题。如果零件上不允许有此孔，则在机械加工时可以用螺钉或塞柱堵住，对于铸钢件也可以用焊板堵死。

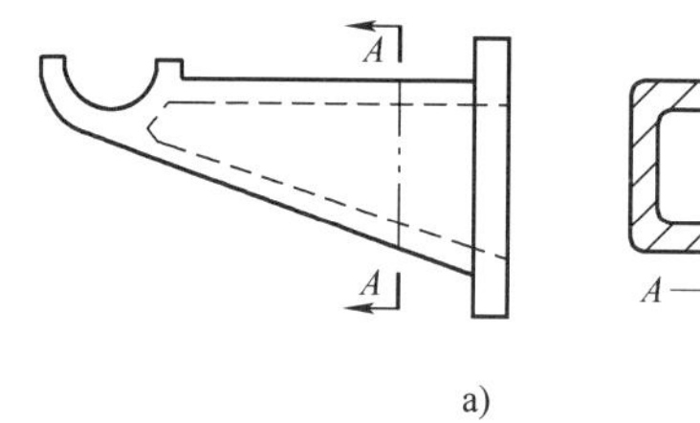

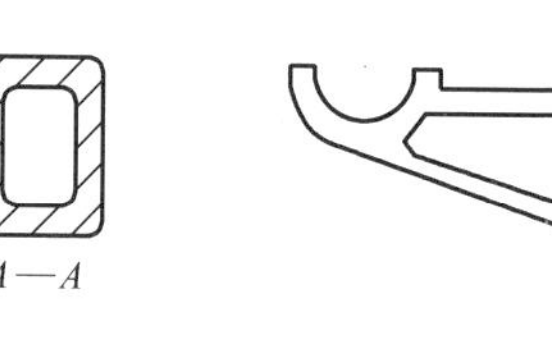

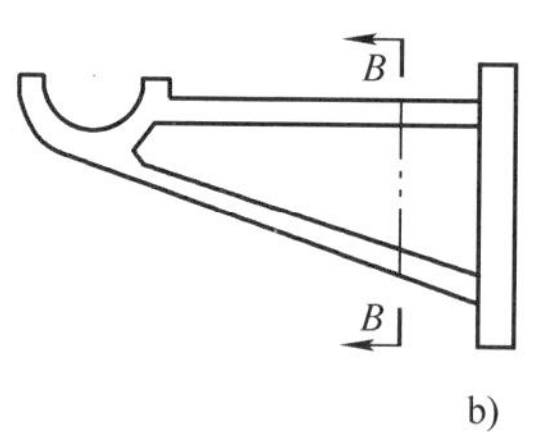

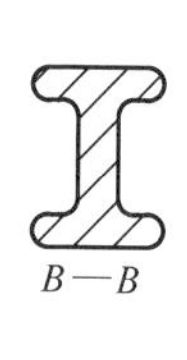

图2-53　支架铸件
a）不合理　b）合理

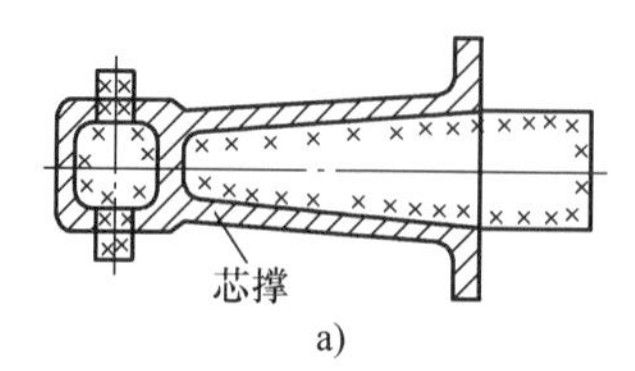

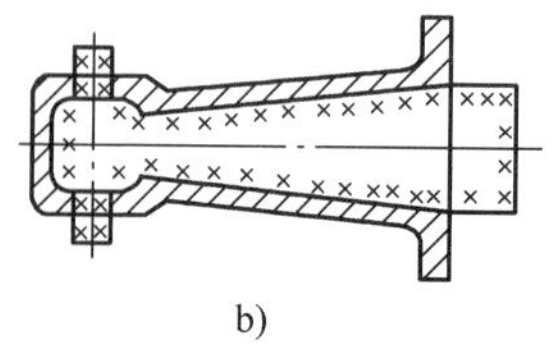

图2-54　轴承支架铸件
a）不合理　b）合理

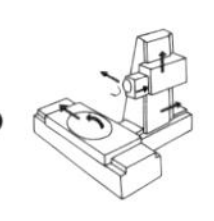

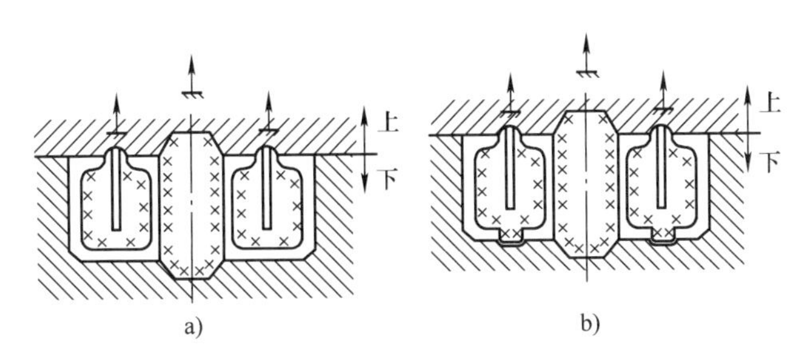

图 2-55　增设工艺孔的铸件结构
a）不合理　b）合理

2.4.3　铸造方法对结构的要求

以上重点说明了砂型铸造铸件结构设计的一般原则，对于采用特种铸造方法的铸件，还应根据其工艺特点考虑对铸件结构的特殊要求。

1. 熔模铸件的结构特点

1）便于从压型中取出蜡模和型芯。图 2-56a 由于侧凹方向朝内，注蜡后无法从压型中抽出型芯；而图 2-56b 则克服了上述缺点。

2）为了便于浸渍涂料和撒砂，孔、槽不宜过小或过深。孔径应大于 2mm，通孔时，孔深/孔径≤4～6mm；盲孔时，孔深/孔径≤2mm，槽宽应大于 2mm。

3）壁厚应尽可能满足顺序凝固要求，不要有分散的热节，以便利用浇口进行补缩。

4）因蜡模的可熔性，可以铸出各种复杂形状的铸件。图 2-57 所示为车床手轮手柄，图 2-57a 为加工装配图，图 2-57b 为整铸的熔模铸件，图 2-57b 比图 2-57a减少了加工和装配工序。

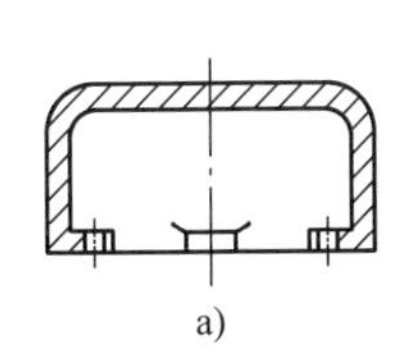

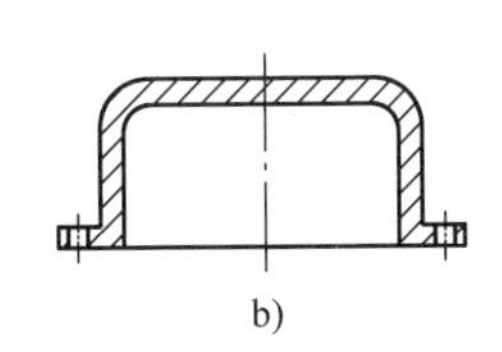

图 2-56　便于抽出蜡模型芯设计
a）不合理　b）合理

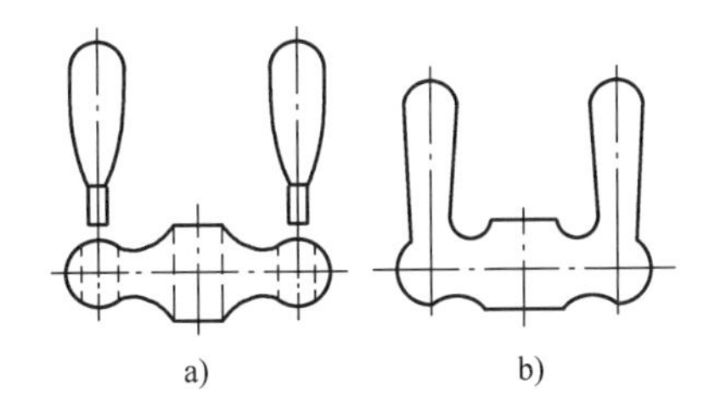

图 2-57　车床手轮手柄
a）不合理　b）合理

2. 金属型铸件的结构特点

1）铸件的外形和内腔应力求简单，保证铸件顺利出型和金属芯的抽出。在图 2-58 所示铸件图中，图 2-58a 其内腔内大外小，而 18mm 孔过深，金属型芯难以抽出，改成图2-58b后，其结构在不影响使用的条件下，避免了上述的缺点。

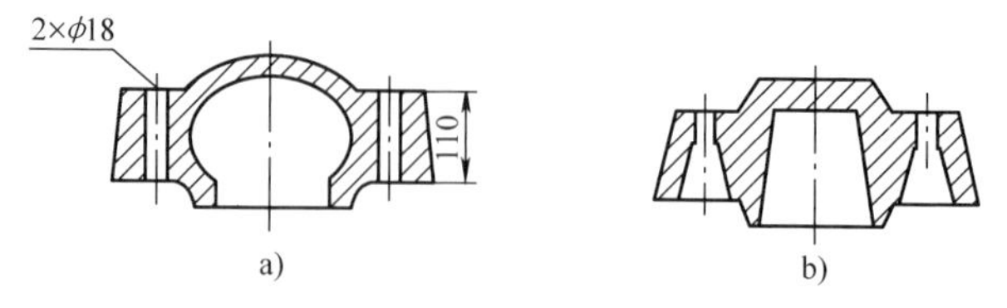

图2-58　金属型铸件结构与抽芯结构
a）不合理　b）合理

2）金属型冷却较快，为保证金属液充满型腔，铸件壁不能太薄，防止产生冷隔和浇不足等缺陷。铝硅合金铸件的最小壁厚为2～4mm，铝镁合金为3～5mm。此外，铸件的壁厚差不能太大，以防止出现缩松或裂纹。

3. 压铸件的结构特点

1）为了能从压型中顺利取出铸件和抽芯，应尽量消除侧凹和深腔。图2-59所示为压铸件，图2-59a的结构因侧凹朝内，铸件无法取出，按图2-59b改进后，使侧凹朝外，从压型侧面抽出外型芯，铸件便可从压型中顺利取出。

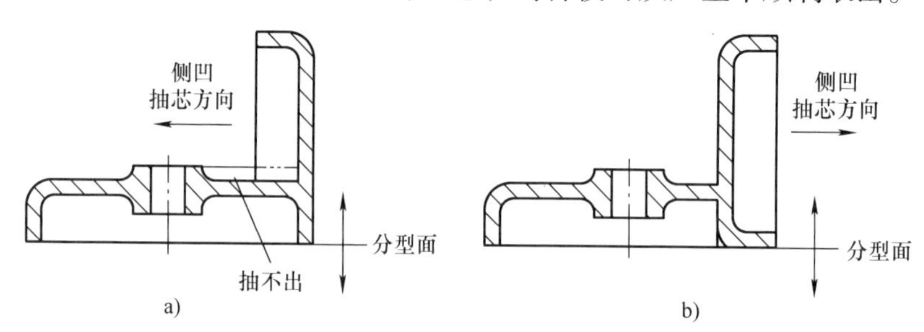

图2-59　压铸件结构设计
a）不合理　b）合理

2）压铸件壁厚要尽量均匀，不宜太厚，为防止壁厚处产生缩孔、气孔等缺陷，应采用加强筋来减小壁厚，筋的厚度取壁厚的2/3～3/4，且分布要均匀对称。

3）充分发挥镶嵌件的优越性，以便制出复杂件，改善压铸件局部性能并简化装配工艺。为使嵌件在铸件中的连接可靠，应将嵌件镶入铸件部分制出凹槽、凸台或滚花等。

4. 离心铸件的结构特点

离心铸件的内外直径不宜相差太大，否则内、外壁的离心力相差太大。若是绕垂直轴旋转，铸件的直径应大于其高度的三倍，否则内壁下部的加工余量过大。

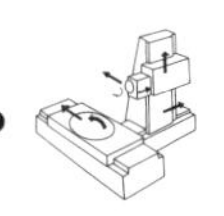

本 章 小 结

本章主要讨论合金铸造性能及常见缺陷，针对砂型铸造，讨论了常用铸造合金的铸造性能，分析了铸造特性，进行了铸件铸造工艺设计，绘制了铸造工艺图，并讨论为保证铸件质量，在铸造工艺要求基础上进行的铸件结构设计。

1. 合金的铸造性能

合金的铸造性能主要指合金的充型能力、收缩、吸气性等。

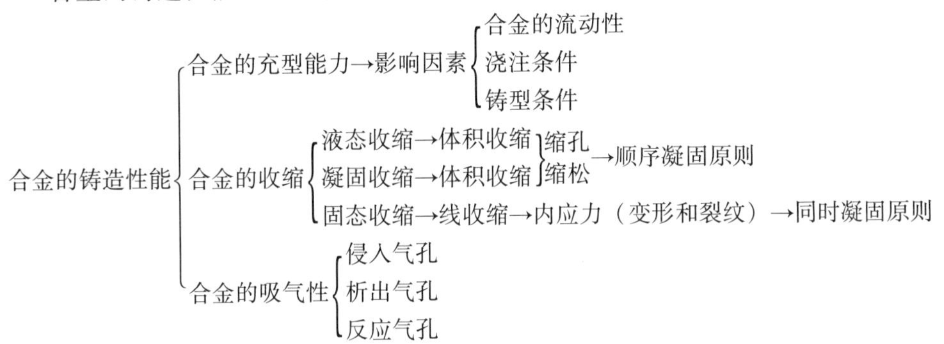

2. 常用铸造合金及铸造方法

常用的铸造合金包括铸铁、铸钢和铸造有色合金。

灰口铸铁根据石墨的形态不同又可分为普通灰口铸铁、可锻铸铁、球墨铸铁和蠕墨铸铁，铸造性能较好。

铸钢的浇注温度高，易氧化，流动性差、收缩大，因此铸造困难，容易产生黏砂、缩孔、冷隔、浇不足、变形和裂纹等缺陷。

铸造铝合金流动性好，对型砂耐火性要求不高，可采用细砂造型，获得的铸件表面粗糙度值小，并可浇注薄壁复杂铸件。

常用铸造方法有砂型铸造、熔模铸造、金属型铸造、压力铸造和实型铸造。

3. 砂型铸造工艺设计

砂型铸造根据完成造型工序的方法不同，分为手工造型和机器造型两大类。

在各种造型机上只能采用模板进行两箱造型或类似于两箱造型的其他方法，并尽量避免活块和挖砂造型等，提高造型机的生产率。

浇注位置是指浇注时铸件在铸型内所处的位置。浇注位置选择得正确与否，对铸件质量影响很大，选择时应遵循以下原则：铸件的主要加工面或主要工作面应处于底面或侧面；铸件的大平面应朝下；铸件的薄壁部分应放在铸型的下部或侧面；对于容易产生缩孔的铸件，应将截面较厚的部分置于上部或侧面；尽量减小型芯的数量，便于型芯的固定、检验和排气。

铸型分型面是指两半铸型相互接触的表面。分型面选择是否合理，对铸件的质量影响很大。因此分型面的选择应遵循以下原则：铸件应尽可能放在一个砂箱内或将加工面或加工基准面放在同一砂箱内；尽量减少分型面的数量，并力求采用平直分型面代替曲折分型面；尽量减少型芯和活块的数量；为了方便下芯、合箱和检查型腔尺寸，通常把型芯放在下型箱内。

工艺参数包括机械加工余量、收缩率、起模斜度、铸造圆角和型芯头。

根据选择的浇注、分型面位置及确定的工艺参数，完成铸造工艺图绘制，即在零件图上用规定的红、蓝色的各种工艺符号表示出铸件的浇注位置、分型面、型芯及固定方法、铸造工艺参数、浇注系统、冒口及冷铁的布置等。

4. 铸造结构工艺性

合理设计铸件壁厚；铸件的壁厚应尽可能均匀；铸件壁间的转角处一般设计成结构圆角；避免交叉和锐角连接；避免受阻收缩；尽量避免过大的水平面；细长铸件结构尽量采用对称截面形状模样，以减少铸件的变形；避免不必要的曲面和侧凹，减小分型面和外部型芯；分型面应尽量平直；凸台、筋条的设计应便于造型；铸件应有合适的结构斜度；内腔设计尽量不用或少用型芯；型芯安放稳定、排气畅通和清砂方便。

思考题与习题

1. 什么是液态合金的充型能力？它与合金的流动性有何关系？不同化学成分的合金为何流动性不同？为什么铸钢的充型能力比铸铁差？

2. 合金的铸造性能是指哪些性能？铸造性能不良，可能引起哪些铸造缺陷？

3. 既然提高浇注温度可提高液态合金的充型能力，但为什么又要防止浇注温度过高？

4. 顺序凝固原则和同时凝固原则分别采取什么工艺措施来实现？上述两种凝固原则各适用于哪种场合？

5. 铸件产生铸造内应力的主要原因是什么？如何减小或消除铸造内应力？

6. 什么是铸件的冷裂纹和热裂纹？防止裂纹的主要措施有哪些？

7. 铸件的气孔有哪几种？析出气孔产生的原则是什么？

8. 常用铸造合金有哪些？说明下列铸件可能选用哪种合金铸造？

车床床身、摩托车发动机、柴油机曲轴、气缸套、轴承衬套

9. 灰口铸铁按石墨形态不同分为哪些类型？对比它们铸造性能。

10. 说明铸钢的铸造性能及铸造特点。

11. 金属型铸造和砂型铸造相比，在生产方法、造型工艺和铸件结构方面有何特点？适用何种铸件？为什么金属型铸造未能取代砂型铸造？

12. 对比手工造型与机器造型的优缺点。

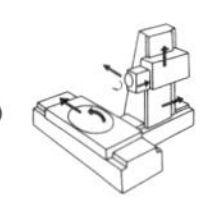

13. 在设计铸件的外形和内腔时，应考虑哪些问题？

14. 结构斜度和起模斜度的区别是什么？它们各起什么作用？

15. 试用图 2-60 轨道铸件图分析热应力的形成原因，并用虚线表示出铸件的变形方向。

16. 图 2-61 铸件在单件小批量生产条件下应采用什么造型方法？试确定其分型面的最佳方案，并画出相应铸造工艺图。

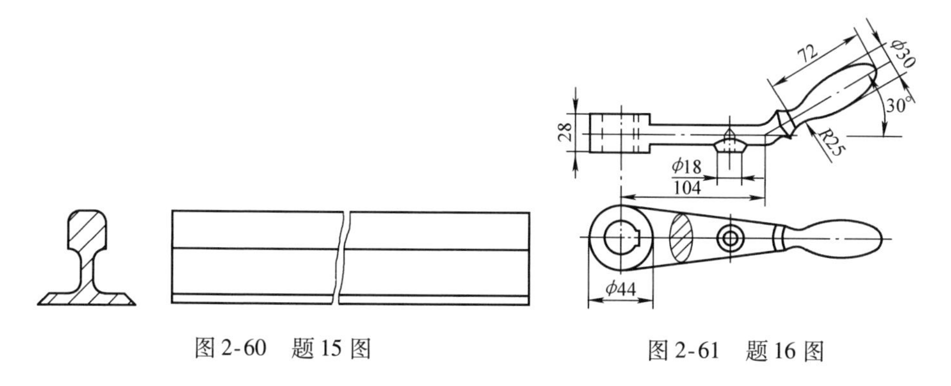

图 2-60 题 15 图　　图 2-61 题 16 图

17. 图 2-62 铸件，材料为 HT150，试回答下列问题：①标出图示零件几种不同的分型方案；②按最佳的分型方案绘制其铸造工艺图。

18. 图 2-63 铸件有哪几种分型方案？试确定适合大批量生产的合理方案，绘制其铸造工艺图。

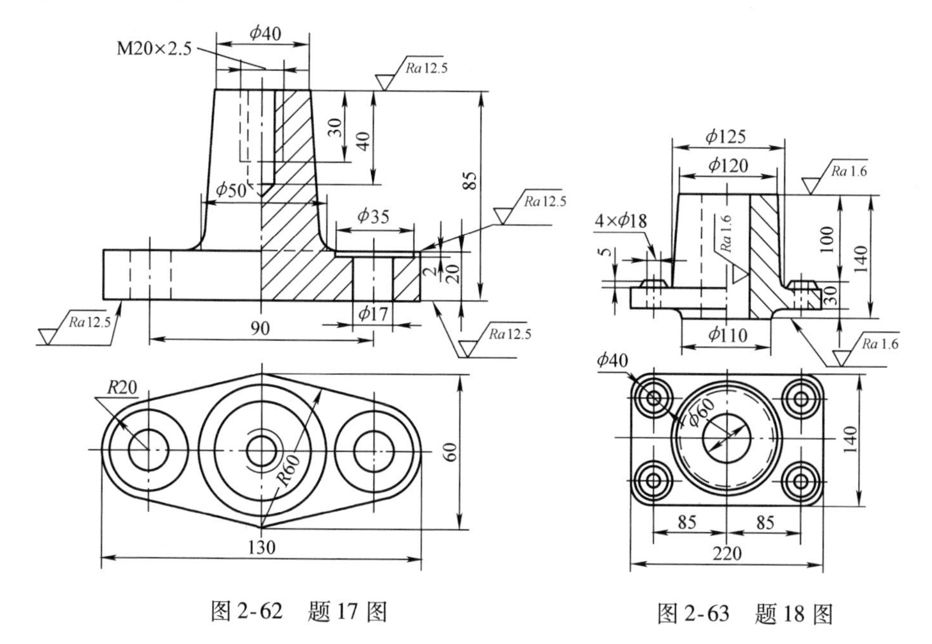

图 2-62 题 17 图　　图 2-63 题 18 图

19. 图2-64铸件的结构有何缺点，该如何改进?

20. 试用内接圆方法确定图2-65所示铸件的热节部位。在保证尺寸 H 的前提下，如何使铸件的壁厚均匀。

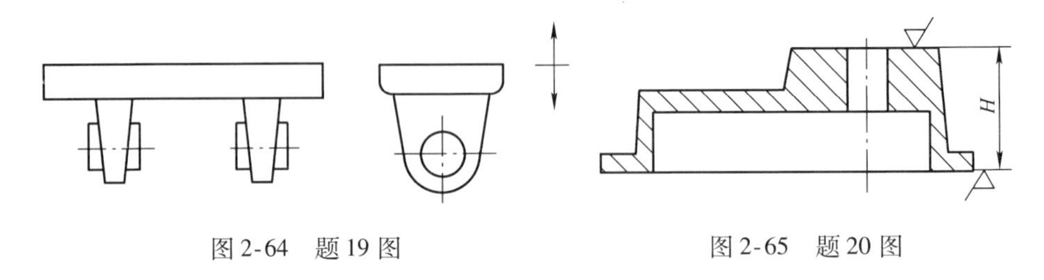

图2-64　题19图　　　　图2-65　题20图

21. 图2-66所示轧钢机导轮铸钢零件，铸造中出现了缩孔，试分析原因；并说明应采取的防止措施。

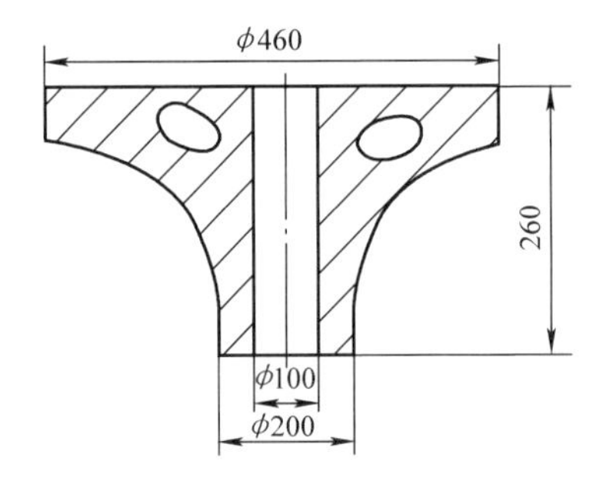

图2-66　题21图

第3章　压力加工成形技术

［导读］　本章介绍压力加工成形方法和金属材料塑性成形基础知识等内容，重点内容为金属材料塑性成形的实质及其影响，锻造和冲压成形技术及方法。通过学习，掌握常用型材及零件的压力加工成形方法；理解塑性成形的实质及其对金属材料组织和性能的影响；掌握锻造的类型和工序；掌握冲压成形的工序及工艺要求。

压力加工是在外力作用下，使金属坯料产生塑性变形，从而获得具有一定形状、尺寸和力学性能的原材料、毛坯或零件的一种加工方法。压力加工主要依靠金属的塑性变形而成形，要求金属材料必须具有良好的塑性，因此只适用于塑性材料，不适用于脆性材料，如铸铁、青铜等工业用钢和大多数有色金属及其合金均具有一定的塑性，能在热态或冷态下进行压力加工。

压力加工与其他加工方法相比，具有以下特点：

1）改善金属的内部组织，提高金属的力学性能。塑性变形能使金属的内部缺陷（如微裂纹、缩松、气孔等）得到压合，使其组织致密，晶粒细化，并形成纤维组织，大大提高金属的强度和韧性，使金属材料得到强化。

2）具有较高的劳动生产率。以制造内六角螺钉为例，用压力加工成形后再加工螺纹，生产率可比全部用切削加工提高约50倍；如果采用多工位次序镦，则生产率可提高400倍以上。

3）节约金属材料。一些精密模锻件的尺寸精度和表面粗糙度值能接近成品零件的要求，只需少量甚至不需要切削加工即可得到成品零件，从而减少了金属的损耗。

4）适用范围广。压力加工件质量小的可不到1kg，大的可重达数百吨，既可进行单件小批量生产，又可进行大批量生产。

压力加工可生产出各种不同截面的型材（如板材、线材、管材等）和各种机器零件的毛坯或成品（如轴、齿轮、汽车大梁、连杆等）。压力加工在机械、电力、交通、航空、国防等工业部门以及生活用品的生产中占有重要的地位，如钢桥、压力容器、石油钻井平台等广泛采用型材，飞机、机车、汽车和工程机械上各种受力复杂的零件都采用锻件，电器、仪表、机器表面覆盖物及生活用品中的金属制品，绝大多数都是冲压件。

3.1　压力加工成形方法

3.1.1　型材生产方法

1. 轧制生产

借助于坯料与轧辊之间的摩擦力，使金属坯料连续地通过两个旋转方向相反的轧辊的孔隙而受压变形的加工方法称为轧制，如图3-1a所示为轧制示意图。合理设计轧辊上的孔型，通过轧制可将金属钢锭加工成不同截面形状的原材料，图3-1b所示为轧制出的型材。

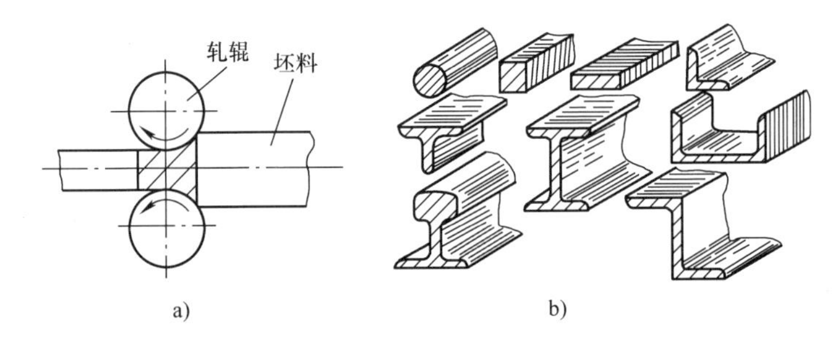

图3-1　轧制

a）轧制示意图　b）轧制出的型材

2. 挤压生产

将金属坯料放入挤压模内，使其受压被挤出模孔而变形的加工方法称为挤压。生产中常用的挤压方法主要有两种，正挤压和反挤压。金属流动方向与凸模运动方向相一致的称为正挤压，如图3-2a所示。金属流动方向与凸模运动方向相反的称为反挤压，如图3-2b所示。

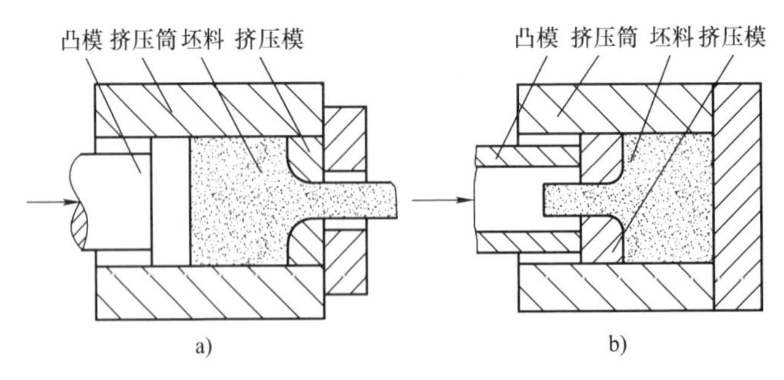

图3-2　挤压示意图

a）正挤压　b）反挤压

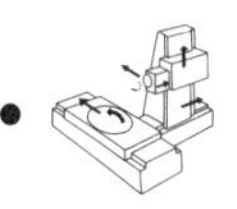

在挤压过程中，坯料的横截面依照模孔的形状缩小，长度增加，从而获得各种复杂截面的型材或零件，如图 3-3 所示。挤压不仅适用于有色金属及其合金，而且适用于碳钢、合金钢及高合金钢。对于难熔合金，如钨、钼及其合金等脆性材料也能适用。根据挤压时金属材料是否被加热，挤压又分为热挤压和冷挤压。

图 3-3　挤压产品截面形状图

3. 拉拔生产

将金属条料或棒料拉过拉拔的模孔而变形的压力加工方法称为拉拔，如图 3-4a 所示。拉拔生产主要用来制造各种细线材、薄壁管和各种特殊几何形状的型材，如图 3-4b 所示。多数拉拔是在冷态下进行加工的，拉拔的产品尺寸精度较高，表面粗糙度值较小。塑性高的低碳钢和有色金属及其合金都可拉拔成形。

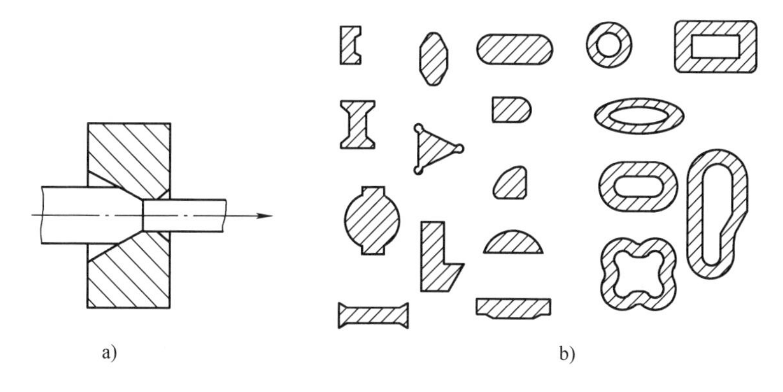

a)　　b)

图 3-4　拉拔

a）拉拔　b）拉拔产品截面形状图

3.1.2　机械零件的毛坯及成品生产

1. 锻造

锻造是在加压设备及工模具的作用下，使坯料、铸锭产生局部或全部的塑性变形，以获得具有一定几何尺寸、形状和质量的锻件的加工方法，按所用的设备和工模具不同，可分为自由锻造和模型锻造两类。

自由锻造是将加热后的金属坯料，放在上、下砥铁（砧块）之间，在冲击力或静压力的作用下，使之变形的压力加工方法，如图 3-5a 所示。

模型锻造（简称模锻）是将加热的金属坯料，放在具有一定形状的锻模模

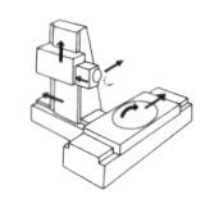

膛内，在冲击力或压力作用下，使金属坯料充满模膛，成形锻件的压力加工方法，如图3-5b所示。

2. 冲压

冲压是将金属板料放在冲模之间，使其受冲压力作用产生分离或变形的压力加工方法。常用冲压工艺有冲裁、弯曲、拉深、缩口、起伏和翻边等，图3-5c所示为拉深加工。

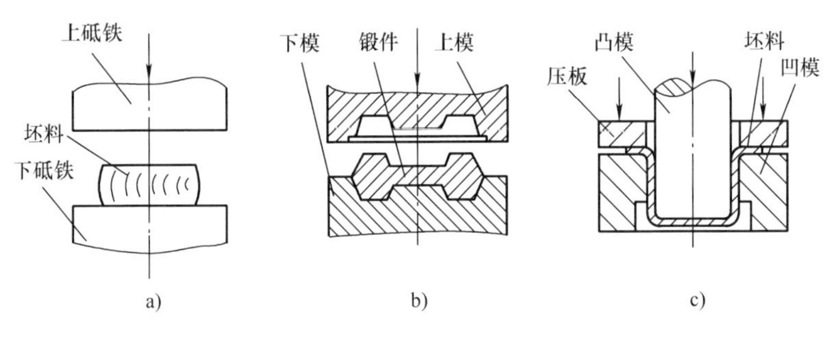

图3-5 锻造与冲压示意图

a）自由锻造 b）模型锻造 c）冲压（拉深）

3.2 金属材料的塑性成形基础

金属在外力作用下产生的变形可分为三个连续的变形阶段：弹性变形阶段、弹塑性变形阶段、塑性变形阶段和断裂阶段。弹性变形在外力去除以后可自行恢复，塑性变形则不可恢复，是金属进行压力加工的必要条件，也是强化金属的重要手段之一。

3.2.1 金属塑性变形的实质

金属的塑性是当外力增大到使金属内部产生的应力超过该金属的屈服强度，使其内部原子排列的相对位置发生变化而相互联系不被破坏的性能。工业上常用的金属材料都是由很多晶粒组成的多晶体，其塑性变形过程比较复杂。

1. 单晶体的塑性变形

单晶体是指原子排列方式完全一致的晶体。当单晶体金属受拉力 P 作用时，在一定晶面上可分解为垂直于晶面的正应力 σ 和平行于晶面的切应力 τ，如图3-6所示。在正应力 σ 作用下，晶格被拉长，当外力去除后，原子自发回到平衡位置，变形消失，产生弹性变形。若正应力 σ 增大到超过原子间的结合力时，晶体便发生断裂，如图3-7所示。由此可见，正应力 σ 只能使晶体产生弹性变形或断裂，而不能使晶体产生塑性变形。在逐渐增大的切应力 τ 作用下，晶体从

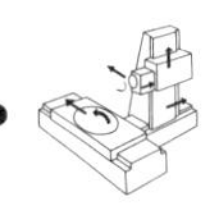

开始产生弹性变形发展到晶体中的一部分与另一部分沿着某特定的晶面相对移动，称为滑移。产生滑移的晶面称为滑移面，当应力消除后，原子到达一个新的平衡位置，变形被保留下来，形成塑性变形，如图 3-8 所示。由此可知，只有在切应力作用下，才能产生滑移。而滑移是金属塑性变形的主要形式。

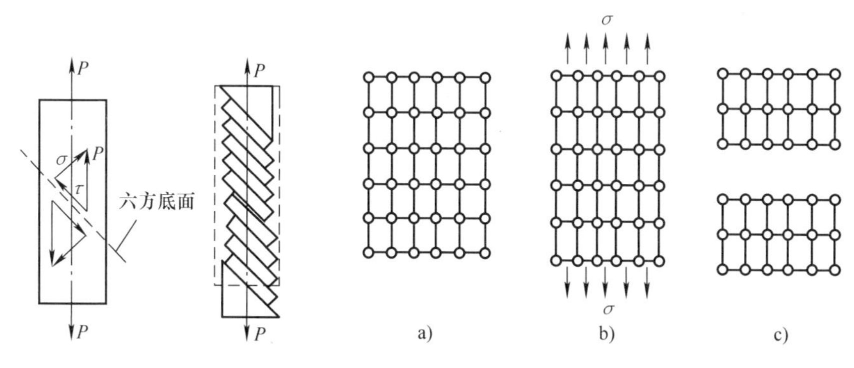

图 3-6　单晶体拉伸示意图　　图 3-7　单晶体在正应力作用下的变形

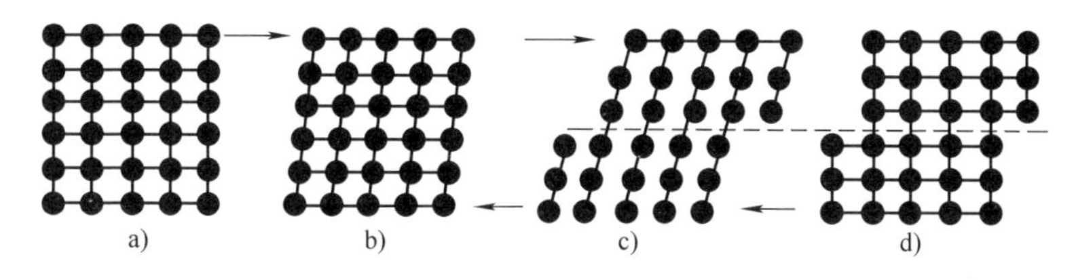

图 3-8　晶体在切应力作用下的变形

a）未变形　b）弹性变形　c）弹塑性变形　d）塑性变形

晶体在晶面上发生滑移，实际上并不需要整个滑移面上的所有原子同时一起移动，即刚性滑移。近代物理学理论认为晶体内部存在有许多缺陷，其类型有：点缺陷、线缺陷和面缺陷三种。由于缺陷存在，使晶体内部各原子处于不稳定状态，高位能的原子很容易从一个相对平衡的位置移动到另一个位置上。位错是晶体中典型的线缺陷。

滑移变形就是通过晶体中位错的移动来完成的，如图 3-9 所示。在切应力的作用下，位错从滑移面的一侧移动到另一侧，形成一个原子间距的滑移量，由于位错移动时，只需位错中心附近的少数原子发生移动，不需要整个晶体上半部的原子相对下半部一起移动，所以它需要的临界切应力很小，这就是位错的易动性。因此，单晶体总的滑移变形量是许多位错滑移的结果。

2. 多晶体的塑性变形

实际上金属是由许多大小、形状、晶格位向各不同的晶粒组成的多晶体。各晶粒之间是一层很薄的晶粒边界，晶界是相邻两个位向不同晶粒的过渡层，且原

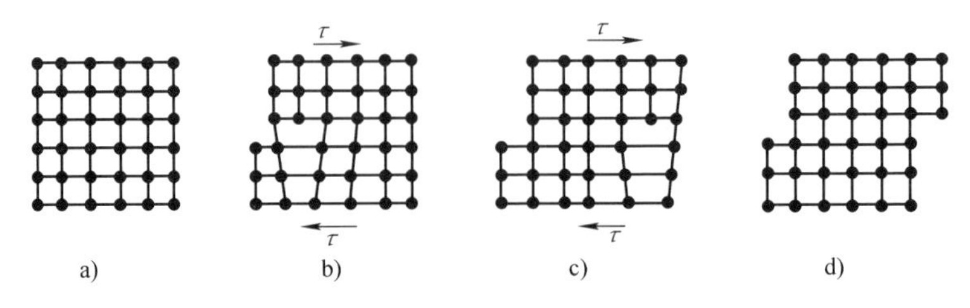

图 3-9　位错移动产生滑移的示意图

子排列极不规则。因此，多晶体的塑性变形要比单晶体的塑性变形复杂得多。

多晶体的变形首先从晶格位向有利于变形的晶粒内开始，滑移结果使晶粒位向发生转动，而难于继续滑移，从而促使另一批晶粒开始滑移变形。所以，多晶体的变形从少量晶体开始逐步扩大到大量晶粒发生滑移，从不均匀变形逐步发展到较均匀变形。

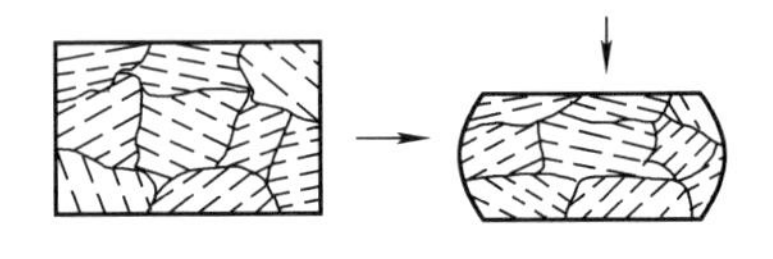

图 3-10　多晶体塑性变形图

与单晶体比较，多晶体具有较大的变形抗力，多晶体的塑性变形如图 3-10 所示。这是因为一方面多晶体内晶界附近的晶格畸变程度大，对位错的移动起阻碍作用，表现为较大的变形抗力；另一方面，多晶体内各晶粒位向不同，若某一晶粒要发生滑移，会受到周围位向不同晶粒的阻碍，必须在克服相邻晶粒的阻力之后才能滑移。这就说明，多晶体金属的晶界面积及不同位向的晶粒越多，即晶粒越细，其塑性变形抗力就越大，强度和硬度越高。同时，由于塑性变形时总的变形量是各晶粒滑移效果的总和，晶粒越细，单位体积内有利于滑移的晶粒数目越多，变形便可分散在越多的晶粒内进行，金属的塑性和韧性便越高。

3. 2. 2　塑性变形对金属组织和性能的影响

金属的塑性变形由金属内多晶体的塑性变形来实现的。在塑性变形过程中金属的结晶组织将发生变化，晶粒沿变形最大的方向伸长，晶格与晶粒发生扭曲，同时晶粒破碎。同时，在变形过程中及变形后，金属的力学性能也将发生相应的变化。

1. 回复与再结晶

金属发生塑性变形以后处于一种不稳定的组织状态，高位能的原子有自发地回复到其低位能平衡状态的趋势，但在低温下原子活动能力较低，若对它进行适当加热，增加原子的扩散能力，原子将向低能量的稳定状态转变，如图 3-11 所示。随着加热温度升高，这一变化过程可分为回复、再结晶和晶粒长大三个阶段。

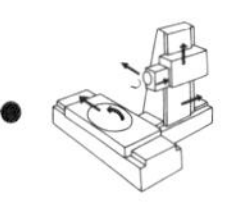

（1）回复　回复阶段由于加热温度不高，原子扩散能力不强，通过原子的少量扩散，可消除部分晶格扭曲，降低金属的内应力。因其显微组织无明显变化，故金属的强度和塑性变化不大，这一过程称为回复。纯金属的回复温度为

$$T_{回}=(0.25\sim0.3)T_{熔}$$

式中　$T_{回}$——金属回复的热力学温度（K）；

$T_{熔}$——金属熔点的热力学温度（K）。

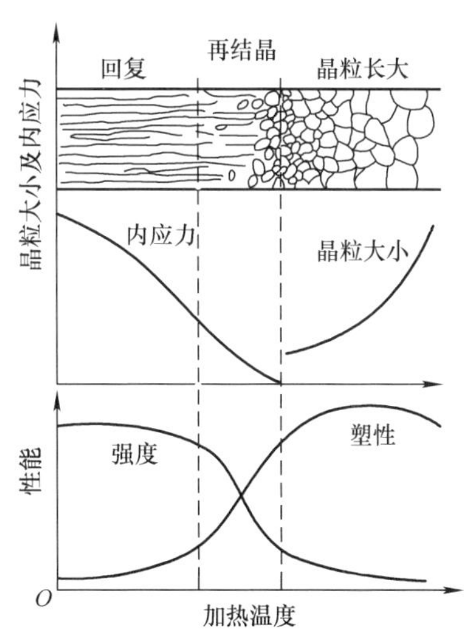

图 3-11　加热温度对冷变形金属组织性能的影响

（2）再结晶　当加热温度继续升高到某一值时，由于原子获得更多的能量，扩散能力加强，以某些碎晶或杂质为核心，并逐渐向周围长大，形成新的等轴晶粒，这个过程称为金属的再结晶。再结晶后，金属的强度和硬度下降，塑性升高。能够进行再结晶的最低温度称为再结晶温度。纯金属的再结晶温度为

$$T_{再}=0.4T_{熔}$$

式中　$T_{再}$——金属再结晶的热力学温度（K）。

随着温度的升高，或者在较高的温度下时间延长，再结晶后的晶粒还会聚合而长大。为了加速再结晶过程，再结晶退火温度比再结晶温度高 100～200℃。但退火加热温度过高，保温时间过长，均会使再结晶后的细晶粒长大成粗晶粒，导致金属力学性能下降。

2. 冷变形和热变形

金属在塑性变形时，由于变形温度不同，对组织和性能会产生不同的影响。金属的塑性变形分为冷变形和热变形两种。冷变形是指金属在其再结晶温度以下进行的塑性变形。因此，变形程度不宜过大，以避免制件破裂，冷变形能使金属获得较好的表面质量并使金属强化。

热变形是指金属在其再结晶温度以上进行塑性变形。热变形时，变形抗力低，可用较小的能量获得较大的变形量，并可获得具有较高力学性能的再结晶组织。但热变形时金属表面易产生氧化，产品表面粗糙度值较大，尺寸精度较低。

3. 加工硬化

随着塑性变形程度的增加，金属的强度、硬度升高，塑性和韧性下降，即金属内部发生了加工硬化现象，如图 3-12 所示。金属冷变形时必然会产生加工硬化，但热变形时，无加工硬化痕迹，因为变形是在再结晶温度以上进行的，变形时产生的加工硬化很快被再结晶消除。

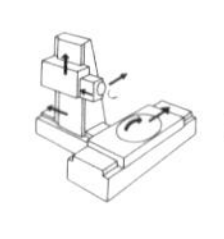

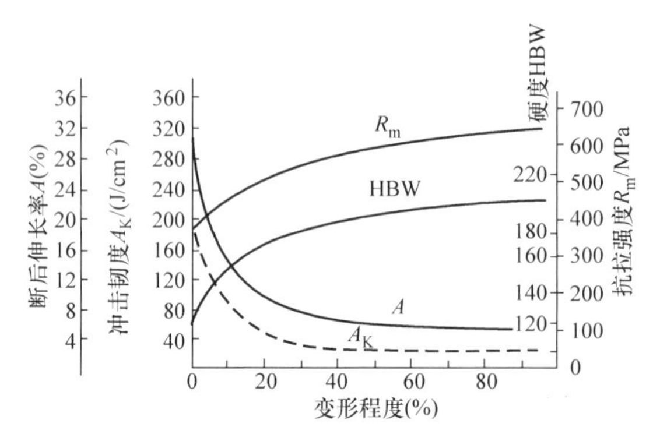

图3-12 低碳钢冷变形程度与力学性能的关系

产生加工硬化的原因：一方面是由于经过塑性变形晶体中的位错密度增高，位错移动所需切应力增大；另一方面是在滑移面上产生许多晶格方向混乱的微小碎晶，它们的晶界是严重的晶格畸变区，这些因素增加了滑移阻力，加大了内应力。

加工硬化是强化金属的重要方法之一，尤其是对纯金属及某些不能用热处理方法强化的合金。例如冷拔钢丝、冷卷弹簧等采用冷轧、冷拔、冷挤压等工艺，就是利用加工硬化来提高低碳钢、纯铜、防锈铝、奥氏体不锈钢等所制型材及锻压件的强度和硬度。但加工硬化也给进一步加工带来了困难，且使工件在变形过程中容易产生裂纹，不利于压力加工的进行，通常采用热处理退火工序消除加工硬化，使加工能继续进行。在实际生产中可利用回复处理，可使加工硬化的金属既保持较高的强度，适当提高韧性，又降低了内应力。例如，冷拔钢丝、冷卷弹簧后，采用250～300℃的低温回火，就是利用回复作用，而再结晶后的金属则完全消除了加工硬化组织。

4. 纤维组织

金属在外力作用下发生塑性变形时，晶粒沿变形方向伸长，分布在晶界上的夹杂物也沿着金属的变形方向被拉长或压扁，成为条状。在再结晶时，金属晶粒恢复为等轴晶粒，而夹杂物依然呈条状保留了下来，这样就形成了纤维组织，也称为锻造流线。纤维组织形成后，金属力学性能将出现方向性，即在平行纤维组织的方向上，材料的抗拉强度提高，而在垂直纤维组织的方向上，材料的抗剪强度提高。另外，纤维组织很稳定，用热处理或其他方法均难以消除，只能再通过锻造方法使金属在不同的方向上变形，才能改变纤维组织的方向和分布。

在金属发生塑性变形时，随着变形程度的增加，纤维组织的形成则更加明显。变形程度常用锻造比来表示。

镦粗工序的锻造比 $Y_{镦}$ 为

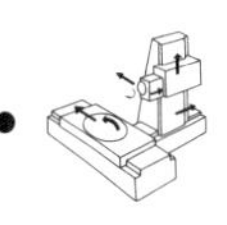

$$Y_{镦}=H_0/H$$

式中　H_0——镦粗前金属坯料的高度；

H——镦粗后金属坯料的高度。

拔长工序的锻造比 $Y_{拔}$ 为

$$Y_{拔}=S_0/S$$

式中　S_0——拔长前金属坯料的横截面面积；

S——拔长后金属坯料的横截面面积。

在一般情况下增加锻造比，可使金属组织细密化，提高锻件的力学性能，但锻造比增加到一定值时，由于纤维组织的形成，将导致各向异性。因此，选择合适的锻造比是很重要的。一般以轧材作为坯料锻造时，锻造比取 1.1 ~ 1.3。碳素钢钢锭的锻造比取 2 ~ 3，合金结构钢钢锭的锻造比取 3 ~ 4。某些合金工具钢应选择较大的锻造比，以击碎粗大的碳化物并使其均匀分布，如高速钢的锻造比取 5 ~ 12。

由于纤维组织对力学性能的影响，特别是对冲击韧性的影响，在设计和制造易受冲击载荷的零件时，必须考虑纤维组织的方向，使零件工作时正应力方向与纤维组织方向一致，切应力方向与纤维组织方向垂直；而且使纤维组织的分布与零件的外形轮廓相符合，而不被切断。

图 3-13 所示为不同方法制造螺栓的纤维组织分布情况。当采用棒料直接用切削加工方法制造螺栓时，其头部与杆部的纤维组织不连贯而被切断，切应力顺着纤维组织方向，故质量较差，如图 3-13a 所示。当采用局部镦粗法制造螺栓时，如图 3-13b所示纤维组织不被切断，纤维组织方向也较为合理，故质量较好。图 3-14 所示为不同加工方法制造齿轮的纤维组织分布情况。图 3-14a 所示为轧制棒料用切削加工方法制成齿轮，原棒料的纤维组织被切断，受力时齿根产生的正应力与纤维组织方向垂直，质量差。图 3-14b 所示为将轧制棒料采用局部镦粗制成的齿轮坯，纤维组织被弯曲呈放射状，加工成齿轮后受力时，所有齿根处的正应力与纤维组织方向近于平行，质量较好。图 3-14c 所示为用热锻成形法或精密模锻制造的齿轮，沿齿轮轮廓纤维组织全是连续的，承受力的情况好，质量最好。

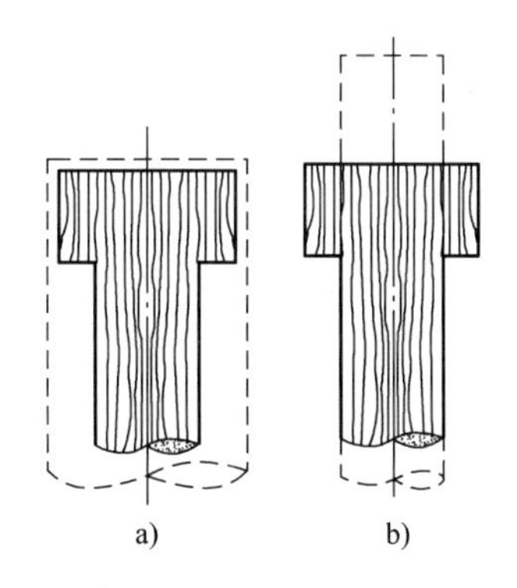

图 3-13　不同方法制造螺栓的纤维组织分布情况

a）切削加工的螺栓　b）镦粗法制造的螺栓

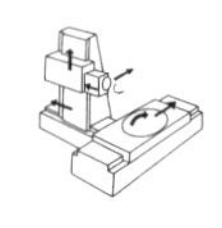

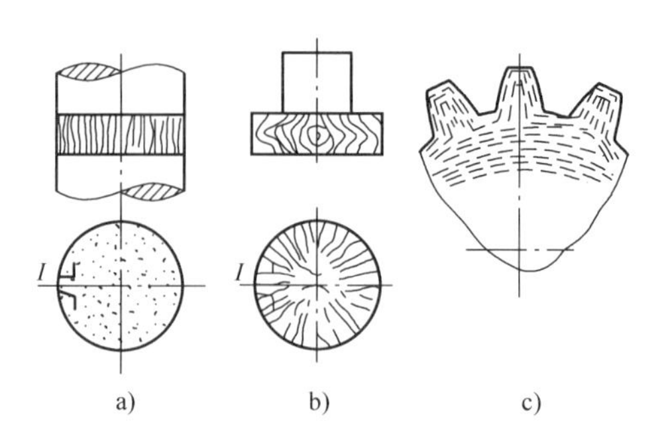

图3-14　不同加工方法制造齿轮的纤维组织分布情况

a）切削加工齿轮　b）镦粗法制造齿轮　c）热锻或模锻制造齿轮

3.3　锻造

3.3.1　金属材料的锻造性能

1. 锻造性能及评定指标

金属的锻造性能是用来衡量金属材料利用锻压加工方法成形的难易程度，是金属的工艺性能之一。金属的锻造性能好，表明该金属适于采用锻压加工方法成形。金属的锻造性能常用金属的塑性和变形抗力来综合衡量。塑性越好，变形抗力越小，则金属的锻造性能越好。在实际生产中，选用金属材料时，优先考虑的还是金属材料的塑性。

2. 影响金属锻造性能的因素

金属的锻造性能主要取决于金属的本质和金属的变形条件。

（1）金属的本质　金属的本质是指金属的化学成分和组织状态。

1）化学成分。一般纯金属的锻造性能较好，金属组成合金后，强度提高，塑性下降，锻造性能变差。碳素钢的锻造性能，随着含碳量的增加，锻造性能变差，因此，低、中碳钢的锻造性能优于高碳钢。钢中合金元素的含量增多，锻造性能也变差，尤其是金属中含有提高高温强度的元素，如钨、钼、钒、钛等，与钢中的碳生成硬而脆的碳化物，从而使金属的锻造性能显著降低。

2）组织状态。由单一固溶体组成的合金，具有良好的塑性，其锻造性能较好，若金属中有化合物组织，尤其是在晶界上形成连续或不连续的网状碳化物组织时，塑性很差，锻造性能显著下降。钢的铸态组织和粗晶组织，不如锻轧组织和细晶组织的锻造性能好。

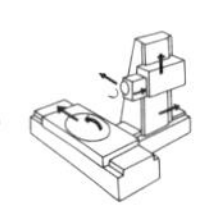

（2）金属的变形条件　变形条件是指变形温度、变形速度和变形时的应力状态。

1）变形温度。变形温度是影响锻造性能的重要因素。提高金属的变形温度可使原子动能增加，削弱原子间的结合力，减少滑移阻力，从而提高了金属的锻造性能。故加热是锻压加工成形中很重要的变形条件。金属通过加热可得到良好的锻造性能。但是加热温度过高时也会产生相应的缺陷，如产生氧化、脱碳、过热和过烧现象，造成锻件的质量变差或锻件报废。因此，必须严格控制加热温度范围，确定金属合理的始锻温度和终锻温度。

始锻温度为开始锻造的温度。在不出现过热和过烧的前提下，提高始锻温度可使金属的塑性提高，变形抗力下降，有利于锻压成形。一般选固相线以下 100～200℃，如 45 钢的始锻温度为 1200℃。

终锻温度为停止锻造的温度。终锻温度对高温合金锻件的组织、晶粒度和机械性能均有很大的影响。一般选高于再结晶温度 50～100℃，保证再结晶完全。当终锻温度低于其再结晶开始温度时，除了使合金塑性下降、变形抗力增大之外，还会引起不均匀变形并获得不均匀的晶粒组织，并导致加工硬化现象严重，变形抗力过大，易产生锻造裂纹，损坏设备与工具。但如果终锻温度过高，则在随后的冷却过程中晶粒将继续长大，从而得到粗大晶粒组织，这是十分不利的。通常，在允许的范围内，适当降低终锻温度并加大变形量，则可得到较为细小的晶粒。碳钢的锻造温度范围如图 3-15 所示。碳钢的终锻温度应在 *GSE* 线以上，这时的碳钢组织为单相奥氏体，具有良好的锻造性能。为了扩大锻造温度区间，减少加热次数，实际的终锻温度，对低碳钢定在 A_3线之下，即在 A_1-A_3温度区间，此时的组织为铁素体和奥氏体，两种组织均有很好的塑性，故仍有较好的锻造性能，如 45 钢的终锻温度为 800℃。对过共析钢，定在 A_1 线以上（50～70℃），锻造时出现的渗碳体虽使锻造性能有些降低，但可以阻止形成连续的网状渗碳体，从而提高锻件的力学性能。

2）变形速度。变形速度是指金属在锻压加工过程中单位时间内的变形量，表示单位时间内变形程度的大小。变形速度对金属锻造性能的影响是复杂的，如图 3-16 所示。一方面由于变形速度增快，回复和再结晶不能及时消除加工硬化现象，加工硬化逐渐积累，使金属的塑性下降，变形抗力增加，锻造性能变差；另一方面，当变形速度超过某一临界值时，热能来不及散发，而使塑性变形中的部分功转化为热能，致使金属温度升高，这种现象称为“热效应”，此时，金属塑性升高，变形抗力下降。一般来讲，变形速度越快，热效应越显著，锻造性能越好。

在实际生产中，除高速锤锻造外，一般常用的各种锻造方法变形速度均低于临界变形速度。因此，在一般锻造生产中，对于锻造性能较差的合金钢和高碳钢，应采用减小变形速度的工艺，以防坯料被锻裂。

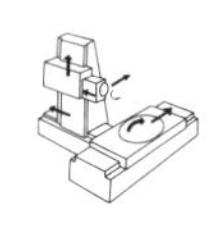

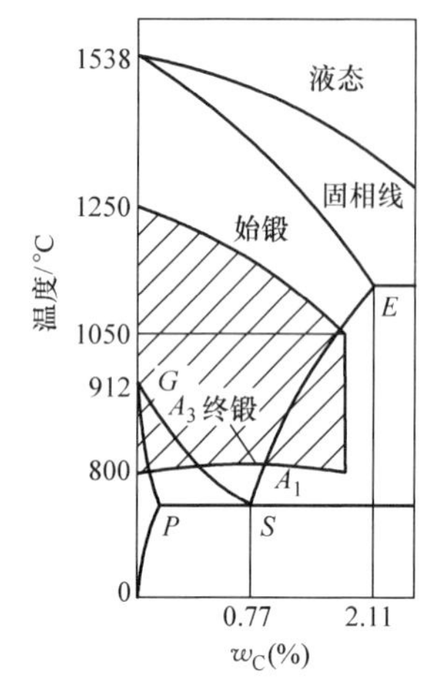

图 3-15　碳钢的锻造温度范围

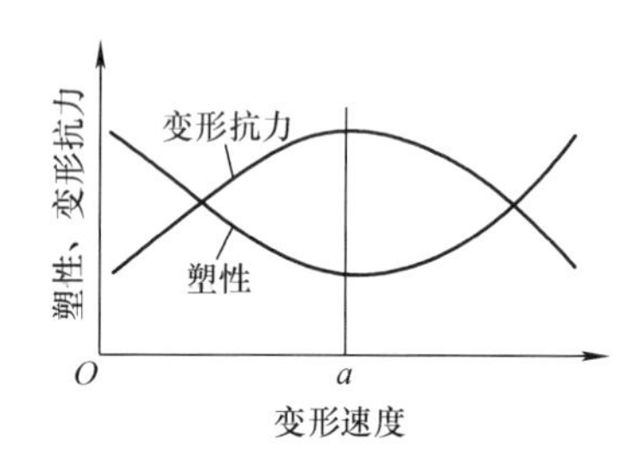

图 3-16　变形速度对金属锻造性能的影响

3）变形时的应力状态。变形方式不同，金属在变形区内的应力状态也不同。即使在同一种变形方式下，金属内部不同部位的应力状态也可能不同。当挤压时，三个方向均受压。当拉拔时，两个方向受压，一个方向受拉。当自由锻镦粗时，坯料内部金属三向受压，而侧面表层金属两向受压，一向受拉。

实践证明，在金属塑性变形时，三个方向中压应力的数目越多，则金属的塑性越好，拉应力的数目越多，则金属的塑性越差。而且同号应力状态下引起的变形抗力大于异号应力状态下引起的变形抗力。例如挤压时，三向受压，金属塑性提高，但其变形抗力大；拉拔时，两向受压，一向受拉，金属塑性降低，但其变形抗力比挤压的变形抗力小。

3. 常用合金的锻造特点

各种钢材、铝、铜合金都可以锻造加工。其中，Q195、Q235、10、15、20、35、45、50 钢等中低碳钢，20Cr，铜及铜合金，铝及铝合金等锻造性能较好。

（1）合金钢　与碳钢比较，合金钢具有综合力学性能高，淬透性和热稳定性好等优点，由于加入了合金元素，其内部组织复杂、缺陷多、塑性差、变形抗力大、锻造性能较差。因此，锻造时必须严格控制工艺过程，以保证锻件的质量。

首先，选择坯料时，表面不允许有裂纹存在，以防锻造中裂纹扩展造成锻件报废，并且为了消除坯料的残余应力并均匀内部组织，锻前需进行退火。

其次，合金钢的导热性比碳钢差，如果高温装炉，快速加热，必然会产生较大的热应力，致使金属坯料开裂。所以，应先加热至800℃保温，然后再加热到始锻温度，即采用低温装炉缓慢升温。

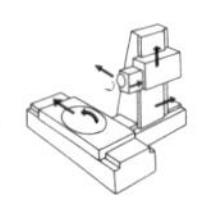

另外，与碳钢相比较，合金钢的始锻温度低，终锻温度高。一方面合金钢成分复杂，加热温度偏高时，金属基体晶粒将快速长大，分布于晶粒间的低熔点物质熔化，容易出现过热或过烧缺陷。因此，合金钢的始锻温度较低；另一方面合金钢的再结晶温度高，再结晶速度慢、塑性差、变形抗力大、易断裂，故其终锻温度较高。

因此，合金钢锻造温度范围较窄，一般只有 100～200℃，增加了锻造过程的困难，必须注意以下几点。

1）控制变形量。严格执行“两轻一重”的操作方法，始锻和终缎时变形量应小些，中间过程变形量加大。因为合金钢内部缺陷较多，在始锻时，若变形量过大，易使缺陷扩展，造成锻件开裂报废。终锻前，金属塑性低，变形抗力增大，锻造时变形量大也将导致锻件报废。而在锻造过程中间阶段如果变形量过小，则达不到所需的变形程度，不能很好地改变锻件内部的组织结构，难以获得良好的力学性能。

2）增大锻造比。合金钢钢锭内部缺陷多，某些特殊钢种，钢中粗大的碳化物较多，且偏析严重，影响了锻件的力学性能。增大锻造比，能击碎网状或块状碳化物，可以消除钢中的缺陷，细化碳化物并使其均匀分布。

3）保证温度、变形均匀。合金钢锻造时要经常翻转坯料，尽量不要使一个位置连续受力，送进量要适当均匀，而且锻前应将砧铁预热，以使变形及温度均匀，防止产生锻裂现象。

4）锻后缓冷。合金钢锻造结束后，应及时采取工艺措施保证锻件缓慢冷却。例如，锻后将锻件放入灰坑或干砂坑中冷却，或放入炉中随炉冷却。这是因为合金钢的导热性差，塑性低，且终锻温度较高。锻后如果快速冷却，会因热应力和组织应力过大而导致锻件出现裂纹。

（2）有色金属

1）铝合金锻造特点。几乎所有锻造用铝合金（变形铝合金），都有较好的塑性，可锻造成各种形状的锻件，但是铝合金的流动性差，在金属流动量相同的情况下，比低碳钢需多消耗约 30% 的能量。铝合金的锻造温度范围窄，一般为 150℃左右，导热性好，应事先将所用锻造工具预热至 250～300℃。操作时，要经常翻转，动作迅速，开始时要轻击，随后逐渐加大变形量时，则应重打。铝合金的流动性差，模锻时容易黏模，要求锻模内表面粗糙度 *Ra* 值在 0.8μm 以下，并采用润滑剂。

2）钛合金的锻造特点。钛合金是飞机、宇航工业常用的有色金属材料。钛合金可以锻造成各种形状的锻件，钛合金的可锻性要比合金钢差，其塑性随着温度提高而增大，若在 1000～1200℃锻造，变形程度可达 80% 以上。但随着变形温度下降，变形抗力急剧增大，所以，操作时动作要快，以尽量减少热损失。锻造温度范围一般α钛为1050～850℃，α+β钛为1150～750℃，β钛为1150～900℃。钛合金的流动性比钢差，所以，模锻时模膛的圆角半径应设计大些，因钛合金的黏模现象比较严重，要求模膛表面粗糙度 Ra 值要达到0.2～0.4μm。

3.3.2　自由锻造

自由锻造是利用简单的通用工具或直接将加热好的金属坯料放在锻造设备上、下砥铁之间，施加冲击力或压力，使之产生塑性变形，从而获得所需锻件的一种锻造方法，简称自由锻，是锻造工艺中广泛采用的一种工艺方法。自由锻有手工锻造和机器锻造两种。手工锻造生产率低，劳动强度大、锤击力小，在现代工业生产中机器锻造是自由锻的主要生产方式。

自由锻锻件精度低，材料消耗较多，锻件形状不能过于复杂，因而，适用于在品种多、产量不大的生产中应用，锻件质量可从不足千克到二三百吨，但其所用设备及工具通用性大，便于更换产品，生产准备周期短，在国内外的现代锻造中，自由锻仍占有重要地位。

对于大型锻件，如水轮发电机机轴、轧辊等重型锻件，自由锻是唯一可行的一种工艺方法。自由锻造时，金属水平方向变形不受限制，因此，锻件的形状及大小由工人的操作技术来保证，常用逐渐变形的方式来达到成形的目的，因而能以较小设备锻制较大锻件。

1. 自由锻造工序

自由锻造工序可分为基本工序、辅助工序和精整工序（修整工序）。基本工序有镦粗、拔长、冲孔、扩孔、弯曲、扭转、错移等。为使基本工序操作方便而进行的预变形工序称为辅助工序，如压钳口、切肩等。修整工序是用以减少锻件表面缺陷而进行的工序，如校正、滚圆、平整等。

（1）镦粗　在外力作用下，使坯料高度减小、横截面面积增大的工序称为镦粗。镦粗主要用于锻制齿轮、法兰盘之类的饼类零件，它能增大坯料横截面面积的平整端面，提高后续拔长工序的锻造比，提高锻件的力学性能和减少力学性能的各向异性等。如图3-17所示，坯料镦粗时，随着高度减小，金属不断向四周流动，由于工具及砧面与坯料的接触面上有摩擦力和冷却作用存在，使坯料内部的应力分布和变形极不均匀。镦粗后坯料的侧面将成鼓形。设坯料高为 H_0，直径为 D，当坯料高径比 $H_0/D>2.5$ 时，在镦粗中容易失稳而产生弯曲。一般选择 $H_0/D=0.8\sim2$，可得到较均匀变形，鼓形也较小，但需要较大的变形力。

（2）拔长　使坯料的横截面积减小、长度增加的锻造工序称为拔长，如图3-18所示。拔长除用于轴类、杆类锻件成形外，还常用来改善锻件内部质量。拔长是从垂直于轴线方向对坯料进行逐段压缩变形，是锻件成形中耗费工时最多的一种锻造工序。

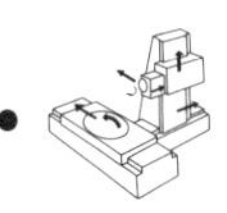

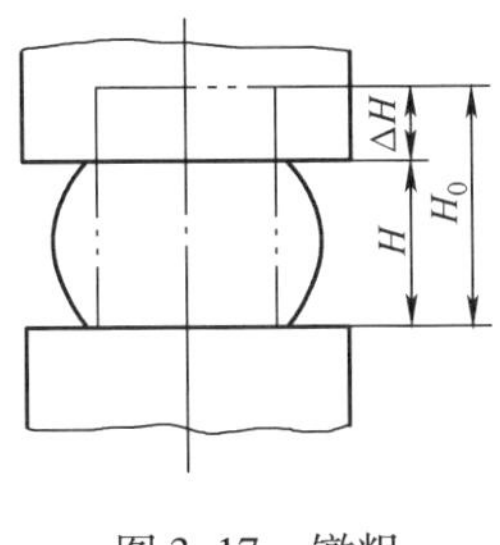

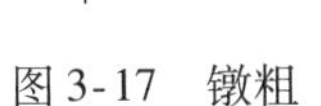

图 3-17　镦粗

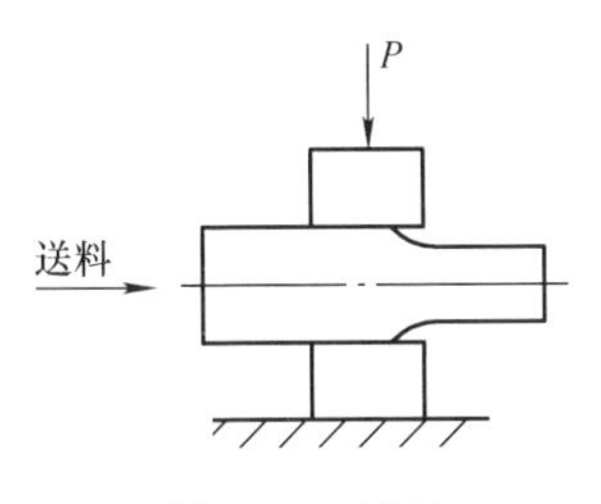

图 3-18　拔长

（3）冲孔　用冲头将坯料冲出通孔或不通孔的锻造方法称为冲孔。对于直径小于 25mm 的孔一般不予冲出。冲孔主要用于锻造空心锻件如齿轮坯、圆环、套筒等。生产中采用的冲孔方法有实心冲子冲孔（见图 3-19）、空心冲子冲孔（见图 3-20）和垫环冲孔（见图 3-21）三种。

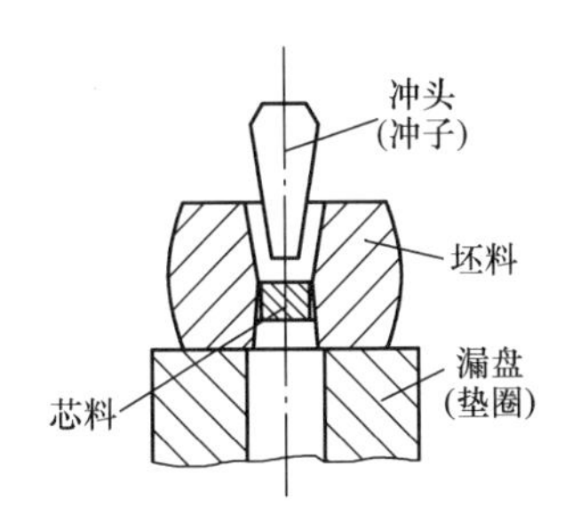

图 3-19　实心冲子冲孔

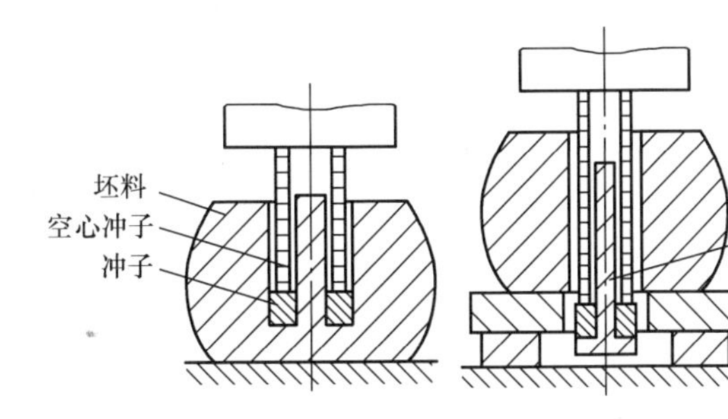

图 3-20　空心冲子冲孔

（4）扩孔　为了减小空心坯料壁厚而增加其内外径的锻造工序称为扩孔。常用的扩孔方法有冲子扩孔（见图 3-22）和芯轴扩孔（见图 3-23），后者在轴承行业广泛采用。

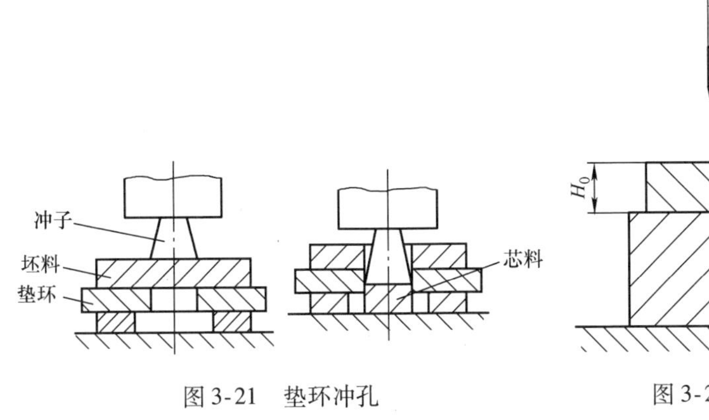

图 3-21　垫环冲孔

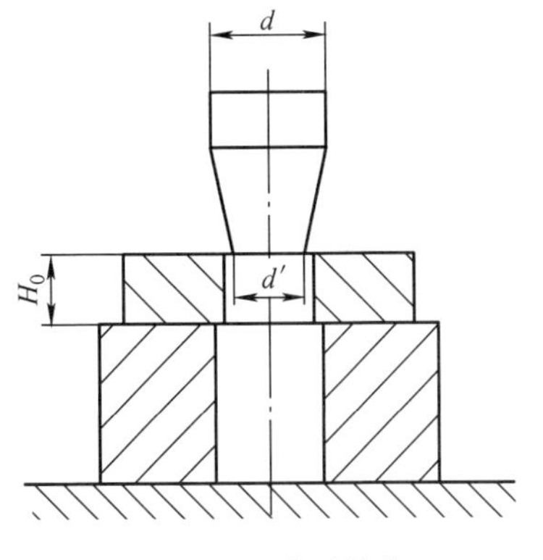

图 3-22　冲子扩孔

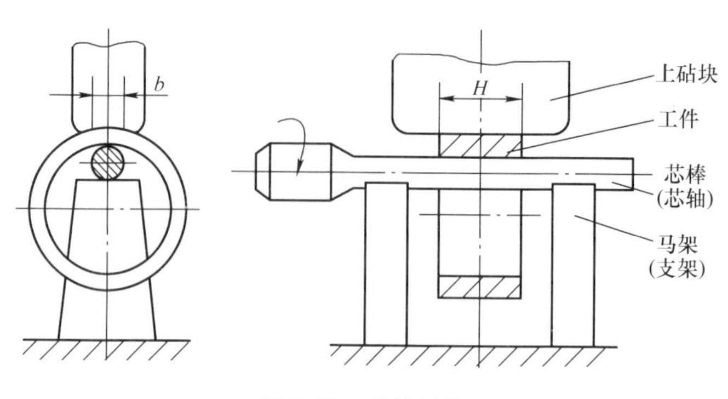

图3-23　芯轴扩孔

（5）弯曲　将坯料弯曲成规定形状的锻造工序称为弯曲。弯曲成形时金属纤维组织不被切断，从而提高了锻件质量。弯曲多用于锻制钩、夹钳、地脚螺栓等弯曲类零件。

（6）扭转　将坯料的一部分相对于另一部分绕共同轴线旋转一定角度的锻造方法称为扭转。扭转用于锻制曲轴，矫正锻件等。

（7）错移　将坯料的一部分与另一部分错开一定距离，但仍保持轴线平行的锻造方法称为错移，如锻制双拐或多拐曲轴件。

自由锻应用上述基本工序可生产出不同类型的锻件。图3-24所示为齿轮坯自由锻的工艺过程图。

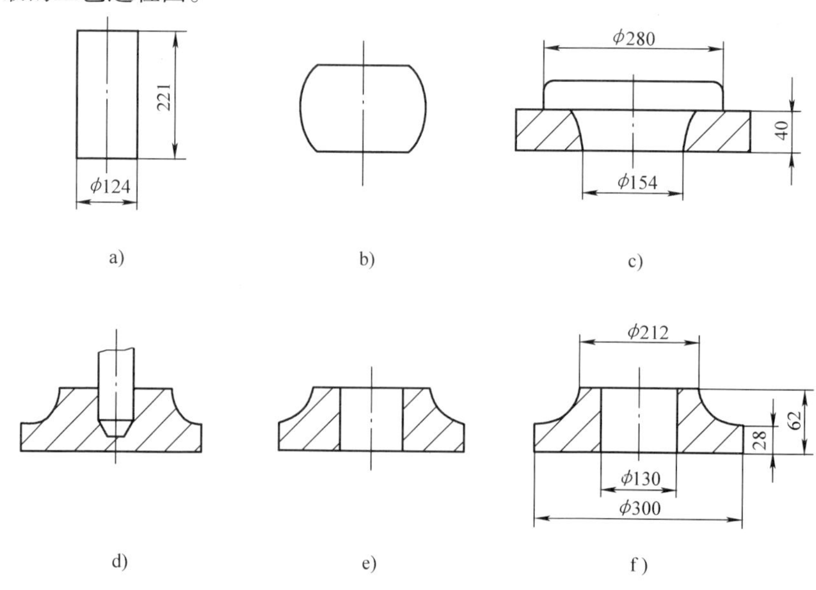

图3-24　齿轮坯自由锻的工艺过程图

a）下料　b）镦粗　c）垫环局部镦粗　d）冲孔　e）冲子扩孔　f）修整

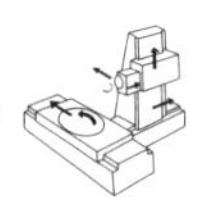

2. 自由锻工艺规程的制订

自由锻工艺规程是锻造生产的依据。生产中根据零件图绘制锻件图，确定锻造工艺过程并制订工艺卡。工艺卡中规定了锻造温度、尺寸要求、变形工序和程序及所用设备等。

自由锻工艺规程主要包括以下几个内容：

（1）锻件图的绘制　锻件图是以零件图为基础，结合自由锻工艺特点绘制而成的图形，它是工艺规程的核心内容，是制订锻造工艺过程和锻件检验的依据。

绘制锻件图应考虑以下内容：

1）敷料（余块）。为简化锻件形状而增加的那部分金属称为敷料。零件上不能锻出的部分，或虽能锻出，但从经济上考虑不合理的部分均应简化，如某些台阶、凹槽、小孔、斜面、锥面等。因此，锻件的形状和尺寸均与零件不同，需在锻件图上用双点画线画出零件形状，并在锻件尺寸的下面用括号注上零件尺寸。

2）加工余量。因自由锻件的精度及表面质量较差，表面应留有供机械加工的一部分金属，即机械加工余量，又称锻件余量。余量的大小，主要取决于零件形状、尺寸、加工精度及表面质量的要求，其数值的确定可查阅锻工手册。

3）锻造公差　由于锻件的实际尺寸不可能达到公称尺寸，允许有一定的误差。为了限制其误差，经常给出其公差，称为锻造公差，其数值约为加工余量的 1/4 ~ 1/3。

（2）坯料计算　锻造时应按锻件形状、大小选择合适的坯料，同时还应注意坯料的质量和尺寸，使坯料经锻造后能达到锻件的要求。

坯料质量可按下式计算

$$m_{坯} = m_{锻} + m_{烧} + m_{料头}$$

式中　$m_{坯}$——坯料质量（kg）；

$m_{锻}$——锻件质量（kg）；

$m_{烧}$——加热过程中坯料表面氧化烧损的那部分金属的质量（kg），与加热次数有关，第一次加热取被加热金属质量的 2% ~3%，以后各次加热取 1.5% ~2.0%；

$m_{料头}$——锻造时被切掉的金属质量及修切端部时切掉的料头的质量（kg）。

坯料质量确定后，还须正确确定坯料的尺寸，以保证锻造时金属得到必需的变形程度及锻造的顺利进行。坯料尺寸与锻造工序有关，若采用镦粗工序，为防止镦弯和便于下料，坯料的高度与直径之比应为 1.5 ~2.5。若采用拔长工序，应满足锻造比要求。典型锻件的锻造比见表 3-1。

表3-1　典型锻件的锻造比

锻件名称	计算部位	锻造比	锻件名称	计算部位	锻造比
碳素钢轴类锻件	最大截面	2.0~2.5	锤　头	最大截面	≥2.5
合金钢轴类锻件	最大截面	2.5~3.0	水轮机主轴	轴身	≥2.5
热轧辊	辊身	2.5~3.0	水轮机立柱	最大截面	≥3.0
冷轧辊	辊身	3.5~5.0	模块	最大截面	≥3.0
齿轮轴	最大截面	2.5~3.0	航空用大型锻件	最大截面	6.0~8.0

（3）正确设计变形工序　设计变形工序的依据是锻件的形状、尺寸、技术要求、生产批量及生产条件等。设计变形工序包括锻件成形所必需的基本工序、辅助工序和精整工序，以及完成这些工序所使用的工具，确定各工序的顺序和工序尺寸等。一般而言，盘类零件多采用镦粗（或拔长→镦粗）和冲孔等工序；轴类零件多采用拔长、切肩和锻台阶等工序。一般锻件的分类及采用的工序见表3-2。

表3-2　一般锻件的分类及采用的工序

锻件类别	图　例	锻造工序
盘类零件		镦粗（或拔长→镦粗），冲孔等
轴类零件		拔长（或镦粗→拔长），切肩，锻台阶等
筒类零件		镦粗（或拔长→镦粗），冲孔，在芯轴上拔长等
环类零件		镦粗（或拔长→镦粗），冲孔，在芯轴上扩孔等
弯曲类零件		拔长，弯曲等

（4）设备选择　一般根据锻件的变形面积、锻件材质、变形温度等因素选择设备吨位。空气锤头落下部分的重量表示其吨位。空气锤的吨位一般为650~1500N。合理地选择设备吨位，可提高生产率，降低消耗。

除上述内容外，锻造工艺规程还应包括加热规范、加热火次、冷却规范和锻件的后续处理等。

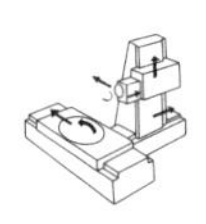

3. 自由锻实例

表 3-3 所示为半轴自由锻工艺卡。

表 3-3　半轴自由锻工艺卡

锻件名称	半轴	图例
坯料质量/kg	25	φ55±2(φ48)　φ70±2(φ60)　φ60 $^{+1}_{-2}$ (φ50)　φ80±2(φ70)　φ105±1.5 (98)　φ123 $^{+2}_{-1}$ (φ114.8)　102±2 (92)　45±2(38)　90 $^{+3}_{-2}$　287 $^{+2}_{-3}$ (297)　150±2(140)　690 $^{+3}_{-5}$ (672)
坯料尺寸/mm	φ130×240	
材料	18CrMnTi	
工序	锻出头部	φ108　φ125　47
	拔长	φ108
	拔长及修整台阶	φ81　104
	拔长并留出台阶	φ70　152
	锻出凹档及拔长端部并修整	φ60　φ55　90　287

4. 自由锻件的结构工艺性

锻造是固态下成形，锻件的复杂程度远不如铸件，而自由锻件的形状和尺寸主要靠人工的操作技术来保证，因此，自由锻零件结构工艺性要求在满足使用要求的前提下，零件形状应尽量简单、规则，以达到方便锻造、节约金属，提高生产率的目的。自由锻结构工艺性见表3-4。但是不能由此认为，自由锻工艺只限于加工形状简单的零件，在实际需要时，依靠工人的技术并借助一些专用工具，自由锻也可以锻造出形状复杂的锻件。

表3-4　自由锻结构工艺性

要求	结构对比
尽量避免锥面或斜面	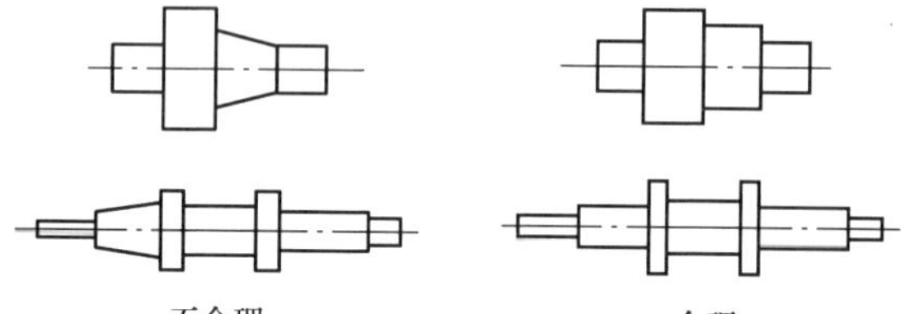 不合理　合理
避免曲面相交	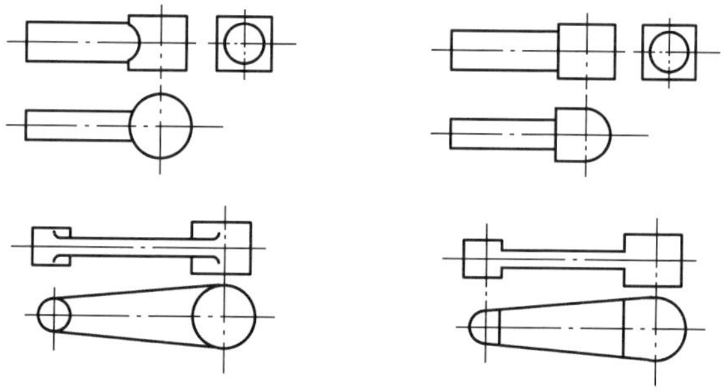 不合理　合理
避免筋板和凸台等结构	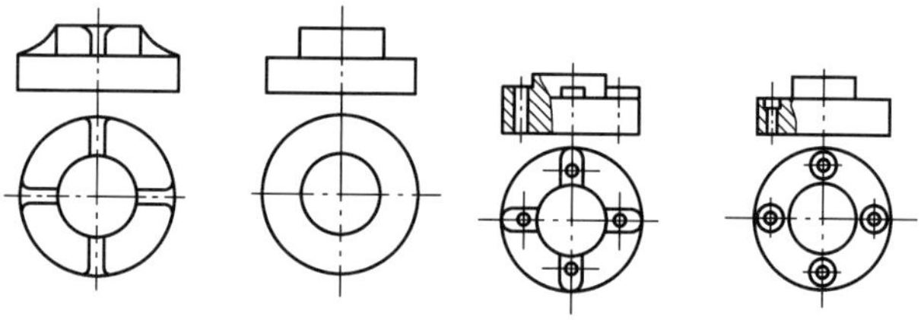 不合理　合理　不合理　合理

3.3.3　模型锻造和胎模锻造

1. 模型锻造

模型锻造（简称模锻）是利用模具使加热后的金属坯料变形而获得锻件的锻造方法。在变形过程中，金属的流动受到模具的限制和引导，从而获得要求形状的锻件。模型锻造与自由锻相比具有以下特点：

1）有模具引导金属的流动，可以加工形状比较复杂的锻件。

2）锻件内部的纤维组织比较完整，提高了零件的力学性能和使用寿命。

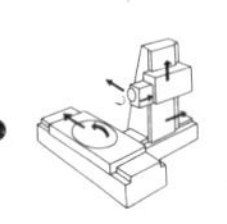

3）锻件尺寸精度高，表面光洁，节约材料和节约切削加工工时。

4）生产率高，操作简单，易于实现机械化。

5）所用锻模价格较昂贵，模具材料通常为 5CrNiMo 或 5CrMnMo 等模具钢，价格较昂贵，加工困难，制造周期长，故模锻适用大批量生产，生产批量越大，成本越低。

6）需要能力较大的专用设备。由于模锻是整体变形，并且金属流动时与模具之间产生了很大的摩擦力，因此所需设备吨位大。目前，由于设备能力限制，模锻只适用于中、小型锻件的大批量生产。锻件的质量为 0.5～150kg。

按使用设备类型不同，模锻又分为锤上模锻、曲柄压力机上模锻、摩擦压力机上模锻、平锻机上模锻等。本节主要介绍锤上模锻，其工艺适应性广泛，是典型常用的模型锻造方法。

（1）锻模结构　如图 3-25 所示，锤上模锻用的锻模是由带燕尾的上模和下模两部分组成的，上、下模分别用楔铁固定在锤头和模座上，上、下模闭合所形成的空腔即为模膛。模膛是进行模锻生产的工作部分，按其作用来分，模膛可分为制坯模膛和模锻模膛。

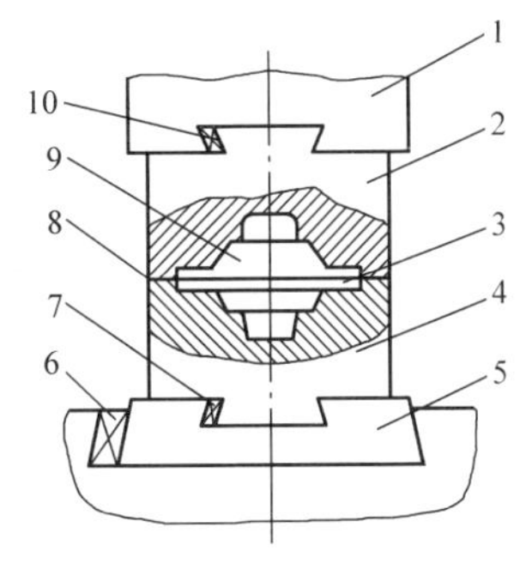

图 3-25　模锻示意图

1—锤头　2—上模　3—飞边槽
4—下模　5—模垫　6、7、10—紧固楔铁
8—分模面　9—模膛

1）制坯模膛。对于形状复杂的锻件，为使坯料形状、尺寸尽量接近锻件，并使金属合理分布、便于充满模膛，坯料必须在制坯模膛内进行制坯。制坯模膛主要有：

① 拔长模膛，用于减小坯料某部分的横截面面积、增加该部分长度，如图 3-26所示，操作时，坯料需要送进、不断翻转。

② 滚压模膛，用于减小坯料某部分的横截面面积、增大另一部分的横截面面积，如图 3-27 所示，操作时，坯料需要不断翻转。

③ 弯曲模膛，用于轴线弯曲的杆形锻件的弯曲制坯，如图 3-28 所示。

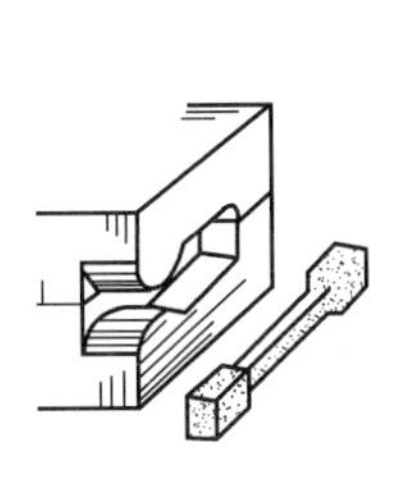

图 3-26　拔长模膛

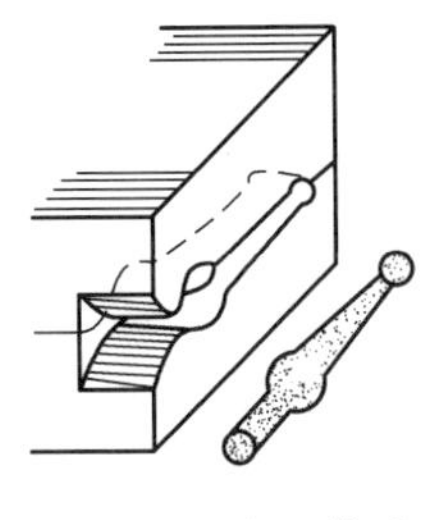

图 3-27　滚压模膛

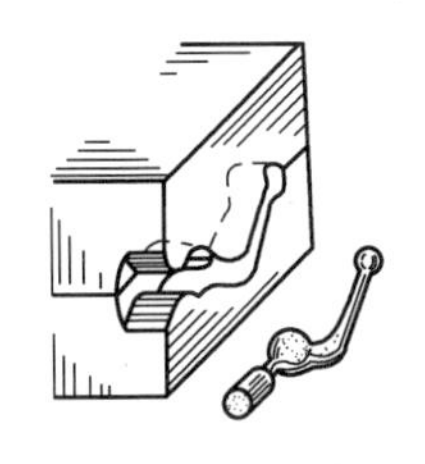

图 3-28　弯曲模膛

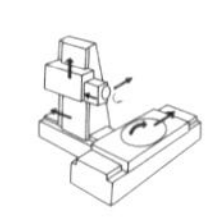

此外还有切断模膛、镦粗台模膛等类型的制坯模膛。

2）模锻模膛。锻模上进行最终锻造以获得锻件的工作部分称为模锻模膛。模锻模膛分为预锻模膛和终锻模膛两种。

① 预锻模膛。预锻模膛的作用是使坯料变形更接近锻件的形状和尺寸，进行终锻时，金属容易充满模膛成形，以减小终锻模膛的磨损。对形状简单、批量不大的锻件，可不必采用预锻模膛。

② 终锻模膛。模膛形状及尺寸与锻件形状及尺寸基本相同，但因锻件的冷却收缩，模膛尺寸应考虑金属收缩量，钢件收缩量可取1.5%。并且终锻模膛沿模膛四周设有飞边槽，如图3-29所示。其作用是容纳多余的金属；飞边槽桥部的高度小，对流向仓部的金属形成很大的阻力，可迫使金属充满模膛；飞边槽中形成的飞边能缓和上、下模间的冲击，延长模具寿命。飞边槽尺寸较大，需要利用压力机上的切边模去除。

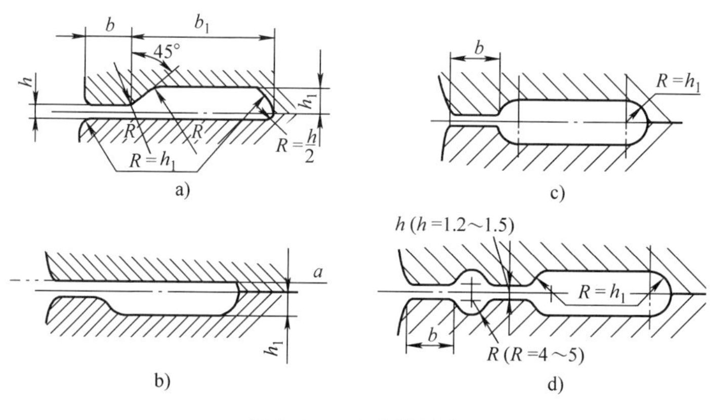

图3-29 飞边槽结构

终锻模膛和预锻模膛的区别在于预锻模膛的圆角和斜度较大，并没有飞边槽。

根据锻件的复杂程度不同，锻模可制成单膛模和多膛模两种。单膛锻模是一副锻模上只有终锻模膛，多膛锻模是在一副锻模上具有两个以上模膛的锻模，比如可以有拔长、滚压、预锻和终锻模膛。

（2）模锻工艺规程的制订 模锻工艺规程包括绘制模锻件图、确定模锻工序步骤、计算坯料、选择设备吨位及确定修整工序等。

1）绘制模锻件图。锻件图是锻造生产的基本技术文件，是设计和制造锻模、计算坯料和检查锻件的依据。其中模锻件的敷料、加工余量和锻造公差与自由锻件的相同，但由于模锻时金属坯料是在锻模中成形的，模锻件的尺寸较精确，所需敷料少，加工余量和锻造公差均较自由锻件的小，具体数值的确定可参

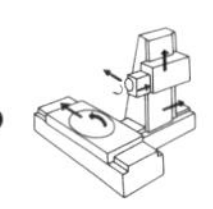

考锻工手册。另外，在绘制模锻件图时，还应考虑下列内容。

① 选择分模面。上模和下模在锻件上的分界面称为分模面。分模面的选择将影响锻件的成形质量、材料利用率和成本等问题，对比图 3-30 锻件的四种分模方案，可说明其选择原则。

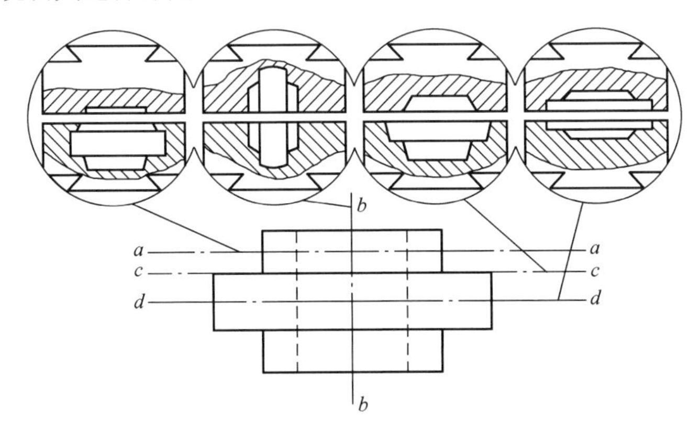

图 3-30　分模面的选择比较

a. 锻件应能从模膛中顺利取出，以 $a-a$ 面为分模面，锻件无法取出。一般情况，分模面应选在锻件的最大截面处。

b. 应尽量减少敷料，以降低材料消耗和减少切削加工工作量，若以 $b-b$ 为分模面，则孔不能锻出，需加敷料。

c. 模膛深度应尽量小，以利于金属充满模膛，便于取出锻件，且利于模膛的加工，因此 $b-b$ 面不适合作为分模面。

d. 应使上下模沿分模面的模膛轮廓一致，便于发现在模锻过程中出现的上、下模间错移，$c-c$ 面不符合要求，通常分模面应选在锻件外形无变化处。

e. 分模面应为平直面，以简化模具加工。

综上所述，图 3-30 中的 $d-d$ 面作为分模面是合理的。

② 模锻斜度。为便于从模膛中取出锻件，锻件上垂直于分模面的表面均应有斜度，称为模锻斜度，如图 3-31 所示锻件外壁上的斜度 α_1 称外壁斜度，锻件内壁上的斜度 α_2 称内壁斜度。锻件的冷却收缩使其外壁离开模膛，但内壁收缩将模膛内凸起部分夹得更紧。因此，内壁斜度 α_2 应比外壁斜度 α_1 大，钢件的模锻斜度一般为 $\alpha_1=5°\sim7°$，$\alpha_2=7°\sim12°$。

③ 圆角半径。锻件上凡是面与面的相交处均应成圆角过渡，如图 3-31 所示。这样在锻造时，金属易于充满模膛，减少模具的磨损，提高模具的使用寿命。外凸的圆角半径 r 称外圆角半径，内凹的圆角半径 R 称内圆角半径。圆角半径的数值与锻件的形状、尺寸有关。通常取 $r=1.5\sim12\text{mm}$，$R=(2\sim3)\,r$。模膛越深，圆角半径取值越大。

④ 冲孔连皮。孔径 $d>30mm$ 的孔可以锻出，但不能锻出通孔，必须留有一层金属，称为冲孔连皮，锻后冲去冲孔连皮，才能获得通孔锻件。冲孔连皮的厚度 S 应适当，厚度太小，增大了锻造力，加速了模具的磨损；厚度太大，不仅浪费金属，且使冲力增加。冲孔连皮厚度的数值与孔径、孔深有关，当 $d=30\sim80mm$ 时，一般 $S=4\sim8mm$。

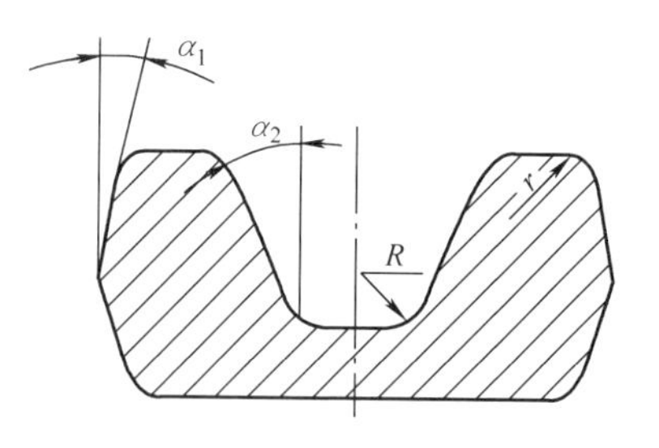

图 3-31 模锻斜度与圆角半径

模锻锻件图可根据上述内容绘制，图 3-32 所示为齿轮坯的模锻件图。图中双点画线为零件轮廓外形，分模面为点画线画出的位置，即在零件高度方向的中部。零件轮辐部分不加工，故不留加工余量，内孔中部两直线为冲孔连皮切掉后的痕迹。

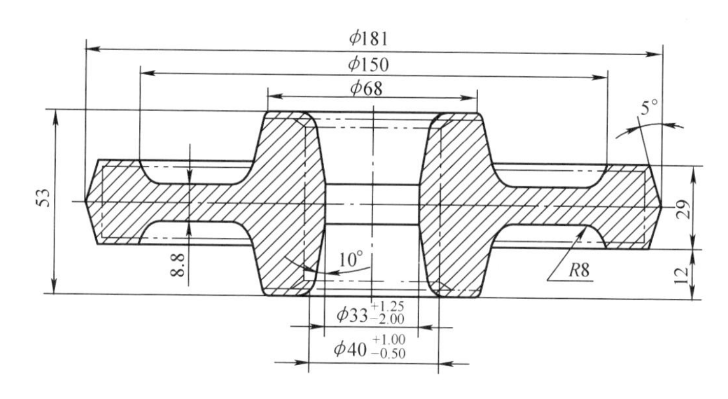

图 3-32 齿轮坯模锻件图

2）确定模锻工序步骤。确定模锻工序步骤的主要依据是锻件的形状和尺寸。模锻锻件按其外形可分为盘类锻件和轴（杆）类锻件。

盘类锻件终锻时，金属沿高度、宽度及长度方向均产生流动。这类锻件的变形工序步骤通常是镦粗制坯和终锻成形。形状简单的盘类零件，可只用终锻成形工序。

轴（杆）类锻件的长度与宽度（直径）相差较大，锻造过程中锤击方向与坯料轴线垂直。终锻时，金属沿高度、宽度方向流动，长度方向流动不显著，制造时需采用拔长、滚压等工序制坯。对于形状复杂的锻件，还需选用预锻工序，最后在终锻模膛中模锻成形。

3）计算坯料。模锻件的坯料质量按下式计算

$$m_{坯}=(m_{锻}+m_{飞})(1+\delta)$$

式中 $m_{坯}$——坯料质量（kg）；

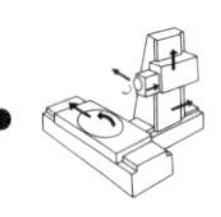

$m_{锻}$——模锻件质量（kg）；

$m_{飞}$——飞边质量（kg）。飞边质量与锻件形状和大小有关，差别较大，一般可按锻件质量的15%～25%计算。形状复杂件取上限，形状简单件取下限；

δ——氧化烧损率（%），按锻件与飞边质量之和的3%～4%计算。

模锻件坯料尺寸与锻件形状有关。

对以镦粗为主要变形的盘类锻件，其坯料尺寸可按下式计算

$$1.25 < H_{坯}/D_{坯} < 2.5 \text{ 或 } 1.25D_{坯} < H_{坯} < 2.5D_{坯}$$

式中　$H_{坯}$——坯料高度（mm）；

$D_{坯}$——坯料直径（mm）。

对以拔长为主要变形的轴类锻件，其坯料尺寸可按下式计算

$$L_{坯} = (1.05 \sim 1.30)V_{坯}/S_{坯} = (1.34 \sim 1.66)V_{坯}D_{坯}^2$$

式中　$L_{坯}$——坯料长度（mm）；

$S_{坯}$——坯料截面积（mm^2）；

$V_{坯}$——坯料体积（mm^3）；

$D_{坯}$——坯料直径（mm）。

4）选择设备吨位。锻锤吨位可根据锻件重量和形状，查阅锻工手册。锻锤吨位一般为75～160kN。

5）确定修整工序。终锻是锻件最主要的成形过程，成形后还需经过切边、冲孔、校正、热处理、清理等修整工序，才能得到合格的锻件。对于精度和表面质量要求严格的锻件，还要进行精压。

① 切边和冲孔。切边是切除锻件分模面四周的飞边，如图3-33a所示。冲孔是冲去锻件上的冲孔连皮，如图3-33b所示。切边模和冲孔模均由凸模（冲头）和凹模组成。切边时，锻件放在凹模内孔的刃口上，凹模的内孔形状与锻件和分模面上的轮廓一致。凹模的刃口起剪切作用，凸模只起推压作用。冲孔时则相反，冲孔时凹模起支承作用，而带刃口的凸模起剪切作用。

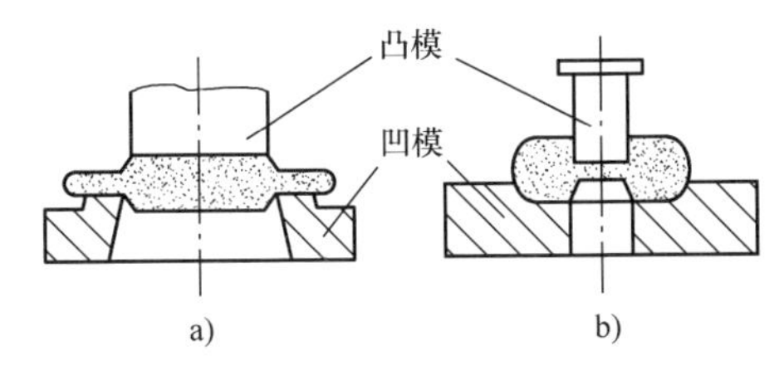

图3-33　切边模和冲孔模示意图

a）切边模　b）冲孔模

切边与冲孔在压力机上进行，分为热切（冲）和冷切（冲）。热切（冲）是利用模锻后的余热立即进行切边和冲孔，其特点是所需切断力小，锻件塑性好，不易产生裂纹，但容易产生变形，冷切（冲）则在室温下进行，劳动条件好，生产率高，变形小，模具易调整，但所需设备吨位大，锻件易产生裂纹。较大的锻件和高碳钢、高合金钢锻件常采用热切；中碳钢和低合金钢的小型锻件常采用冷切。

② 校正。在模锻、切边、冲孔及其他工序中，由于冷却不均、局部受力等原因会引起锻件产生变形，如果超出允许范围，则在切边、冲孔后需进行校正。校正分为热校正和冷校正．热校正一般用于大型锻件、高合金锻件和容易在切边和冲孔时变形的复杂锻件。冷校正作为模锻生产的最后工序，一般安排在热处理和清理工序之后，用于结构钢的中小型锻件和容易在冷切边、冷冲孔及热处理和清理中变形的锻件。校正可在终锻模膛或专门的校正模内进行。

③ 热处理。为了消除模锻件的过热组织或加工硬化组织，提高模锻件的力学性能，一般采用正火或退火对模锻件进行热处理。

④ 清理。模锻或热处理后的模锻件还需进行表面处理，去除在生产过程中形成的氧化皮，所沾油污，残余毛刺等，以提高模锻件的表面质量，改善模锻件的切削加工性能。

⑤ 精压。精压是提高锻件精度和降低表面粗糙度值的一种加工方法，在校正后进行。精压在精压机上进行，也可在摩擦压力机上进行，精压分为平面精压和整体精压，如图 3-34 所示。平面精压主要用来获得模锻件某些平行平面间的精确尺寸；整体精压主要用来提高模锻件所有尺寸的精度，减少锻件质量的差别。

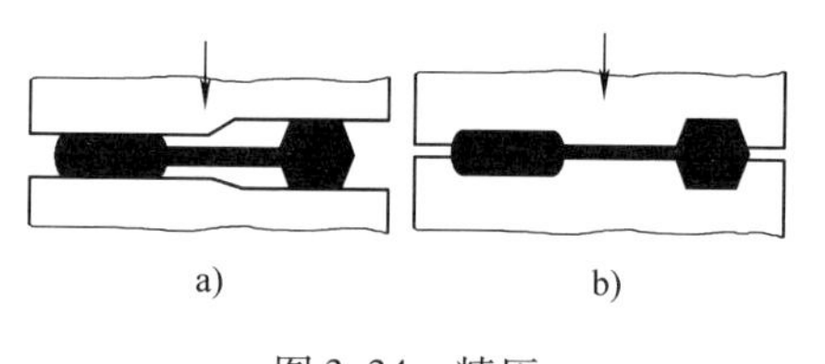

图 3-34　精压

a）平面精压　b）整体精压

（3）模锻件结构的工艺性　设计模锻零件时，应根据模锻特点和工艺要求，使零件结构符合下列原则，以便于加工并降低成本。

1）锻件应具有合理的分模面，以满足制模方便、金属容易充满模膛、锻件便于出模及敷料最少的要求。

2）锻件上与分模面垂直的非加工表面，应设计有结构斜度，非加工表面所形成的角都应按模锻圆角设计。

3）在满足使用要求的前提下，锻件形状应力求简化，尤其应避免薄片、高筋、高台等结构，如图 3-35a 所示零件凸缘高而薄，两凸缘间形成了较深的凹槽，难于用模锻方法锻制。图 3-35b 所示零件扁而薄，模锻的薄壁部分易冷却，不易充满模膛，同时对锻模也不利。图 3-35c 所示零件有一高而薄的凸缘，使锻

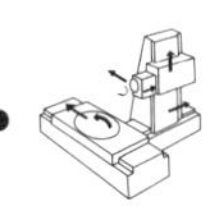

模制造及取出锻件困难，在不影响零件使用的条件下，改为图 3-35d 所示零件的形状，则其工艺性将大为改善。

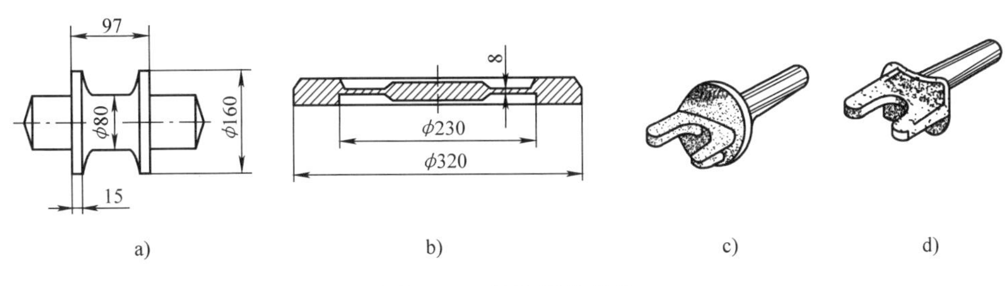

图 3-35　模锻零件形状

2. 胎模锻造

胎模锻造是在自由锻设备上使用胎模生产模锻锻件的一种锻造方法。胎模锻一般用自由锻方法制坯，然后在胎模中最后成形。胎模是不固定在锻造设备上的模具。

与自由锻比较，胎模锻的生产率高，锻件质量好，且锻件尺寸精度较高，因而敷料少，加工余量小，成本低。与模锻比较，胎模锻不需用昂贵的模锻设备，工艺操作灵活，可以局部成形，胎模制造简单，但工人劳动强度较大，尺寸精度较低，生产率不够高。

胎模锻兼有自由锻和模锻的特点，在没有模锻设备的工厂，胎模锻被广泛地用于锻件的批量生产。

胎模可分为扣模、筒模和合模三类。

(1) 扣模　由上、下扣组成，或只有下扣，上扣由锻锤的上砥铁代替，如图 3-36 所示。扣模锻造时，工件不转动，它常用于非回转锻件的整体成形或局部成形。

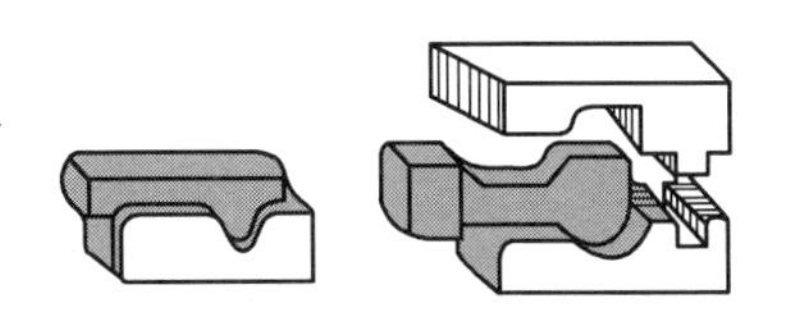

图 3-36　扣模

(2) 筒模　也称套模，又分开式筒模和闭式筒模。主要用于齿轮、法兰盘等回转体盘类锻件的生产。形状简单的锻件，只需一个筒模生产，如图 3-37 所示，而形状复杂的锻件，则需要用组合筒模，如图 3-38 所示。

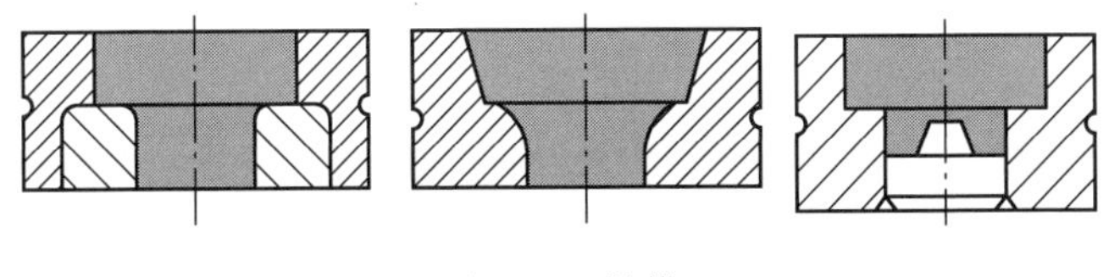

图 3-37　筒模

（3）合模　合模属于成形模，由上模和下模两部分组成，如图3-39所示。为防止上、下模间错移，模具上设有导销、导套或导锁等导向定位装置，在模膛四周设飞边槽。合模的通用性强，适用于各种锻件，尤其是形状复杂的连杆、叉形等非回转体锻件的成形。

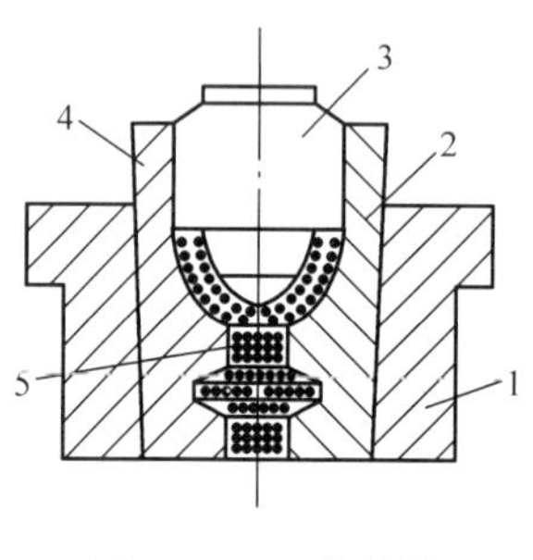

图3-38　组合筒模
1—筒模　2—右半模　3—冲头
4—左半模　5—锻件

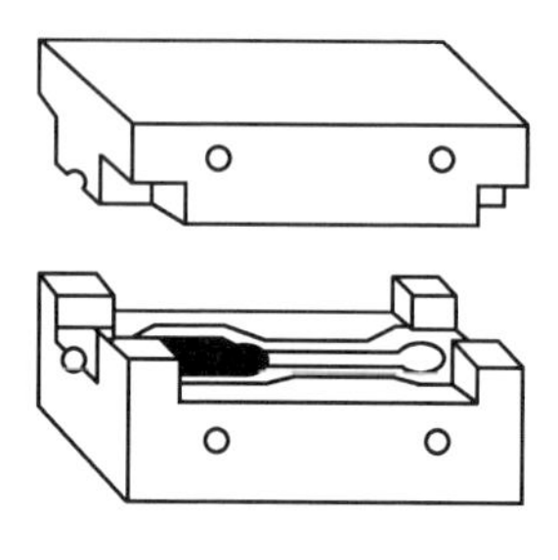

图3-39　合模

胎模锻造的生产工艺过程包括制订工艺规程、胎模制造、备料、加热、锻制及后续工序等。其中在胎模锻造工艺规程制定中，分模面可灵活选取，数量不限于一个，并且在不同工序中可以选取不同的分模面，以便于制造胎模并使锻件成形。

3.4　冲压

3.4.1　冲压的特点及应用

冲压是利用装在压力机上的冲模，使板料产生分离和变形，从而获得毛坯或零件的压力加工方法。板料在再结晶温度以下进行冲压，为冷冲压，适用于厚度在6mm以下的金属板料，而当板料厚度超过8～10mm时，需采用热冲压。冲压加工广泛地应用于各种金属制品的生产中，尤其是在汽车、航空、军事、电器、仪表等金属加工领域中，冲压占有十分重要的地位。

冲压具有以下的特点：

1）可生产形状复杂、较高精度和较低表面粗糙度值的冲压件，冲压件具有质量轻、互换性好、强度高、刚性好的特点。

2）材料利用率高，一般可达70%～80%。

3）生产率高，每分钟可冲压百件至数千件，易于实现机械化和自动化，故零件成本低。

4）适应性强，金属和非金属材料均可用冲压方法加工，冲压件可大可小，

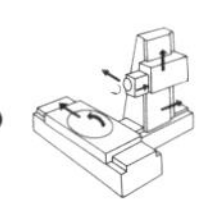

小的如仪表零件，大的如汽车、飞机的表面覆盖件等。

冷冲压模具制造复杂，材料（一般用高速钢、Cr12、Cr12MoV 等）价格高，在大批量生产时冲压加工方法的优越性比较突出。冲压生产通常采用具有足够塑性的金属材料，如低碳钢、低碳合金钢、铜、铝、镁及其合金等。非金属材料也广泛采用冲压加工方法，如石棉板、塑料、硬橡皮、皮革等。冲压原材料的形状有板料、条料及带料等。

冲压生产常用的设备有剪床和压力机。剪床的用途是将板料切成一定宽度的条料，以供下一步冲压工序用。常用的剪床有平刃剪、斜刃剪和圆盘剪等。压力机是冲压的基本设备，用来实现冲压工序以制成所需形状和尺寸的成品零件。

3.4.2　板料冲压成形性能

板料对各种冲压成形加工的适应能力称为板料的冲压成形性能。

1. 冲压成形性能的表现形式

冲压成形性能是个综合性的概念，可通过两个主要方面体现，即成形极限和冲压件质量。

在冲压成形中，材料的最大变形极限称为成形极限。对不同的成形工序，成形极限应采用不同的极限变形系数来表示。例如弯曲工序的最小相对弯曲半径、拉深工序的极限拉深系数等。这些极限变形系数可以在各种冲压手册中查到，也可通过试验求得。如果冲压成形过程中，板料的变形超过了成形极限，则会发生失稳现象，即受拉部位发生缩颈断裂，受压部位发生起皱。为了提高冲压成形极限，必须提高板材的塑性指标和增强抗拉、抗压的能力。

冲压零件不但要求具有所需形状，还必须保证产品质量。冲压件的质量指标主要是厚度变薄率、尺寸精度、表面质量及成形后材料的物理力学性能等。

在伸长类变形时，板厚变薄，它会直接影响到冲压件的强度，故对强度有要求的冲压件需要限制其最大变薄率。

影响冲压件尺寸和形状精度的主要原因是回弹与畸变。由于在塑性变形的同时总伴随着弹性变形，卸载后会出现变形回复现象，即回弹现象，导致尺寸及形状精度的降低。冲压件的表面质量主要是指成形过程中引起的擦伤。产生擦伤的原因除冲模间隙不合理或不均匀、模具表面粗糙外，往往还包括材料黏附模具。

2. 冲压成形性能与板料力学性能的关系

板料冲压性能与板料的力学性能有密切关系。一般来说，板料的强度指标越高，产生相同变形量所需的力就越大；塑性指标越高，成形时所能承受的极限变形量就越大；刚性指标越高，成形时抗失稳起皱的能力就越大。对板料冲压成形性能影响较大的力学性能指标有以下几项：

（1）屈服极限　屈服极限小，材料容易屈服，则变形抗力小，产生相同变形所需的变形力就小。当压缩变形时，屈服极限小的材料因易于变形而不易出现起皱，故弯曲变形的回弹也小。

（2）屈强比　屈强比小，说明屈服极限值小而强度极限值大，即容易产生塑性变形而不易产生拉裂，也就是说，从产生屈服至拉裂有较大的塑性变形区间。尤其是对压缩类变形中的拉深变形而言，具有重大影响，当变形抗力小而强度高时，变形区的材料易于变形不易起皱，传力区的材料又有较高强度而不易拉裂，有利于提高拉深变形的变形程度。

（3）伸长率　在拉伸试验中，试样拉断时的伸长率称总伸长率或简称伸长率δ。而试样开始产生局部集中变形（缩颈时）的伸长率称均匀伸长率，表示板料产生均匀的或稳定的塑性变形的能力，它直接决定了板料在伸长类变形中的冲压成形性能，试验验证可知，大多数材料的翻孔变形程度都与均匀伸长率成正比。可以得出结论：即伸长率或均匀伸长率是影响翻孔或扩孔成形性能的最主要参数。

（4）硬化指数　单向拉伸硬化曲线可写成$\sigma = K\varepsilon^n$，其中，指数n为硬化指数，表示在塑性变形中材料的硬化程度。硬化指数大，在变形中材料加工硬化严重。硬化使材料的强度得到提高，于是增大了均匀变形的范围。对伸长类变形如胀形，硬化指数大的材料会使变形均匀，变薄减小，厚度分布均匀，表面质量好，增大了极限变形程度，零件不易产生裂纹。

（5）厚向异性指数　板料的力学性能因方向不同而出现差异，这种现象称为各向异性。厚向异性系数是指单向拉伸试样时宽度应变和厚度应变之比，表示板料在厚度方向上的变形能力，厚向异性指数越大，表示板料越不易在厚度方向上产生变形，即不易出现变薄或增厚，厚向异性指数对压缩类变形的拉深影响较大，当厚向异性指数增大，板料易于在宽度方向变形，可减小起皱的可能性，而板料受拉处厚度不易变薄，又使拉深不易出现裂纹，因此厚向异性指数增大，有助于提高拉深变形程度。

3. 常用冲压材料及其力学性能

冲压最常用的材料是金属板料，表3-5所示为部分常用冲压材料的力学性能。

表3-5　部分常用冲压材料的力学性能

材料名称	牌号	材料状态	抗剪强度/MPa	抗拉强度/MPa	延伸率（%）	屈服强度/MPa
电工用纯铁（w_C<0.025%）	DT1、DT2、DT3	已退火	180	230	26	—
普通碳素钢	Q195	未退火	260~320	320~400	28~33	200
	Q235		310~380	380~470	21~25	240
	Q275		400~500	500~620	15~19	280

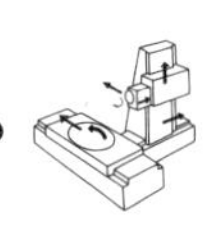

（续）

材料名称	牌号	材料状态	抗剪强度/MPa	抗拉强度/MPa	延伸率（%）	屈服强度/MPa
优质碳素结构钢	08	已退火	260 ~ 360	330 ~ 450	32	200
	10		260 ~ 340	300 ~ 440	29	210
	20		280 ~ 400	360 ~ 510	25	250
	45		440 ~ 560	550 ~ 700	16	360
	65Mn		600	750	12	400
不锈钢	12Cr13	已退火 热处理退火软态	320 ~ 380	400 ~ 470	21	—
	12Cr18Ni9Ti		430 ~ 550	540 ~ 700	40	200
铝	1060、1050A、1200	已退火	80	75 ~ 110	25	50 ~ 80
		冷作硬化	100	120 ~ 150	4	—
铝锰合金	3A21	已退火	70 ~ 110	110 ~ 145	19	50
硬铝	2A12	已退火	105 ~ 150	150 ~ 215	12	—
		淬硬后冷作硬化	280 ~ 320	400 ~ 600	10	340
纯铜	T1、T2、T3	软态	160	200	30	7
		硬态	240	300	3	—
黄铜	H62	软态	260	300	35	—
		半硬态	300	380	20	200
	H68	软态	240	300	40	100
		半硬态	280	350	25	—

3.4.3　冲压基本工序

冲压生产的基本工序可分为分离工序和变形工序两种。

1. 分离工序

分离工序是使板料的一部分与其另一部分产生相互分离的工序，如落料、冲孔、切断和修整等，并统称为冲裁。表 3-6 所示为分离工序的特点及应用范围。

表 3-6　分离工序的特点及应用范围

工序名称	简图	特点及应用
落料	废料　工件	用冲模沿封闭曲线冲切，冲下部分是工件，剩下部分是废料

（续）

工序名称	简图	特点及应用
冲孔	工件　废料	用冲模沿封闭曲线冲切，冲下部分是废料，剩下部分是工件
切断	工件	用剪刃或冲模按不封闭曲线切断，多用于形状简单的平板工件或平板下料
切边	切边　工件	将成形工件的边缘切齐或切成一定的形状
剖切	工件	把冲压加工成的半成品切开成为两个或数个零件，多用于不对称工件的成双或成组冲压成形之后
修整	1—凹模　2—切屑　3—凸模　4—工件	当零件精度和表面质量要求高时，在落料和冲孔之后，应进行修整

（1）冲裁　冲裁一般习惯上专指落料和冲孔。这两个工序的板料变形过程和模具结构都是一样的，只是模具的用途不同。冲孔的目的是在板料上冲出孔洞，冲落部分为废料；而落料相反，冲落部分为成品，周边为废料。

1）冲裁变形过程。冲裁变形过程对控制冲裁件质量，提高冲裁件的生产率，合理设计冲裁模结构十分重要。冲裁变形过程大致可分为弹性变形、塑性变形、断裂分离三个阶段，如图3-40所示。

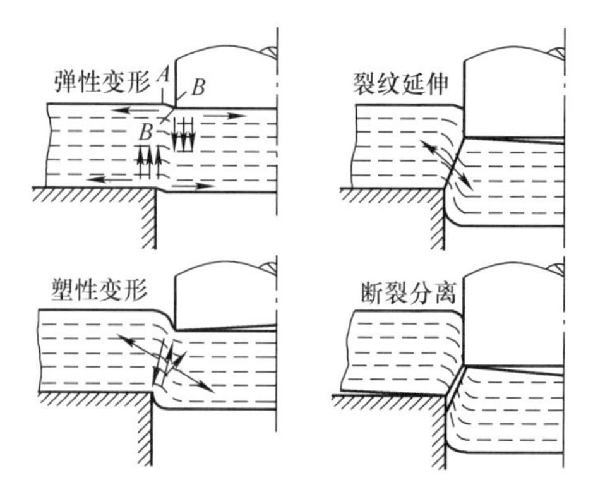

图3-40　冲裁变形过程

① 弹性变形阶段。凸模接触板料

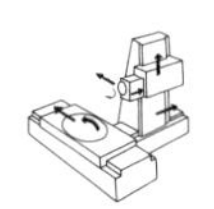

后，开始使板料产生弹性压缩、拉深和弯曲等变形。随着冲头继续压入，材料的内应力达到弹性极限。此时，凸模下的材料略有弯曲，凹模上的材料则向上翘。凹、凸间的间隙越大，弯曲和上翘越严重。

② 塑性变形阶段。当凸模继续压入，冲压力增加，材料的应力达到屈服极限时，便开始进入塑性变形阶段。此时，材料内部的拉应力和弯矩都增大，位于凹、凸模刃口处的材料硬化加剧，直到刃口附近的材料出现微裂纹，冲裁力达到最大值，材料开始被破坏，塑性变形结束。

③ 断裂分离阶段。当凸模再继续深入时，已形成的上、下微裂纹逐渐扩大并向内延伸，当上、下裂纹相遇重合时，材料被剪断分离而完成整个冲裁过程。

冲裁件被剪断分离后断面的区域特征，如图 3-41 所示。

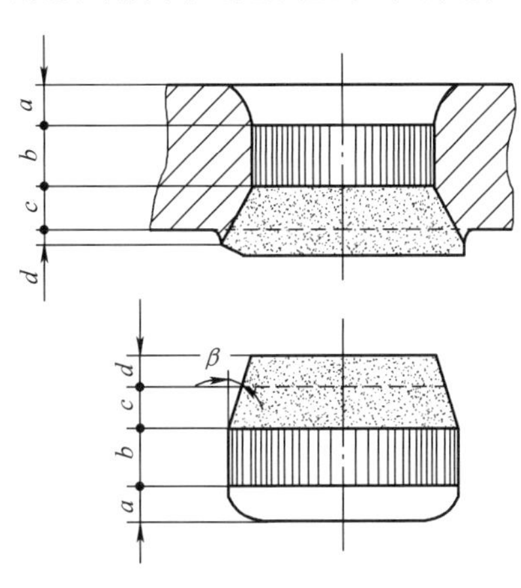

图 3-41　冲裁件断面特征

冲裁件的断面可明显地分为塌角、光亮带、剪裂带和毛刺四个部分。图 3-41 的 a、b、c、d 中，a 为塌角。塌角形成的过程是凸模压入材料后，刃口附近的材料被拉入凹模发生变形而造成的；b 为光亮带，当模具刃口切入后，在材料和模具侧面接触，被剪挤的光滑面，其表面质量较佳；c 为剪裂带，由裂纹扩展形成的粗糙面，略带有斜度，不与板料平面垂直，其表面质量较差；d 为毛刺，呈竖直环状，是模具拉挤的结果。一般要求冲裁件有较大的光亮带，尽量减小断裂带区域的宽度。由以上分析可见，一般冲裁件的断面质量不高，为了顺利地完成冲裁过程和提高冲裁件断面质量，要求凸模和凹模的工作刃口必须锋利，而且要求凸模和凹模之间要有适当间隙。

2）冲裁模间隙。冲裁模间隙是一个重要的工艺参数，它不仅对冲裁件的断面质量有着极重要的影响，而且影响模具寿命、卸料力、推件力、冲裁力和冲裁件的尺寸精度等。在实际冲裁生产中，主要考虑冲裁件的断面质量和模具寿命这两个因素来选择合理的冲裁模间隙。

① 间隙对断面质量的影响。间隙过大或过小均会导致上、下两面的剪切裂纹不能相交重合于一线，如图 3-42 所示。间隙太小时，凸模刃口附近的裂纹会比正常间隙向外错开一段距离。这样，上、下裂纹中间的材料随着冲裁过程的进行将被第二次剪切，并在断面上形成第二光亮带，如图 3-43a 所示，中部留下了撕裂面，毛刺也会增大；间隙过大时，剪切裂纹比正常间隙时远离凸模刃口，材料受到拉伸力较大，光亮带变小，毛刺、塌角、斜度都增大，如图 3-43c 所示。

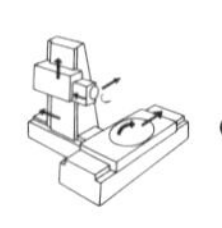

因此，间隙过小或过大均会降低冲裁件断面质量，同时也使冲裁件尺寸与冲模刃口尺寸偏差增大。间隙合适，如图 3-43b 所示，即在合理的间隙范围上，上、下裂纹重合于一线，这时光亮带约占板厚的 1/3，塌角、毛刺、斜度也均不大，冲裁件的断面质量较高，可以满足一般冲裁要求。

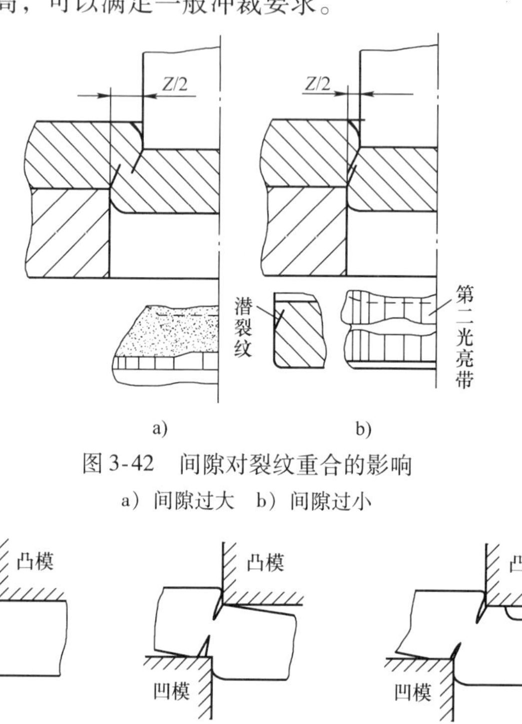

图 3-42　间隙对裂纹重合的影响

a）间隙过大　b）间隙过小

a)　b)　c)

图 3-43　间隙对冲裁件断面的影响

a）间隙过小　b）间隙合适　c）间隙过大

② 间隙对模具寿命的影响。在冲裁过程中，凸模与被冲的孔之间，凹模与落料件之间均有较大摩擦，而且间隙越小，摩擦越严重。在实际生产中，模具受到制造误差和装配精度的限制。凸模不可能绝对垂直于凹模平面，间隙也不会均匀分布，所以过小的间隙对模具寿命不利，而较大的间隙有利于提高模具寿命。因此，当对冲裁件断面质量无严格要求时，应尽可能加大间隙，以提高冲裁模具寿命。

在生产中，冲裁模的间隙值是根据材料的种类和厚度来确定的，通常双边间隙为板厚的 5% ~10%。

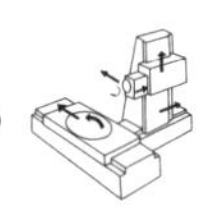

3）凸模和凹模刃口尺寸的确定。冲裁件的尺寸和冲裁模间隙都取决于凸模和凹模刃口的尺寸。因此，必须正确地确定冲裁模刃口尺寸及其公差。在落料时，应使落料模的凹模刃口尺寸等于落料件的尺寸，而凸模的刃口尺寸等于凹模刃口尺寸减去双边间隙值。在冲孔时，应使冲孔模的凸模刃口尺寸等于被冲孔直径尺寸，而凹模刃口尺寸等于凸模刃口尺寸加上双边间隙值。考虑到冲裁模在使用过程中有磨损，落料件的尺寸会随凹模刃口的磨损而增大，而冲孔的尺寸则随凸模刃口的磨损而减小。因此，落料时所取的凹模刃口尺寸应靠近落料件公差范围内的最小尺寸，而冲孔时所取的凸模刃口尺寸应靠近孔的公差范围内的最大尺寸。不论是落料还是冲孔，冲裁模间隙均应采用合理间隙范围内的最小值，这样才能保证冲裁件的尺寸要求，并提高模具的使用寿命。

4）冲裁力的计算。冲裁力是确定设备吨位和检验模具强度的重要依据。一般冲模刃口为平的，当冲裁强度高或厚度大、周边长的工件时，冲裁力过大，超过现有设备负荷，必须采取措施来降低冲裁力，常用的方法有热冲，或使用斜刃口模具及阶梯形凸模等。

平刃冲模的冲裁力 F(kN)可按下式计算

$$F = KLs\tau_b \times 10^{-3}$$

式中　K——系数，一般可取 $K=1.3$；

L——冲裁件边长（mm）；

s——冲裁件厚度（mm）；

τ_b——材料的抗剪强度（MPa），为便于估算，可取抗剪强度为抗拉强度的 80%。

5）冲裁件的排样。为了节省材料和减少废料，应对落料件进行合理排样。排样是指落料件在条料、带料或板料上进行布置的方法。图 3-44 所示为同一落料件的四种排样法，其中图 3-44d 为无搭边排样，用料最少，但落料件尺寸不易精确，毛刺不在同一平面，质量较差。生产中大都采用有搭边排样法，其他三种均为有搭边排样法，而图 3-44b 为最节省材料的布置方法。

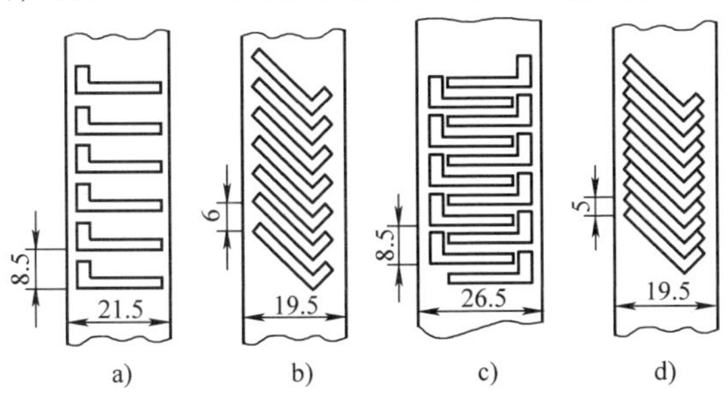

图 3-44　同一落料件的排样方法

a)～c）有搭边排样　d）无搭边排样

（2）修整　如果零件的精度要求较高，表面粗糙度值较低，在冲裁之后可把工件的孔或落料件进行修整。修整是利用修整模切掉冲裁件断面的剪裂带和毛刺。修整冲裁件的外形称为外缘修整，修整冲裁件的内孔称为内缘修整，见表3-6中修整工序。修整所切除的余量较小，一般每边0.05～0.3mm，修整后冲裁件精度可达IT6～IT7，表面粗糙度值 Ra 为0.8～1.6μm。

2. 变形工序

变形工序是使板料的一部分相对于另一部分产生位移而不破裂的工序，如拉深、弯曲、翻边、成形等。表3-7所示为变形工序的特点及应用范围。

表3-7　变形工序的特点及应用范围

工序名称	简图	特点及应用
拉深	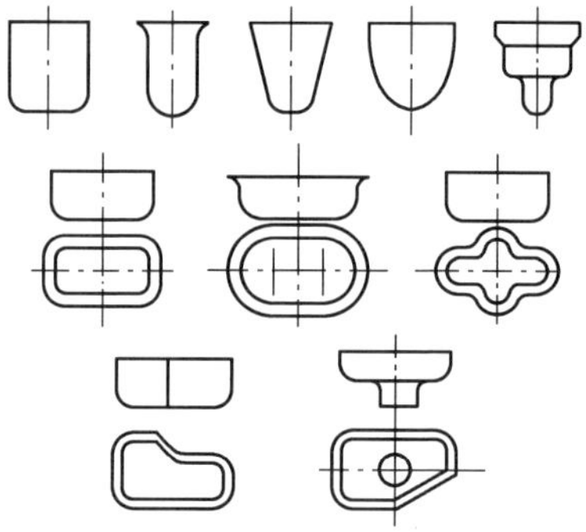	把板料毛坯拉深成各种中空零件
弯曲		把板料弯成各种形状，可以加工成形状极为复杂的零件
翻边	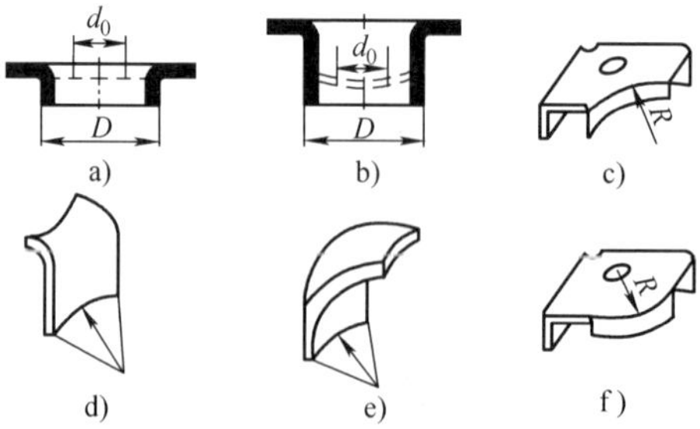 d_0 D a)　d_0 D b)　R c)　d)　e)　R f)	把板料半成品的边缘按曲线或圆弧弯成直立的边缘或在预先冲孔的半成品上冲制成直立的边缘

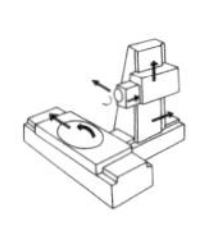

（续）

工序名称		简图	特点及应用
成形	胀形	1—分瓣凸模　2—芯轴　3—毛坯　4—顶杆	在两向张应力作用下实现变形，从而形成各种空间曲线形状的零件
	起伏		在板料零件的表面上用局部成形方法制成各种形状的凸起与凹陷
扩口及缩口			在空心毛坯或管状毛坯的某个部位上使其径向尺寸扩大或缩小的变形方法
旋压		1—顶杆　2、5—毛坯　3—滚轮　4—模具	在旋转状态下用滚轮或压棒使毛坯逐渐成形的方法，用于生产空心零件

（1）拉深　拉深是利用模具将平板状的坯料加工成中空零件的变形工序，又称为拉延或压延，如图 3-45 所示。

1）拉深过程的变形特点。将板料放在凹模上，在凸模的压力作用下，金属坯料被拉入凹模形成空心零件。在拉深过程中，与凸模底部接触的那部分材料基本不变形，最后形成拉深件的底部，受到双向拉深作用，并起到传递力的作用。环形部分在拉力的作用下，逐渐进入凸模与凹模的间隙，最终形成工件的侧壁，基本不再发生变形，且受到轴向拉应力作用，坯料的厚度有所减小，底部圆角拉薄最严重。拉深件的法兰部分是拉深的主要变形区，这部分材料沿圆周方向受压

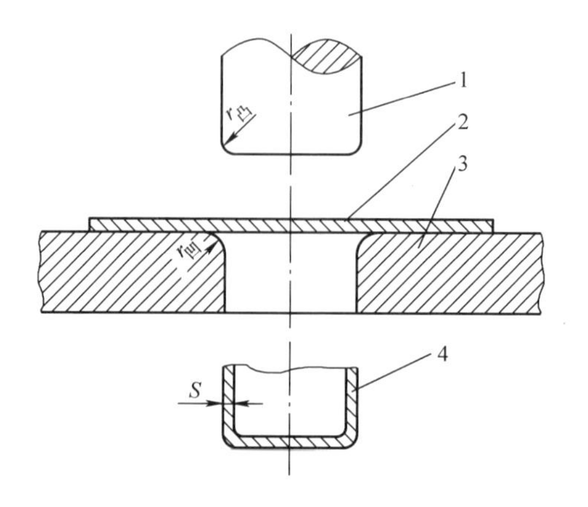

图3-45　拉深工序
1—凸模　2—板料　3—凹模　4—工件

缩，径向方向受拉深，产生了很大程度的变形，其厚度有所增大，会引起较大的加工硬化。

2）拉深过程中应注意的问题。当径向拉应力过大时，工件会出现拉裂现象；而当周向压应力过大时，则会发生起皱现象，如图3-46所示。

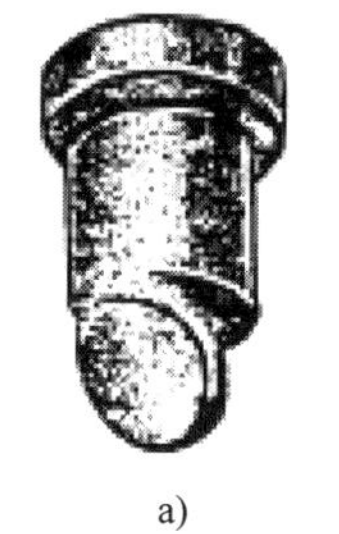

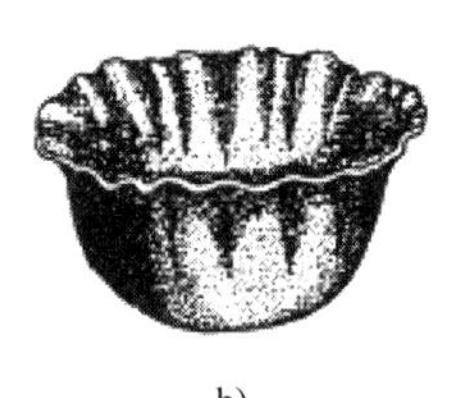

a)　　b)

图3-46　拉深件废品
a）拉裂　b）起皱

① 防止拉裂的措施。拉裂通常发生在侧壁与底部之间的过渡圆角处，可以通过合理设计模具和板料的工艺参数及改善成形条件来防止。防止拉裂的措施有：

a. 凸、凹模应具有适当的圆角半径。对于钢的拉深件，一般取 $r_{凹}=10s$，s 为材料厚度，而 $r_{凸}=(0.6\sim1)r_{凹}$。这两个圆角半径过小，坯料弯曲部位的应力集中严重，则容易拉裂产品。

b. 凸、凹模应间隙合理。一般取 $z=(1.1\sim1.2)s$，s 为材料厚度。间隙过小，模具与坯料之间的摩擦力增大，容易拉裂，从而降低拉深模的使用寿命；但间隙过大，会降低拉深件的精度。

c. 控制拉深系数。拉深系数是指拉深件直径 d 与坯料直径 D 的比值，用 m 表示，即 $m=d/D$。拉深系数越小，表明变形程度越大，坯料被拉入凹模越困难，越易产生拉裂现象。一般取 $m=0.5\sim0.8$，对于塑性好的金属材料可取上限，塑性较差的金属材料可取下限。若拉深系数太小，不能一次拉深成形时，则可采用多次拉深工艺。在多次拉深中，往往需要进行中间退火处理，以消除前几次拉深中所产生的加工硬化现象，使以后的拉深能顺利进行。在多次拉深中，拉

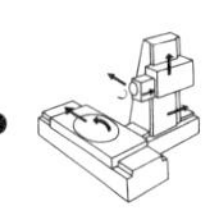

深系数 m 值应当一次比一次略大些。总的拉深系数等于每次拉深系数的乘积。

d. 增强润滑。通常在拉深之前，会在坯料表面涂加润滑剂（磷化处理），以减少金属流动阻力，减小摩擦，降低拉深件的拉应力，减小模具的磨损。

② 防止起皱的措施。起皱是板料失稳而产生的现象，与坯料的相对厚度（s/D）和拉深系数有关，相对厚度越小或拉深系数越小，则越容易起皱。

生产中常采用增加压边圈的方法，增大坯料的径向拉力以防止起皱，如图 3-47所示。经验证明，当坯料的相对厚度 $s/D\times100>2$（D 为坯料直径，s 为坯料厚度）时，可以不用压边圈；当 $s/D\times100<1.5$ 时，必须用压边圈；当 $s/D\times100=1.5\sim2$ 时，是否使用压边圈应根据具体情况确定。

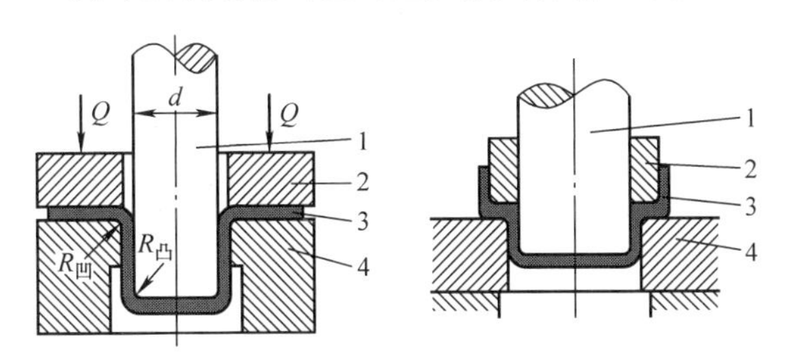

图 3-47　有压边圈的拉深

1—凸模　2—压边圈　3—板料　4—凹模

（2）弯曲　弯曲是使坯料的一部分相对于另一部分弯曲成一定角度的变形工序，如图 3-48 所示。弯曲过程中，坯料的内侧产生压缩变形，存在压应力；外侧产生拉深变形，存在拉应力。

当外侧拉应力超过坯料的抗拉强度时，会产生拉裂。为防止拉裂产生，应尽量选用塑性好的材料；限制最小弯曲半径 r_{min}，使 $r_{min}\geqslant(0.25\sim1)s$；弯曲圆弧的切线方向与坯料的纤维组织方向一致（见图 3-49），以免弯曲时造成应力集中等方法防止拉裂产生。

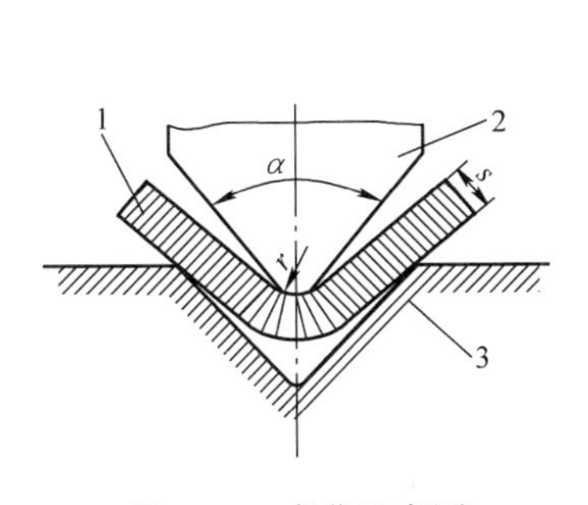

图 3-48　弯曲示意图

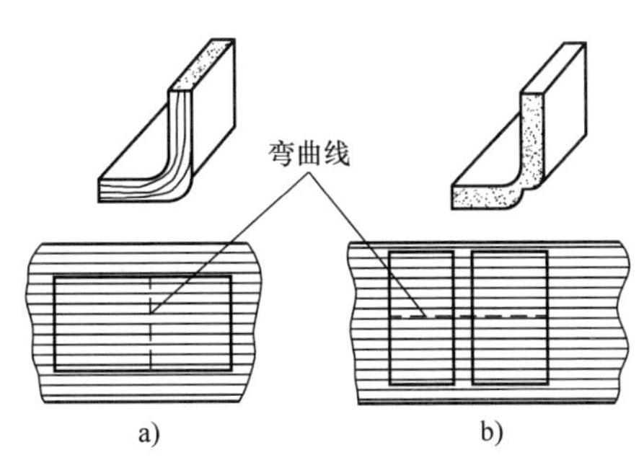

图 3-49　弯曲时纤维方向

a）合理　b）不合理

另外，在弯曲过程中，坯料的变形有弹性变形和塑性变形两部分。当弯曲载荷去除后，弹性变形部分要恢复，会使弯曲的角度增大，这种现象称为回弹。一般回弹角为0°~10°。回弹将影响弯曲件的尺寸精度，因此，在设计弯曲模时，应使模具的角度比成品的角度小一个回弹角，以保证弯曲角度的准确性。

（3）翻边　翻边是在带孔的平板料上用扩张的方法获得凸缘的变形工序，图3-50所示为各种不同形式的翻边。翻边时，孔边缘材料沿切向和径向受拉而使孔径扩大，越接近孔边缘变形越大。当变形程度过大时，将发生拉裂。翻边拉裂的条件取决于变形程度的大小。翻边的形变程度可用翻边系数K_0来衡量。

$$K_0 = d_0/d$$

式中　d_0——翻边前的孔径尺寸；

d——翻边后的孔径尺寸。K_0越小，变形程度就越大，拉裂的可能性就越大，一般取$K_0 = 0.65 \sim 0.72$。

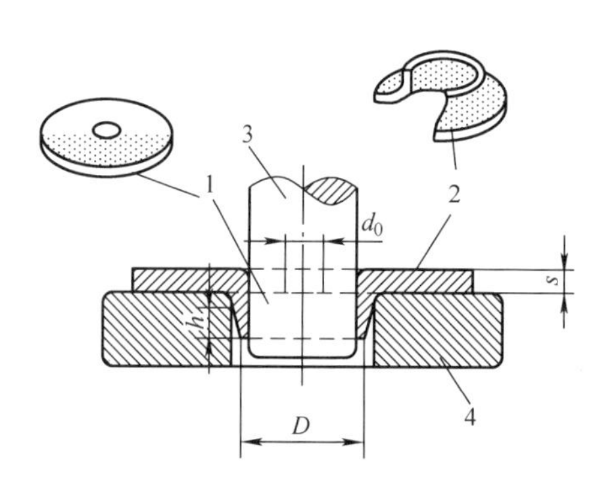

图3-50　翻边

1—板料　2—工件　3—凸模　4—凹模

（4）典型零件的冲压工序举例　冲压工艺过程包括分析冲压件的结构工艺性；拟定冲压件的总体工艺方案；确定毛坯形状、尺寸和下料方式；拟定冲压工序性质、数目和顺序；确定冲模类型和结构形式；选择冲压设备；编写冲压工艺文件。

在生产各种冲压件时，各种工序的选择和工序顺序的安排都是根据冲压件的形状、尺寸和每道工序中材料所允许的变形程度来确定的。图3-51所示为出气阀罩盖的冲压工艺过程。表3-8所示为托架的冲压工艺过程。

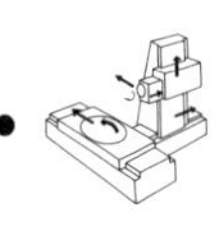

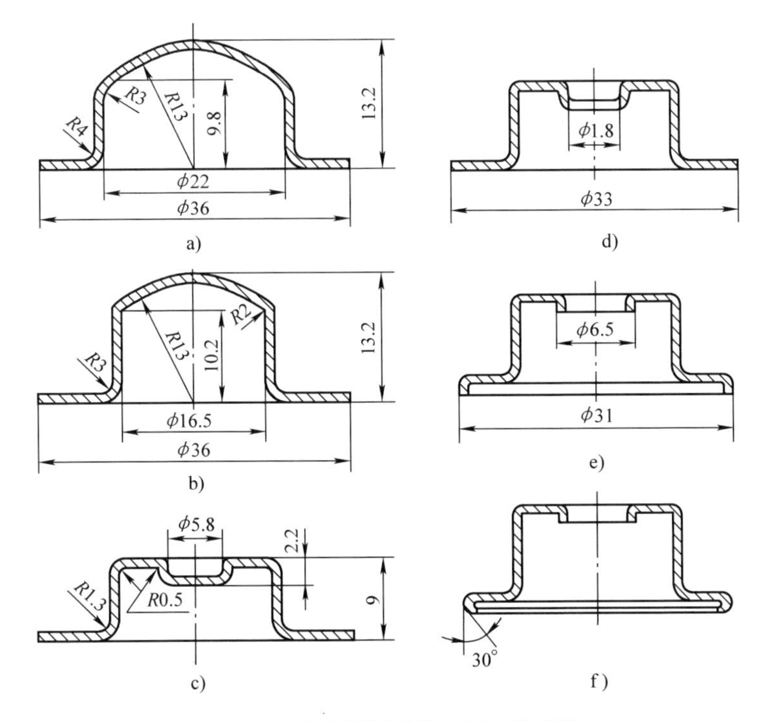

图 3-51　出气阀罩盖的冲压工艺过程

a）落料、拉深　b）第二次拉深　c）成形　d）冲孔　e）内孔、外缘翻边　f）折边

表 3-8　托架的冲压工艺过程

工序号	工序名称	工序草图	工序内容	设备
1	冲孔落料		冲孔落料连续模	250kN 压力机
2	首次弯曲（带预弯）		弯曲模	160kN 压力机
3	二次弯曲		弯曲模	160kN 压力机

（续）

工序号	工序名称	工序草图	工序内容	设备
4	冲孔 4 - $\phi5$	$4\times\phi5^{+0.03}_{0}$　$15^{+0.012}_{0}$　36	冲孔模	160kN 压力机

3.4.4　冲压件的结构设计

冲压件生产往往是大批量生产，因此在设计冲压件的结构时不仅要保证它具有良好的使用性能，而且还要考虑它的工艺性。这对于保证产品质量，提高生产率，节省材料和延长模具寿命具有重要的意义。冲压工艺对冲压件的设计在形状、尺寸、精度和材料等方面提出了许多要求，在设计时要充分考虑。

1. 对落料和冲孔的要求

1）落料与冲孔的形状应便于合理排样，使材料利用率最高。图3-52所示的落料件在改进设计后，在孔距不变的情况下，材料利用率由38%提高到79%。

2）落料与冲孔形状力求简单、对称，尽可能采用规则形状，并避免狭长的缺口和悬臂，否则制造模具困难，且模具寿命低。图3-53所示的落料件工艺性就很差。

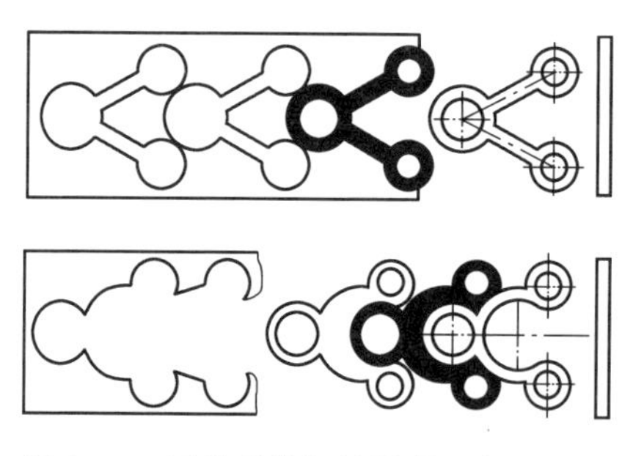

图3-52　零件形状与材料利用率的关系

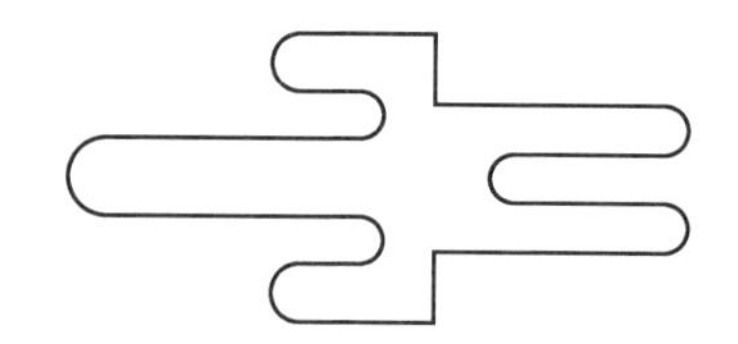

图3-53　落料件外形不合理

3）冲孔时，对孔及其有关尺寸的限制，如图3-54所示。冲孔时，孔径必须大于等于坯料厚度 s；冲方孔时方孔的边长必须大于等于 $0.9s$；孔与孔之间，孔与工件边缘之间的距离必须大于等于坯料厚度 s；外缘的凸起与凹入的尺寸必须大于等于 $1.5s$。

4）为了避免应力集中损坏模具，要求落料和冲孔的两条直线相交处或直线

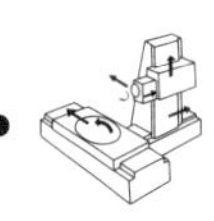

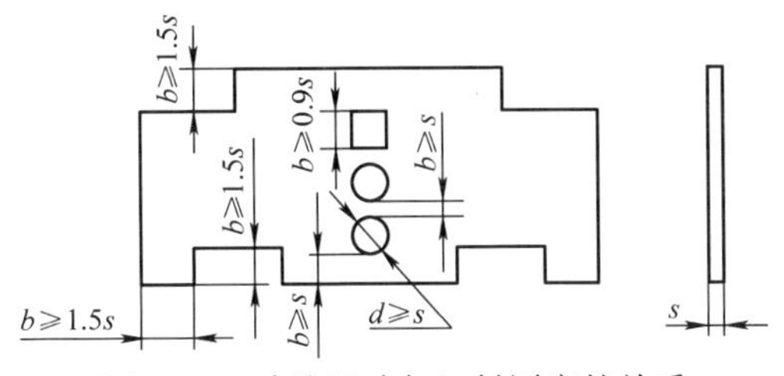

图 3-54　冲孔尺寸与坯料厚度的关系

与曲线相交处必须采用圆弧连接。落料和冲孔件最小的圆角半径见表 3-9。

表 3-9　落料和冲孔件最小的圆角半径

工序	圆弧角	最小圆角半径 R_1、R_2/mm			
		黄铜、紫铜、铝	低碳钢	合金钢	
落料	α_1、$\alpha_2 \geqslant 90°$	0.18s	0.25s	0.35s	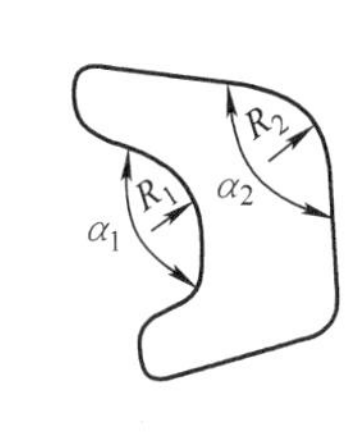
	α_1、$\alpha_2 \leqslant 90°$	0.35s	0.50s	0.70s	
冲孔	α_1、$\alpha_2 \geqslant 90°$	0.20s	0.30s	0.45s	
	α_1、$\alpha_2 \leqslant 90°$	0.40s	0.60s	0.90s	

注：s 为板料厚度。

2. 对拉深件的要求

1）轴对称回转体零件的拉深工艺性最好，非回转体、空间曲线形的零件，拉深难度较大。因此，在使用条件允许的情况下，应尽量简化拉深件的外形。

2）应尽量避免深度过大的冲压件，否则需要增加拉深次数，且易出现废品。

3）带有凸缘的拉深件，如图 3-55 所示，凸缘宽度设计要合适，不宜过大或过小，一般要求 $d+12s \leqslant D \leqslant d+25s$。

4）拉深件的圆角半径在不增加工艺程序的情况下，应大于最小许可半径，图 3-55 中 $r_b \geqslant 2s$，$r_d \geqslant 3s$，图 3-56 中 $r_b \geqslant 3s$，$r \geqslant 0.15H$。否则需增加一次整形工序，其允许圆角半径为 $r \geqslant (0.1 \sim 0.3)s$。

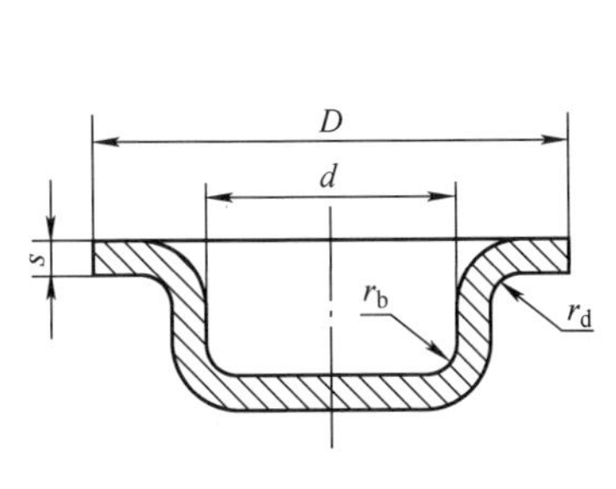

图 3-55　带凸缘的拉深件

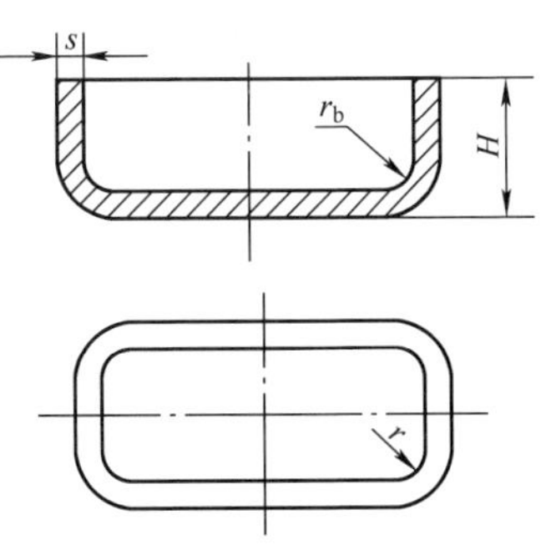

图 3-56　拉深件最小允许半径

3. 对弯曲件的要求

1）弯曲件弯曲边的高度不能过小，当进行90°弯曲时，弯边直线高度应大于2倍板厚2t（t为板厚），如图3-57a所示，否则不易弯曲成形。若弯曲边的高度要求小于2t，则应留适当的余量，弯曲成形后再切去多余部分。

2）当弯曲件带孔时，为避免孔变形，孔的位置应在圆弧外，如图3-57b所示，$L \geqslant (1.5 \sim 2)t$。

3）弯曲时应考虑板料的纤维组织方向，并考虑弯曲半径不能小于最小弯曲半径，图3-57中$r \geqslant (0.25 \sim 1)t$，以防止弯裂形成废品。

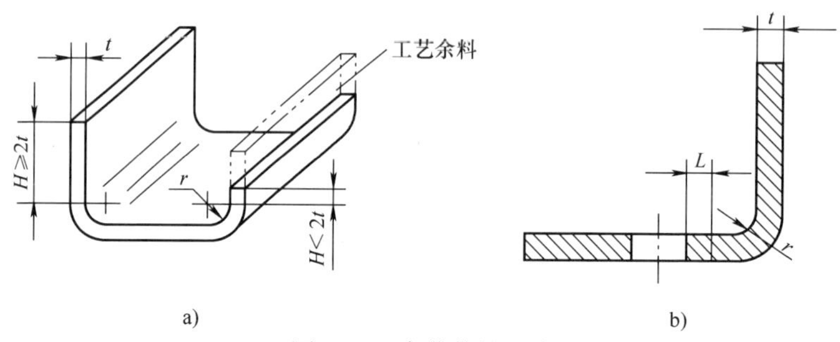

图3-57　弯曲件的尺寸

4）为保证弯曲件的质量，应防止板料在弯曲时产生偏移和窜动，如图3-58所示。利用板料上已有的孔与模具上的销钉配合定位。若没有合适的孔，应考虑另加定位工艺孔或考虑其他定位方法。

5）局部弯曲时，应在交接处切槽或使弯曲线与直边移开，以免在交界处撕裂；带竖边的弯曲件，可将弯曲处部分竖边切去，以免起皱；用窄料进行小半径弯曲，又不允许弯曲处增宽时，应先在弯曲处切口，如图3-59所示。

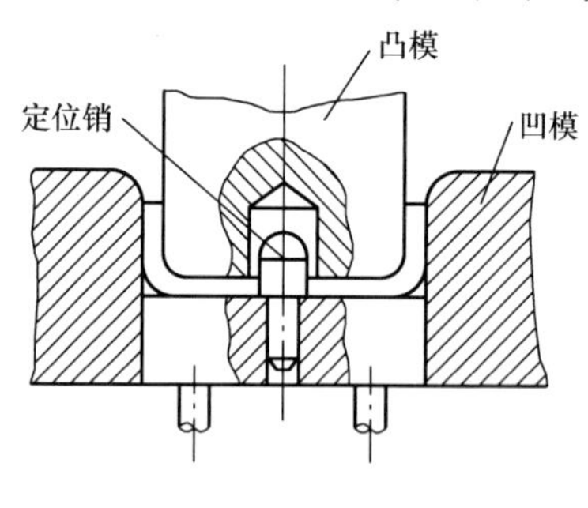

图3-58　弯曲件的定位

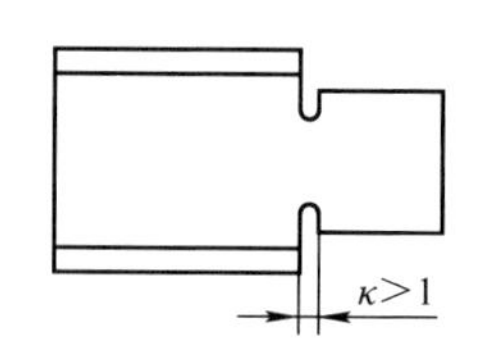

图3-59　切口弯曲

4. 冲压件的精度和表面质量

对冲压精度的要求不应超过冲压工序所能达到的一般精度，否则需增加其他精整工序，因而增加了冲压件的成本。通常要求落料不超过IT10，冲孔不超过IT9，弯曲不超过IT10～IT9。拉深件高度尺寸精度为IT10～IT8，经整形工序后

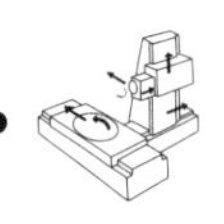

尺寸精度达 IT8 ~ IT7。拉深件直径尺寸精度为 IT10 ~ IT9。

一般对冲压件表面质量所提出的要求尽可能不高于原材料的表面质量，否则要增加前加工等工序。

5. 合理设计冲压件的结构

根据各种冲压工艺的特点设计冲压件的结构，并不断地改进结构，使结构合理化，可以大大简化工艺过程，节省材料。

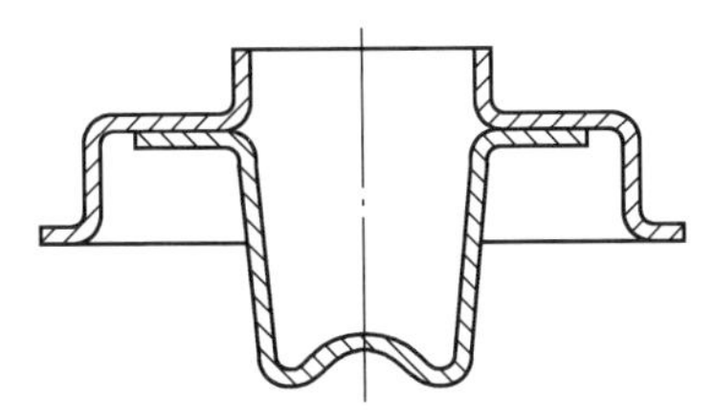

图 3-60　冲焊结构零件

1）采用冲焊结构。对于形状复杂的冲压件，合理应用各种冲焊结构，如图 3-60 所示，以代替铸锻后再切削加工所制造的零件，能大量节省材料和工时，并可大大提高生产率，降低成本，减轻重量。

2）采用冲口工艺，减少组合数量。如图 3-61 所示的零件，原设计是用三个铆接或焊接组合而成，改为冲口弯曲制成整体零件，可以简化工艺，节省材料。

3）采用加强筋，提高冲压件的强度、刚度，以实现薄板材料代替厚板材料，如图 3-62 所示。

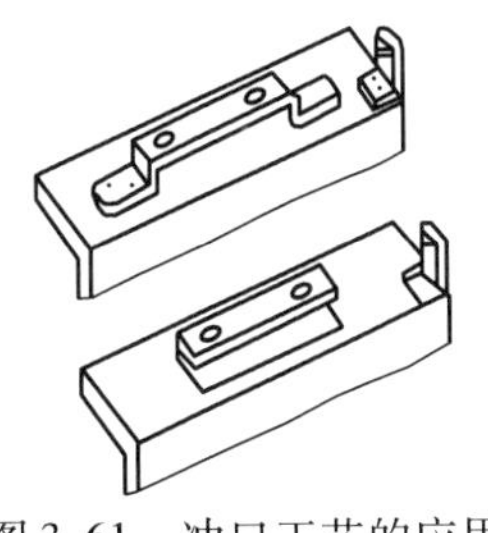

图 3-61　冲口工艺的应用

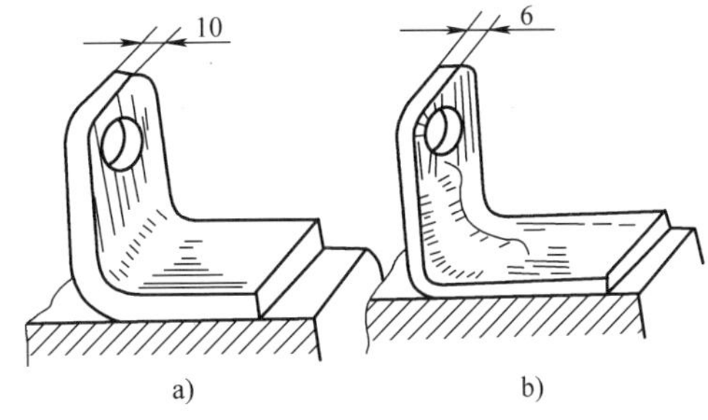

图 3-62　加强筋示意图
a）无加强筋　b）有加强筋

本 章 小 结

本章主要讨论金属塑性变形的实质及金属组织和性能的变化，重点学习了两种主要的压力加工方法：锻造与冲压。针对锻造方法，讨论了金属的锻造性能、锻造的方法和工序，以及工艺规程的制订等内容；针对冲压成形技术，重点关注了冲压件的基本工序及冲压件的结构设计。

1. 压力加工成形方法

压力加工的成形方法可分为型材的成形方法和零件毛坯及成品的成形方法两大类。前者包含的方法有轧制、挤压和拉拔，后者常用的方法是锻造和冲压。

2. 金属材料的塑性成形基础

金属材料塑性变形的实质可通过单晶体的塑性变形来揭示，即塑性变形的实质是在切应力作用下产生的滑移变形。多晶体的塑性变形较单晶体而言，变形抗力更大。晶粒越细，塑性变形抗力越大，强度、硬度和塑性及韧性便越高。

塑性变形的过程中及变形后，金属的组织结构和力学性能也将发生变化。对金属材料进行适当加热，随着温度升高，变形金属的组织和性能将经历回复、再结晶和晶粒长大三个阶段。以再结晶温度为界线，金属的变形可分为冷变形和热变形两大类。

在金属的冷变形时，易发生加工硬化现象。加工硬化一方面是强化金属的重要方法之一，另一方面又会对进一步加工带来困难，可通过热处理退火来消除加工硬化。

金属发生塑性变形时，晶界上的夹杂物沿着变形方向被拉长或压扁，成为条状。在再结晶时条状夹杂物依然被保留下来，成为纤维组织。纤维组织形成后，材料的力学性能将出现方向性。

3. 锻造

影响金属锻造性能的因素包含金属的本质和金属的变形条件。金属的变形条件包括变形温度、变形速度及变形时的应力状态。锻造的方法可分为自由锻、模锻和胎模锻三种类型。

自由锻的主要工序有镦粗、拔长、冲孔、扩孔、弯曲、扭转和错移等。自由锻工艺规程的制订包括锻件图的绘制、坯料计算、正确设计变形工序和设备选择四项内容。锻件图的绘制应体现出对敷料、加工余量和锻造公差的考虑。自由锻锻件的结构应在满足使用要求的前提下，尽量满足方便锻造、节约金属和提高生产率的目的。

模锻生产所用设备的工作部分是模膛。模膛可分为制坯模膛和模锻模膛，模锻模膛又可分为预锻模膛和终锻模膛。模锻工艺规程的制订包含的内容有绘制模锻锻件图、确定模锻工步、坯料计算、选择设备吨位和确定修整工序。绘制锻件图时需合理选择分模面，遵循分模面的选择原则，需体现出模锻斜度和圆角半径及冲孔连皮。相应的模锻件结构的设计，也应考虑合理确定分模面，应具有结构斜度和结构圆角，并力求简化形状。

胎模锻对比于自由锻和模锻，具有自身的特点。胎模可分为扣模、筒模和合模三类。

4. 冲压

冲压生产的基本工序可分为分离工序和变形工序两种。

分离工序是使板料的一部分与另一部分产生相互分离的工序。其所包含的落料和冲孔被合称为冲裁。冲裁变形后的断面包含塌角、光亮带、剪裂带和毛刺四个部分。当冲裁模间隙过大或过小时，会对断面四个区域的分布产生影响，因此要合理设置冲裁模间隙，使其获得较好的冲裁件质量，并避免影响模具寿命。此

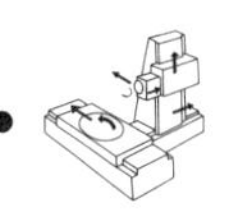

外，为了节省材料和减少废料，还要对冲裁件进行合理的排样。

变形工序是使板料的一部分相对于另一部分产生位移而不破裂的工序，包含拉深、弯曲、翻边、成形等。在拉深工序中，应防止拉裂和起皱的缺陷，而在弯曲工序中，亦要防止弯裂和回弹，因此均需采取相应的措施。

冲压件的结构设计，需分别针对落料和冲孔的要求、拉伸件的要求和弯曲件的要求进行设计。此外还可以采用冲焊结构、冲口工艺和使用加强筋等方式，简化工艺过程，节省材料。

思考题与习题

1. 塑性变形的实质是什么？材料在塑形变形后组织和性能会发生什么变化？

2. 什么是加工硬化现象？试分析它在生产中的利与弊？

3. 在1000℃时拉制钨丝（$T_{熔}=3380℃$）和在400℃时锻造45 钢，是热变形还是冷变形？为什么？

4. 纤维组织是怎么形成的？怎样合理利用它？用什么样的加工方法可以改变纤维组织？

5. 什么是金属的锻造性能？其影响因素有哪些？

6. 始锻温度过高或终锻温度过低在锻造时会引起什么后果？写出 45 钢的锻造温度范围。

7. 锻造前对坯料加热的目的是什么？加热温度过高时会产生什么缺陷？

8. 自由锻工艺规程包括哪些内容？如何绘制自由锻件图？需要考虑哪些因素？

9. 模锻时，如何合理确定分模面的位置？

10. 预锻模镗与终锻模镗有何不同？飞边槽的作用是什么？

11. 板料的冲压性能与板料的力学性能有何关系？

12. 间隙对冲裁件断面质量有何影响？间隙过小会对冲裁产生什么影响？

13. 表示弯曲与拉深变形程度大小的物理量是什么？生产中应如何控制？

14. 制订自由锻工艺规程的主要内容和步骤是什么？试确定图 3-63 轴的自由锻件图和基本工序。

15. 叙述图 3-64 所示分模面位置设计的优点和缺点。

16. 图 3-65 所示三种不同结构的连杆，当采用锤上模锻制造时，请确定最合理的分模面位置，并画出模锻件图。

17. 图 3-66 所示零件均为 2mm 厚的 Q235 钢板冲压件，试说明其冲压过程，并绘出相应的工序简图。

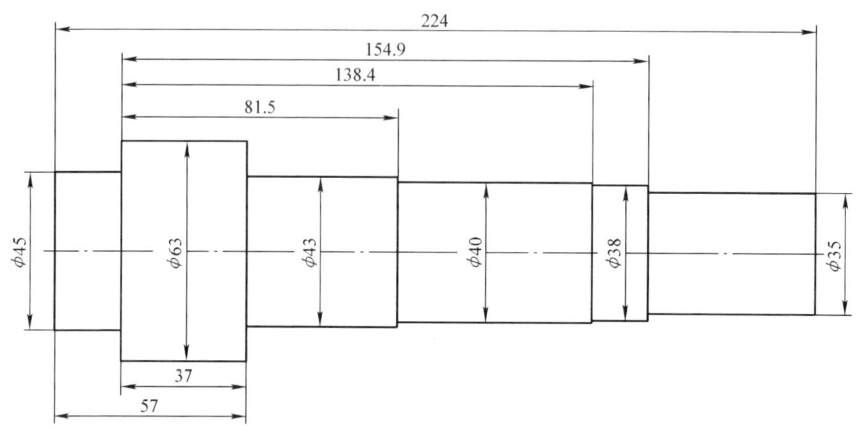

图3-63　题14图

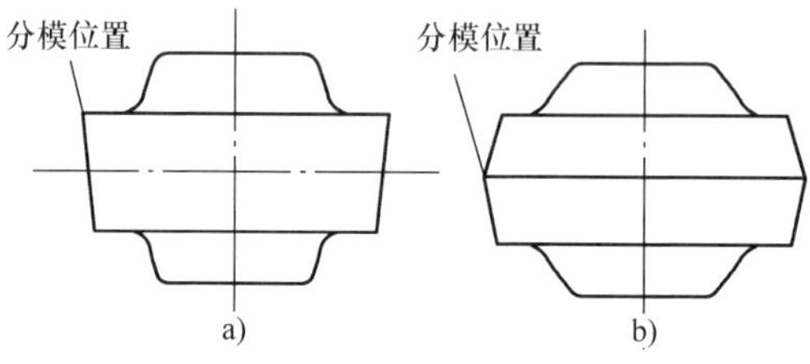

图3-64　题15图

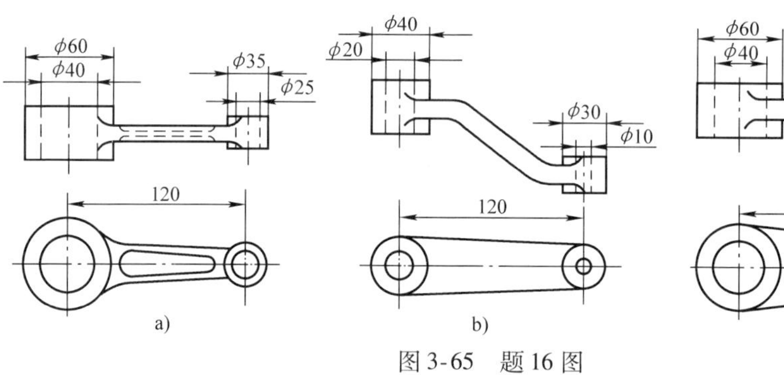

图3-65　题16图

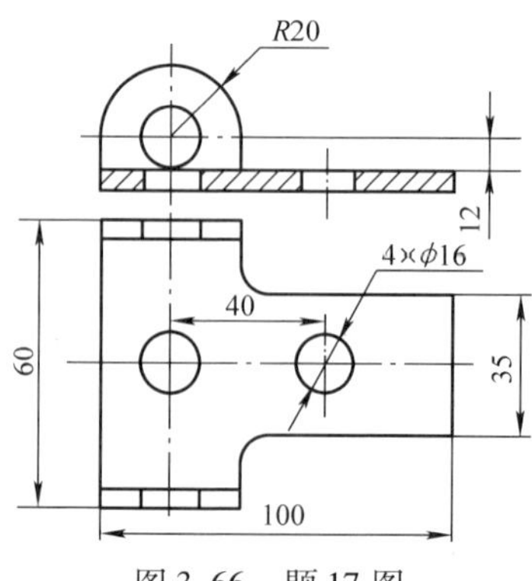

图3-66　题17图

第 4 章 焊接成形技术

[导读] 本章介绍焊接冶金过程及常用焊接方法、焊接接头的组织与性能、常用金属材料的焊接、焊接应力与变形及焊接结构工艺设计等内容。重点内容为焊条电弧焊、电阻焊和钎焊的方法，焊接应力及变形和焊接工艺设计。通过学习，掌握主要焊接方法，了解焊接接头的组成与性能，掌握焊接结构的工艺设计要求。

焊接是现代制造技术中重要的金属连接方法。焊接是指通过加热或加压等手段，使分离的金属材料达到原子间的结合，获得所需要金属结构的一种加工方法。

与铆接、黏结、螺栓等连接方法（见图 4-1）相比，焊接具有如下特点：

1）节省金属材料，结构重量轻。

2）可用于制造重型、复杂的机器零部件，简化铸造、锻造及切削加工工艺，从而获得最佳的技术经济效果。

3）焊接接头具有良好的力学性能和密封性。

4）能够制造双金属结构，使材料的性能得到充分利用。

5）焊接结构不可拆卸，维修不便；存在焊接应力和变形，且组织性能不均匀，会产生焊接缺陷。

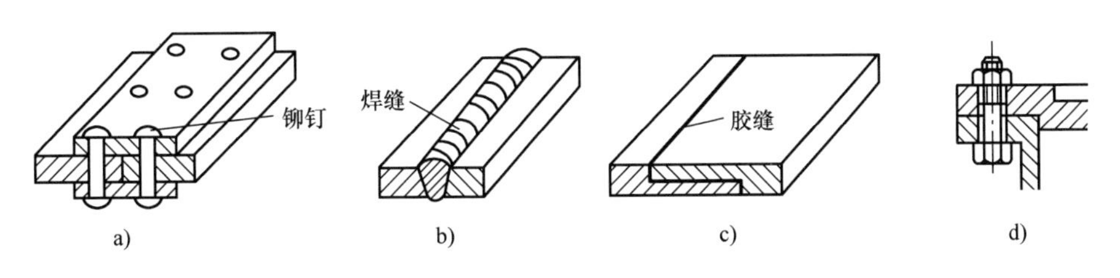

图 4-1 连接方法

a）铆接 b）焊接 c）黏结 d）螺栓连接

焊接方法种类很多，并在汽车、船舶、锅炉、压力容器、桥梁、建筑、航空航天、电子等工业部门广泛应用，据估计，世界上钢产量的 50% ~60%，要经过焊接才能最终投入使用。

按照焊接过程的物理特点不同和所采用能源的性质，可将焊接方法分为熔焊、压焊、钎焊三大类。常用焊接方法如图 4-2 所示。

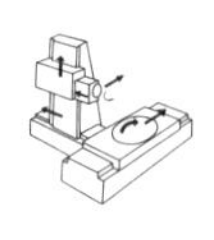

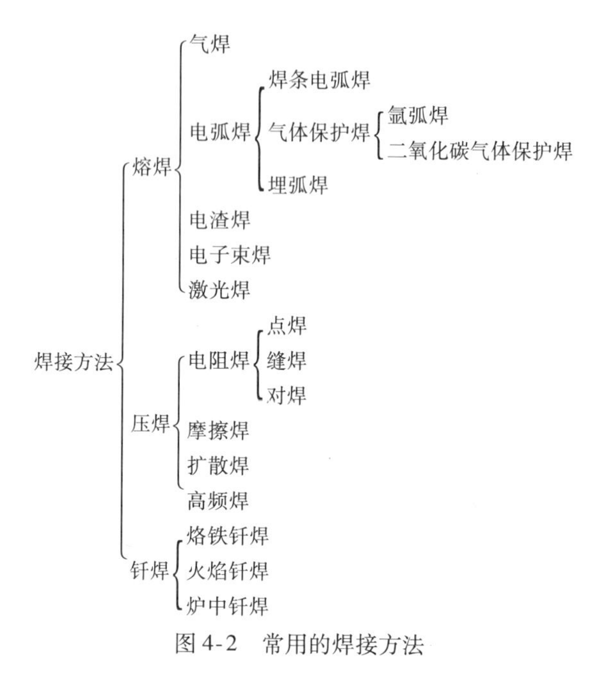

图4-2 常用的焊接方法

熔焊是将焊接接头处加热到熔化状态，并加入（或不加入）填充金属，经冷却结晶后形成牢固的接头，而将两部分被焊金属焊接成为一个整体。适用于各种常用金属材料的焊接，是现代工业生产中主要的焊接方法。

压焊是在焊接过程中对工件加压（加热或不加热），并在压力作用下使金属接触部位产生塑性变形或局部熔化，通过原子扩散，使两部分被焊金属连接成一个整体。只适宜于塑性较高的金属材料的焊接。

钎焊是把熔点比母材金属低的填充金属（简称钎料）熔化后，填充接头间隙并与固态的母材相互扩散从而实现连接的焊接方法，适用于各种异类金属的焊接。

4.1 焊接冶金过程及常用焊接方法

4.1.1 焊接冶金过程

大多数焊接方法都需要借助加热、加压，或同时实施加热和加压，以实现原子结合。从冶金的角度来看，可将焊接区分为三大类：液相焊接、固相焊接、固-液相焊接。

利用热源加热待焊部位，使之发生熔化，利用液相的相溶而实现原子间结合，即属液相焊接。熔化焊属于最典型的液相焊接。除了被连接的母材（同质

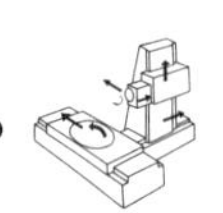

或异质）、还可添加同质或非同质的填充材料，共同构成统一的液相物质。常用的填充材料是焊条或焊丝。

压力焊属于固相焊接方法。固相焊接利用压力使待焊部位的表面在固态下直接紧密接触，并加热待焊表面的温度（但一般低于母材金属熔点），通过调节温度、压力和时间以充分进行扩散而实现原子间结合。在预定的温度下（利用电阻加热、摩擦加热、超声振荡等），金属内的原子获得能量，增大了活动能力，可跨越待焊界面进行扩散，从而形成固相接合。

固 - 液相焊接，就是待焊表面并不直接接触，而是通过两者间隙中的中间液相相联系，即在待焊的同质或异质固态母材与中间液相之间存在两个固 - 液界面，通过充分扩散，实现良好的原子结合。钎焊属此类方法，形成中间液相的填充材料称为钎料。

1. 焊接热源

焊接热源应是热量高度集中，可快速实现焊接过程，并可保证得到致密而强韧的焊缝和最小的焊接热影响区。每种热源都有其本身的特点，并在生产上有不同程度的应用。

电弧热是利用气体介质中放电过程所产生的热能作为焊接热源，是目前焊接热源中应用最为广泛的一种，如手工电弧焊、埋弧自动焊等。

化学热是利用可燃气体（氧、乙炔等）或铝、镁热剂燃烧时所产生的热量作为焊接热源，如气焊。这种热源在一些电力供应困难和边远地区仍起重要的作用。

电阻热是利用电流通过导体时产生的电阻热作为焊接热源，如电阻焊和电渣焊。采用这种热源所实现的焊接方法，都具有高度的机械化和自动化，有很高的生产率，但耗电量大。

高频热源是利用高频感应所产生的二次电流作为热源，对于有磁性的被焊金属，在局部集中加热，实质上也属电阻热。由于这种加热方式热量高度集中，故可以实现很高的焊接速度，如高频焊管等。

摩擦热是将机械摩擦而产生的热能作为焊接热源，如摩擦焊。

电子束热是在真空中，利用高压高速运动的电子猛烈轰击金属局部表面，使这种动能转化为热能以作为焊接热源，如电子束焊。

激光束热是通过受激辐射而使放射增强的单色光子流，即激光，经过聚焦产生能量高度集中的激光束作为焊接热源。

2. 熔焊化学冶金过程

焊接区内各种物质之间在焊接热的高温下相互作用的过程，称为焊接化学冶金过程。在空气中焊接时，焊缝金属中的含氧、氮量显著增加，同时锰、碳等有益合金元素大量减少，这时，焊缝金属的强度基本不变，但塑性和韧性急剧下降，力学性能受到了很大影响，因此，焊接化学冶金过程决定了可否得到优质的焊缝金属。

（1）熔焊化学冶金的特点　焊接化学冶金反应过程从焊接材料被加热、熔化开始，经熔滴过渡，最后到达熔池中，该过程是分区域（药皮反应区、熔滴反应区、熔池反应区）连续进行的，不同的焊接方法有不同的反应区。

在药皮反应区中，主要发生水分的蒸发、某些物质的分解、铁合金的氧化等。反应析出的大量气体，可隔绝空气，也对被焊金属和药皮中的铁碳合金产生了很大的氧化作用，因此，将显著改变焊接区气相的氧化性。

熔滴反应区包括熔滴形成、长大到过渡至熔池前的整个阶段。此区域发生气体的分解和溶解、金属的蒸发、金属及其合金成分的氧化和还原、焊缝金属的合金化等。反应时间很短仅有0.01～0.1s，但平均温度高达2000～2800K（0K = -273.15℃），而且液态金属与气体及熔渣的接触面积大，所以是冶金反应最激烈的部位，对焊缝成分的影响最大。

熔滴金属和熔渣以很高的速度落入熔池后，即同熔化了的母材混合、接触、反应。此区温度较熔滴反应区低，为1800～2200K，反应时间较长，大约数秒。由于此区温度分布极不均匀，熔池头部和尾部存在温度差，因而冶金反应可以同时向相反的方向进行。另外，反应过程不仅在液态金属与气、渣界面上进行，而且也在液态金属与固态金属和液态熔渣的界面上进行。

（2）熔池结晶的特点　焊接熔池的结晶过程与一般冶金和铸造时液态金属的结晶过程并无本质上的区别，有以下特点：

1）熔池金属体积很小，周围是冷金属、气体等，故金属处于液态的时间很短，通常从加热到熔池冷却往往只有十几秒，各种冶金反应进行得不充分。

2）熔池中反应温度高，一般高于炼钢炉温200℃，使金属元素强烈地烧损和蒸发。

3）熔池的结晶是一个连续熔化、连续结晶的动态过程。

（3）焊接区内的气体和杂质　焊接区内的气体主要来源于热源周围的气体介质，焊接材料、焊丝和母材表面的杂质、材料的蒸发。产生的气体中，对焊接质量影响最大的是N_2、H_2、O_2、CO_2、H_2O。

其中金属与氧的作用对焊接的影响最大，氧原子能与多种金属发生氧化反应，如$Fe + O \rightarrow FeO$；$Si + 2O \rightarrow SiO_2$；$Mn + O \rightarrow MnO$；$2Al + 3O \rightarrow Al_2O_3$。有的氧化物（如FeO）能溶解在液态金属中，冷凝时因溶解度下降而析出，成为焊缝中的杂质，影响焊缝质量，是一种有害的冶金反应物；大部分金属氧化物（如SiO_2、MnO）则不溶于液态金属，生成后会浮在熔池表面进入渣中。而不同元素与氧的亲和能力的大小不同，钢中几种常见金属元素与氧亲和力大小排列顺序是Al→Ti→Si→Mn→Fe。由于Al、Ti、Si等金属元素与氧的亲和力比Fe强，所以

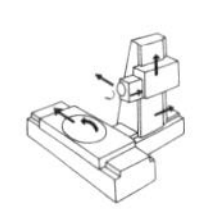

在焊接时，常用 Al、Ti、Si、Mn 等金属元素作为脱氧剂，如 $Mn + FeO \rightarrow MnO + Fe$；$Si + 2FeO \rightarrow SiO_2 + 2Fe$，进行脱氧，使其形成的氧化物，不溶于金属液，而进入渣中浮出，从而净化熔池，提高焊缝质量。

氮和氢在高温时，能溶解于液态金属内，氮能与铁化合成 Fe_4N 和 Fe_2N，它将以夹杂物形式存在于焊缝中；而氢的存在则引起氢脆（白点）并造成气孔。

那么，由于焊缝中存在着 FeO、Fe_4N 等杂质，氢脆和气孔及合金元素被严重氧化和烧损，使焊缝金属的力学性能较差，尤其是塑性和韧性远比母材金属低。

硫和磷是钢中有害的杂质，焊缝中的硫和磷主要来源于母材、焊芯和药皮。硫在钢中以 FeS 形式存在，与 FeO 等形成低熔共晶聚集在晶界上，增加了焊缝的裂纹倾向，同时降低了焊缝的冲击韧度和耐蚀性。磷与铁、镍等也可形成低熔点共晶物，增加了热裂纹的产生，且磷化铁硬而脆，会使焊缝的冷脆性加大。

因此，为了保证焊缝质量，可采取以下措施：

1）减少有害元素进入熔池　其主要措施是机械保护，如焊条电弧焊的焊条药皮、埋弧焊的焊剂、气体保护焊中的保护气体（CO_2、Ar_2）。它们所形成的保护性熔渣和保护性气体，使电弧空间的熔滴和熔池与空气隔绝，防止空气进入；还应清理坡口及两侧的锈、水、油污；烘干焊条，去除水分等。

2）清除已进入熔池中的有害元素，增添合金元素　主要通过焊接材料中的合金元素进行脱氧、脱硫、脱磷、去氢和渗入合金等，从而调整并保证焊缝的化学成分，提高焊缝金属力学性能。

4.1.2　焊条电弧焊

焊条电弧焊是利用焊条进行焊接的电弧焊方法。它是利用焊件与焊条之间产生的电弧热量，将焊件与焊条熔化，待冷却凝固后形成牢固接头的。

焊条电弧焊的设备简单，制造容易，成本低，可在室内、室外、高空和各种位置施焊，操纵灵活，且焊接质量较好，能焊接各种金属材料，所以焊条电弧焊得到了广泛应用。焊条电弧焊的焊接过程如图 4-3 所示。电弧在焊条与焊件之间燃烧，电弧热使焊件与焊条同时熔化成为熔池。焊条金属熔滴在重力和电弧吹力的作用下，过渡到熔池中。当电弧向前移动时，熔池前方的金属和焊条不断熔化形成新的熔池，熔池尾部

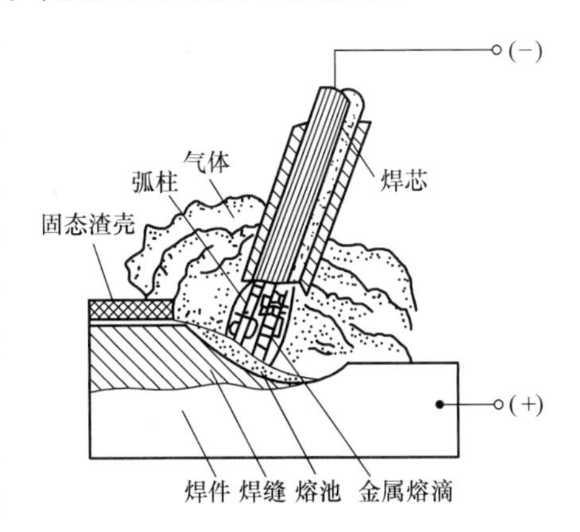

图 4-3　焊条电弧焊的焊接过程

金属不断地冷却结晶形成连续焊缝。

1. 焊接电弧

焊接电弧是在电极与工件之间的气体介质中长时间而稳定的放电现象，即在局部气体介质中有大量电子（或离子）流通过的导电现象。焊条电弧焊的一个电极是焊条。

焊接电弧由阴极区、阳极区、弧柱区三部分组成，如图4-4所示。

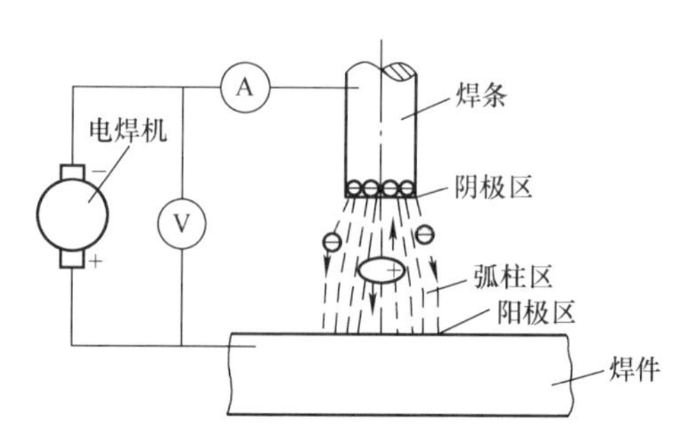

图4-4　焊接电弧的构造

电弧引燃后，弧柱中充满了高温电离气体，放出大量的热能和强烈的光。电弧热量的多少与焊接电流和电压的乘积成正比的。电流越大，电弧产生的热量越多。在焊接电弧中，电弧热量在阳极区产生的较多，约占总热量的42%；阴极区因放出大量电子需消耗一定能量，所以产生的热量较少，约占38%；其余的20%左右是在弧柱中产生的。焊条电弧焊中65%～80%的热量用于加热和熔化金属，其余热量则散失在电弧周围和飞溅的金属液滴中。当采用钢焊条焊接钢材时，阳极区温度约为2600K；阴极区温度约为2400K；电弧中心区温度最高，可达6000～8000K。

由于电弧产生的热量在阳极和阴极上有一定的差异，使用直流电焊机焊接时，包括正接和反接两种方法，如图4-5所示。

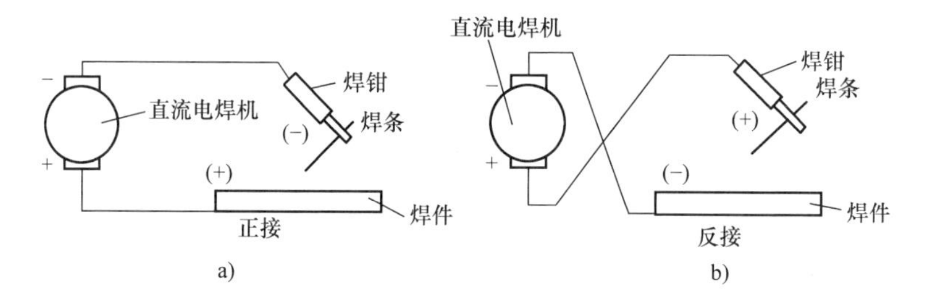

图4-5　焊接电极连接方法

正接法如图4-5a所示，焊件接电源正极，焊条接电源负极，此时，阳极区在焊件上，温度较高，适用于焊接较厚的焊件。

反接法如图4-5b所示，焊件接电源负极，焊条接电源正极，此时，阳极区在焊条上，阴极区在焊件上，因阴极区温度较低，故适用于焊接较薄焊件。

当采用交流电焊机焊接时，因电流的极性是变化的，所以两极加热温度基本一样，都在2500K左右。

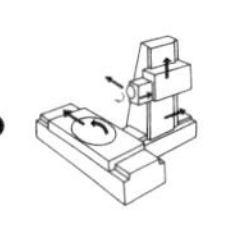

2. 电焊条及其选择原则

（1）焊条的组成　焊条是由焊芯和药皮组成的，如图4-6所示。焊芯起导电和填充焊缝金属的作用，药皮有保证焊接顺利进行及保证焊缝质量的作用。

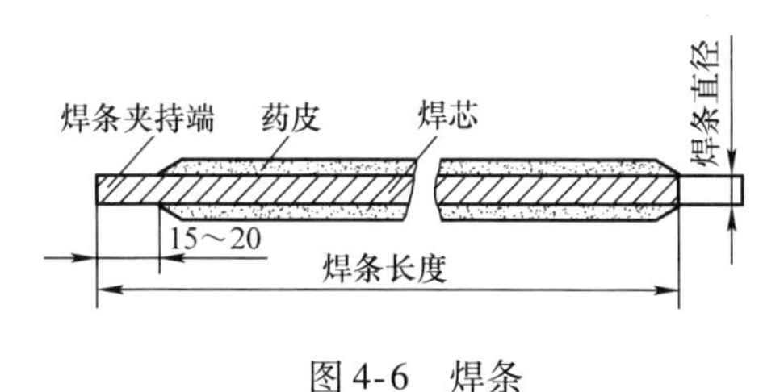

图4-6　焊条

1）焊芯。焊芯是组成焊缝金属的主要材料，它的化学成分及质量将直接影响焊缝质量。因此，焊芯应符合国家标准GB/T 14957—1994《焊接用钢丝》的要求。常见的焊芯牌号和化学成分见表4-1。从表中可以看出，焊芯具有较低的含碳量和一定的含锰量，硅、硫和磷的含量都很低。末尾注有“高”字（用字母“A”表示），说明是高级优质钢，含硫、磷量较低（≤0.030%）；末尾注有“特”字（用字母“E”表示），说明是特级钢材，其含硫、磷量更低（≤0.025%）；末尾末注字母的，说明是一般钢，含硫、磷量≤0.40%。焊芯的直径即为焊条直径，最小为0.4mm，最大为9mm，其中直径为3.2～5mm的应用最广。

表4-1　常见的焊芯牌号和化学成分

牌号	化学成分（质量分数，%）							用途
	C	Mn	Si	Cr	Ni	S	P	
H08A	≤0.10	0.35～0.55	≤0.03	≤0.20	≤0.30	≤0.030	≤0.030	重要焊接结构及埋弧焊焊丝
H08E	≤0.10	0.35～0.55	≤0.03	≤0.20	≤0.30	≤0.025	≤0.025	
H08Mn2Si	≤0.11	1.7～2.1	0.65～0.95	≤0.20	≤0.30	≤0.040	≤0.040	二氧化碳气体保护焊焊丝
H08Mn2SiA	≤0.11	1.80～2.10	0.65～0.95	≤0.20	≤0.30	≤0.030	≤0.030	

2）药皮。药皮对焊接过程和焊接质量有很大的影响，药皮的组成物按其作用分为稳弧剂、造气剂、造渣剂、脱氧剂、合金剂、稀渣剂、黏结剂等，由矿石、铁合金、有机物和化工产品四大类原材料粉末，如碳酸钾、碳酸钠、大理石、萤石、锰铁、硅铁、钾钠水玻璃等配成。它的主要作用是提高电弧燃烧的稳定性；防止空气对熔化金属的有害作用；保证焊缝金属的脱氧、去硫和渗入合金元素，提高焊缝金属的力学性能。药皮的组成及作用见表4-2。其中碳钢及低合金钢焊条的药皮类型、电流种类及焊接特点见表4-3。

表4-2　药皮的组成及作用

原料种类	原料名称	作用
稳弧剂	碳酸钾、碳酸钠、长石、大理石、钛白粉、钠水玻璃、钾水玻璃	改善引弧性能，提高电弧燃烧的稳定性
造气剂	淀粉、木屑、纤维素、大理石	产生一定量的气体，隔绝空气，保护焊接熔滴与熔池
造渣剂	大理石、萤石、菱苦土、长石、锰矿、钛铁矿、黏土、钛白粉、金红石	造成具有一定物理、化学性能的熔渣，保护焊缝。碱性渣中的CaO还可起脱硫、磷作用
脱氧剂	锰铁、硅铁、钛铁、铝铁、石墨	降低电弧气氛和熔渣的氧化性，脱除金属中的氧。锰还起脱硫作用
合金剂	锰铁、硅铁、铬铁、钼铁、钒铁、钨铁	使焊缝金属获得必要的合金成分
稀渣剂	萤石、长石、钛白粉、钛铁矿	增加熔渣流动性，降低熔渣黏度
黏结剂	钾水玻璃、钠水玻璃	将药皮牢固地粘在钢芯上

表4-3　碳钢及低合金钢焊条的药皮类型、电流种类及焊接特点

牌号	药皮类型	电流种类	焊接位置	熔渣性质	电弧稳定性	飞溅程度	脱渣性	熔深	焊缝	抗裂性	应用
EXX00	特殊	交、直	全位置	酸	好	中	易	较大	整齐	较好	低碳钢结构
EXX03	钛钙	交、直	全位置	酸	好	少	易	中	整齐	较好	重要低碳钢结构
EXX11	高纤维钾	交、直反	全位置	酸	好	中	易	小	整齐	稍差	一般低碳钢结构
EXX13	高钛钾	交、直	全位置	酸	好	少	易	浅	整齐	较差	一般低碳薄板结构
EXX24	铁粉钛	交、直	平、平角	酸	较好	少	易	小	光滑	较好	一般低碳结构
EXX15	低氢钠	直反	全位置	碱	较好	较大	好	中	较粗	好	重要低碳钢、低合金钢结构
EXX16	低氢钾	交、直反	全位置	碱	好	较大	好	中	较粗	好	重要低碳钢、低合金钢结构
EXX48	铁粉低氢	交、直反	向下立	碱	好	稍少	好	大	致密	较好	低合金耐热钢结构
EXX20	氧化铁	交、直正	平、平角	酸	好	稍大	好	大	致密	较好	重要低碳钢结构

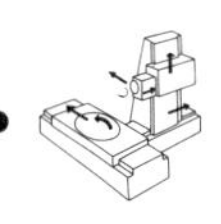

（2）焊条分类及编号

1）焊条分类。国家标准将焊条按化学成分划分若干类，焊条行业统一将焊条按用途分为十类，表 4-4 所示为两种焊条分类的对应关系。

表 4-4　两种焊条分类的对应关系

焊条按用途分类（行业标准）			焊条按成分分类（国家标准）		
类别	名称	代号	国家标准	名称	代号
一	结构钢焊条	J（结）	GB/T 5117—2012	非合金钢及细晶粒钢焊条	E
二	钼和铬钼耐热钢焊条	R（热）	GB/T 5118—2012	热强钢焊条	E
三	低温钢焊条	W（温）	GB/T 5118—2012	热强钢焊条	E
四	不锈钢焊条	G（铬）、A（奥）	GB/T 983—2012	不锈钢焊条	E
五	堆焊焊条	D（堆）	GB/T 984—2001	堆焊焊条	ED
六	铸铁焊条	Z（铸）	GB/T 10044—2022	铸铁焊条及焊丝	EZ
七	镍及镍合金焊条	Ni（镍）	GB/T 13814—2008	镍及镍合金焊条	ENi
八	铜及铜合金焊条	T（铜）	GB/T 3670—2021	铜及铜合金焊条	ECu
九	铝及铝合金焊条	L（铝）	GB/T 3669—2001	铝及铝合金焊条	E
十	特殊用途焊条	TS（特）	—	—	—

焊条按药皮熔渣的性质分为酸性焊条与碱性焊条两大类。

酸性焊条药皮中含有较多的酸性氧化物（如 SiO_2、TiO_2、Fe_2O_3 等），其氧化性强，焊接时合金元素烧损多，焊缝中氧、氮、氢含量较高，焊缝的力学性能较差，尤其是抗冲击韧性低。但它的工艺性能好，易引弧、电弧稳定、飞溅小、气体易逸出，脱渣性好，焊缝成形性好，且对焊件上的铁锈、水分不敏感，能用交、直流电源焊接，所以酸性焊条应用广泛。

碱性焊条药皮中，含有较多的 CaO、$CaCO_3$、CaF_2、K_2O 等，熔渣呈碱性。其中 CaF_2（萤石）在高温下会分解出氟，与氢结合生成有毒的 HF 气体，使焊缝金属含氢量降低，故碱性焊条也称低氢型焊条。用碱性焊条焊出的焊缝力学性能好，尤其是抗裂性好，但它的工艺性较差、引弧差、电弧不稳定、飞溅大、焊缝成形不美观；对焊件上的油、水、铁锈敏感性大，所以焊前要严格清理焊件，而在焊接电源上多采用直流反接。所以碱性焊条多用于重要结构的焊接，如压力容器、锅炉及重要的合金结构钢的焊接。

2）焊条牌号。在生产中应用最多的是碳钢焊条和低合金钢焊条。根据国标 GB/T 5117—2012 和 GB/T 5118—2012 的规定，两种焊条型号用大写字母“E”和数字及字母来表示，第一、二位数字表示熔敷金属的最小抗拉强度值（MPa）；第三、第四位数字组合表示焊接位置、焊接电流的种类和药皮类型；无标记或短划“-”后字母、数字或字母数字组合表示熔敷金属化学成分分类代号。例如E4303焊条，表示熔敷金属抗拉强度最小值为430MPa，用直流或交流电源正反接，并可全位置焊接，药皮为钛型；E5515-N5焊条，表示熔敷金属抗拉强度最小值为550MPa，用直流电源反接，并可全位置焊接，药皮为碱性，化学成分分类代号为-N5（即Ni含量2.5%）。

3. 焊条的选用原则

焊条的选用通常是根据焊件的化学成分、力学性能、抗裂性、耐蚀性及高温性能等要求，选用相应的焊条种类，再考虑焊接结构形状、工作条件、焊接设备条件等来选择具体的焊条型号。一般遵循下列原则：

1）考虑母材的力学性能和化学成分。焊接低碳钢和低合金结构钢时，应根据焊接件的抗拉强度选择相应强度等级的焊条，即等强度原则；焊接耐热钢、不锈钢等材料时，则应选择与焊接件化学成分相同或相近的焊条，即等成分原则。

2）考虑结构的使用条件和特点。承受冲击力较大或在低温条件下工作的结构件、复杂结构件、厚度大或刚性大的结构件多选用抗裂性好的碱性焊条。如果构件受冲击力较小，构件结构简单，母材质量较好，应尽量选用工艺性能好，较经济的酸性焊条。

3）考虑焊条的工艺性。对于狭小、不通风的场合，以及焊前清理困难，且容易产生气孔的焊接件，应当选择酸性焊条；如果母材中含碳、硫、磷量较高，则应选择抗裂性较好的碱性焊条。

4）选用与施焊现场条件相适应的焊条。如在无直流焊机的地方，应选用交直流电源的焊条。

在确定了焊条牌号后，还应根据焊接件厚度、焊接位置等条件选择焊条直径。一般是焊接件越厚，焊条直径应越大。

4.1.3 其他焊接方法

1. 埋弧焊

埋弧焊是一种电弧在焊剂层下燃烧进行焊接的电弧焊方法，又称焊剂层下焊接。埋弧焊在造船、锅炉、化工容器、起重机械和冶金机械制造中应用非常广泛。

（1）埋弧焊的焊接过程

埋弧焊在焊接时，焊接机头将光焊丝自动送入电弧区并保持一定的弧长。电弧靠焊机控制，均匀地向前移动。焊丝为连续盘状，在焊丝前方，焊剂从漏斗中不断流出，使被焊部位覆盖一层30~50mm厚的颗粒状焊剂，焊丝连续送进，电弧在焊剂层下稳定地燃烧，使焊丝、工件和焊剂都熔化，形成金属熔池和熔渣。液态熔渣覆盖在熔池表面，以防止空气侵入。随着机头自动向前移动，不断熔化

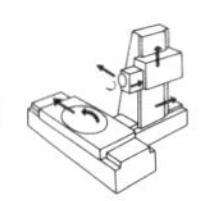

前方的母材金属，焊丝和焊剂使焊接连续进行，熔池尾部的金属也随之冷却结晶形成焊缝，熔渣浮在熔池表面冷却后成为渣壳。埋弧焊的焊接情况如图 4-7 和图 4-8所示。

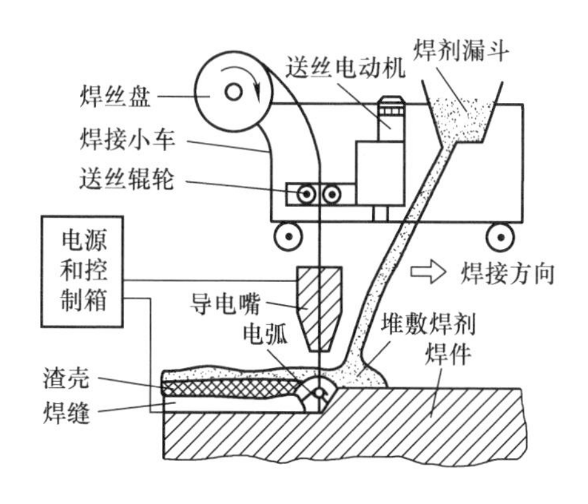

图 4-7　埋弧焊示意图

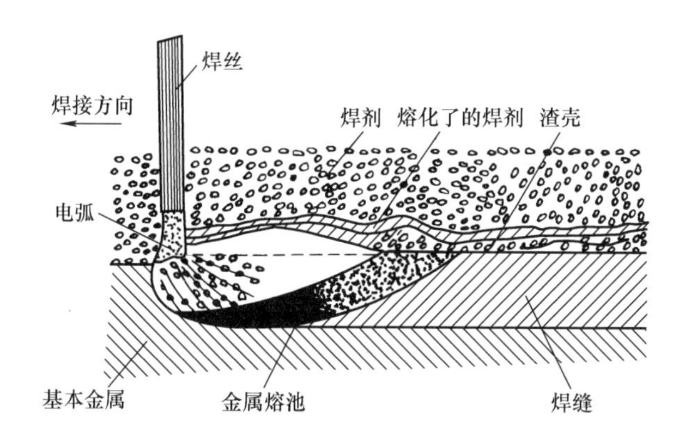

图 4-8　埋弧焊焊缝的形成

（2）埋弧焊的焊丝与焊剂

埋弧焊时，焊丝相当于电焊条的焊芯，焊剂起保护、净化熔池、稳定电弧和渗入合金元素的作用。焊剂按制造方法可分为熔炼焊剂与陶质焊剂两大类。各种焊剂应与一定的焊丝配合使用才能获得优质的焊缝。常用焊剂的牌号、配用焊丝及用途见表 4-5。

表4-5　常用焊剂的牌号、配用焊丝及用途

焊剂牌号	焊剂类型	配用焊丝	用途
焊剂130（HJ130）	无锰高硅低氟	H10Mn2	低碳钢及低合金结构钢如Q345（即16Mn）等
焊剂230（HJ230）	低锰高硅低氟	H08MnA，H10Mn2	低碳钢及低合金结构钢
焊剂250（HJ250）	低锰中硅中氟	H08MnMoA，H08Mn2MoA	焊接Q390等
焊剂260（HJ260）	低锰高硅中氟	Cr19Ni9	焊接不锈钢
焊剂330（HJ330）	中锰高硅低氟	H08MnA，H08Mn2	重要低碳钢及低合金钢，如15钢、20钢、Q345钢等
焊剂350（HJ350）	中锰中硅中氟	H08MnMoA，H08MnSiNi	焊接含MnMo、MnSi的低合金高强度钢
焊剂431（HJ431）	高锰高硅低氟	H08A，H08MnA	低碳钢及低合金结构钢

（3）埋弧焊的特点

1）生产率高。埋弧焊焊接电流大（可达1000A以上），同时节省了更换焊条的时间，其生产率比焊条电弧焊高5~10倍。

2）焊接质量稳定可靠。由于焊缝区受焊剂和熔渣的有效保护，焊接热量集中，速度快，热影响区小，焊接变形小；同时，焊接参数自动控制，所以焊接质量高而且稳定，焊缝成形美观。

3）节省金属材料降低成本。埋弧焊熔深大，可不开或少开坡口，而且没有焊条电弧焊焊条头的浪费，所以能节省金属材料。

但埋弧焊的设备费用高，工艺装备复杂，主要用于焊接生产批量较大的长直焊缝与大直径环形焊缝，不适合薄板和曲线焊缝的焊接。

2. 气体保护焊

气体保护焊是用外加气体保护电弧及焊接区的电弧焊。保护气体通常有两种，即惰性气体如氩气和活性气体如二氧化碳。

（1）氩弧焊　用氩气作为保护性气体的气体保护焊称为氩弧焊。氩气是惰性气体，在高温下既不会熔入液态金属也不与金属元素发生化学反应，它是一种比较理想的保护气体。氩气电离势高，引弧较困难，但一经引燃电弧就能稳定燃烧。

按照电极不同，氩弧焊可分为非熔化极氩弧焊和熔化极氩弧焊，如图4-9所示。

熔化极氩弧焊，是以连续送进的焊丝作为电极，电弧在焊丝与工件之间燃烧，焊丝熔化后形成熔滴填充到熔池中，冷却结晶后形成焊缝。熔化极氩弧焊允许使用大电流，生产率比非熔化极氩弧焊高。适用于较厚板材的焊接。

非熔化极氩弧焊是以高熔点的钨棒为电极，所以也称钨极氩弧焊。焊接时，电弧在高熔点的电极与工件之间燃烧，工件局部熔化形成熔池，电极（钨极）不熔化，并适当添加金属（焊丝）将其熔化过渡到熔池中，冷却结晶

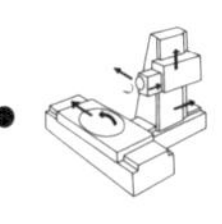

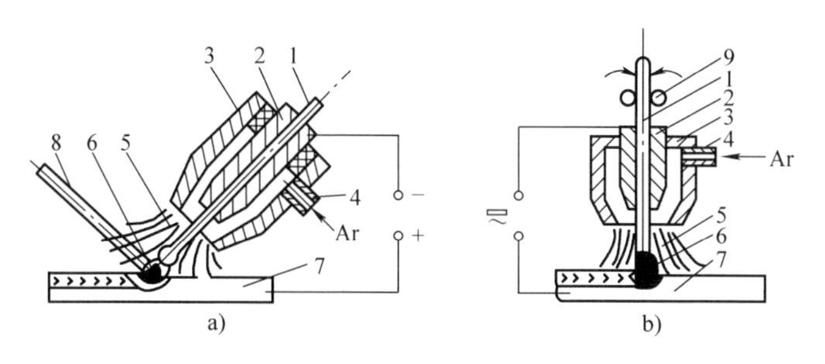

图 4-9　氩弧焊示意图

a）非熔化极氩弧焊　b）熔化极氩弧焊

1—焊丝或电极　2—导电嘴　3—喷嘴　4—进气管　5—氩气流

6—电弧　7—工件　8—填充焊丝　9—送丝辊轮

后形成焊缝。

氩弧焊焊接由于氩气的保护效果好，焊缝金属纯净，焊缝质量优良；同时由于电弧在氩气流的压缩下燃烧，热量集中，热影响区小，焊后变形也小；电弧稳定，明弧可见，飞溅小，焊缝致密，焊后无渣，成形美观；可实现全位置焊，便于操作，易实现机械化和自动化。因此，氩弧焊特别适合于焊接各类易氧化的金属材料，如不锈钢、有色金属及稀有金属等。

（2）二氧化碳气体保护焊　二氧化碳气体保护焊是以二氧化碳为保护气体，以焊丝为电极的电弧焊。利用工件与电极（焊丝）之间产生的电弧熔化工件与焊丝，以自动或半自动方式焊接。图 4-10 所示为二氧化碳气体保护焊示意图。

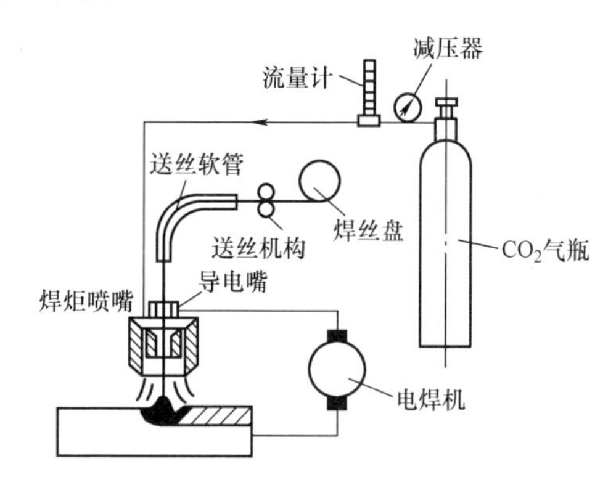

图 4-10　二氧化碳气体保护焊示意图

二氧化碳价格便宜，来源广泛，但它呈氧化性，在高温下分解为一氧化碳和氧气，易使材料中的合金元素氧化烧损，并且由于一氧化碳密度小，体积膨胀，导致熔滴飞溅严重，焊缝成形不光滑。因此为保证焊缝的化学成分，需采用含锰、硅较高的焊接钢丝或含有相应合金元素的合金钢丝，如焊接低合金钢时可采用 H08Mn2SiA 焊丝，焊低碳钢时可采用 H08MnSiA 焊丝。

二氧化碳气体保护焊具有成本低、生产率高、操作性好、质量较好等特点。广泛用于机车、汽车、船舶和农业机械等部门。尤其适用于焊接薄钢板（低碳钢和低合金结构钢）。

3. 电渣焊

电渣焊是利用电流通过液体熔渣所产生的电阻热作为热源进行焊接的方法。电渣焊一般都是将两焊件垂直放置，在立焊位置进行焊接，如图4-11所示。焊接时，两个被焊件接头相距25～35mm，焊丝与引弧板短路引弧，电弧将固态熔剂熔化后形成渣池，渣池具有很大的电阻，电流流过时产生大量的电阻热（温度在1700～2000℃）将焊丝和工件熔化形成金属熔池。随着焊丝不断送进，熔池逐渐上升。在工件待焊面两侧，有水冷铜滑块，防止液态熔渣及熔池金属液外流，并加速熔池冷却凝固成为焊缝。

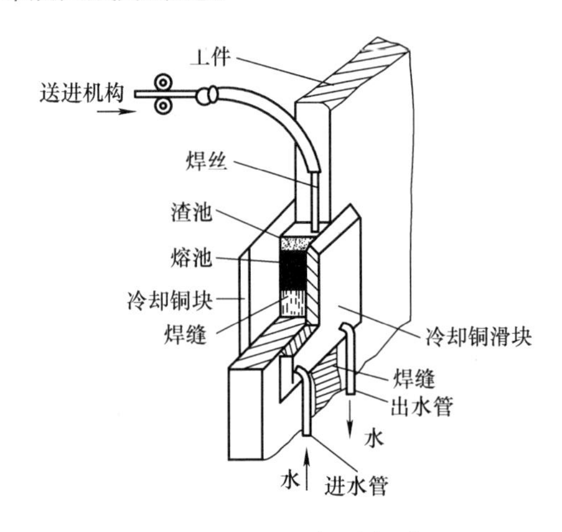

图4-11　电渣焊示意图

电渣焊渣池热量多、温度高，而且根据焊件厚度可采用单丝或多丝焊接，焊接时焊丝还可在渣池内摆动，因此对很厚的工件可一次焊成。如单丝不摆动可焊厚度为40～60mm；单丝摆动可焊厚度为60～150mm；三丝摆动焊接厚度可达400mm。电渣焊生产率高，焊接时不需开坡口，焊接材料消耗少，成本低。电渣焊焊缝金属纯净，焊接质量较好，但电渣焊的焊接区在高温停留时间长，热影响区比其他焊接方法宽，晶粒粗大，易出现过热组织，焊接时焊丝、焊剂中应加入钼、钛等元素，细化焊缝组织，并且一般焊后需进行正火处理，以改善性能。

目前，电渣焊主要用于大型铸－焊、锻－焊、厚板拼接焊等大型构件的焊接及厚壁压力容器的纵缝焊接。

4. 电阻焊

电阻焊是利用电流通过焊件接触处产生的电阻热为热源，将焊件接触处局部加热到高塑性或熔化状态，然后在压力下实现焊接的方法。电阻焊可采用较大电流，焊接时间短，其生产率高，热影响区窄，变形小，接头不需开坡口，不需填充金属和焊剂，操作简单，劳动条件好，易实现机械化与自动化。但电阻焊设备

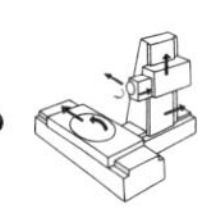

费用昂贵，设备功率大，耗电量大，焊件截面尺寸受限制，接头形式只限于对接和搭接，电阻热受电阻大小、电流波动等因素影响而变化，使焊接质量不稳定，这就限制了电阻焊在某些重要焊件上的应用。

常用的电阻焊可分为点焊、缝焊、对焊三种，如图 4-12 所示。

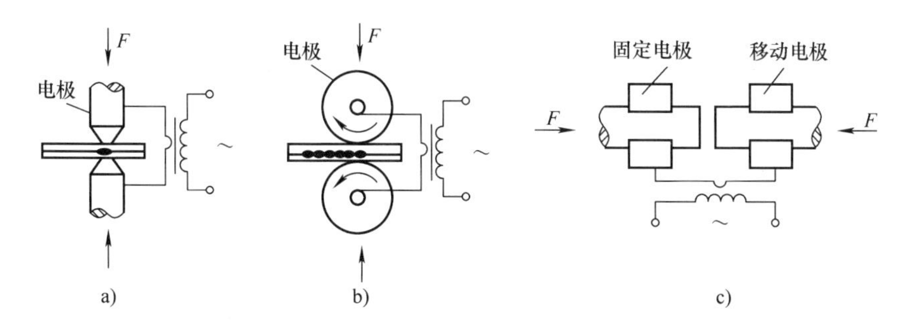

图 4-12　电阻焊

a）点焊　b）缝焊　c）对焊

（1）点焊　点焊是利用电流通过圆柱状电极和两块搭接工件接触面产生的电阻热，熔化接触面处的固态金属在压力下将两个工件焊在一起的焊接方法。

点焊时，先加压使工件紧密接触，然后接通电流，因接触处的电阻很大，该处产生的电阻热最多，金属被熔化成熔核，断电后继续保持压力或增大压力，熔核在压力下凝固结晶，形成焊点。焊完一点后，移动工件，可依次焊成其他焊点。当焊第二个焊点时，将有一部分电流会流经已焊好的焊点，使焊接处的电流减小，影响焊接质量。这种现象称为分流现象，如图 4-13所示。分流现象主要与工件厚度和两焊点之间的距离有关，一般工件导电性越强，厚度越大，分流现象越严重。因此，两焊点之间的距离应加大。

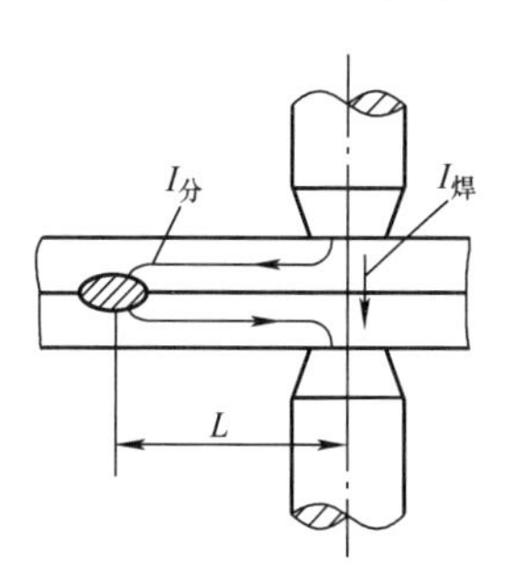

图 4-13　分流现象

点焊的主要工艺参数有焊接电流、电极压力、通电时间及被焊件接触点的状态等。电流大，通电时间长，熔池深度大，并有金属飞溅，甚至烧穿；电流过小，通电时间短，熔深小，甚至未熔化。电极压力过大，两个被焊件接触紧密，电阻减小，使热量减小，造成焊点强度不足；电极压力过小，极间接触不良，热源不稳定。一般来说，工件厚度越大，材料温度越高，电极压力也应越大。

焊件接触处的状态对焊接质量影响很大，如焊件表面存在着氧化膜、油污等，将使电阻增大，甚至出现局部不导电影响电流流通。因此，点焊前必须对焊件表面进行清理。

点焊主要适用于薄板（<4mm）冲压结构及线材的搭接。在大批量生产中多用机械手自动操作。目前广泛应用于汽车制造，机车车辆、飞机等薄壁结构及仪表、电信、轻工等工业中薄材、线材的焊接。

（2）缝焊　缝焊实际上就是连续的点焊，用旋转的圆盘电极代替点焊时的柱状电极，边焊边滚动（同时带动焊件向前移动），相邻焊点部分重叠，形成一条致密的焊缝。由于缝焊时分流现象严重，一般只适用于厚度小于3mm的薄板结构。缝焊时，焊点相互重叠50%以上，密封性好，可焊接低碳钢、不锈钢、耐热钢、铝合金等，不适于铜及铜合金，主要用于制造要求密封性的薄壁结构。如油箱、小型容器和管道等。

（3）对焊　对焊即为对接电阻焊，焊件按设计要求装配成对接接头，利用电阻热加热至塑性状态，然后在压力下完成焊接。按操作方法不同，对焊可分为电阻对焊和闪光对焊，如图4-14所示。

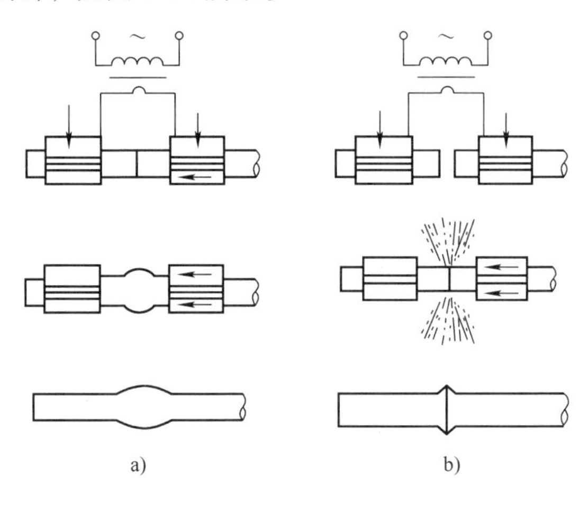

图4-14　对焊类型

a）电阻对焊　b）闪光对焊

1）电阻对焊。电阻对焊焊接过程是先将两工件夹在对焊机的电极钳口中如图4-14a所示，施加预压力使两被焊件端面接触，并压紧，通电加热后，再断电加压顶锻，使工件接触处在压力下发生交互结合，形成焊接接头。

电阻对焊操作简单，生产率高，接头光滑，但焊前对焊件端面要进行加工和清理，否则易加热不均匀，接合面易侵入空气，生成氧化夹杂物，使焊接质量下降。电阻对焊一般只适用于直径小于20mm简单截面的焊件及强度要求不高的低碳钢杆件连接。可以焊接碳钢、不锈钢、铜和铝等。

2）闪光对焊。闪光对焊过程是将两工件夹在电极钳口内，通电后使两个工件轻微接触，如图4-14b所示。由于接触点少，电流密度大，接触点金属迅速熔

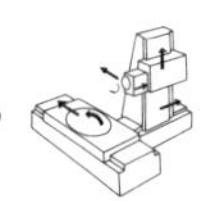

化，甚至蒸发、爆破，并在电磁力作用下以火花形式形成飞溅（闪光）。继续送进工件，保持一定的闪光时间，待焊件端面全部被加热熔化时，迅速断电加压，形成焊接接头。

闪光对焊过程中，工件接触面的氧化物、杂质、油污被闪光火花带出，因此接头中夹渣少，组织纯净，强度高，质量好，对端面加工要求低。但闪光对焊后焊件表面有毛刺需清理。同时金属损耗也较大。

闪光对焊常用于重要工件的焊接，碳钢、合金钢、有色金属等材料及异种金属材料都能用闪光对焊焊接。它既可以焊接直径小到 0.01mm 的金属丝，也可以焊接断面达数万平方毫米的金属棒料和型材。对钢轨、钢筋、刀具、管子、车圈、锚链等的连接均可采用闪光对焊。

5. 摩擦焊

摩擦焊是以工件接触面的摩擦热为热源，同时加压而进行焊接的方法。摩擦焊如图 4-15 所示。先将两焊件夹在焊机上，预加一定压力使焊件紧密接触。然后使被焊件高速旋转，因剧烈摩擦而产生热量，使接触面被加热到高温塑性状态，然后急速制动，停止转动，并加大压力，使两焊件接触处产生塑性变形而焊接在一起。摩擦焊接头一般为等断面，有时也可以是不等断面，但至少需要一个断面为圆形或管形焊件。摩擦焊接头形式如图 4-16 所示。

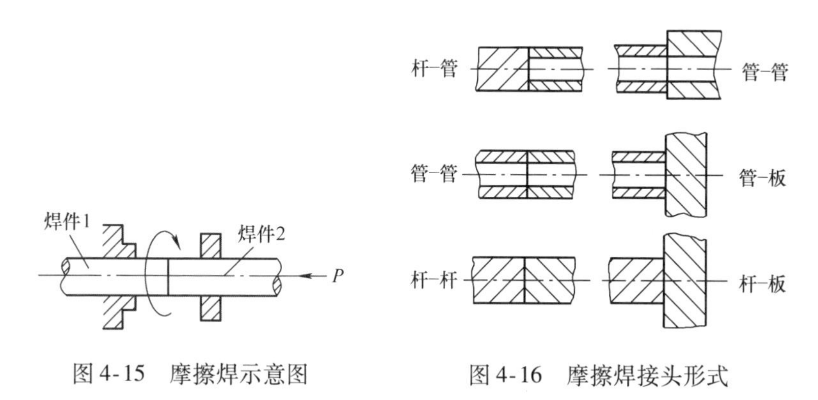

图 4-15　摩擦焊示意图

图 4-16　摩擦焊接头形式

摩擦焊在焊接过程中两端面的氧化膜与杂质被清除，不易产生夹渣、气孔等缺陷。接头组织致密，接头质量好，其废品率仅有闪光焊的 1% 左右。焊接时操作简单，不需要焊接材料，易实现自动控制，生产率高，劳动条件好，但摩擦焊要求制动及加压装置的控制要灵敏。

摩擦焊适用的金属范围广，并可对异种金属进行对接，如碳钢 – 不锈钢、铜 – 钢、铝 – 钢、硬质合金 – 钢等，但摩擦因数小的铸铁、黄铜不宜采用摩擦焊。目前，在汽车、拖拉机、电力设备、金属切削刀具、纺织机械等工业中的圆形工件、棒料及管类件的焊接中应用较广。

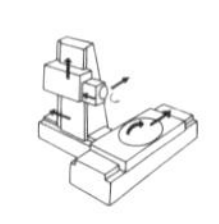

6. 钎焊

钎焊是以低熔点的金属作为钎料，将其熔化后填充到被焊金属的缝隙中，液态钎料与母材金属相互扩散溶解，冷凝后形成钎焊接头的方法。

钎焊时，构件的接头形式常采用搭接、对接和套接，如图4-17所示。这些接头接触面较大，可提高接头强度。另外，接头间应有良好的配合和适当的间隙，以保证钎料对接触部位的渗入与湿润，以达到最好的焊接效果。

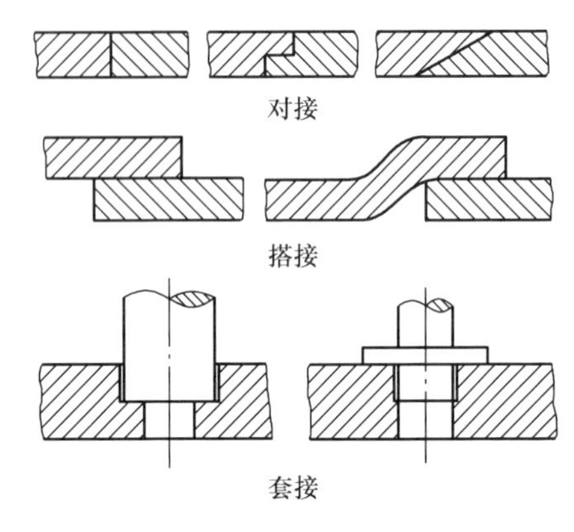

图4-17 钎焊接头形式

钎焊过程中，一般还要使用钎焊剂，其目的是去除焊件表面的氧化物及杂质，同时改善钎料对焊件的润湿作用，并促进钎料流动和填满焊缝。常用的钎剂主要有硼酸、硼砂、松香等。

钎焊根据所用钎料熔点的不同，可分为软钎焊和硬钎焊两大类。

软钎焊的钎料熔点低于450℃，钎料常用以锡、铅、锌等为主的合金，最常使用的锡-铅钎料焊接俗称锡焊，焊接接头导电性良好。软钎焊钎剂主要有松香、氯化锌溶液等，加热方式一般为烙铁加热。其接头强度较低，但钎料渗入接头的间隙能力强，具有良好的焊接工艺性，主要用于受力不大或工作温度较低的构件。

硬钎焊的钎料熔点高于450℃，钎料常用以铜、铝、银、镍等为主的合金，硬钎焊钎剂主要有硼酸、硼砂、氯化物等。硬钎焊接头强度高，工作温度较高，主要用于焊接承受较大载荷的构件，如自行车车架、切削刀具等。

按热源不同，钎焊可分为烙铁钎焊、电阻钎焊、火焰钎焊、感应钎焊、炉中钎焊、红外钎焊和激光钎焊等。焊接时，可根据钎料种类、工件形状及尺寸、接头数量及形式、对质量的要求、生产批量等因素综合考虑选择。

钎焊与其他焊接方法相比，具有如下特点：

1）工件加热温度低，母材组织性能变化小，焊接应力与变形小，接头光滑平整，尺寸精确。

2）可焊接性差异较大的异种金属及金属与非金属的焊接。

3）对工件整体加热时，可同时钎焊很多条焊缝，生产率较高。

4）设备简单，易于实现自动化。

钎焊的主要缺点是接头强度较低，尤其是动载强度低，允许的工作温度不高，焊前清理及组装要求较高。因此它不适合于一般钢结构件及重载、动载零件的焊接。目前钎焊主要用于仪表、电机、电气部件、导线、导管、容器、硬质合

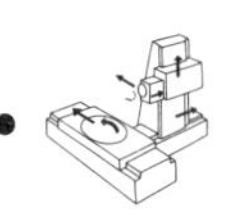

金刀具、异种金属构件等的焊接。

7. 等离子弧焊接与切割

一般电弧焊中的电弧未受到外界约束，电弧区内的气体尚未完全电离，能量未能高度集中，这种情况被称为自由电弧。当利用某种装置使自由电弧弧柱区的气体完全电离，产生热量高度集中的电弧，这种电弧称为等离子电弧。其发生装置如图 4-18 所示。一般等离子弧焊是以钨棒为电极，以氩气或氮气为保护性气体。钨极与工件之间产生的电弧在机械压缩效应、热压缩效应和电磁收缩效应的共同作用下，被压缩得很细，能量高度集中，弧柱区内的气体完全电离。其温度可达 16000K 以上。

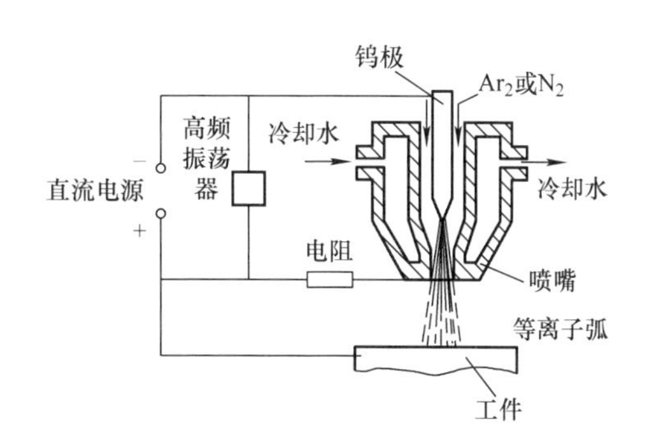

图 4-18　等离子弧发生装置

等离子弧焊实质上是一种电弧具有压缩效应的钨极氩气保护焊，除具有氩弧焊的优点外，还具有能量集中，热影响区小、焊接质量好，生产率高等优点。但等离子弧焊的设备复杂、气体消耗量大，且只限于室内焊接。目前，等离子弧焊已应用于化工、仪器仪表、航空航天等工业部门，特别是在国防工业、尖端技术领域中所用的铜合金、合金钢、钛合金、钨、钼、钴等金属的焊接，如钛合金导弹壳体、波纹管、电容器外壳的封接及飞机上的薄壁容器件，都可采用等离子弧焊。

等离子弧切割是利用等离子弧的高温将被割件熔化，并借助弧焰的机械冲击力将熔融金属排除，形成割缝以实现切割。等离子弧切割主要用于切割高合金钢，一些难熔金属及铸铁、铜、镍、钛、铝及其合金。而且切割速度快，切口较窄，切边质量高。

8. 电子束焊

电子束焊是利用加速和聚焦的电子束轰击焊件所产生的热能进行焊接的一种方法。电子束焊接原理如图 4-19 所示。电子枪、工件及夹具全部置于真空室内。电子枪由灯丝、阴极、聚束极、阳极等组成。当阴极被灯丝加热到一定温度时而发射大量电子，这些电子在强电场的作用下，被加速到很高的速度，然后经聚束极、阳极和聚焦透镜而形成高速电子流束射向工件表面，电子的动能变为热能，将工件迅速熔化甚至汽化。根据焊件的熔化程度，逐渐移动焊件，即可得到所需的焊接接头。

根据焊件所处的真空度不同，电子束焊可分为真空电子束焊、低真空电子束

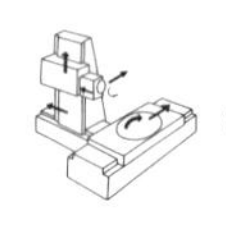

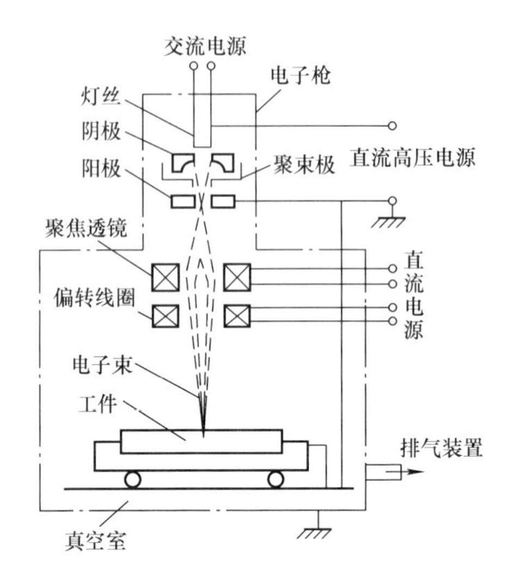

图4-19 电子束焊接原理

焊和非真空电子束焊。其中，真空电子束焊应用最广。焊接时，真空室内的真空度可达 $1.33\times10^{-3}\sim1.33\times10^{-2}$Pa。

真空电子束焊接能量密度大，热影响区窄，焊接变形小，适应性强，由于在真空中焊接，焊缝不会氧化、氮化及析氢，所以保护效果好，焊接质量高。可焊难熔金属（如铌、钽、钨等）及原截面工件（如钢板厚度可达200～300mm），并适应于焊接一些化学活性强，纯度高的金属，如钛、铝、钼及高强度钢、高合金钢等。但真空电子束焊接设备复杂，造价高，焊件尺寸受真空室限制不能太大。

真空电子束焊接目前在电子、航空、原子能、导弹等工业部门得到了广泛应用，如微型电子线路组件、导弹外壳、核电站锅炉汽包等，也可用于轴承、齿轮组合件等。

4.2 焊接接头的组织与性能

焊接时，电弧沿着工件逐渐移动并对工件进行局部加热。在焊件横截面上，越靠近焊缝中心，被加热的温度越高；离焊缝中心越远，被加热的温度越低。低碳钢焊件横截面上温度的变化如图4-20所示。在焊接过程中，由于受到焊接热的影响，焊件横截面上各点相当于受到一次不同程度的热处理，必然有相应的组织与性能变化。

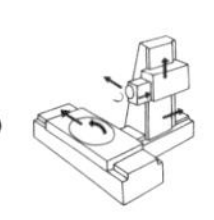

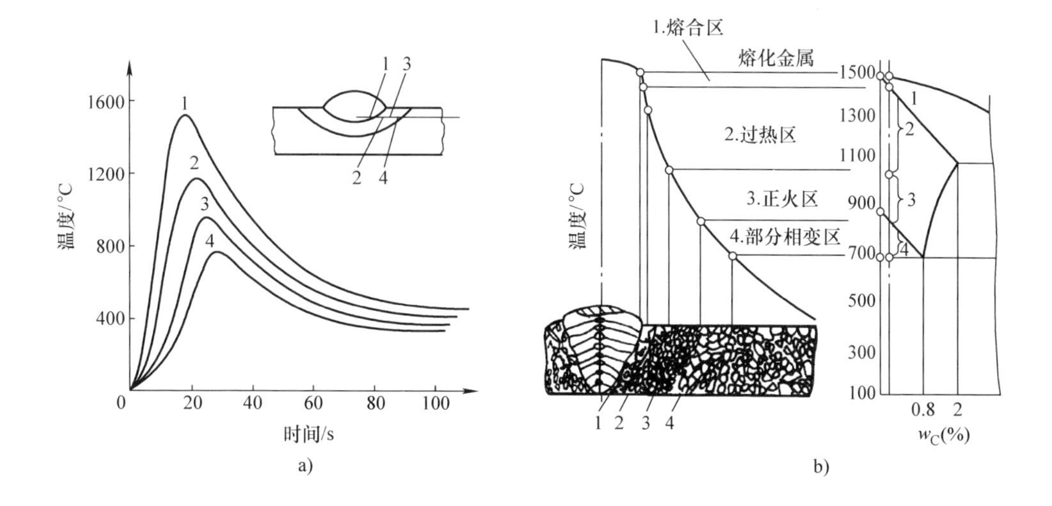

图 4-20　焊接接头组织

a）焊缝区各点温度变化情况　b）低碳钢焊接接头的组织变化

4.2.1　焊接接头金属组织与性能变化

焊接接头是由焊缝和热影响区组成的。现以低碳钢为例，来说明焊缝及热影响区在焊接过程中金属组织与性能的变化。

1. 焊缝

焊缝金属是由母材和焊条（丝）熔化形成的熔池冷却结晶而成的。焊缝金属属于铸态组织，在结晶时，是以熔池和母材金属交界处的半熔化金属晶粒为晶核，沿着垂直于散热面方向反向生长为柱状晶，最后这些柱状晶在焊缝中心接触而停止生长，得到粗大的柱状晶粒。同时，硫、磷等低熔点杂质易在焊缝中心形成偏析，使焊缝塑性下降，易产生热裂纹，但由于焊缝冷却速度快，加之焊条药皮中合金的作用使焊缝得到强化，所以焊缝金属的性能不低于母材金属。

2. 焊接热影响区

热影响区是指焊缝两侧受到热影响而发生组织和性能变化的区域。靠近焊缝部位温度较高，远离焊缝则温度越低，根据温度不同，把热影响区分为熔合区、过热区、正火区和部分相变区，如图 4-20 所示。

熔合区是熔池与固态母材的过渡区，又称为半熔化区。该区加热的温度位于液固两相线之间，成分及组织极不均匀，组织中包括未熔化但受热而长大的粗大晶粒和部分铸态组织，导致强度、塑性和韧性极差。这一区域很窄，仅有0. 1 ~

1mm，但它对接头的性能起着决定性的不良影响。

过热区紧靠熔合区，由于该区被加热到很高温度，在固相线至1100℃之间，晶粒急剧长大，最后得到粗大晶粒的过热组织，致使塑性、冲击韧性显著下降，易产生裂纹。此区宽度为1～3mm。

正火区金属被加热到比Ac_3线（见图1-18）稍高的温度。由于金属发生了重结晶，冷却后得到了均匀细小的正火组织，所以正火区的金属力学性能良好，一般优于母材。此区宽度为1.2～4.0mm。

部分相变区被加热到Ac_1～Ac_3（见图1-18）之间，珠光体和部分铁素体发生重结晶使晶体细化，而部分铁素体未发生重结晶，而得到较粗大的铁素体晶粒。由于晶粒大小不一，使力学性能比母材稍差。

一般情况下，离焊缝较远的母材金属被加热到Ac_1（见图1-18）温度以下，钢的组织不会发生变化。但对于经过冷塑性变形的钢材，在450℃～Ac_1之间还将产生再结晶现象，使钢材软化。

焊接热影响区宽度越小，焊接接头的力学性能越好。

4.2.2　热影响区

1. 影响热影响区的因素

热影响区的大小和组织性能变化的程度取决于焊接方法、焊接规范、接头形式和焊接加热温度及冷却速度等因素。不同焊接方法的热源不同，产生的温度高低和热量集中程度不同，而且采用的机械保护效果也不同，因此，热影响区的大小也会不同。通常焊接热量集中，焊接速度快时，热影响区就小。而同一种焊接方法，采用不同的焊接工艺时，热影响区的大小也不同。一般在保证焊接质量的前提下，增大施焊速度、减小焊接电流都能减小焊接热影响区。焊接方法对焊接热影响区的影响见表4-6。

表4-6　焊接方法对焊接热影响区的影响　（单位：mm）

焊接方法	各区平均尺寸			总宽度
	过热区	正火区	部分正火区	
焊条电弧焊	2.2～3.0	1.5～2.5	2.2～3.0	5.9～8.5
埋弧焊	0.8～1.2	0.8～1.7	0.7～1.0	2.3～3.9
电渣焊	18～20	5.0～7.0	2.0～3.0	25～30
气焊	21	4.0	2.0	27
电子束焊	—	—	—	0.05～0.75

2. 改善焊接热影响区性能的方法

热影响区在焊接过程中是不可避免的。对于热影响区较窄，危害较小的焊接

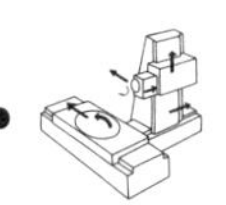

构件，焊后不需处理就能正常使用。但对于重要的焊接构件及热影响区较大的焊接构件（如电渣焊焊接构件），要充分注意到热影响区的不良影响，改善焊接热影响区性能的主要措施：

1）使热影响区的冷却速度适当。对于低碳钢，采用细焊丝、小电流、高焊速，可提高接头韧度，减轻接头脆化；对于易淬硬钢，在不出现硬脆马氏体的前提下适当提高冷却速度，可以细化晶粒，有利于改善接头性能。

2）进行焊后热处理。焊后进行退火或正火处理可以细化晶粒，改善焊接接头的力学性能。

4.3　常用金属材料的焊接

4.3.1　金属材料的焊接性

1. 金属焊接性的概念

金属焊接性是金属材料的工艺性能之一，是金属材料对焊接加工的适用程度。它主要是指在一定的焊接工艺条件下，获得优质焊接接头的难易程度，以及在使用过程中安全运行的能力。焊接性一般包括两个方面的内容：一是工艺焊接性。主要是指在一定的焊接工艺条件下，出现各种焊接缺陷的可能性，即能得到优质焊接接头的能力；二是使用焊接性。主要指焊接接头在使用过程中的可靠性，即焊接接头或整体结构满足技术条件规定的使用性能的程度，包括焊接接头的力学性能及其他特殊性能（如耐蚀性、耐热性等）。

金属的焊接性与金属本身的性质有关，又与焊接方法、焊接材料、焊接工艺条件有关。同一种金属材料，采用不同的焊接方法、不同的焊接工艺或焊接材料，其焊接性会有很大差别。例如，采用焊条电弧焊和气焊焊接铝合金，难以获得优质焊接接头，但采用氩弧焊焊接铝合金，则容易达到质量要求。

2. 焊接性评定方法

在焊接结构生产中，最常用的金属材料是钢，影响钢的焊接性的主要因素是化学成分，因此，可以根据钢材的化学成分来估算其焊接性的好坏。通常把钢中的碳和合金元素的含量，按其对焊接性影响程度，换算成碳的相当含量，其总和称为碳当量。在实际生产中，对于碳钢、低合金钢等钢材，常用碳当量估算其焊接性。

国际焊接学会推荐的碳当量 $C_{当量}$ 计算公式如下：

$$C_{当量} = C + Mn/6 + (Cu + Ni)/15 + (Cr + Mo + V)/5$$

式中，化学元素符号都表示该元素在钢中的质量分数。

根据经验：

当 $C_{当量}<0.4\%$ 时，钢材塑性优良，淬硬倾向不明显，焊接性优良，焊接时一般不需要预热，只有在焊接厚板（>35mm）或在低温条件下焊接时可考虑采用预热措施。

当 $C_{当量}=0.4\%\sim0.6\%$ 时，钢材塑性下降，淬硬倾向明显，焊接性较差，焊前构件需预热，并控制焊接工艺参数，采取一定的工艺措施。

当 $C_{当量}>0.6\%$ 时，钢材塑性较低，淬硬倾向很强，焊接性极差，必须采用较高的预热温度，及严格的焊接工艺措施，才能保证焊接质量。

碳当量法只考虑了钢材本身性质对焊接性的影响，而没有考虑结构刚度、环境温度、使用条件及焊接工艺参数等因素对焊接性的影响，因而是比较粗略的。在实际生产中确定钢材的焊接性时，除初步估算外，还应根据实际情况进行抗裂试验，以及进行焊接接头使用可靠性试验，据此制订合理的焊接工艺规程。

4.3.2　常用金属材料的焊接

1. 碳钢的焊接

（1）低碳钢的焊接　Q235、10、15、20 等低碳钢是应用最广泛的焊接结构材料。低碳钢的含碳量小于 0.25%（质量分数），碳当量小于 0.4%，一般没有淬硬、冷裂倾向，焊接性良好，一般不需要采取特殊的工艺措施，焊后，也不需进行热处理。总之，对低碳钢所有的焊接方法都会得到满意的焊接效果。对于厚度较大（>35mm）的低碳钢结构，常用大电流多层焊，焊后应进行热处理消除内应力。在低温环境下焊接刚度较大的结构时，要考虑预热。预热温度一般不超过 150℃。

采用熔化焊焊接结构钢时，选择的焊接材料及焊接工艺应保证焊缝与工件材料等强度的要求。焊接一般低碳钢结构，可选用 E4303、E4313、E4320 焊条；焊接复杂结构或厚板结构时，应选用抗裂性好的低氢型焊条，如 E4315、E5015、E4316 等。

（2）中碳钢的焊接　在实际生产中，主要是焊接各种中碳钢的锻件和铸件。这类钢的含碳量在 0.25%～0.60%（质量分数）之间的，有一定的淬硬倾向，焊接接头容易产生低塑性的淬硬组织和冷裂纹，焊接性较差。中碳钢的焊接结构多为锻件和铸钢件，或进行补焊。

中碳钢属于易淬火钢，在热影响区内易产生马氏体等淬硬组织，当焊件刚性较大或焊接工艺不当时，就会在淬火区产生冷裂纹。同时由于母材的含碳量与硫、磷杂质的含量远高于焊芯，母材熔化后进入熔池，使焊缝的含碳量增加，导致塑性下降。加上硫、磷等低熔点杂质的存在，使焊缝金属产生热裂纹的倾向增大，因此，焊接中碳钢构件，焊前必须预热，以减小焊接时工件各部分的温差，减小焊接应力。一般情况，预热温度为 150～250℃。当含碳量较高、结构刚度

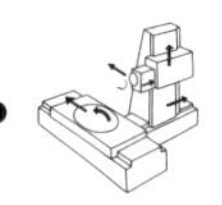

较大时，预热温度应更高些。另外还要严格把控焊接工艺，选用抗裂性好的低氢型焊条（如 E4315、E5016、E6016）。焊后要缓冷，并及时进行热处理消除焊接应力。

由于中碳钢多用于制造各类机械零件，焊缝长度不大，焊接中碳钢时一般多采用焊条电弧焊。厚件也可采用电渣焊。

（3）高碳钢的焊接　高碳钢碳当量大于 0.6%，淬硬、冷裂倾向更大，焊接性极差。焊接时需更高温度的预热及采取严格的焊接工艺措施。实际上，高碳钢一般不用作焊接结构件，大多采用手工电弧焊或气焊进行修补工件缺陷的一些焊补工作。

2. 合金结构钢的焊接

合金结构钢分为机械制造合金结构钢和低合金结构钢两大类。焊接结构中，用得最多的是低合金结构钢，也称为普通低合金钢。低合金结构钢属强度用钢，按其屈服强度可以分为九级：300MPa、350MPa、400MPa、450MPa、500MPa、550MPa、600MPa、700MPa、800MPa。按钢材强度级别的不同，焊接特点及焊接工艺也有所不同。

对强度级别较低（屈服强度≤300～400MPa）的钢，所含碳及合金元素较少，其碳当量小于 0.4%，其淬硬、冷裂倾向都较小，焊接性好。在常温下焊接时，可以采用类似于低碳钢的焊接工艺。在低温环境或在大刚度、大厚度构件上进行小焊脚、短焊缝焊接时，应防止出现淬硬组织，要采用焊前预热（100～150℃），适当增大电流，减慢施焊速度，选用抗裂性好的低氢型焊条等工艺措施。

对强度级别较高（屈服强度≥450MPa）的低合金钢，其碳及合金元素含量也较高，碳当量大于 0.4%，焊接性较差。主要表现在：一方面热影响区的淬硬倾向明显，热影响区易产生马氏体组织，硬度增高，塑性和韧性下降；另一方面，焊接接头产生冷裂纹的倾向加剧。影响冷裂纹的因素主要有：一是焊缝及热影响区的含氢量；二是热影响区的淬硬程度；三是焊接接头残余应力的大小。因此，对强度级别较高的低合金钢焊接时，焊前一般均需预热，预热温度大于150℃。焊后还应进行热处理，以消除内应力。优先选用抗裂性好的低氢型焊条（如 E6015－D1、E6016－D1 等）；焊接时，要选择合适的焊接规范以控制热影响区的冷却速度。

低合金结构钢含碳量较低，对硫、磷控制较严，焊条电弧焊、埋弧焊、气体保护焊和电渣焊均可用于此类钢的焊接，以焊条电弧焊和埋弧焊较常用。

3. 铸铁的焊补

铸铁含碳量高，硫、磷杂质多，组织不均匀，塑性极低，属于焊接性很差的材料，一般不用作焊接构件。但铸铁件在生产和使用过程中，会出现各种铸造缺陷及局部损坏或断裂，此时可采用焊补的方法进行修复使其能继续使用。

铸铁焊补时易产生如下缺陷：

1）易产生白口组织。由于焊补时为局部加热，焊补区冷却速度极快，不利于石墨析出，因此极易产生白口组织，其硬度很高，焊后很难进行机械加工。

2）易产生裂纹。铸铁强度低、塑性差。当焊接应力较大时，焊缝及热影响区内易产生裂纹。

3）易产生气孔。铸铁含碳量高，焊补时易形成 CO 和 CO_2气体，由于结晶速度快、熔池中的气体来不及逸出而形成气孔。

目前，铸铁的焊补方法有焊条电弧焊、气焊、钎焊、细丝 CO_2焊等，应用较多的是焊条电弧焊。按焊前是否预热，铸铁焊补可分为热焊法和冷焊法两大类：

1）热焊法。焊前将铸件整体或局部加热至 600～700℃，焊补过程中，温度始终不低于 400℃，焊后缓慢冷却。热焊法能有效地防止白口组织和裂纹的产生，焊补质量较好，焊后可进行机械加工。但热焊法劳动条件差，成本高，生产率低，一般只用于焊后需进行加工的重要铸件，如气缸体、床头箱等。

2）冷焊法。焊前工件不预热或只进行 400℃以下的低温预热。冷焊法焊补时，主要依靠焊条来调整焊缝的化学成分，以减小白口和裂纹倾向。焊接时，应尽量采用小电流、短焊弧、窄焊缝、短焊道焊接，焊后立即用锤轻击焊缝，以松弛焊接应力。冷焊法比热焊法生产率高，劳动条件好，但焊接质量较差，焊补处切削加工性较差。

焊补铸铁常用的焊条有铸铁芯铸铁焊条、钢芯石墨化铸铁焊条、镍基铸铁焊条和铜基铸铁焊条等。其中前两种焊条适用于一般非加工表面的焊补；镍基铸铁焊条适用于重要铸件的加工面焊补；铜基焊条主要用于焊后需加工的灰口铸铁件的焊补。

4. 有色金属及合金的焊接

（1）铜及铜合金的焊接　铜及铜合金的导热性好，热容量大，母材和填充金属不能很好熔合，易产生焊不透现象，并且线膨胀系数大，凝固时收缩率大，易产生焊接应力与变形。而铜在液态时吸气性强，特别是易吸收氢，凝固时随着对气体溶解度的减小，如气体来不及析出，易产生气孔；铜合金中的合金元素易氧化烧损，使焊缝的化学成分发生变化，性能下降。

为解决上述问题，铜及其合金在焊接工艺上要采取一系列措施及采用相应的焊接方法。主要焊接方法有氩弧焊、气焊、焊条电弧焊及钎焊。铜的电阻值极小，不宜采用电阻焊进行焊接。氩弧焊时，氩气能有效地保护熔池，焊接质量较好，对紫铜、黄铜、青铜的焊接都能达到满意的效果。气焊多用于焊接黄铜，这是由于气焊的温度较低，焊接过程中锌的蒸发较少。焊条电弧焊时应选用相应的铜及铜合金焊条。

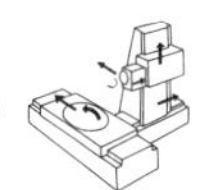

（2）铝及铝合金的焊接　铝及铝合金的焊接特点是铝易氧化成氧化铝（Al_2O_3），它熔点高（2050℃），组织致密，比重大，易引起焊缝熔合不良和氧化物夹渣；氢能大量熔入液态铝而几乎不熔于固态铝，因此熔池在凝固时易产生氢气孔；铝的膨胀系数大，易产生焊接应力与变形，甚至开裂；铝在高温时的强度低、塑性差，焊接时由于不能支持熔池金属的重量会引起焊缝的塌陷和焊穿，因此常需要垫板。

用于焊接的铝合金主要有铝锰合金、铝镁合金及铸造铝合金。高强度铝合金及硬铝的焊接性很差，不适宜焊接成形。

目前，铝及铝合金常用的焊接方法有氩弧焊、气焊、电阻焊和钎焊。氩弧焊的效果最好。气焊时必须采用气焊熔剂（气剂 401），以去除表面的氧化物和杂质。不论采用哪种焊接方法，在焊前必须用化学或机械方法去除焊接处和焊丝表面的氧化膜和油污，焊后必须冲洗。对厚度超过 5 ~ 8mm 的焊件，应预热至 100 ~ 300℃，以减小焊接应力，避免裂纹，且有利于氢的逸出，防止气孔的产生。

4.4　焊接应力与变形

4.4.1　焊接应力

1. 焊接应力的形成原因

焊接过程中对焊件进行局部的不均匀加热，是产生焊接应力的根本原因。另外，焊缝金属的收缩、金属组织的变化及焊件的刚性约束等都会引起焊接应力的产生。

焊接时由于对焊件进行局部加热，焊缝区被加热到很高温度，两边母材金属受焊接热的影响，也被加热到不同的温度，越远离焊缝的部分被加热温度越低。根据金属的热胀冷缩特性，焊件上各部位因温度不同，将产生不同的纵向膨胀。现以焊接低碳钢平板对接焊缝为例进行说明。对图 4-21 的平板焊接加热时，焊缝区域温度最高，两端母材金属的温度随着远离焊缝而逐渐降低，在自由伸长的条件下，伸长量应如图 4-21a 所示。但钢板是一个整体，它不能实现自由伸长，各部分伸长要相互牵制，平板整体的伸长量为 ΔL。因为焊缝中心温度最高，焊缝区的热膨胀最大，但因受到周围母材金属的牵制，其膨胀受到限制，因此产生压缩塑性变形，而远离焊缝区的金属受到焊缝区膨胀的影响而产生拉应力，使平板整体达到应力平衡。在焊后冷却时，由于焊缝区金属已产生了压缩塑性变形，所以冷却后的长度将变短，如图 4-21b 所示，但板料两边金属阻碍了中心焊缝区的缩短，此时，焊缝区受拉应力，两边金属受压应力并达到平衡。这些应力将残留在焊件内部，称为焊接残余应力。

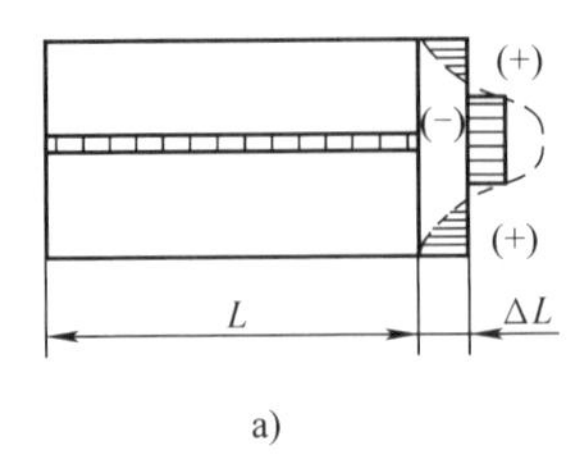

a)

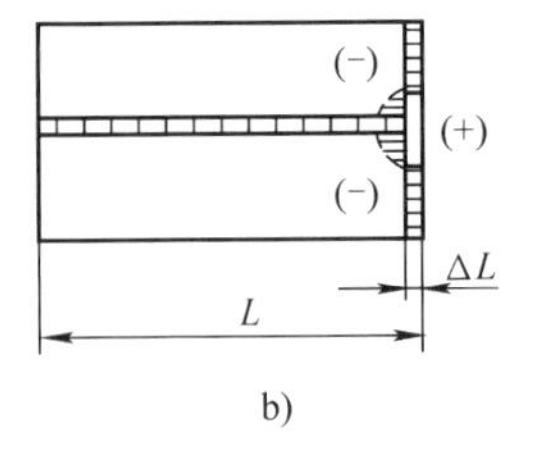

b)

图 4-21　平板焊接应力分布

a）焊接过程中　b）冷却后

2. 焊接应力的预防及消除措施

焊接应力会使焊件产生变形，而且直接影响焊接结构的使用性能，使其有效承载能力降低。如果焊接应力过大，还可使焊接结构在焊后或使用过程中产生裂纹，甚至导致整个构件出现脆断。因此，对于一些重要的焊接结构（如高压容器等），焊接应力必须加以防止和消除。在实际生产中常采用下列措施来消除和防止焊接应力。

1）在设计焊接结构时，应选用塑性好的材料，避免焊缝密集交叉，焊缝截面过大及焊缝过长。

2）在施焊中要选择正确的焊接次序，以防止焊接应力及裂纹。焊接图 4-22所示的结构时，按图 4-22a 中的次序 1、2 进行焊接时可减小内应力；若按图 4-22b 所示的焊接次序进行焊接，就会增加内应力，且在焊缝的交叉处易产生裂纹。

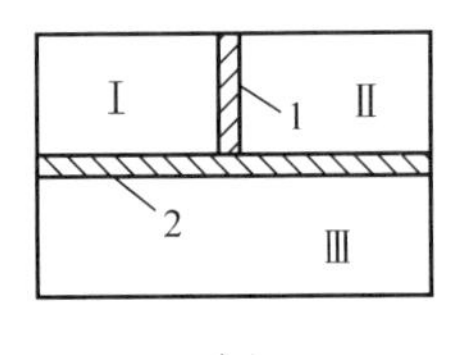

a)

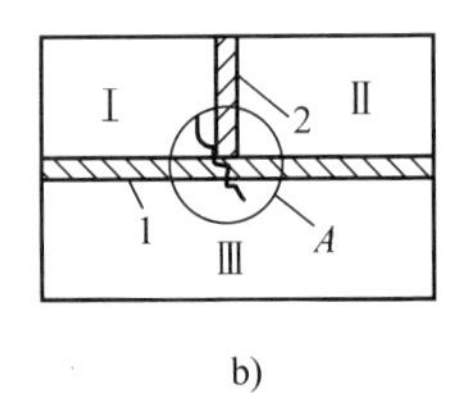

b)

图 4-22　焊接次序对焊接应力的影响

a）合理次序　b）不合理次序

3）焊前对焊件进行预热是防止焊接应力最有效的工艺措施，这样可减弱焊件各部分温差，从而显著减小焊接应力。

4）焊接中采用小能量焊接方法或对红热状态的焊缝进行锤击，亦可减小焊接应力。

5）消除焊接应力最有效的方法是焊后进行去应力退火，即，将焊件加热至 500～600℃，保温后缓慢冷却至室温。此外还可采用振动法消除焊接应力。

4.4.2　焊接变形

1. 焊接变形的形式及形成原因

焊接变形的形式是多种多样的，其形成原因也较为复杂，与焊件结构、焊缝

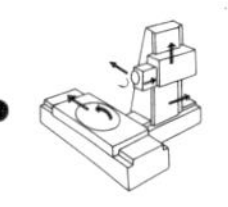

布置、焊接工艺及应力分布等诸多因素有关。常见的变形形式及形成的原因见表 4-7。

表 4-7　常见的变形形式及形成的原因

变形形式	示意图	形成原因
收缩变形	纵向收缩 横向收缩	焊接后焊缝的纵向（沿焊缝长度方向）和横向（沿焊缝宽度方向）收缩
角变形	α α	V 形坡口对接焊后，焊缝横截面形状上下不对称，焊缝横向收缩不均
弯曲变形	挠度	在 T 形梁焊接时，焊缝布置不对称，由焊缝纵向收缩
扭曲变形	α	在工字梁焊接时，由于焊接顺序和焊接方向不合理引起结构上出现扭曲
波浪变形		在薄板焊接时，焊接应力局部较大使薄板局部失稳

2. 焊接变形的防止与矫正

焊接结构出现变形将影响使用性，过大的变形量会使焊接结构件报废。因此须加以防止及矫正。

（1）防止焊接变形的措施　焊接变形产生的主要原因是焊接应力，防止焊接应力的措施对防止焊接变形是有效的。

合理设计焊件结构可有效防止焊件变形，比如，可使焊缝的布置和坡口形式尽可能对称、采用大刚度结构，尽量减少焊缝总长度等。

在焊接工艺上，对于不同的变形形式也可采取不同的措施防止焊接变形。如对易产生角变形及弯曲变形的构件采用反变形法，即在焊前组装时使工件反向变形，以抵消焊接变形，如图4-23所示。对于焊缝较密集，易产生收缩变形的焊件可采用加裕量法，即在工件尺寸上加一个收缩裕量以补充焊后收缩，通常需增加0.1%～0.2%。薄板焊接时易产生波浪变形，为防止其产生，可采用刚性夹持法，即将工件固定夹紧后施焊，焊后变形可大大缩小。

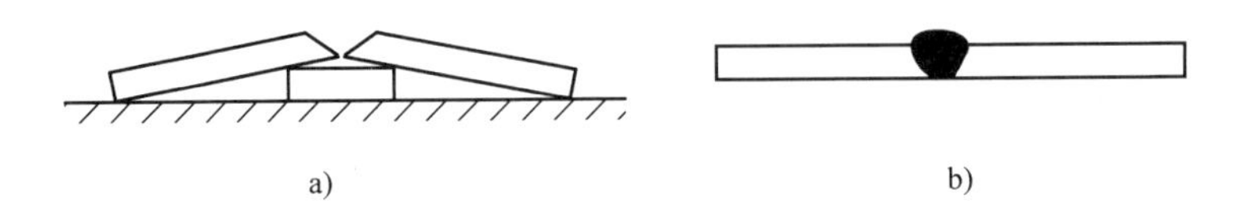

图4-23　反变形法防止焊接变形

a）易产生变形角　b）易产生弯曲变形

另外，选择合理的焊接次序，也能有效防止焊接变形。如对X形坡口的焊缝采用对称焊，如图4-24所示。对易产生扭曲变形的工字梁与矩形梁焊接，以及多板焊接时也可采用对称焊来防止变形，如图4-25所示。

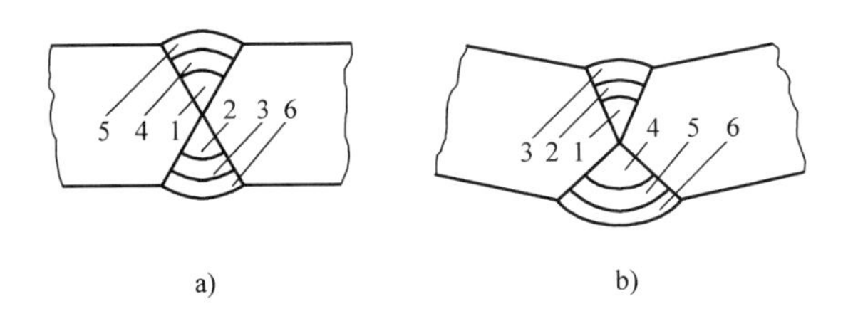

图4-24　X形坡口焊接次序

a）合理次序　b）不合理次序

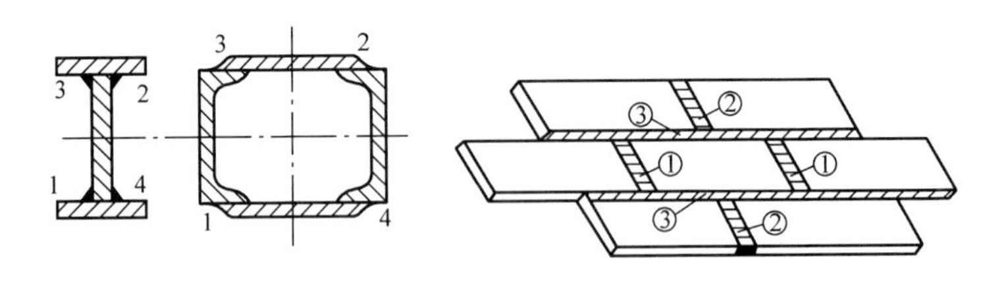

图4-25　焊接次序

对于长焊缝的焊接，为防止焊接变形，可采用分段焊或逆向分段焊，如图4-26所示。

（2）焊接变形的矫正　矫正过程的实质是使结构产生新的变形来抵消已产

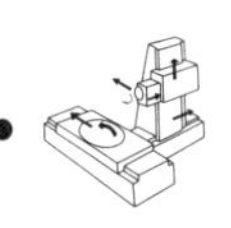

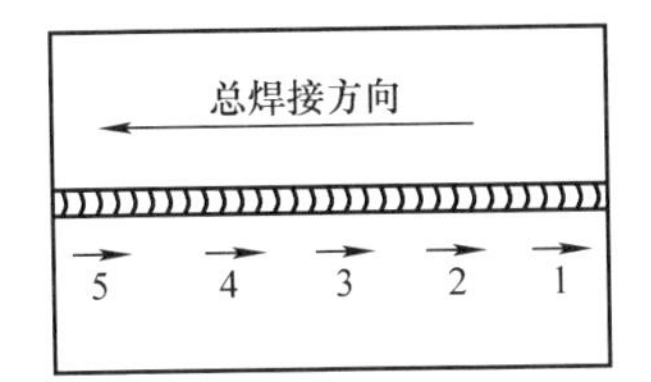

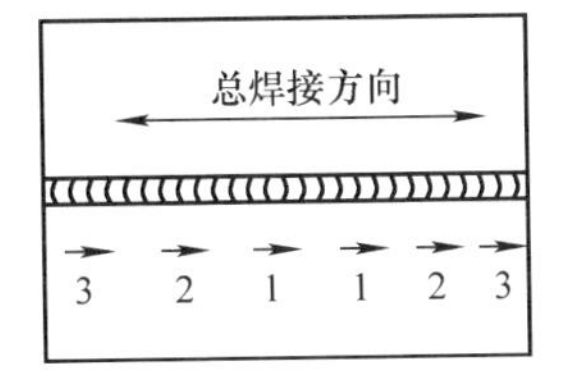

图 4-26　分段焊法

生的变形。常用的矫正方法有机械矫正法和火焰加热矫正法。

机械矫正法是利用机械外力使焊件产生塑性变形的矫正变形法。可采用压力机、辊床等机械外力，也可用手工锤击矫正，如图 4-27 所示。

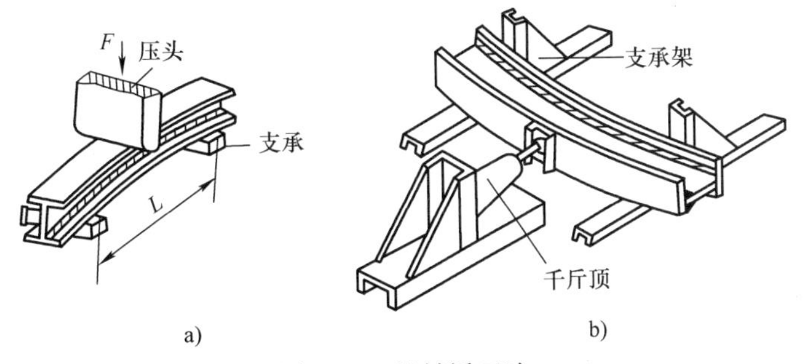

图 4-27　机械矫正法

a）用压头压　b）用千斤顶顶

火焰加热矫正法通常采用氧乙炔火焰在焊件的适当部位上加热，使焊件在冷却收缩时产生与焊接变形大小相等、方向相反的变形，以抵消焊件变形，但要求加热部位必须准确。加热温度一般控制在 600～800℃，如图 4-28 所示。

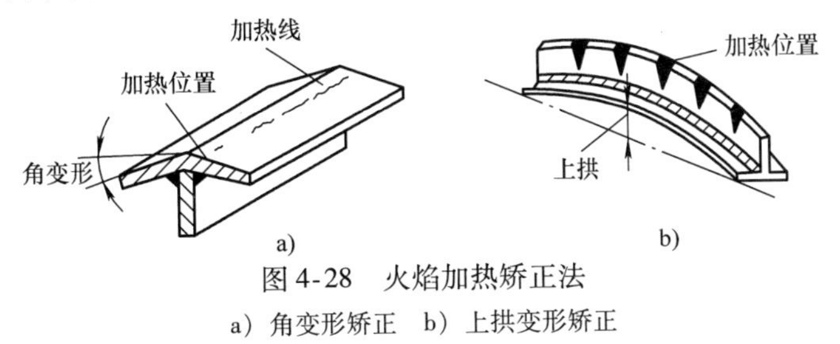

图 4-28　火焰加热矫正法

a）角变形矫正　b）上拱变形矫正

4.4.3　焊接常见缺陷

在焊接生产过程中，由于设计、工艺、操作中各种因素的影响，往往会产生各种焊接缺陷。焊接缺陷不仅会影响焊缝的美观，还有可能减小焊缝的有效承载面积，造成应力集中引起断裂，直接影响焊接结构使用的可靠性。表 4-8 所示为常见的焊接缺陷及其产生原因。

表4-8　常见的焊接缺陷及其产生原因

缺陷名称	示意图	特征	产生原因
气孔		焊接时，熔池中的过饱和H、N及冶金反应产生的CO，在熔池凝固时未能逸出，在焊缝中形成的空穴	焊接材料未清洁；弧长太长，保护效果差；焊接规范不恰当，冷速太快；焊前清理不当
裂纹		热裂纹：沿晶开裂，具有氧化色泽，多在焊缝上，焊后立即开裂 冷裂纹：穿晶开裂，具有金属光泽，多在热影响区，有延时性，可发生在焊后的任何时刻	热裂纹：母材硫、磷含量高；焊缝冷速太快，焊接应力大；焊接材料选择不当 冷裂纹：母材淬硬倾向大；焊缝含氢量高；焊接残余应力较大
夹渣		焊后残留在焊缝中的非金属夹杂物	焊道间的熔渣未清理干净；焊接电流太小、焊接速度太快；操作不当
咬边		在焊缝和母材的交界处产生的沟槽和凹陷	焊条角度和摆动不正确；焊接电流太大、电弧过长
焊瘤		焊接时，熔化金属流淌到焊缝区之外的母材上所形成的金属瘤	焊接电流太大、电弧过长、焊接速度太慢；焊接位置和运条不当
未焊透		焊接接头的根部未完全熔透	焊接电流太小、焊接速度太快；坡口角度太小、间隙过窄、钝边太厚

4.5　焊接结构工艺设计

4.5.1　焊接结构材料及焊接方法的选择

1. 焊接结构材料

在选择焊接结构材料时，主要考虑两个方面的要求。一方面要考虑结构强度和工作条件等性能要求，以满足焊接结构使用的可靠性；另一方面还应考虑焊接

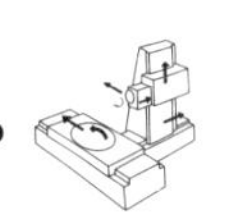

工艺过程的特点，所选的材料要有良好的焊接性，以便用简单可靠的焊接工艺，获得优质的焊接产品。

在满足使用性能要求的前提下，应优先选用焊接性良好的材料制造焊接构件，如低碳钢和强度级别不高的低合金钢。

镇静钢组织致密，质量较好，重要的焊接构件应优先选用；沸腾钢含氧较多，焊接时易产生裂缝，厚板焊接时还有层状撕裂倾向，不宜作为承受动载荷或在严寒条件下工作的重要焊接结构。

为减少焊缝总数量及焊接工作量，应尽量选用型材、冲压件或尺寸较大的原材料。

当焊接异种金属时，要特别注意它们的焊接性，并采取有效的工艺措施来保证焊接质量。在一般情况下，应尽量减少异种金属的焊接。

2. 焊接方法的选择

在制造焊接结构时，合理选择焊接方法，可以获得质量优良的焊接构件、较高的生产率及良好的经济效益。选择焊接方法主要考虑以下几方面因素：

1）各种焊接方法的工艺特点及适用范围。

2）焊接结构所用材料的焊接性和工件厚度。

3）生产批量，包括单件、小批量、大批量、大量生产等。

4）现场设备条件和工作环境。

常用焊接方法的比较见表 4-9。

表 4-9　常用焊接方法的比较

焊接方法	主要接头形式	焊接位置	被焊材料选择	应用选择
焊条电弧焊	对接、角接、搭接、T 形接	全位置	碳钢、低合金钢、铸铁、铜及铜合金、铝及铝合金	各类中小型结构
埋弧自动焊		平焊	碳钢、合金钢	成批生产、中厚板长直焊缝和较大直径环焊缝
氩弧焊		全位置	铝、铜、镁、钛及其合金，耐热钢、不锈钢	致密、耐蚀、耐热的焊件
CO_2气体保护焊			碳钢、低合金钢、不锈钢	
等离子弧焊	对接、搭接		耐热钢、不锈钢，铜、镍、钛及其合金	一般焊接方法难以焊接的金属和合金
气焊	对接		碳钢、低合金钢、铸铁、铜及铜合金、铝及铝合金	受力不大的薄板及铸件和损坏机件的补焊

（续）

焊接方法	主要接头形式	焊接位置	被焊材料选择	应用选择
电渣焊	对接	立焊	碳钢、低合金钢、铸铁、不锈钢	大厚铸、锻件的焊接
点焊	搭接	全位置	碳钢、低合金钢、不锈钢、铝及铝合金	焊接薄板壳体
缝焊				焊接薄壁容器和管道
对焊	对接	平焊		杆状零件的焊接
摩擦焊			各类同种金属和异种金属	圆形截面零件的焊接
钎焊	搭接	—	碳钢、合金钢、铸铁、非铁合金	强度要求不高，其他焊接方法难以焊接的焊件

4.5.2　焊接接头的工艺设计

1. 焊接接头形式设计

焊接接头形式应根据结构形状及强度要求、工件厚度、焊后变形大小、坡口加工难易程度、焊条消耗量等因素综合考虑决定。

根据GB/T 985.1—2008规定，低碳钢和低合金钢的接头形式可分为对接接头、角接接头、搭接接头及T形接头4种。焊接接头形式如图4-29所示。

对接接头是焊接结构中使用最多的一种形式，接头上应力分布比较均匀，焊接质量容易保证，但对焊前准备和装配质量要求相对较高，重要受力焊缝应尽量采用。角接接头便于组装，能获得美观的外形，但其承载能力较差，通常只起连接作用，不能用来传递工作载荷。搭接接头常用于对焊前准备和装配要求简单的结构，但因两工件不在同一平面，受力时将产生附加弯曲，应力分布不均，承载能力较低，且金属消耗量大，但它不需开坡口，装配时尺寸要求不高，对一些受力不大的平面连接与空间构架可采用搭接接头，在电阻焊及钎焊中也多采用搭接接头。T形接头也是一种应用非常广泛的接头形式，受力情况比较复杂，但接头成直角连接时，必须采用这种接头，在船体结构中约有70%的焊缝采用T形接头，在机床焊接结构中的应用也十分广泛。

对较厚板的焊接需要开坡口，常见的坡口形式有不开坡口（I形坡口）、Y形坡口、双Y形坡口（X形坡口）、U形坡口等如图4-29a所示。焊条电弧焊板厚在6mm以下对接时，可不开坡口直接焊成。当板厚增大时，为了焊透要开各种形式坡口。一般Y形和U形坡口用于单面焊，焊接性较好，但焊后变形较大，焊条消耗也大。X形和双U形坡口两面施焊，变形小，受热均匀，焊条消耗也少，但有时受结构形状限制。设计焊接接头时最好采用等厚度的材料，以便达到良好的焊接效果。不同厚度金属对接时，接头处会产生应力集中，且两边受热不

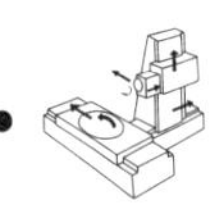

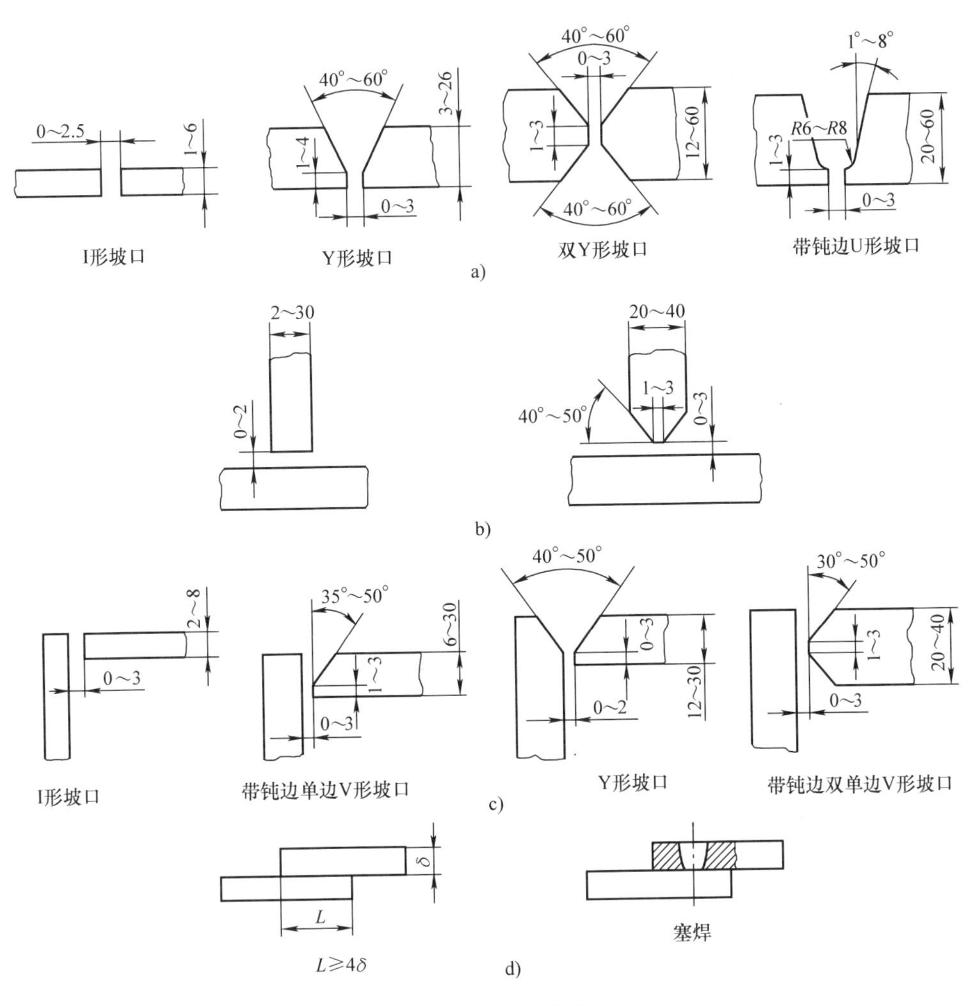

图 4-29　焊接接头形式

a）对接接头　b）T 形接头　c）角接接头　d）搭接接头

均匀易产生焊不透等缺陷，所以不同厚度金属材料对接时，要采用一定的过渡形式，如图 4-30 所示。同时不允许厚度差极大的两块板的对接。

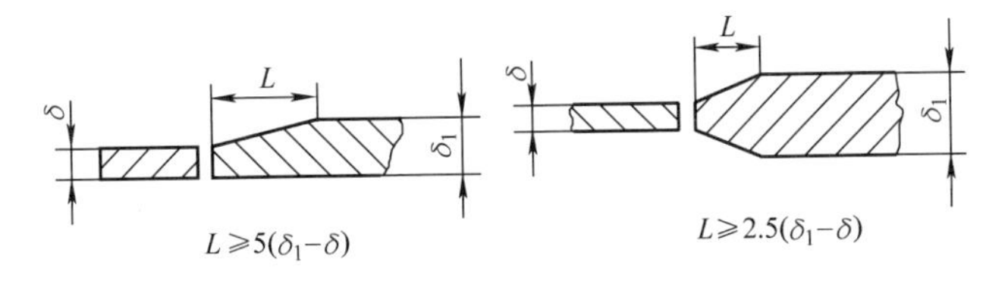

图 4-30　不同厚度板料的焊接

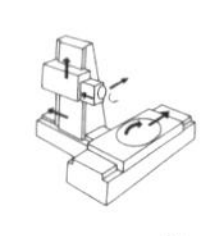

表 4-10 所示为气焊、焊条电弧焊和气体保护焊焊缝坡口形式和尺寸的规定。

表 4-10　气焊、焊条电弧焊和气体保护焊焊缝坡口形式和尺寸的规定

焊件厚度/mm	名 称	坡口形式与坡口尺寸/mm	焊缝形式
1 ~ 3	不开坡口（I 形坡口）	b　δ	$b = 0 \sim 1.5$
3 ~ 6			$b = 0 \sim 2.5$
3 ~ 26	Y 形坡口	α　P　δ　b $\alpha = 40° \sim 60°$；$b = 0 \sim 3$； $P = 1 \sim 4$	
20 ~ 60	U 形坡口	β　P　R　δ　b $\beta = 1° \sim 8°$；$b = 0 \sim 3$； $P = 1 \sim 4$；$R = 6 \sim 8$；	

2. 焊缝的布置

合理布置焊缝是保证焊接质量，提高生产率，降低焊接成本的关键因素，焊缝的布置一般遵循下列原则：

1）在焊接结构的设计上，应使焊缝总数量及总长度越少越好，同时应避免焊缝的密集与交叉，尽可能使焊缝对称布置。这样可以减小焊接应力与变形，提高焊接质量。图 4-31a 所示的设计不合理（焊缝数量较多），采用一些型材和冲压件改为图 4-31b 所示结构较好。图 4-32a 中的焊缝过于密集或交叉，改为图 4-32b的结构较合理。图 4-33 中焊缝采用图 4-33b 所示的对称布置较合理。

2）焊缝应尽量避开应力集中部位及加工表面，以防止因应力集中导致焊接结构的破坏及产生焊缝使加工件的表面质量下降，如图 4-34 所示。

3）焊缝布置应便于操作。图 4-35 所示为便于焊条电弧焊操作的设计；图 4-36 所示为便于埋弧焊存放焊剂的设计；图 4-37 所示为便于点焊电极伸入的设计。

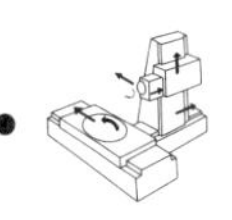

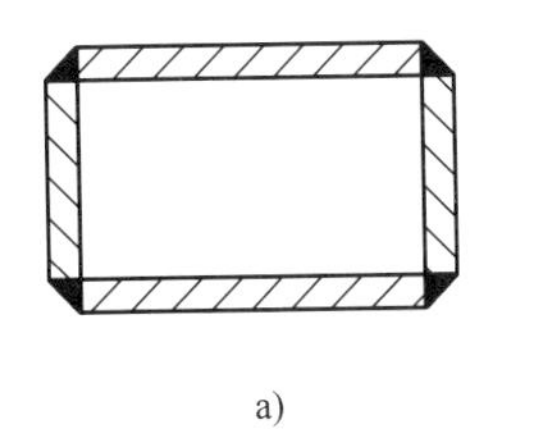

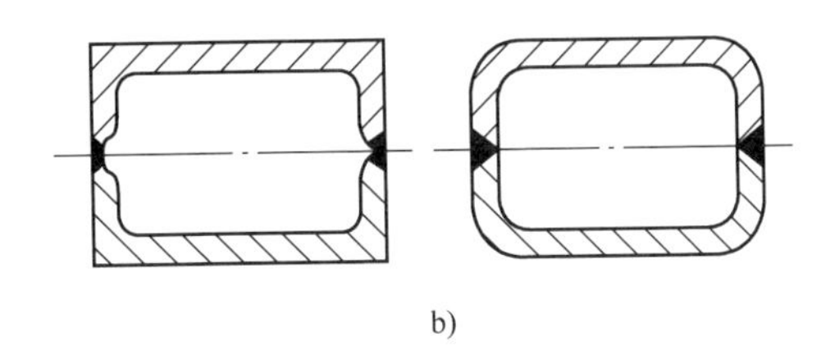

图4-31 减少焊缝数量
a）不合理 b）合理

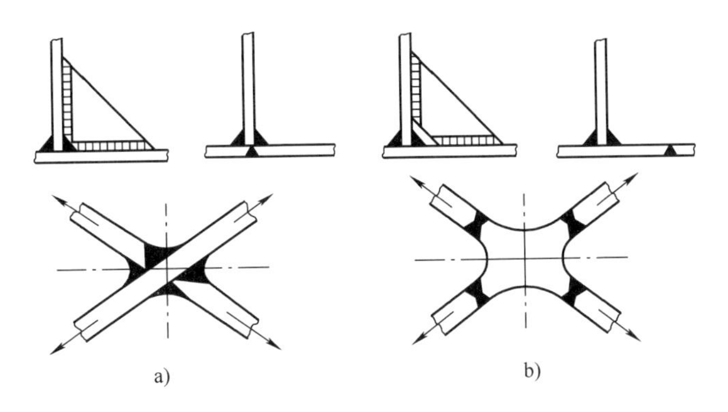

图4-32 避免焊缝密集、交叉
a）不合理 b）合理

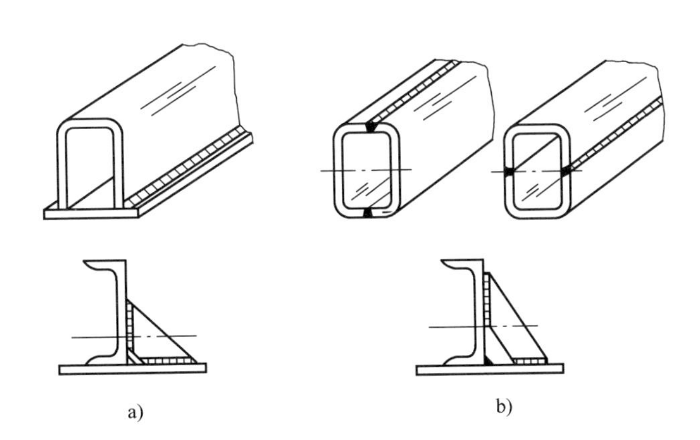

图4-33 焊缝对称布置
a）不合理 b）合理

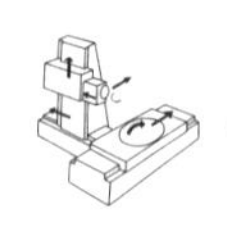

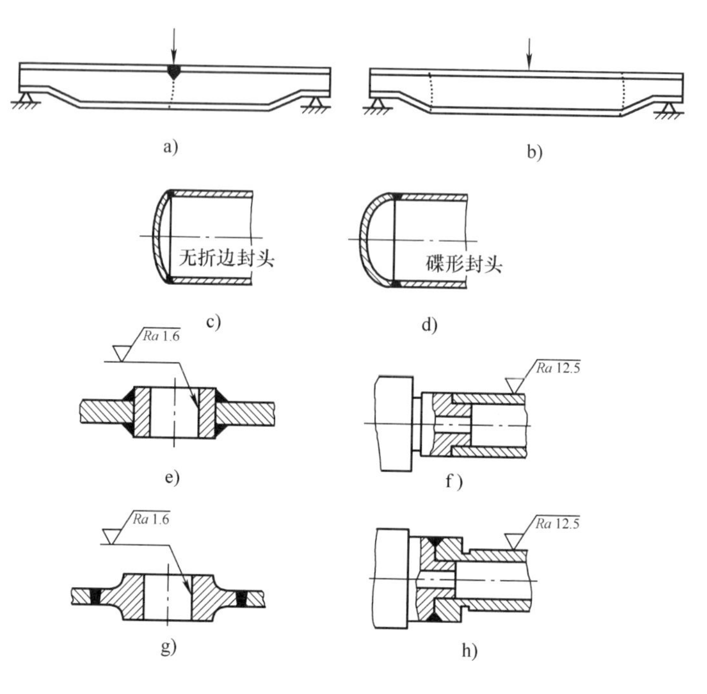

图 4-34　焊缝应避开的表面

a)、c)、e)、g) 不合理　b)、d)、f)、h) 合理

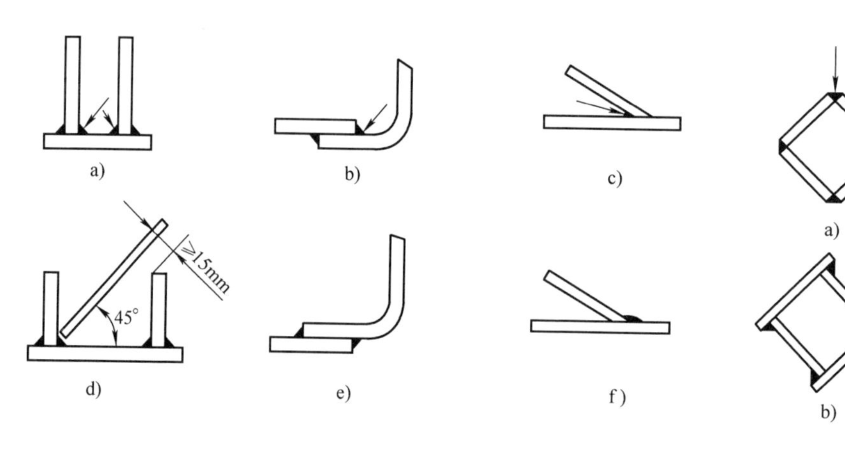

图 4-35　便于焊条电弧焊操作的设计

a) ~ c) 不合理　d) ~ f) 合理

图 4-36　便于埋弧焊存放焊剂设计

a) 不合理　b) 合理

3. 焊接结构分析实例

结构名称：中压容器，如图 4-38 所示。

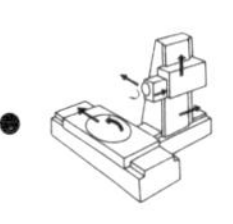

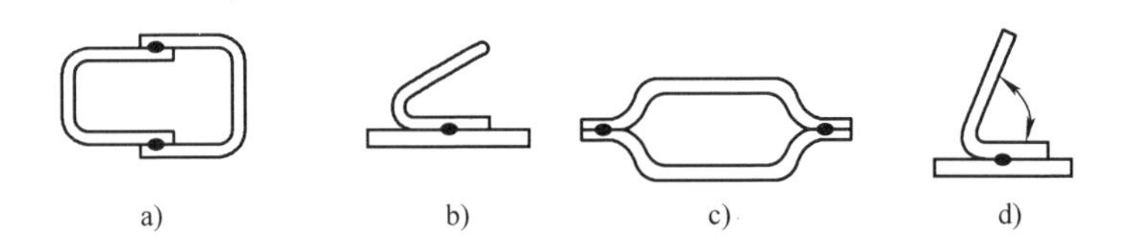

图 4-37　便于点焊电极伸入的设计

a)、b) 不合理　c)、d) 合理

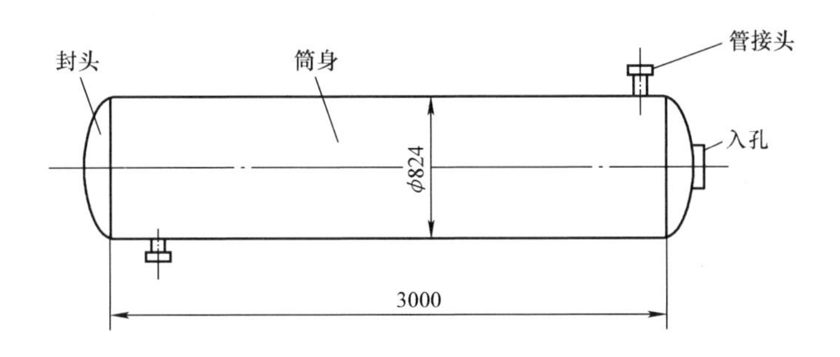

图 4-38　中压容器

材料：Q345R（原材料尺寸：1200mm×5000mm）

件厚：筒身 12mm，封头 14mm，入孔圈 20mm，管接头 7mm。

生产数量：小批量生产

工艺设计重点：筒身采用冷卷钢板，按实际尺寸，可分为三节，为避免焊缝密集，筒身纵焊缝应相互错开 180°。封头用热压成形，与筒身连接处应有 30～50mm 的直段，使焊缝避开转角应力集中位置。入孔圈板厚较大，可加热卷制。其焊缝布置如图 4-39 所示。根据焊缝的不同情况，可选用不同的焊接方法、接头形式、焊接材料及焊接工艺，中压容器焊接工艺设计见表 4-11。

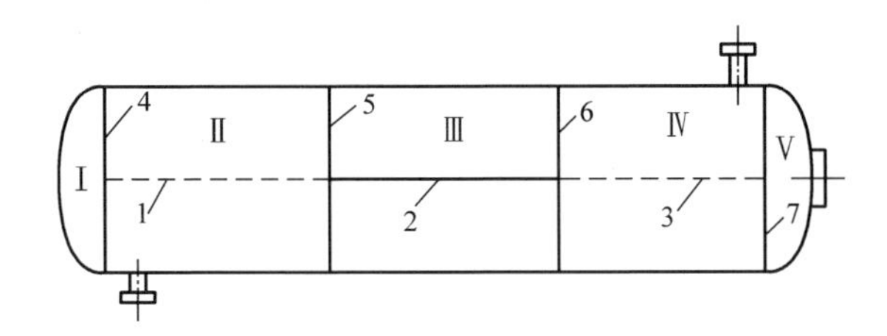

图 4-39　中压容器工艺图

1～3—筒身纵缝　4～7—筒身环缝

表 4-11 中压容器焊接工艺设计

序号	焊缝名称	焊接方法选择与焊接工艺	接头形式	焊接材料
1	筒身纵缝 1、2、3	因容器质量要求高，又小批量生产，采用埋弧焊双面焊，先内后外。因材料为 Q345R 应在室内焊接（以下同）		焊丝：H08 MnA 焊剂：HJ431 点固焊条：E5015
2	筒身环缝 4、5、6、7	采用埋弧焊，顺次焊 4、5、6 焊缝，先内后外。装配后先在内部用焊条电弧焊封底，再用自动焊焊外环缝 7		焊丝：H08MnA 焊剂：HJ431 焊条：E5015
3	管接头焊接	管壁厚度为 7mm，角焊缝插入式装配采用焊条电弧焊，双面焊	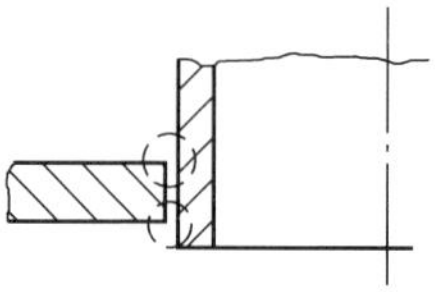	焊条：E5015
4	人孔圈纵缝	板厚 20mm，焊缝短（100mm）选用焊条电弧焊，平焊位置，V 形坡口	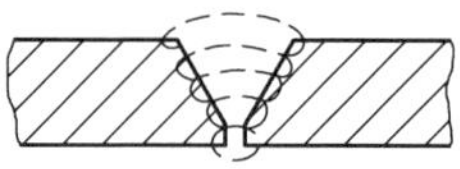	焊条：E5015
5	人孔圈焊接	处于立焊位置的圆周角焊缝，采用焊条电弧焊。单面坡口双面焊，焊透	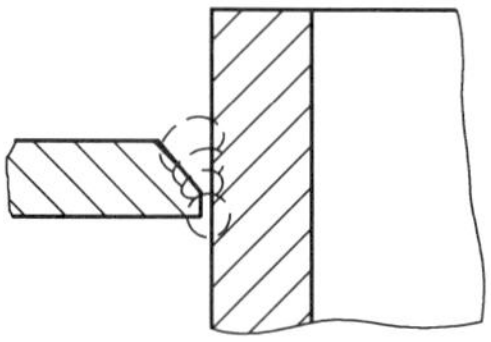	焊条：E5015

本章小结

本章主要讨论焊接冶金过程及常用焊接方法、焊接接头的组织与性能、常用金属材料的焊接、焊接应力与变形和焊接结构工艺设计。

1. 焊接冶金过程及焊接性

焊接冶金过程分为药皮反应区、熔滴反应区和熔池反应区，其中熔滴反应区是冶金反应最激烈的部位，对焊缝成分的影响最大。熔池的结晶具体积小、温度高是连续性的过程。焊接冶金过程会产生气体和杂质，需要采取对应的预防措施。

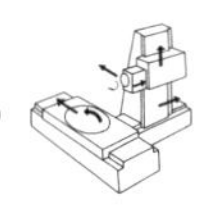

焊接性一般包括工艺焊接性和使用焊接性两个方面。对于碳素钢、低合金钢等钢材，常用碳当量估算其焊接性。碳当量越大，焊接性越差，其中高碳钢和铸铁由于碳当量较大，所以只用来进行补焊。

2. 常用焊接方法

焊接方法分为熔焊、压焊和钎焊三大类，分别属于液相焊接、固相焊接和固－液相焊接。焊条电弧焊是利用焊条进行焊接的熔焊类焊接方法。焊接电弧由阴极区、阳极区和弧柱三部分组成，有正接法和反接法；电焊条由焊芯和药皮组成，需要根据原则合理选取。

其他常用焊接方法还包括：埋弧焊、气体保护焊、电渣焊、电阻焊、摩擦焊和钎焊等。

3. 焊接接头的组织与性能

焊接接头由焊缝和热影响区组成，热影响区又可分为熔合区、过热区、正火区和部分相变区，具有各自组织的性能特点，其中以正火区的力学性能为最好。

4. 焊接应力与焊接变形

焊接过程中对工件进行局部的不均匀加热，是产生焊接应力的根本原因。为预防及消除焊接应力，应避免焊缝密集交叉、焊缝过大或过长，应选择正确的焊接次序，焊前对工件进行预热，采用小能量焊接方法或进行锤击，焊后进行去应力退火。

由焊接应力引起的焊接变形是多种多样的，包括收缩变形、角变形、弯曲变形、扭曲变形和波浪变形等。除了通过防止和消除焊接应力来防止焊接变形以外，还可以采取反变形法，或者选择合理的焊接次序等措施；对焊接变形的矫正，可通过机械矫正、火焰加热矫正等方式实现。

5. 焊接结构工艺设计

焊接结构的工艺设计，首先需要选择合适的结构材料和焊接方法，其次是进行焊接接头的工艺设计。

焊接接头的形式包括对接、角接、搭接和 T 形接头四种。对于较厚板的焊接需要开坡口，常见的坡口形式有 I 形坡口、Y 形坡口、双 Y 形坡口、U 形坡口等。

合理的焊缝布置是保证焊接质量、提高生产质量和降低成本的关键因素。焊缝布置应遵循的原则包括：避免焊缝密集与交叉，尽可能对称布置，减少焊缝总数量和总长度；焊缝应尽量避开应力集中部位及加工表面；焊缝布置应便于操作。

思考题与习题

1. 何谓焊接电弧？试述电弧的构造和温度分布。

2. 直流电和交流电的焊接效果是否一样？什么是直流电的正接法、反接法？如何应用？

3. 试述焊条的组成和作用。如何合理选用电焊条？

4. 何谓焊接热影响区？低碳钢焊接时热影响区分为哪些区段？各区段的组织和性能对焊接接头有何影响？

5. 金属材料的焊接性是指什么？如何衡量钢材的焊接性？

6. 焊接应力与变形产生的原因是什么？如何防止和减小焊接应力与变形？

7. 铸铁焊补有哪些问题？可采用什么方法克服？

8. 铝及铝合金、铜及铜合金它们的焊接工艺特点各是什么？应采用什么工艺措施和焊接方法来保证其焊接质量？

9. 焊接接头的基本形式有哪几种？为什么厚板焊接时要开坡口？常见的坡口形式有哪几种？

10. 用下列板材制作圆筒形低压容器，试分析其焊接性，并选择合适的焊接方法。

1）Q235钢板，厚18mm，大批量生产。

2）20钢钢板，厚2mm，大批量生产。

3）45钢钢板，厚6mm，单件生产。

4）铝合金板，厚20mm，单件生产。

11. 有厚4mm、长1200mm、宽800mm的钢板3块，需拼焊成一长1800mm、宽1600mm的矩形钢板，为减小焊接应力与变形，其合理的焊接次序应如何安排？

12. 如图4-40所示的低压容器，材料为20钢，板厚为15mm，小批量生产，试为焊缝A、B、C选择合适的焊接方法。

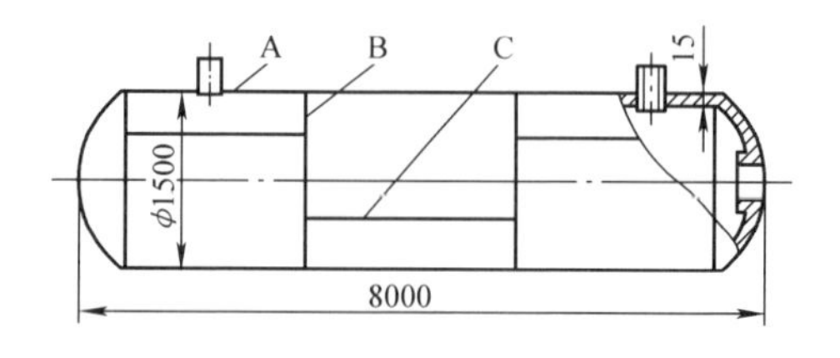

图4-40　题12图

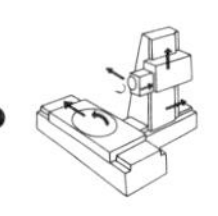

13. 分析图 4-41 所示焊接结构哪组合理？并说明理由。

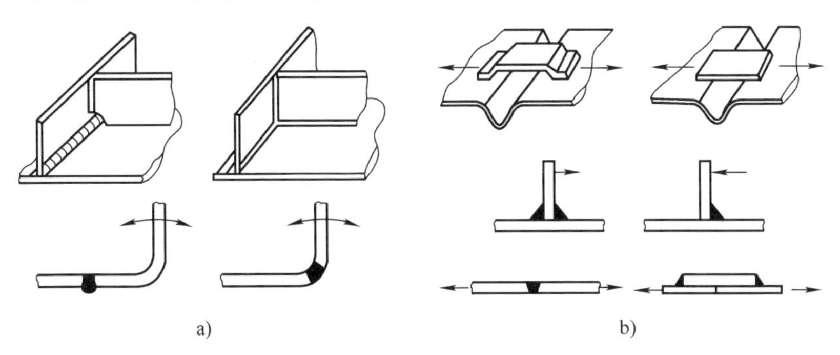

图 4-41　题 13 图

14. 图 4-42 中焊接结构设计均不合理，请说明理由，并加以修改，画出合理的结构设计简图。

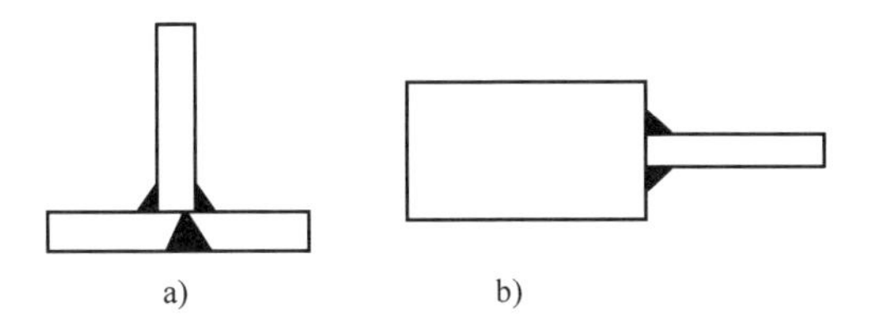

图 4-42　题 14 图

第5章　粉末冶金及其成型技术

［导读］　本章介绍金属粉末性能、粉末制备方法、粉末冶金的工艺过程、粉末注射成型技术及粉末冶金制品结构工艺性等内容，重点内容为粉末制备方法、粉末冶金的工艺过程。通过学习，掌握粉末常用制备方法，粉末冶金的工艺过程；了解粉末注射成型工艺过程；了解粉末冶金制品结构设计的要求。

粉末冶金是制取金属粉末或用金属粉末（或金属粉末与非金属粉末的混合物）作为原料，经过成型和烧结，制造金属材料、复合材料及各种类型制品的工艺技术。它可制取用普通熔炼方法难以制取的特殊材料，又可制造各种精密的机械零件，因此在机器制造业中有广泛的应用。粉末冶金法与生产陶瓷有相似的地方，也称金属陶瓷法。粉末冶金材料和工艺与传统材料工艺相比，具有以下特点：

1）粉末冶金工艺是在低于基体金属的熔点下进行的，因此可以获得熔点、密度相差悬殊的多种金属、金属与陶瓷、金属与塑料等多相不均质的特殊功能复合材料和制品。

2）提高材料性能。用特殊方法制取的细小金属或合金粉末，凝固速度极快、晶粒细小均匀，保证了材料的组织均匀，性能稳定，以及良好的冷、热加工性能，且粉末颗粒不受合金元素和含量的限制，可提高强化相含量，从而发展新的材料体系。

3）利用各种成型工艺，可以将粉末原料直接成型为毛坯或零件，是一种少切削、无切削生产零件的工艺，大量减少了机械加工量，提高了材料利用率。

5.1　粉末冶金基础

5.1.1　金属粉末性能

金属粉末的性能主要指粉末的物理性能和工艺性能，对其成型和烧结过程及制品的性能都有重大影响。而金属粉末的化学成分对金属粉末的性能也有很大的影响。

1. 化学成分

金属粉末的化学成分一般是指主要金属或组分、杂质及气体含量。其中金属

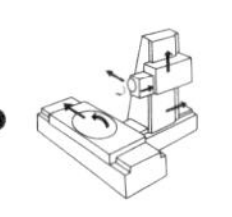

通常占98%～99%以上。

金属粉末中的杂质主要为氧化物，氧化物的存在使金属粉末的压制性变差，使压模的磨损增大。它可分为易被氢还原的金属氧化物（铁、铜、钨、钴、钼等的氧化物）和难还原的氧化物（如铬、锰、硅、铝等的氧化物）。有时含有少量的易还原金属氧化物，有利于金属粉末的烧结，而难还原金属氧化物却不利于烧结。因此，通常金属粉末的氧化物含量越少越好。

金属粉末中的主要气体杂质是氧、氢、一氧化碳及氮，这些气体杂质使金属粉末脆性增大，压制性变差，特别是使一些难熔金属与化合物（如钛、铬、碳化物、硼化物、硅化物）的塑性变差。加热时，气体强烈析出，也可能影响压坯在烧结时的正常收缩过程。因此，一些金属粉末往往要进行真空脱气处理，以除去气体杂质。

2. 物理性能

粉末的物理性能主要包括颗粒形状、颗粒大小和粒度组成，此外还有颗粒的比表面积，以及颗粒的密度、显微硬度等。

金属粉末的颗粒形状即粉末颗粒的外观几何形状，通常有球状、树枝状、针状、海绵状、粒状、片状、角状和不规则状，它主要由粉末的生产方法决定，同时也与制造过程的工艺参数及物质的分子和原子排列的结晶几何学因素有关。粉末的颗粒形状直接影响了粉末的流动性、松装密度、气体透过性，对压制性和烧结体强度均有显著影响。

金属粉末的颗粒大小通常情况下可用筛来测定颗粒的大小，并用“目”来表示，对其压制成型时的比压、烧结时的收缩及烧结制品的力学性能有重大影响。

粒度分布是指大小不同的颗粒级的相对含量，也称粒度组成，它对金属粉末的压制和烧结都有很大影响。

比表面积即单位质量粉末的总表面积，可通过实际测定。比表面积大小影响着粉末的表面能、表面吸附及凝聚等表面特性，与粒度有一定的关系，粒度越细，比表面积越大，但这种关系并不一定成正比关系。

3. 工艺性能

粉末的工艺性能包括松装密度、流动性、压缩性与成型性。工艺性能也主要取决于粉末的生产方法和粉末的处理工艺（球磨、退火、加润滑剂、制粒等）。

松装密度也称松装比，是金属粉末的一项主要特性，指金属粉末在规定条件下，自由充填标准容器所测得的单位体积松装粉末的质量，与材料密度、颗粒大小、颗粒形状和粒度分布有关。松装密度影响粉末成型时的压制与烧结，也是压模设计的一个重要参数。一般粉末压制成型时，是将一定体积或重量的粉末装入压模中，然后压制到一定高度或施加一定压力进行成型，若粉末的松装密度不同，压坯的高度或孔隙度就必然不同。例如还原铁粉的松装密度一般为2.3～3.0g/cm^3，若采用松装密度为2.3g/cm^{3}的还原铁粉压制密度为6.9g/cm^{3}的压坯，则压缩比（粉末的充填高度与压坯高度之比）为6.9:2.3=3:1，即若压坯高度为1cm时，模腔深度须大于3cm才行。

粉末流动性是50g粉末从标准的流速漏斗（又称流速计）流出所需的时间，单位为s/(50g)。时间越短，流动性越好。一般来说，等轴状粉末、粗颗粒粉末流动性好。流动性受颗粒间黏附作用的影响，因此，颗粒表面如果吸附水分、气体或加入成型剂会降低粉末的流动性。粉末流动性将直接影响压制操作的自动装粉和压件密度的均匀性，流动性好的粉末有利于快速连续装粉及复杂零件的均匀装粉。

压制性是指金属粉末在压制过程中的压缩能力。它取决于粉末的硬度、塑性变形能力与加工硬化性，并在相当大的程度上与颗粒的大小及形状有关。一般用在一定压力下压制时获得的压坯密度来表示。经退火后的粉末压制性较好。

成型性是指粉末压制后，压坯保持既定形状的能力，用粉末得以成型的最小单位压制力表示，或者用压坯的强度来衡量。为保证压坯品质，使其具有一定的强度，且便于生产过程中的运输，粉末需有良好的成型性。成型性不仅与粉末的物理性质有关，还受到粒度、粒形与粒度组成的影响。为了改善成型性，常在粉末中加入少量润滑剂如硬脂酸锌、石蜡、橡胶等。通常用压坯的抗弯强度或抗压强度作为成型性试验的指标。

5.1.2　金属粉末的制备方法

金属粉末的各种性能均与制粉方法有密切关系，一般由专门生产粉末的工厂按规格要求来供应，其制造方法很多，可分为以下几种：

1. 机械方法

机械法制取粉末是将原材料机械地粉碎，常用的有机械粉碎和雾化法两种。机械粉碎是靠压碎、击碎和磨削等作用，将块状金属、合金或化合物机械地粉碎成粉末，包括机械研磨、涡旋研磨和冷气流粉碎等方法。实践表明，机械研磨比较适用于脆性材料，塑性金属或合金制取粉末多采用涡旋研磨、冷气流粉碎等方法。而雾化法是目前广泛使用的一种制取粉末的机械方法，易于制造高纯度的金属和合金粉末。将熔化的液态金属从雾化塔上部的小孔中流出，同时喷入高压气体，在气流的机械力和急冷作用下，液态金属被雾化、冷凝成细小粒状的金属粉末，落入雾化塔下的盛粉桶中。任何能形成液体的材料都可以通过雾化来制取粉末，这种方法得到的粉末称为雾化粉。

2. 物理方法

常用的方法为蒸气冷凝法，即将金属蒸气经冷凝后形成金属粉末，主要用于

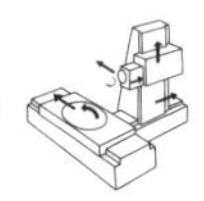

制取具有大蒸气压的金属粉末。例如，将锌、铅等的金属蒸气冷凝便可以获得相应的金属粉末。

3. 化学方法

常用的化学方法有还原法、电解法等。

还原法是使用还原剂从固态金属氧化物或金属化合物中还原制取金属或合金粉末。它是最常用的金属粉末生产方法之一，方法简单，生产费用较低。比如铁粉通常采用固体碳还原法，即把经过清洗、干燥的氧化铁粉以一定比例装入耐热罐，入炉加热后保温，得到海绵铁，经过破碎后得到铁粉。

电解法是从水溶液或熔盐中电解沉积金属粉末的方法，生产成本较高，电解粉末纯度高，颗粒呈树枝状或针状，其压制性和烧结性很好，因此，在特殊性能（高纯度、高密度、高压缩性）要求时使用。

5.1.3　金属粉末的预处理

为了获得具有一定粒度且具有一定物理、化学性能的金属粉末，成型前要经过一些预处理。预处理包括：粉末退火、筛分、制粒、加入润滑剂等。

退火的目的是使氧化物还原，降低碳和其他杂质的含量，提高粉末的纯度，同时，还能消除粉末的加工硬化，稳定粉末的晶体结构等。用还原法、机械研磨法、电解法、雾化法及羰基离解法所制得的粉末都要经退火处理。此外，为防止某些超细金属粉末的自燃，需要将其表面钝化，也要进行退火处理。经过退火后的粉末，压制性得到了改善，压坯的弹性后效相应减小。例如，将铜粉在氢气保护下于 300℃左右还原退火，将铁粉在氢气保护下于 600～900℃还原退火，这时粉末颗粒表面因还原而呈现活化状态，并使细颗粒变粗，从而改善了粉末的压制性。粉末在氢气保护下处理时，还有脱氧、脱碳、脱磷、脱硫等反应，其纯度得到了提高。

筛分的目的是使粉末中的各组元均匀化。筛分是一种常用的测定粉末粒度的方法，适于 40μm 以上的中等和粗粉末的分级和粒度测定。其操作为称取一定质量的粉末，使粉末依次通过一组筛孔尺寸由大到小的筛网，按粒度分成若干级别，用相应筛网的孔径代表各级粉末的粒度。称量各级粉末的质量，计算出用质量百分数表示的粉末的粒度组成。

目前，国际标准采用泰勒筛制。习惯上以网目数（简称目）表示筛网的孔径和粉末的粒度。所谓目数是筛网 1in（25.4mm）长度上的网孔数，因目数都注明在筛框上，故有时称筛号。目数越大，网孔越细。

制粒是将小颗粒的粉末制成大颗粒或团粒的工序，常用来改善粉末的流动性。将液态物料雾化成细小的液滴，与加热介质（氮气或空气）直接接触后液体快速蒸发而干燥，从而获得制粒。在硬质合金生产中，为了便于自动成型，使粉末能顺利充填模腔就必须先进行制粒。

粉末冶金零件在压制和脱模过程中，粉末和模具之间的摩擦力很大，必须在粉末中加入润滑剂。加入润滑剂可以改善压制过程，降低压制压力，改善压块密度分布、增加压块强度。常用的润滑剂有硬脂酸锌、硬脂酸锂、石蜡等。但由于松装密度较小，润滑剂加入后易产生偏析，易使压坯烧结后产生麻点等缺陷。近年来，出现了一些润滑剂的新品种，如高性能专用润滑剂 Kenolube、Metallub 等，可以大大改善粉末之间和粉末与横壁之间的摩擦，稳定并减小压坯的密度误差。

5.1.4　粉末冶金材料的应用及发展

粉末冶金由于在技术上和经济上有优越性，在国民经济中起到越来越大的作用。可以说，现在没有一个工业部门不使用粉末冶金材料和制品，从普通机械制造到精密仪器，从日常生活到医疗卫生，从五金工具到大型机械，从电子工业到电机制造，从采矿到化工，从民用工业到军事工业，从一般技术到尖端技术，粉末冶金材料和制品都得到了广泛的应用。粉末冶金材料及制品的分类与应用见表5-1。

表5-1　粉末冶金材料及制品的分类与应用

机械加工用工模具	硬质合金、金属陶瓷、高速钢、立方氮化硼、金刚石
汽车、拖拉机、机床制造	机械零件、摩擦材料、多孔含油轴承、过滤器
电机制造	多孔含油轴承、铜-石墨电刷
精密仪器	仪表零件、软磁材料、硬磁材料
电气、电子工业	电触头材料、电真空电极材料、磁性材料
计算机工业	记忆元件
化学、石油工业	过滤器、防腐零件、催化剂
军工	穿甲弹头、军械零件、高比重合金
航空	摩擦片、过滤器、防冻用多孔材料、粉末超合金
航天和火箭	发汗材料、难熔金属及合金、纤维强化材料
原子能工程	核燃料元件、反应堆结构材料、控制材料、屏蔽材料

粉末冶金材料和制品的今后发展方向：

1）有代表性的铁基合金，将向大体积的精密制品和高质量的结构零部件发展。

2）制造具有均匀显微组织结构、加工困难而完全致密的高性能合金。

3）用增强致密化过程来制造一般含有混合相组成的特殊合金。

4）制造非均匀材料、非晶态、微晶或者亚稳合金。

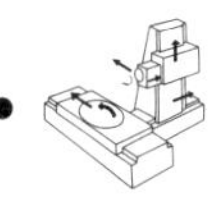

5）加工独特的和非一般形态或成分的复合零部件。

5.2　粉末冶金工艺过程

粉末冶金的工艺流程如图 5-1 所示，主要包括粉末混合、压制成型、烧结和后处理。

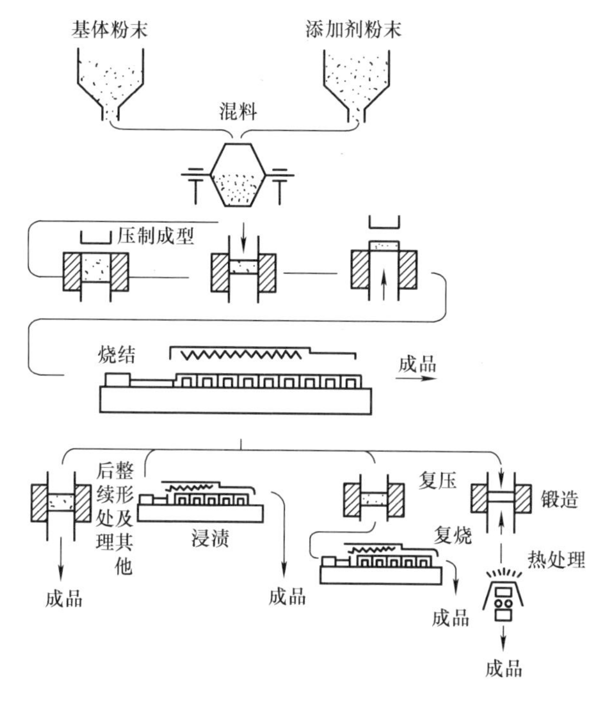

图 5-1　粉末冶金的工艺流程

5.2.1　粉末混合

粉末混合是将金属或合金粉末与润滑剂、增塑剂等相混合，以获得各种组分均匀分布的粉末混合物。混合一般是指将两种以上不同成分的粉末混合均匀的过程。有时候，为了需要也将成分相同而粒度不同的粉末进行混合，这种过程称为和批。混合而成的粉末称为混合粉。

混合常用的有两种方法，即机械法和化学法。其中用得最广泛的是机械法，即用各种混合机如球磨机、V 形混合机、锥形混合器等将粉末机械地掺和均匀而不发生化学反应。机械法混合又可分为干混和湿混，干混在铁基制品生产和钨粉、碳化钨粉末生产中广泛采用，湿混在制备硬质合金混合料时经常采用。湿混时使用的液体介质常为酒精、汽油、丙酮、水等。化学法混合是将金属或化合物粉末与添加金属的盐溶液混合，或者是各组元全部以某种盐的溶液形式混合，然后经沉淀、干燥、还原等处理而得到均匀分布的混合物。

混合好的粉末通常需要过筛，除去较大的夹杂物和润滑剂的块状凝聚物，并且应尽可能及时使用，否则应密封储存起来，运输时应减少振动，防止混合料发生偏析。

5.2.2　金属粉末压制成型

1. 封闭钢模压制成型方法

粉末冶金的压制成型方法很多，主要有封闭钢模压制、流体等静压压制、粉末锻造、三轴向压制成型、高能成型、振动压制、挤压、连续成型等。其中封闭钢模冷压成型在粉末冶金成型生产中占有重要地位，它是指在常温下于封闭钢模中用规定的比压将粉末成型为压坯的方法。它的成型过程由称粉、装粉、压制、保压及脱模组成。

装粉通常采用定量装粉，可分为质量法和容积法两种。用称取一个压坯所需粉料质量来定量的方法为质量法；用量取一个压坯所需粉料容积来定量的方法为容积法。通常小批量生产多采用质量法，大批量生产一般采用容积法。

保压是指在压制过程中，在最大压制压力下保持一定的时间，以保证压坯的形状，提高压坯密度。通常对于形状复杂或体积较大的压坯，必须采取保压的方法，而对于形状简单和体积小的压坯，一般不必采取保压。

脱模是指压坯从模具型腔中脱出。压坯脱出后，会产生弹性恢复而胀大，此现象为回弹或弹性后效。脱模方式主要有两种，即拉下式和顶出式脱模。拉下式脱模是指下模冲不动，凹模通过成型设备的下压头向下拉，将压坯脱出模腔的方法。顶出式脱模是指凹模不动，下模冲通过成型设备的下压头向上顶，将压坯脱出模腔的方法。

压制示意图如图 5-2 所示。压制过程中，在压力作用下，金属粉末首先发生相对移动，使孔隙之间空气逐步向外逸出，粉末颗粒间相互啮合。在颗粒相互接触处先后产生弹性变形、塑性变形及脆性断裂（或冷焊现象），颗粒间从点接触转为面接触。

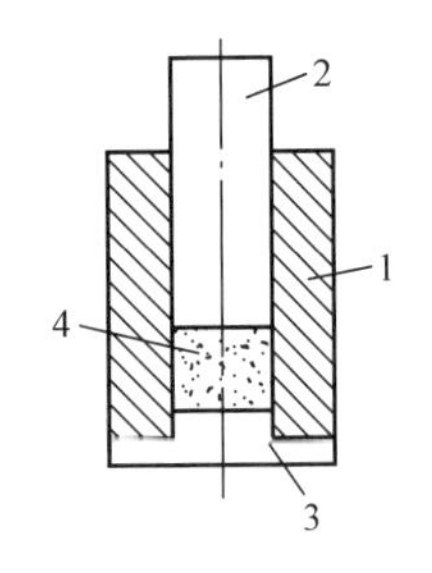

图 5-2　压制示意图
1—凹模　2—上模冲
3—下模冲　4—粉末

常用的压制方法有四种，如图 5-3 所示。

（1）单向压制　在压制过程中，凹模与下模冲不动，仅在上模冲上施加压力，如图 5-3a 所示。这种方式适用于压制无台阶类厚度较薄的零件，采用单向压模。压制过程中，单向压模相对于凹模运动的只有一个模冲，或是上模

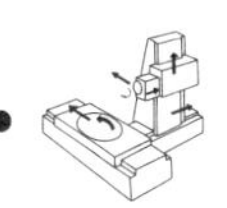

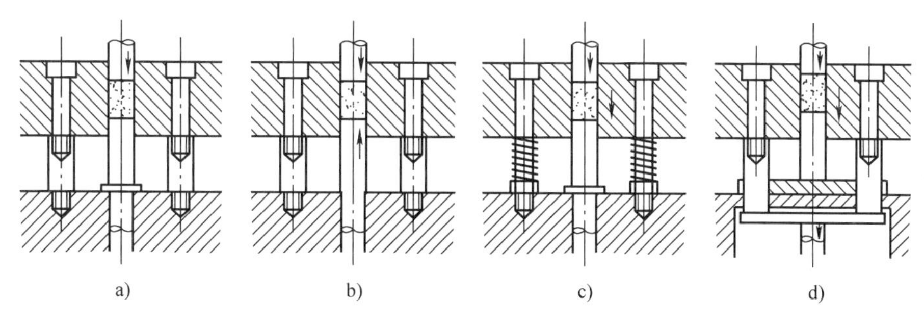

图 5-3　压制方法

a）单向压制　b）双向压制　c）浮动模压制　d）引下法

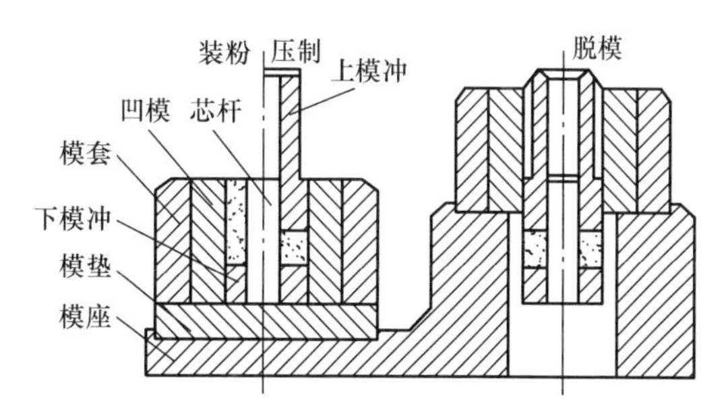

图 5-4　有孔类压坯的单向手动压模

冲或是下模冲，这种压模适用于生产高径比 $H/D<1$，形状简单的零件。图 5-4 所示为有孔类压坯的单向手动压模，压模结构由凹模、上模冲、下模冲和芯杆组成。压制时，下模冲和芯杆固定不动，上模冲向下加压，压缩粉末体，用压床滑块行程控制压坯高度。脱模时，将凹模移至右边脱模座上，令上模冲向下顶出压坯即可。

（2）双向压制　凹模固定不动，上、下模冲从两面同时加压，特点是上、下模冲相对凹模都有移动，模腔内粉末体受到两个方向的压缩，如图 5-3b 所示。这种方式适用于压制无台阶的厚度较大的零件。

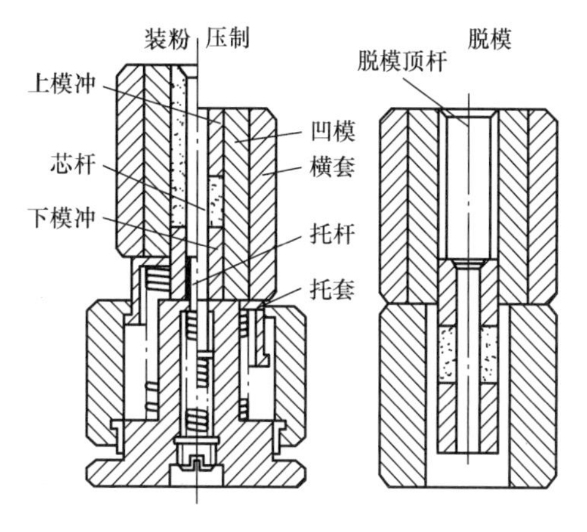

图 5-5　套类压坯浮动式双向手动压模

（3）浮动模压制　凹模由弹簧支承着，在压制过程中，下模冲固定不动，一开始在上模冲上加压，随着粉末被压缩，凹模壁与粉末间的摩擦逐渐增大，当摩擦力变得大于弹簧的支承力时，凹模即与上模冲一起下降（相当于下模冲上升），实现双向压制，如图 5-3c 所示。图 5-5 所示为套类压坯浮动式双向手动压模，压制是调节弹簧可调节凹模和芯杆的浮动量，凹模的浮动结构与上模冲一起向下做不等距离移动，实现了上下模冲的双向压制，又与芯杆的浮动一起改善了压坯密度的均匀性。

（4）引下法　如图 5-3d 所示，一开始上模冲压下既定距离，然后和凹模一起下降，凹模的下降速度可以调整。若凹模的下降速度与上模冲相同，称非同时压制；当凹模的下降速度小于上模冲时，称同时压制。压制终了时，上模冲回升，凹模进一步下降，位于下模冲上的压坯即呈静止状态脱出。当零件形状复杂时，宜采用这种压制方式。

2. 压坯密度

在压制成型过程中，将发生粉末颗粒与颗粒之间、粉末颗粒与模壁之间的摩擦、压力的传递及压坏密度和强度的变化等复杂现象。得到一定的压坯密度是压制过程的主要目的。压坯密度表示压制对粉末密实的有效程度，是在粉末冶金制品的生产中需要控制的最重要的性能之一，可以决定后期烧结时材料的性状。实践表明，压坯密度分布不均匀是压制过程的主要特征。

（1）压坯密度分布　在单向压制时，压坯沿其高度方向上的密度分布是不均匀的。对于圆柱形压模，在任何垂直面上，上层密度比下层密度大。在水平面上，接近上模冲断面的密度分布为两侧大中间小，而远离上模冲断面的密度分布则为中间大两侧小。但是，在靠近模壁处，由于外摩擦作用，轴向压力的降低比压坯中心大，导致压坯底部的边缘密度比中心的密度低。因此，压坯各部分的致密化程度也就有所不同。

（2）影响压坯密度分布的因素　在压制过程中，除通过上模冲施加的压制压力外，还有侧压力、摩擦力、内应力等，各力对压坯分别产生不同的作用。在钢模压制过程中，作用在压坯各个断面上的力并不完全一样。在压坯的同一个横截面上，中心部位和靠近模壁的部位，以及沿压坯高度的上中下各部位所受的力都不相同。

一般来讲，压制压力主要为两部分，一部分用于使粉末颗粒产生位移、变形，以及克服粉末颗粒之间的摩擦力，使粉末压紧，称为净压力；另一部分是用于克服粉末颗粒与模壁之间的摩擦力，为压力损失。压制总压力为净压力与压力损失之和。压力损失是模压中造成压坯密度分布不均匀的主要原因。

压坯密度的大小受压制压力、粉末颗粒性能、压坯尺寸及压模润滑条件等因素的影响。

试验证明，增加压坯的高度会使压坯各部分的密度差增大；而加大直径则会使密度的分布更加均匀。压坯高度与直径的比值越大，压坯密度差就越大。为了减少密度差，应降低压坯的高径比。

采用模壁光洁度高的压模，并在模壁上涂润滑油，能够降低摩擦因数，改善压坯的密度分布。

另外，压坯中密度分布的不均匀性，可以通过双向压制得到改善，因为双向

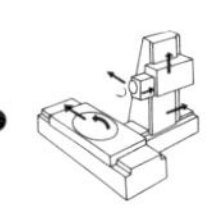

压制时，与上下模冲接触的两端密度较高，而中间部分密度较低。

（3）压坯密度与影响因素的关系　压坯密度与影响因素的关系曲线如图 5-6 所示。由图可知：

1）压坯密度随压制压力增高而增大，这是因为压制压力会使颗粒移动、变形及断裂。

2）压坯密度随粉末的粒度或松装密度的增大而增大。

3）粉末颗粒的硬度和强度减低时，利于颗粒变形，从而促进了压坯密度的增大。

4）当减低压制速度时，有利于粉末颗粒移动，从而促进压坯密度增大。

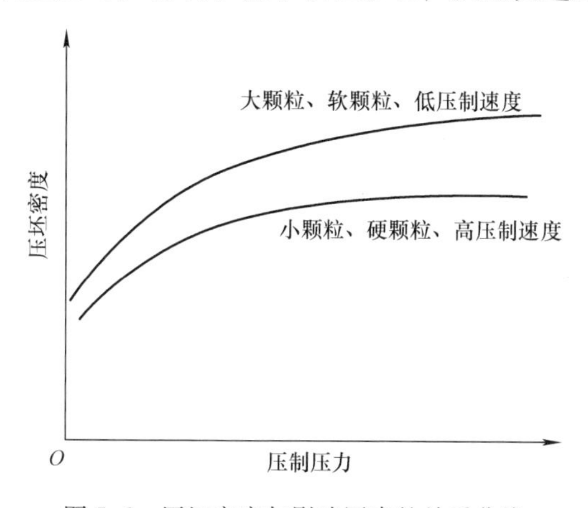

图 5-6　压坯密度与影响因素的关系曲线

3. 脱模力

脱模力是指使压坯从压模中脱出所需的压力。在压制过程中，粉末由于受力而发生弹性变形和塑性变形，压坯内存在着很大的内应力，压力消除后，压坯仍紧紧箍在压模内，要将压坯从凹模中脱出，必须要有一定的脱模力。脱模力与压制压力、粉末性能、压坯密度和尺寸、压模及润滑条件等因素有关系。试验得到，铁粉压坯的脱模力约为压制压力的 13%；而硬质合金压坯的脱模力约为压制压力的 30%。

压坯从压模中脱出后，尺寸会胀大，一般称之为弹性后效或回弹。由于弹性后效的作用，压坯尺寸会发生改变，甚至产生开裂。弹性后效是压模设计的一个重要参数。

5.2.3　烧结

烧结是一种高温热处理，将压坯或松装粉末体在适当的气氛中，在低于其主要成分熔点的温度下保温一定时间，以获得具有所需密度、强度和各种物理及力学性能的材料或制品的工序。它是粉末冶金生产过程中关键的、基本的工序之一，目的是使粉末颗粒间产生冶金结合，即使粉末颗粒之间由机械啮合转变成原子之间的晶界结合。用粉末烧结的方法可以制得各种纯金属、合金、化合物及复合材料。

1. 烧结的基本原理

烧结过程与烧结炉、烧结气氛、烧结条件的选择和控制等方面有关，因此，烧结是一个非常复杂的过程，烧结过程示意图如图 5-7 所示。烧结前压坯中粉末的接触状态为颗粒的界面可以区分并可分离，只是机械结合。但在烧结状态时，粉末颗粒接触点的结合状态发生了转变，为冶金结合，颗粒界面为晶界面。随着烧结的进行，结合面增加，直至颗粒界面完全转变成晶界面，颗粒之间的孔隙由不规则的形状转变成球形的孔隙。

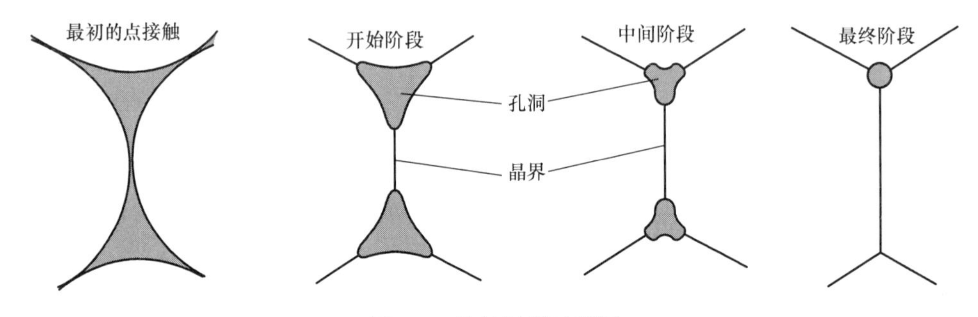

图 5-7　烧结过程示意图

烧结原理：粉末压坯具有很大的表面能和畸变能，随粉末粒径的细化和畸变量的增加而增加，结构缺陷多，因此处于活性状态的原子增多，粉末压坯处于非常不稳定的状态，将力图把本身的能量降低。将压坯加热到高温，为粉末原子所贮存的能量释放创造了条件，由此引起粉末物质的迁移，使粉末体的接触面积增大，导致孔隙减小，密度增大，强度增加，从而形成了烧结。

按烧结过程中按有无液相出现和烧结系统的组成可分为固相烧结和液相烧结。如果烧结发生在低于其组成成分熔点的温度，粉末或压坯无液相形成，则产生固相烧结；如果烧结发生在两种组成成分熔点之间，至少有两种组分的粉末或压坯在液相状态下，则产生液相烧结。固相烧结用于结构件，液相烧结用于特殊的产品。当液相烧结时，在液相表面张力的作用下，颗粒相互靠紧，故烧结速度快、制品强度高。普通铁基粉末冶金轴承烧结时不会出现液相，属于固相烧结；而硬质合金与金属陶瓷制品烧结过程将出现液相，属于液相烧结。

2. 烧结工艺

粉末冶金零件烧结工艺根据零件的材料、密度、性能等要求，确定工艺条件及各项参数。烧结工艺参数包括两个方面，一为烧结温度、保温时间、加热和冷

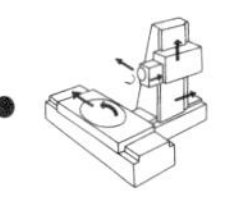

却速度；二为合适的烧结气氛并控制气氛中各成分的比例。

粉末冶金零件压坯完成一次烧结需要不同的温度和时间。通常烧结分三个阶段，分别是预烧、烧结和冷却。

为了保证润滑剂的充分去除及氧化膜的彻底还原，预烧应保持一定时间，且时间长短与润滑剂添加量和压坯大小有关。预烧之后，将烧结零件送入高温区烧结，烧结温度可根据烧结组元熔点、粉末的烧结性能及零件的要求有关。通常对于固相烧结，烧结温度为主要组元熔点温度的 0.7 ~0.8 倍。烧结结束后，烧结零件进入冷却区，冷却至规定温度或室温，然后出炉。零件从高温冷却至室温会发生组织结构和相溶解度的变化，将会影响产品的最终性能，冷却速度对其有决定作用，因此，需要控制冷却速度。

烧结时最主要的因素是烧结温度、烧结时间和烧结气氛，此外，烧结制品的性能也受粉末材料、颗粒尺寸及形状、表面特性及压制压力等因素的影响。在烧结过程中，烧结温度和烧结时间必须严格控制。烧结温度过高或烧结时间过长，都会使压坯歪曲和变形，其晶粒亦大，产生所谓“过烧”的废品；如烧结温度过低或烧结时间过短，则产品的结合强度等性能将达不到要求，产生所谓“欠烧”的废品。通常，铁基粉末制品的烧结温度为 1000 ~ 1200℃，烧结时间为 0.5 ~2h。

3. 烧结气氛的控制

为了避免粉末冶金零件压坯在烧结过程中的氧化、脱碳、渗碳等现象，烧结炉内需要通入可控的保护气氛。铁基粉末冶金零件烧结时，由于不同阶段的烧结对气氛的要求不同，因此，现代烧结炉的保护气氛是分段输入的。

预热区 1 段是压坯中润滑剂烧除区（也称脱蜡区），通常采用的是放热型气氛或混有一定比例空气的氮、空气混合气体。

预热区 2 段是氧化物还原区，通常采用吸热性气氛或还原性氮基气氛。

烧结区是高温区，对两个以上组元的压坯，在此区域将发生合金化反应，因此气氛必须要有维持烧结零件成分的作用。如需维持一定碳势，即在一定温度下维持气体成分的一定比例，通常采用可控碳势气氛，如吸热性气氛或添加有甲烷的氮基气氛，并通过调节气氛中 CO_2、H_2O 或 CH_4的含量来维持一定的碳势。

预冷区为重新渗碳区，采用渗碳性气氛，如 CO、CH_4 含量较高的吸热性气氛或含甲烷的氮基气氛，恢复或增加碳的含量。

冷却区的气氛主要起保护作用，防止烧结零件变黑或变蓝，以便获得正常显微结构、性能稳定、再现性好的烧结零件。通常采用氮气和有轻度还原的烧结气氛。

常用粉末冶金制品的烧结温度与烧结气氛见表 5-2。

表 5-2 常用粉末冶金制品的烧结温度与烧结气氛

粉末材料	铁基制品	铜基制品	硬质合金	不锈钢	磁性材料	钨、钒
烧结温度/℃	1050～1200	700～900	1350～1550	1250	1200	1700～3300
烧结气氛	发生炉煤气，分解氨	分解氨，发生炉煤气	真空、氢气	氢气	真空、氢气	氢气

5.2.4 后处理

很多粉末冶金制品在烧结后可以直接使用，但有些制品还需进行必要的后处理。后处理的方法按其目的的不同，有以下几种：

1）为提高制品的物理性能及力学性能，后处理方法有复压、烧结、浸油、热锻与热复压、热处理及化学热处理。

2）为改善制品表面的耐蚀性后处理方法有水蒸气处理、磷化处理、电镀等。

3）为提高制品的形状与尺寸精度，后处理方法有精整、机械加工等。

例如，对于齿轮、球面轴承、钨钼管材等结构件，常采用滚轮或标准齿轮与烧结件对滚挤压的方法进行精整，以提高制品的尺寸精度、降低其表面粗糙度值；对不受冲击而要求硬度高的铁基粉末冶金零件，可进行淬火处理；对表面要求耐磨，而心部又要求有足够韧性的铁基粉末冶金零件，可以进行表面淬火；对含油轴承，则需在烧结后进行浸油处理；对于不能用油润滑或在高度重载下工作的轴瓦，通常将烧结的铜合金在真空下浸渍聚四氟乙烯液，以制成摩擦因数小的金属塑料减磨件。

还有一种后处理方法是熔渗处理，它是将低熔点金属或合金渗入到多孔烧结制品的孔隙中，以增加烧结件的密度、强度、塑性或冲击韧性。

后处理的主要工艺目的遵循粉末体在压制过程的变形规律，尽量利用各种结构特征，改善复杂形状零件压制时的均匀性，从而保证压坯的质量。

5.2.5 硬质合金粉末冶金成形

硬质合金由硬质基体和黏结金属两部分组成。硬质合金是一种优良的工具材料，主要用于切削工具、金属成形工具、表面耐磨材料及高刚性结构部件。硬质基体用难熔金属化合物，主要是碳化钨和碳化钛，还有碳化钽、碳化铌和碳化钒等，以保证合金具有较高的硬度和耐磨性。黏结金属用铁族金属及其合金，以钴为主使合金并具有一定的强度和韧度。

硬质合金的品种很多，其生产工艺也有所不同，但基本工序大同小异，硬质合金的生产工艺流程如图 5-8 所示。

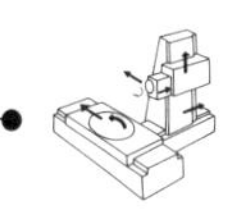

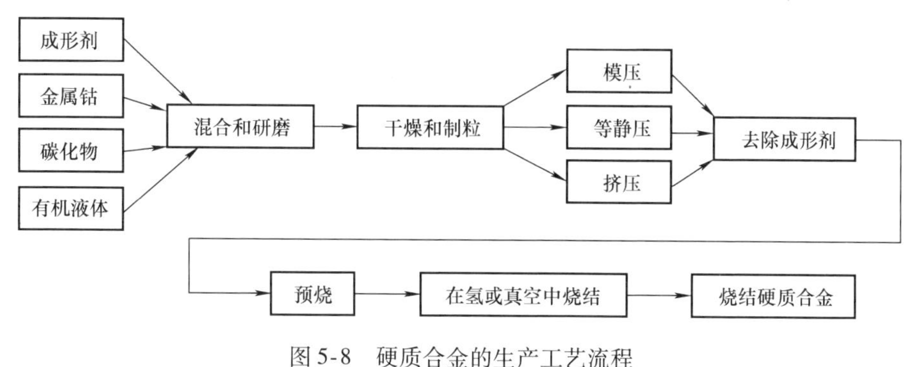

图 5-8　硬质合金的生产工艺流程

5.3　粉末注射成型技术

5.3.1　粉末注射成型技术的特点

粉末注射成型是传统粉末冶金、现代塑料注射成型工艺与陶瓷烧结技术相结合而形成的一种新型成型技术，工艺流程如图 5-9 所示。首先将粉末与黏结剂混合，混合料制粒后，经注射成型得到所需要形状的预成形坯。黏结剂使混合料具有黏性流动的特征，可借助模腔进行填充，并保证喂料装填的均匀性。对预成型坯进行脱脂处理去除黏结剂后，再对脱脂坯进行烧结。有些烧结产品还要进行进一步的致密化处理、热处理或机械加工。

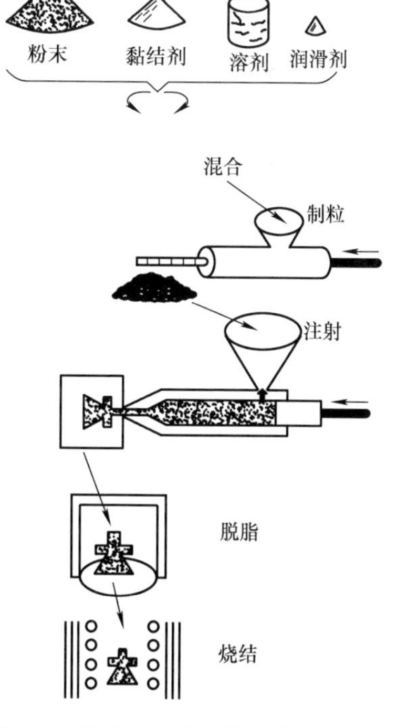

图 5-9　粉末注射成型技术的工艺流程

粉末注射成型技术的最大特点是可以直接制造出有最终形状的零部件，节省原材料，减少机械加工量。粉末注射成型可成型各种形状复杂的金属，产品材料利用率高，表面光洁度好，精度高，生产成本低，由于易于填模，成型坯密度均匀，烧结产品性能优异。它完全克服了传统粉末冶金难于生产复杂零件，精密铸造存在的偏析及机械加工工序长、原材料利用率低的缺点，特别适应生产大批量、小体积或带有横孔、斜孔、横向凹凸面、薄壁等零件。采用该方法生产出的产品尺寸精度高，力学性能和耐蚀性好。而且材料适应性广，合金钢、不锈钢、高比重金属、硬质合金、精细陶瓷、磁性材料等可以制成粉末的金属、合金、陶瓷等均可用此技术制成零部件。此外，该技术还可以实现全自动化连续生产，生产率高，材料性能优异，产品尺寸精度高，因此被誉为“当今最热门的零部件成型技术”。

5.3.2　粉末注射成型的工艺性

1. 工艺过程

金属粉末注射成型基本工艺包括混炼、注射、脱脂、烧结、二次加工等环节。首先是选取符合粉末注射成型工艺要求的金属粉末和黏结剂，然后在一定的温度下采用恰当的方法将粉末和黏结剂混合成均匀的具有黏塑性的流体，经制粒后在注射成型机上注射成型，获得的生坯经脱脂处理后烧结致密化而得各种复杂形状的零部件。

粉末注射成型的设备，包括混料机、混炼制粒机、注射成型机、真空烧结炉等，采用常规的粉末注射成型工艺生产。

2. 粉末

粉末的种类、特点和选用对粉末注射成型制品的性能及其应用范围的拓展起着十分重要的作用。粉末注射成型要求粉末粒度为微米级以下，以保证均匀的分散度、良好的流变性能和较大的烧结速率，形状近球形。此外对粉末的松装密度、振实密度、粉末长径比、自然坡度角、粒度分布也有一定的要求。目前生产粉末注射成型用粉末的主要方法有羰基法、水雾化法、气体雾化法、等离子体雾化法、层流雾化法和粉体包覆法等。

羰基法以 $Fe(CO)_5$ 为原料，将其加热蒸发。在催化剂（如分解氨）的作用下，气态 $Fe(CO)_5$ 分解得到铁粉，生产的粉末纯度高、性能稳定、粒度极细，最适合于粉末注射成型，但仅限于 Fe、Ni 等粉体，不能满足所有品种的要求。

水雾化法是主要的制粉工艺，其效率高、大规模生产比较经济，可使粉末细微化，但形状不规则，虽利于保形，但所用黏结剂较多，影响精度。此外，水与金属高温反应形成的氧化膜妨碍烧结。

气体雾化法是生产粉末注射成型用粉的主要方法，它生产的粉末为球形，氧化程度低，所需黏结剂少，成型性好，但极细粉效率低，价格高，保形性差，且黏结剂中的 C、N、H、O 对烧结体有影响。

等离子体雾化法主要生产各种用于粉末注射成型的钛及其他各种高活性粉末。该方法采用钛金属线材为原料，采用等离子喷嘴射出的高速高温等离子气体作为雾化介质。由于采用金属线材为原料，并且采用同轴向成20°~40°的3个等离子喷嘴，使金属原料的喂入、熔化和雾化在同一步骤完成，保证了粉末的球形

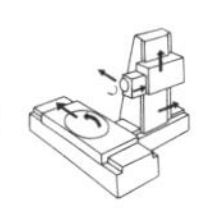

度，并且避免了熔融钛液包的操作困难。生产的粉末流动性能好，填充密度高。并且该方法是目前唯一能批量生产细小球形的高活性金属粉末方法。但由于采用金属线材为原料，导致生产率较低，粉末成本较高。

层流雾化法应用自稳定的、严格成层状的气流，使熔化的金属平行流动。熔化了的金属从喷嘴的入口到最窄处被气体压缩而迅速加速，气体为保持稳定而呈层状流动。在最窄处以下，气流被快速压缩，加速至超音速，在气液流界面由于剪切应力，金属熔体丝将以更高的速度变形，最终不稳定而破裂成许多更细的丝，最终凝结成细小粉末。该方法可直接生产许多适合于粉末注射成型的贵金属粉，特殊牌号的不锈钢粉和高速钢粉，铜基合金粉和超合金粉等。

粉体包覆法采用循环快速流化床反应器制备包覆粉末。采用粉体包覆法可以避免粉末预混合过程中的不均匀，生产的粉末在注射成型脱脂过程中保形性能较好。对于 Fe－Ni 低合金钢，采用该种方法镍分布非常均匀，能够有效减少残余奥氏体的含量，避免在使用过程中发生奥氏体向马氏体的转变。另外，对于不锈钢和工具钢，可以包覆微量硼，以提高烧结致密化性能，这样有可能使用较粗的不锈钢粉末进行粉末注射成型生产，且能保持制品的高密度。

3. 黏结剂和混炼

在粉末注射成型中，黏结剂直接影响着混合、注射成型、脱脂等工序，对注射成型坯的质量、脱脂及尺寸精度、合金成分等有很大的影响。黏结剂是粉末注射成型技术的灵魂，其加入和脱除是粉末注射成型的关键技术。粉末注射成型所使用的黏结剂包括热塑性体系、热固性体系、水溶性体系、凝胶体系及特殊体系。其中热塑性黏结剂体系是粉末注射成型中主要使用的黏结剂。

混炼是一个复杂的改善粉末流动性和完成分散的过程。常用的混炼装置有双螺杆挤出机、Z 形叶轮混料机、双行星混炼机等。混炼时的加料速率、混炼温度、转速等都会影响混炼的效果。混炼工艺目前通常依靠经验，混炼技术缺少工艺模型、效率低。

4. 注射成型

注射成型的目的是获得所需形状的无缺陷成型坯，其关键问题是有关成型的各项设计，其中包括产品设计、模具设计。利用塑料模具原理将粉末注射成型的模具逐渐标准化，模具设计和制作时间将减少，也可尽量多地使用多模腔模具以提高注射效率。

5. 脱脂和烧结

粉末注射成型工艺中黏结剂的脱脂技术是最重要的环节，也是粉末注射成型技术中最难实现的环节。一般黏结剂占成型坯体积的 40% 以上，在脱脂过程中成型坯极易出现宏观和微观缺陷，脱脂工艺对于保证产品质量极为重要。脱脂的基本方法有热脱脂、溶剂脱脂、催化脱脂、虹吸脱脂及超临界流体萃取等，根据黏结剂组成和粉料的化学性质不同选用脱脂方法。热脱脂方法工艺简单、成本低、投资少、无环境污染，但脱脂速度慢，易产生缺陷，只适合于小件。溶剂脱脂方法脱脂速度增加，脱脂时间缩短，但工艺复杂，对环境和人体有害，会产生变形。催化脱脂方法需要专门设备，分解气体有毒，存在酸处理问题，但由于脱脂速度快，无变形，可生产较厚的零件。虹吸脱脂方法脱脂时间短，有变形和虹吸粉污染。超临界流体萃取脱脂工艺是利用超临界流体兼有液体和气体的优点，并具有极高的溶解能力，可以深入到提取材料的基质中进行萃取，这种工艺克服了溶剂脱脂带来的环保问题。

烧结是粉末注射成型工艺中最后一道工序，可使产品致密和化学性质均匀，提高其机械、物理性能的作用。粉末注射成型的烧结方法、原理与传统粉末冶金一样，但由于金属粉末注射成型中采用了大量的黏结剂，烧结时收缩非常大，线收缩率一般达到12%～18%，而且粉末注射成型产品大多数是开头复杂的异形件，因此防止变形和保证尺寸成了主要的问题。尺寸精度的高低与原料、混炼、注射、脱脂、烧结等都有密切的关系，烧结条件如温度、气氛、升温速度等将影响产品的精度。

6. 典型工艺

目前具有代表性粉末注射成型工艺是 Wiech 法、Injectamax 法和 Metamold 法等。

Wiech 法的基本黏结剂体系由石蜡和热塑性树脂组成，黏结剂与粉末在“Z”或“Σ”形叶片剪切装置上混合。首先将粉末注射成型坯置于真空容器内，加热至黏结剂的流动温度或高于此温度，将气态形式的溶剂缓慢地加入成型坯所在的容器内，气态溶剂进入成型坯溶解黏结剂，溶解到一定程度以后，黏结剂的溶剂溶液会从成型坯中渗出。然后将已脱除了大部分黏结剂的成型坯，再浸入液态溶剂中除去剩余的部分黏结剂。最后将成型坯预热以除去残留的部分黏结剂和部分溶剂，并进行烧结得到成品。此工艺气态溶剂脱脂就需3天时间，脱脂效率很低，而且由于脱脂温度高于黏结剂流动温度，变形较严重。

Injectamax 法的主要优点是其黏结剂由石蜡、植物油和聚合物组成。植物油在注射和冷却时均为液态，因此注射成型前后成型坯体积变化不大，降低了成型坯中的内应力。脱脂时使用溶剂如三氯乙烷，只溶解脱除植物油和石蜡，而不溶性组元则不溶解，然后再利用热脱脂除去剩余的黏结剂。整个脱脂工艺过程时间短，只需6h，是一种较快的脱脂方法。这种溶剂脱脂结合热脱脂两步法简单、投资少和高效率，是目前常采用的生产方法。

Metamold 法的主要技术特点是采用聚醛树脂作为黏结剂，并在酸性气氛中快速催化脱脂。采用长链聚醛树脂作为黏结剂，当温度达到110℃以上，聚醛树

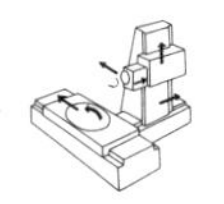

脂在酸性气氛催化作用下快速分解为甲醛，是一种直接的气 - 固转变。Metamold 法的一个重要特点是采用催化剂脱脂，脱脂时不会出现液相，避免了产品容易发生变形和不能控制尺寸精度的弱点，并且由于使用催化脱脂，大大缩短了脱脂时间，从而降低了成本，可应用 Metamold 法生产较大尺寸的零件。

5.4　粉末冶金制品的结构工艺性

5.4.1　粉末冶金制品的结构工艺性

由于粉末的流动性不好，使有些制品形状不易在模具内压制成型，或者压坯各处的密度不均匀，影响了成品质量。所以，粉末冶金制品的结构工艺性有其自己的特点。

1. 避免模具出现脆弱的尖角

压制模具工作时要承受较高的压力，它的各个零件都具有很高的硬度，若压坯形状不合理，则极易折断。所以，应避免在压模结构上出现脆弱的尖角（见表 5-3），以延长模具的使用寿命。

表 5-3　避免模具出现脆弱的尖角

不当设计	修改事项	推荐形状	说明
	倒角 $c\times45°$ 处加一平台，宽度为 0.1 ~ 0.2mm（如为圆角则也应在圆角处加一平台，宽度为 0.1 ~ 0.2mm）	0.1~0.2	避免上、下模冲出现脆弱的尖角
	尖角改为圆角，$R\geqslant0.5$mm	$R\geqslant0.5$ $R\geqslant0.5$ R	减轻模具应力集中，并利于粉末移动，减少裂纹

2. 避免模具和压坯出现局部薄壁

压制时，粉末基本不发生横向流动。为了保证压坯厚度密度均匀，粉末应均匀填充型腔各个部位，因此，应避免模具和压坯局部出现薄壁（壁厚应不小于 1.5mm），不致产生密度不均匀、掉角、变形和开裂的现象，见表 5-4。

表 5-4　避免模具和压坯出现局部薄壁

不当设计	修改事项	推荐形状	说明
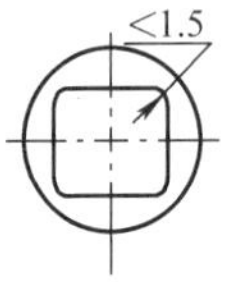 <1.5	增大最小壁厚	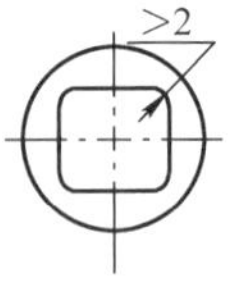 >2	利于装粉和压坯密度均匀，增强模冲及压坯
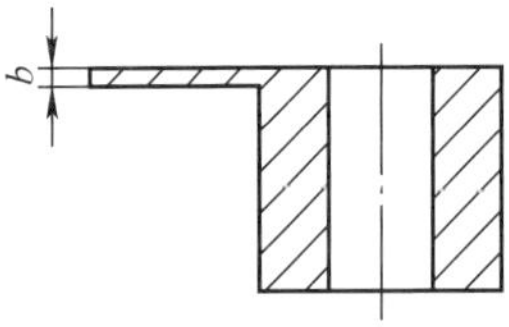 b<1.5mm	避免局部薄壁	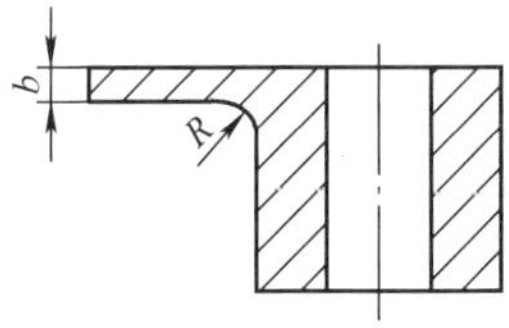 b>2mm; R>0.5mm	利于装粉均匀，增强压坯，烧结收缩均匀
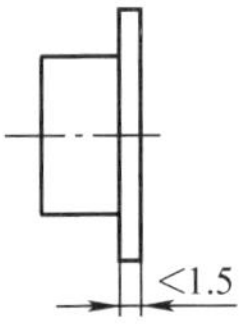 <1.5		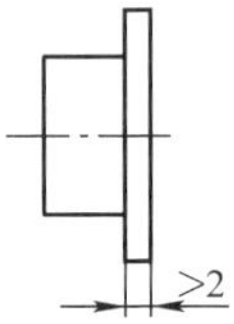 >2	
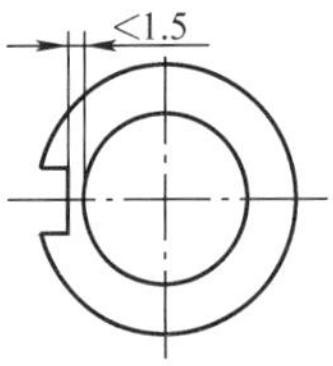 <1.5	增厚薄板处	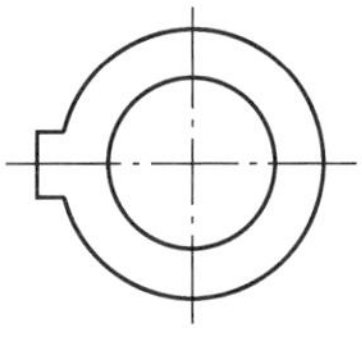	利于压坯密度均匀，减小烧结变形

3. 锥面和斜面需有一小段平直带

为避免损坏模具，并避免在冲模和凹模或芯杆之间陷入粉末，改进后的压坯形状应在锥面或斜面上加平台，即增加一小段平直带，见表5-5。

表 5-5　锥面和斜面需有一小段平直带

不当设计	修改事项	推荐形状	说明
	在斜面的一端加 0.5mm 的平直带	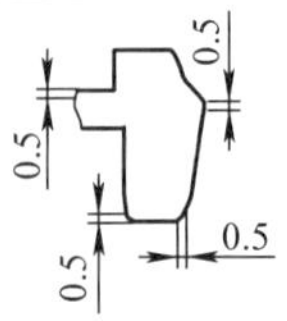 0.5 0.5 0.5 0.5	压制时避免模具损坏

4. 需要有脱模锥角或圆角

为方便脱模，应使与压制方向一致的内孔、外凸台等有一定斜度或圆角，见表5-6。

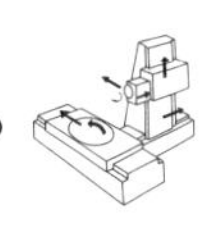

表 5-6　需要有脱模锥角或圆角

不当设计	修改事项	推荐形状	说明
H	圆柱改为圆锥，斜角 > 5°，或改为圆角，$R=H$	R	简化模冲结构

5. 适应压制方向的需要

制品中的径向孔、径向槽、螺纹和倒圆锥等，一般很难压制成型，需要在烧结后进行切削加工，因此，压坯的形状设计时，应适应压制方向的需要，见表 5-7。

表 5-7　适应压制方向的需要

不当设计	修改事项	推荐形状	说明
	避免侧凹		利于成型

6. 压制工艺对结构设计的要求（见表 5-8）

表 5-8　压制工艺对结构设计的要求

需加工部位	不当设计	修改后形状
垂直于压制方向的孔		
退刀槽		
深槽		

（续）

需加工部位	不当设计	修改后形状
螺纹	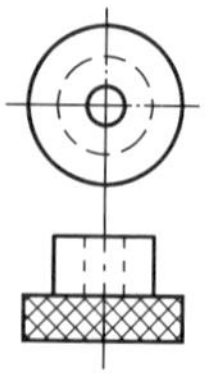	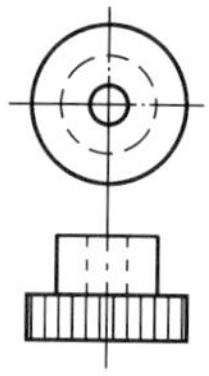
倒锥	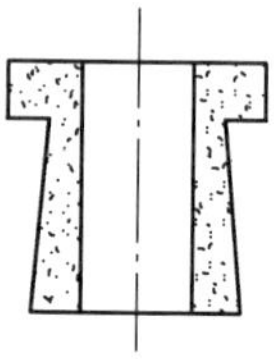	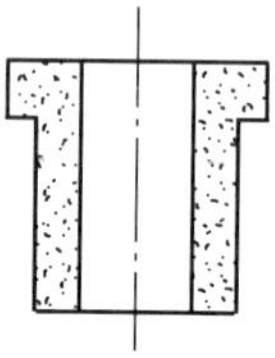

5.4.2　粉末冶金成型件的缺陷分析

如果粉末冶金制品结构设计不合理，或成型工艺不当等，成型件将产生各种各样的缺陷，见表5-9。

表5-9　成型件的缺陷分析

缺陷形式		简图	产生原因	改进措施
局部密度超差	中间密度过低	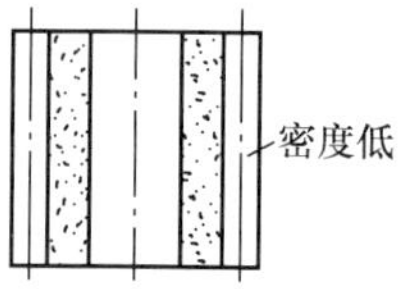 密度低	侧面积过大；模壁粗糙；模壁润滑差；粉料压制性差	改用双向磨擦压制；减小模壁表面粗糙度值；在模壁上或粉料中加润滑剂
	一端密度过低	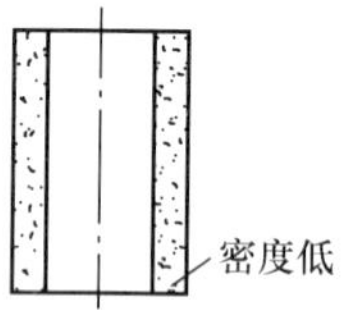 密度低	长细比或长厚比过大；模壁粗糙；模壁润滑差；粉料压制性差	改用双向压制；减小模壁表面粗糙度值；在模壁上或粉料中加润滑剂
	密度高或低	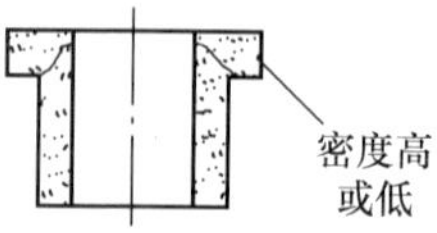 密度高或低	补偿装粉不恰当	调节补偿装粉量

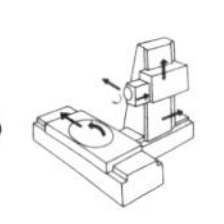

（续）

缺陷形式		简图	产生原因	改进措施
局部密度超差	薄壁处密度低	密度低 密度低	局部长厚比过大：单向压制不适用	采用双向压制；减小模壁表面粗糙度值；模壁局部加添加剂
裂纹	拐角处裂纹		补偿装粉不恰当；粉料压制性差；脱模方式不对	调整补偿装粉；改善粉料压制性；采用正确的脱模方式；带外凸缘产品，应带压套，用压套先脱凸缘
	侧面龟裂		凹模内孔沿脱模方向尺寸变小：如加工中的倒锥，成形部位已严重磨损，出口处有毛刺；粉料中石墨粉偏析分层；压制机上下台面不平，或模具垂直度和平行度超差；粉末压制性差	凹模沿脱模方向加工出脱模锥度；粉料中加适当润滑油，避免石墨偏析；改善压机和模具的平直度；改善粉料的压制性
	对角裂纹		模具刚性差；压制压力过大；粉料压制性差	增大凹模壁厚，改用圆形模套；改善粉料压制性，降低压制压力（达相同密度）
皱纹（即轻度重皮）	内台拐角皱纹		大孔芯棒过早压下，端台先成型，薄壁套继续压制时，粉末流动冲破已成型部位，又重新成型，多次反复则出现皱纹	加大大孔芯棒最终压下量，适当降低薄壁部位的密度；适当减小拐角处的圆角
	外球面皱纹		压制过程中，已成型的球面，不断地被流动粉末冲破，又不断重新成型的结果	适当降低压坯密度；采用松装比较大的粉末；最终滚压消除；改用弹性模压制
	过压皱纹		局部单位压力过大，已成型处表面被压碎，失去塑性，进一步压制时不能重新成型	合理补偿装粉避免局部过压；改善粉末的压制性

（续）

缺陷形式		简图	产生原因	改进措施
缺角掉边	掉棱角		密度不均，局部密度过低；脱模不当，如脱模时不平直，模具结构不合理，或脱模时有弹跳；存放搬动碰伤	改进压制方式，避免局部密度过低；改善脱模条件；操作时细心
	侧面局部剥落		镶拼凹模接缝处离缝；镶拼凹模接缝处倒台阶：压坯脱模时必然局部有剥落（即球径大于柱径，或球与柱不同心）	拼模时应无缝；拼缝处只许有不影响脱模的台阶（即图中球部直径可小一些，但不得大，且要求球与柱同心）
表面划伤			模腔表面粗糙度值大，或硬度低；模壁产生模瘤；模腔表面局部被啃或划伤	提高模壁的硬度、减小表面粗糙度值；消除模瘤，加强润滑
尺寸超差		—	模具磨损过大；工艺参数选择不合理	采用硬质合金模；调整工艺参数
同心度超差		—	模具安装调中差：装粉不均；模具间隙过大；模冲导向段短	调模对中要好；采用振动或吸入式装粉；合理选择间隙；增长模冲导向部分

本章小结

本章主要讨论金属粉末基本性能及制备方法、金属粉末预处理、粉末冶金的工艺过程及结构工艺性。

1. 粉末制备方法

粉末制备方法包括机械方法、物理方法和化学方法。

机械法制取粉末是将原材料机械地粉碎，常用的有机械粉碎和雾化法两种。

常用的物理方法为蒸气冷凝法。

常用的化学方法有还原法、电解法等。

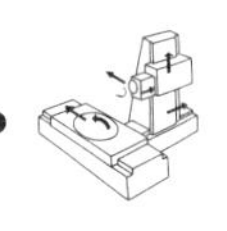

2. 金属粉末预处理

金属粉末预处理包括：粉末退火、筛分、制粒、加入润滑剂等。

3. 粉末冶金工艺过程

粉末冶金的工艺过程主要包括粉末混合、压制成型、烧结和后处理。

粉末混合常用的有两种方法，即机械法和化学法，其中用得最广泛的是机械法。

粉末冶金的压制成型主要有封闭钢模压制、流体等静压压制、粉末锻造等。其中封闭钢模压制是指在常温下于封闭钢模中用规定的比压将粉末成型为压坯的方法，成型过程由称粉、装粉、压制、保压及脱模组成。常用的压制方法有四种，单向压制、双向压制、浮动模压制和引下法。

烧结是一种高温热处理，将压坯或松装粉末体在适当的气氛中，在低于其主要成分熔点的温度下保温一定时间，以获得具有所需密度、强度和各种物理及力学性能的材料或制品的工序。目的是使粉末颗粒间产生冶金结合，即使粉末颗粒之间由机械啮合转变成原子之间的晶界结合。

后处理方法有复压、烧结、浸油、热锻与热复压、热处理及化学热处理。

4. 粉末冶金结构工艺性

避免模具出现脆弱的尖角；避免模具和压坯出现局部薄壁；锥面和斜面需有一小段平直带；需要有脱模锥角或圆角；适应压制方向的需要；符合压制工艺对结构设计的要求。

思考题与习题

1. 简述金属粉末的基本性能及制备过程。
2. 粉末冶金工艺过程包括哪些工艺过程？
3. 压坯中密度分布不均匀的状况及其产生的原因是什么？改善压坯密度分布的措施有哪些？
4. 金属粉末注射成型包括哪些工艺过程？
5. 粉末冶金制品的结构工艺性有哪些？

第 6 章　工程塑料及其成型技术

[导读]　本章介绍工程塑料的性能及分类、工程塑料成型工艺及制品的结构工艺性等内容，重点内容为工程塑料的类型、塑料成型工艺过程。通过学习，了解工程塑料的类型；塑料成型的特点及工艺条件；了解塑料制品结构设计的要求。

高分子化合物在自然界中是普遍存在的，如天然橡胶、纤维素、蛋白质等。高分子化合物的最主要应用是高分子材料。当前，高分子材料、无机材料和金属材料并列为三大材料。高分子材料由于其品种多、功能齐全、能适应多种需要，易于加工、适宜于自动化生产、原料来源丰富、价格便宜等原因，已成为人们日常生活中必不可少的重要材料。据统计，高分子材料占材料需求量的60%。塑料、橡胶和纤维被称为现代高分子三大合成材料，其中塑料占合成材料总产量的70%。

6.1　工程塑料的性能及分类

塑料是以天然或人工合成树脂为基本成分加入各种添加剂而组成的高分子材料。在塑料中凡能用来制作机械零件或工程结构的塑料称为工程塑料。塑料由于具有原料广泛、易于加工成型、价廉物美和优良的物理、化学及力学性能等优点，不仅广泛地应用于人们的生活之中，同时还广泛地应用于电子、仪器仪表、家用电器、工业、农业、医药、化工和国防等领域。

6.1.1　工程塑料的组成

塑料是以合成树脂为主要成分的有机高分子材料。一般塑料可分为简单组分和多组分两类。简单组分的塑料是由一种树脂组成的，如聚四氟乙烯等。也可加入少量着色剂、润滑剂等，如聚苯乙烯、有机玻璃等。多组分的塑料是由多种组分组成的，除树脂外，还要加入其他添加剂，如酚醛塑料、环氧塑料等。

1. 工程塑料的定义

凡可作为工程材料即结构材料的塑料，通常都被称为工程塑料。而在生产实践中，把具有某些金属性能，能承受一定的外力作用，并有良好的机械性能、电性能和尺寸稳定性，在高、低温下仍能保持其优良性能的塑料称为工程塑料。

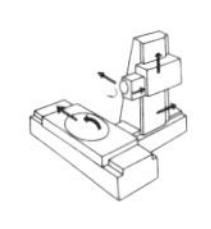

2. 工程塑料的组成及主要作用

（1）合成树脂　合成树脂即人工合成线型高聚物，是塑料的主要成分（40%～100%），主要起黏结作用，能将其他组分胶结在一起组成一个整体，使塑料具有成型性能。合成树脂对塑料的类型、性能和应用起着决定作用。

（2）添加剂　添加剂是为了改善塑料的使用性能或成型工艺性能而加入的其他辅助成分，各种添加剂使塑料的应用更广泛。

1）填充剂（填料）。填充剂主要起增强作用，可以提高塑料的力学性能、热学性能、电学性能并降低成本，如加入铝粉可提高对光的反射能力和防老化，加入二硫化钼可提高自润滑性，加入云母粉可提高电绝缘性，加入石棉粉可提高耐热性等。加入塑料的填充剂应易被树脂润湿，与树脂形成良好的黏附，性能稳定，来源广泛，价格低廉。常用填充剂有无机填料如滑石粉、石墨粉、云母、玻璃纤维、玻璃布等和有机填料如木粉、木片、棉布、棉花、纸等。

2）增塑剂。增塑剂能够提高塑料的可塑性和柔软性，主要是液态或低熔点固体有机化合物，如甲酸酯类、磷酸酯类、氧化石蜡等。

3）固化剂。固化剂的作用是与树脂发生化学反应，在聚合物中生成横跨链，形成不溶的三维交叉联网结构，使树脂在成型时，由线型结构转变为体型结构，形成坚硬的塑料。固化剂及其用量的选用要根据塑料的品种和加工条件来选择，如环氧树脂常用乙二胺，酚醛树脂常用六次甲基四胺等胺类化合物。

4）稳定剂。稳定剂是为了防止塑料制品老化，提高树脂在受热、光、氧化等作用时的稳定性，延长其寿命而加入的少量物质。稳定剂应具有耐油、耐水、耐化学药品、能与树脂相溶、成形时不分离等特性。包装食品的塑料制品还应注意选择无毒无味的稳定剂。

5）着色剂。着色剂使塑料制品具有各种美丽的色泽以满足使用要求。一般要求着色剂应具有色泽鲜明、着色力强、不易变色、性能稳定、耐温耐光性强的性能。着色剂有有机染料和无机颜料。

6）润滑剂。润滑剂是使塑料在加工成型时易于脱模和表面光亮美观而加入的少量物质。常用的润滑剂有硬脂酸及其盐类、硬脂酸钙等。

7）抗静电剂。塑料在加工和使用过程中由于摩擦而容易带静电，尤其在高速加工时，这种静电严重时会妨碍正常的生产和安全，有时会因静电集尘而导致塑料中混入尘埃而降低塑料制品的性能和价值。因此，加入抗静电剂可以提高塑料表面的电导率，使塑料迅速放电，防止静电积聚。

8）其他添加剂。为了保证塑料的使用性能和良好的加工性能，往往加入一些其他成分，如防老化剂、发泡剂、阻燃剂等。

6.1.2　塑料的分类和性能

1. 塑料的分类

塑料的种类很多，分类方法也很多。主要的分类方法如下：

按塑料的应用范围来分，可以分为通用塑料、工程塑料和功能塑料：

（1）通用塑料　通用塑料主要指产量大、用途广、价格低的聚乙烯、聚氯乙烯、聚苯乙烯、酚醛塑料等几大品种，它们约占塑料总产量的75%以上，主要用于制作一般普通的机械零件和日常用品。

（2）工程塑料　工程塑料指在工程技术中用作机械构件或结构材料的塑料。这种塑料具有较高的机械强度，或具有耐高温、耐腐蚀、耐辐射等特殊性能。常用的工程塑料有：聚酰胺、聚甲醛、聚碳酸酯、聚四氟乙烯、丙烯腈－丁二烯－苯乙烯（ABS）共聚物塑料等。工程塑料发展非常迅速。

工程塑料又可分为通用工程塑料和特种工程塑料。通用工程塑料包括聚酰胺、聚碳酸酯、聚甲醛、丙烯腈－丁二烯－苯乙烯共聚物、聚苯醚（PPO）、聚对苯二甲酸丁二醇酯（PBT）及其改性产品。特种工程塑料（高性能工程塑料）为耐高温的结构材料，包括聚砜（PSF）、聚酰亚胺（PI）、聚苯硫醚（PPS）、聚醚砜（PES）、聚芳酯（PAR）、聚酰胺酰亚胺（PAI）、聚苯酯、聚四氟乙烯（PTFE）、聚醚酮类、离子交换树脂、耐热环氧树脂。

（3）功能塑料　功能塑料指具有耐辐射、超导电、导磁和感光等特殊功能，能满足特殊使用要求的塑料，如医用塑料、导电塑料、氟塑料、有机硅塑料等。

按塑料的受热行为来分，可以分为热塑性塑料和热固性塑料。

（1）热塑性塑料　这类塑料的合成树脂为线型结构分子链，是聚合反应的结果。塑料加热会软化并熔融，成为可流动的黏稠液体，冷却后会凝固、变硬并保持既得形状，此过程可以反复进行。所以这种树脂可多次熔融，化学结构保持不变，性能也基本保持不变，是一种可再生、再加工的材料。这类塑料有聚乙烯、聚酰胺（尼龙）、聚甲基丙烯酸甲酯（有机玻璃）、聚四氟乙烯（塑料王）、聚砜、聚氯醚、聚碳酸酯等。

（2）热固性塑料　这类塑料的合成树脂为密网型结构分子链，是缩聚反应的结果。固化前这类塑料在常温或受热后软化，树脂分子呈线型结构，继续加热时树脂变成既不熔化也不溶解的体型结构，形状固定不变。温度过高时，分子链断裂，制品分解破坏。这类塑料具有较高的耐热性与刚性，但脆性大，不能反复成形与再生利用。这类塑料有酚醛塑料、氨基塑料、环氧树脂、有机硅塑料等。

按塑料的化学成分来分，可以分为聚氯乙烯类塑料，如聚乙烯、聚苯乙烯、ABS塑料等；乙烯基塑料，如聚氯乙烯树脂、聚乙酸乙烯酯等；氟塑料，如聚四氟乙烯树脂、聚全氟乙丙烯等；有机硅；酚醛树脂；环氧树脂；聚氨酯等。

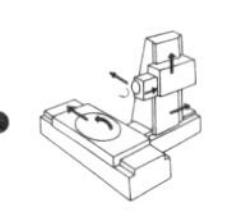

2. 工程塑料的性能

工程塑料的基本性能主要包括物理、化学、力学性能和热电性能等。下面就工程塑料的性能进行介绍。

（1）密度　工程塑料的密度比钢铁材料小得多，一般只有钢铁的 1/8 ~ 1/4。有的塑料比水还轻，如聚丙烯的密度为 0.9 ~ 0.91g/cm^3。利用塑料密度小的特性，对于要求自身重量轻的设备、装备具有重大的意义。

（2）耐蚀性　塑料对酸碱等化学药品均具有良好的耐蚀性。因此，塑料广泛地应用于化工行业、制药行业、家电行业、机械工业等领域。如聚四氟乙烯塑料能承受各种酸碱的侵蚀，甚至在“王水”中煮沸，也不会受到侵蚀。

（3）比强度　单位质量计算的强度称为比强度。塑料的密度比金属小得多，而比强度要比金属高。如铝的比强度为 232，铜的比强度为 502，铸铁的比强度为 134；而聚苯乙烯的比强度为 394，尼龙 66 的比强度为 640。

（4）弯曲强度　弯曲强度是指材料抗弯曲断裂的能力。如 ABS 塑料的弯曲强度为 52MPa，玻璃纤维布层压塑料可高达 350MPa。

（5）冲击强度　对塑料施加冲击载荷使之破坏的应力，以单位断裂面积所消耗的能量大小来表示，单位为 J/cm^2。如 ABS 塑料在 25℃ 时的缺口冲击强度为 8J/cm^2。而木粉填料的酚醛塑料仅为 0.4 ~ 0.6J/cm^2。

（6）剪切强度　剪切强度是指材料抵抗剪切应力的能力或被剪断时的应力。玻璃纤维布增强塑料层压板的剪切强度可达 80 ~ 170MPa。

（7）电绝缘性能　在常温及一定温度范围内塑料具有良好的绝缘性能。不仅在低频低压下，而且在高频高压下，有些塑料仍能作为绝缘材料和电容器介质材料，介电损耗小，耐电弧性能优良。

（8）击穿强度　任何介质在电场作用下，当电场电压超过某一临界值时，通过介质的电流会急剧增大，即介质由绝缘态转变为导电态而失去绝缘性能。这种现象称为介质的击穿。该临界电压值称为击穿电压。单位厚度介质发生击穿时的电压称为击穿强度。塑料的击穿电压都较高。如热塑性塑料的击穿强度在15 ~ 40kV/mm。

（9）耐热性　塑料的耐热性常用马丁耐热温度表示。马丁耐热温度是指将标准试样（120mm × 15mm × 10mm）按水平方向放置，加持一端，在另一端加静弯曲力矩，在 5MPa 弯曲应力作用下慢慢升温，当试样末端弯曲到规定的变形量时的温度，以摄氏温度（℃）表示。

热塑性塑料的马丁温度一般在 100℃ 以下，玻璃增强塑料的热塑性塑料的马丁温度可提高到 100℃ 以上，少数可达 150℃ 以上（聚砜）。热固性塑料的马丁温度一般比热塑性塑料高；有机硅塑料的马丁温度高达 300℃。

（10）导热性　塑料的导热性很差，导热系数只有 0.23 ~ 0.70W/(m · K)。

钢的导热系数为52W/(m·K)，可见差别很大。

（11）耐磨性　塑料的摩擦因数小，有的塑料可以在完全无润滑的条件下工作。如聚四氟乙烯、尼龙等自身就有润滑性能。

（12）线膨胀系数　塑料的线膨胀系数较大，一般为金属的3~10倍。

塑料具有很多优良性能，但塑料也存在缺点和不足。如机械强度、刚度、硬度不如金属材料，导热性能差，高温性能差，还易燃和易熔，在受到紫外线长期照射会发生变色和老化现象，有的塑料不耐某些有机溶剂等。因此，在塑料的选用中，要充分考虑塑料的特性，做到合理选材。

6.1.3　常用的工程塑料

工程塑料相对于金属来说，具有密度小、比强度高、耐腐蚀、电绝缘性能好，还有透光、隔热、消声、吸振等优点，也有强度低、耐热性差、容易蠕变和老化的缺点。而不同类型的工程塑料有着各自不同的性能特点。表6-1所示为常用工程塑料的性能、特点和用途。

表6-1　常用工程塑料的性能、特点和用途

塑料特性	名称（代号）	主要性能特点	用途举例
热塑性塑料	聚丙烯（PP）	聚丙烯密度小，是常用塑料中最轻的一种，强度、硬度、刚性和耐热性均优于低压聚乙烯，可在100~200℃使用；几乎不吸水，并有较好的化学稳定性和优良的高频绝缘性，且不受温度影响，但低温脆性大，不耐磨，易老化	制作一般机械零件，如齿轮、管道、接头等耐蚀件；泵叶轮、化工管道、容器、绝缘件；制作电视机、收音机、电扇壳体、电机罩等
	聚酰胺（PA，通称尼龙）	常用品种有尼龙6、尼龙66、尼龙610、尼龙1010等。无味、无毒，具有较高强度和韧性，摩擦因数小，耐磨性好，有良好的消声性，能耐水、油、一般溶剂；耐蚀性好；成型性好。但易吸水，尺寸稳定性差及耐热性差，导热性也较差（约为金属的1/100）	可代替铜及有色金属制作耐磨和减磨零件，如轴承、齿轮、滑轮、密封圈等，也可喷涂于金属表面作防腐耐磨涂层
	聚甲基丙烯酸甲酯（PMMA，俗称有机玻璃）	透光性好，可透过99%以上太阳光；着色性好，有一定强度，耐紫外线及大气老化，耐腐蚀，电绝缘性优良，可在-60~100℃使用。但质地较脆，易溶于有机溶剂中，表面硬度不高，易擦伤	制作航空仪器仪表、汽车和无线电工业中的透明件与装饰件，如飞机座窗、灯罩、电视机、雷达屏幕，油标、油杯、设备标牌、仪表零件
	苯乙烯、丁二烯-丙烯腈共聚体（ABS）	性能可通过改变三种单体的含量来调整，具有较高的强度、硬度和冲击韧性，耐热、耐腐蚀，尺寸稳定，易于加工成型，是一种原料易得、综合性能好、价格便宜的工程塑料。但长期使用易起层	广泛用于各种高强度的管道、接头、齿轮、叶轮、轴承、把手、仪表盘、轿车车身等

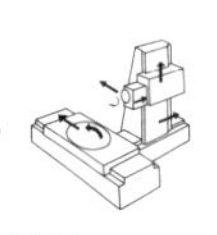

（续）

塑料特性	名称（代号）	主要性能特点	用途举例
热塑性塑料	聚甲醛（POM）	具有优良的综合力学性能，强度高、吸水性低、尺寸稳定、耐磨、抗疲劳性能好，有优良的电绝缘性和化学稳定性，可在 -40 ~ 100℃范围内长期使用。但热稳定性差，加热易分解，收缩率大	主要制作各种受摩擦零件如轴承、衬套、齿轮、叶轮、化工容器和管道、阀门等
	聚四氟乙烯（PTFE，也称“塑料王”）	化学稳定性超过玻璃、陶瓷甚至金属铂，具有优良的耐蚀性，几乎能耐所有化学药品的腐蚀；良好的耐老化性，可在 -195 ~ 200℃范围内长期使用；不吸水、摩擦因数小，有自润滑性。但在高温下不流动，不能热塑成型，只能用类似粉末冶金的冷压、烧结成型工艺，高温时会分解出对人体有害的气体，价格较高	主要用于制作减摩、密封零件、化工耐蚀零件，如高频电缆、电容线圈架及化工用的反应器、管道等
	聚砜（PSF）	双酚 A 型：优良的耐热、耐寒性，抗蠕变及尺寸稳定性，强度高，优良的电绝缘性，化学稳定性高，可在 -100 ~ 150℃范围内长期使用；但耐紫外线较差，成型温度高	制作高强度件、耐热件、绝缘件、减摩耐磨件、传动件，如精密齿轮、凸轮、真空泵叶片、仪表壳体和罩
		非双酚 A 型：在 -240 ~ 260℃范围内长期使用，硬度高、能自熄，耐老化、耐辐射，力学性能及电绝缘性好，化学稳定性高。但不耐极性溶剂	耐热或绝缘的仪器零件、汽车护板、仪器盘、计算机零件；电镀金属制成集成电路印制电路板
	氯化聚醚（也称聚氯醚）	具有极高的耐化学腐蚀性，易于加工，可在 120℃下长期使用，良好的力学性能和电绝缘性，吸水性很低，尺寸稳定性好，但耐低温性差	制作在腐蚀介质中的减摩、耐磨及传动件，精密机械零件，化学设备的衬里和涂层等
	聚碳酸酯（PC）	透明性好，在 -100 ~ 130℃使用，冲击韧性好，硬度高，尺寸稳定性高，耐热、耐寒、耐疲劳，吸水性好。但耐磨性和抗疲劳性不及尼龙，有应力开裂倾向	制作受载不大而冲击韧性要求较高的零件，如齿轮、蜗轮和蜗杆等。还可以制作防弹玻璃、挡风罩、防护面盔、安全帽等

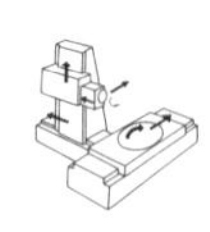

（续）

塑料特性	名称（代号）	主要性能特点	用途举例
热固性塑料	聚氨酯塑料（PUR）	耐磨性优良，韧性好，承载能力强，低温时硬而不脆裂，耐氧化，耐许多化学药品和油，抗辐射，易燃；软质泡沫塑料吸声和减振优良，吸水性大；硬质泡沫高低温隔热性能优良	密封件、传动带；隔热、隔声及防振材料；齿轮、电气绝缘件；实心轮胎；电线电缆护套；汽车零件
	酚醛塑料（俗称电木）	具有高的强度、硬度和耐热性，工作温度一般在100℃以上；摩擦因数小，电绝缘性好，耐蚀性好（除强碱外），耐霉菌，尺寸稳定性好。但质地较脆，色泽较暗，加工性差，只能模压	制作一般机械零件、水润滑轴承、电绝缘件，耐化学腐蚀的机构材料，如仪表壳体、电器绝缘板、绝缘齿轮、镇流罩、耐酸泵、制动片等
	环氧树脂（EP）	强度较高，韧性较好，电绝缘性优良，防水、防潮、防霉、耐热、耐寒，可在-80~200℃长期使用，化学稳定性较好，固化成型后收缩率较小，对许多材料的黏结力较强，成型工艺简便，成本较低	塑料模具、精密量具、机械零件和电器结构零件；涂敷和包封及修复机件等
	有机硅塑料	耐热性高，可在-80~200℃长期使用，电绝缘性优良，高频绝缘性好，防潮，有一定的耐蚀性，耐辐射、耐火焰、耐臭氧，也耐低温，但价格较高	高频绝缘件，湿热带地区电机、电器绝缘件，电气、电子元件及线圈的灌注与固定，耐热件等

6.2 工程塑料成型工艺

塑料成型是将树脂和各种添加剂的混合物作为原料，制成具有一定形状和尺寸制品的工艺过程。由于工程塑料的品种繁多，性能差异较大，因而塑料的成型方法很多。常用的成型方法主要有注射成型、挤出成型、压制成型、吹塑成型、压延成型、压制成型、发泡成型、浇注成型、真空成型和缠绕成型等。绝大多数塑料成型是将塑料通过加热使其处于黏流态或高弹态成形，随后冷却硬化，以获得各种形状的塑料制品。

塑料制品性能的优劣，既与选用的塑料品种、组成、结构和性能有关，也与成型方法和具体工艺条件等因素有关。在选择塑料的成型方法时，首先应考虑塑料的成型工艺性能及各种塑料对成型方法的适应性，表6-2所示为常用工程塑料对成型方法的适应性。同时也应考虑各种成型方法的特点和工艺条件，以生产出

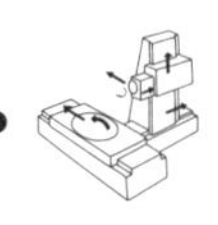

使用性能优良的塑料制品。

表 6-2　常用工程塑料对成型方法的适应性

塑料＼成型方法	注射	挤出	吹塑	压延	压制			发泡	浇注	真空成型
					模压	层压				
						高压	低压			
聚丙烯	好	好	好	差	差	差	差	中	差	中
聚酰胺	好	好	中	差	中	差	差	差	中	好
聚甲基丙烯酸甲酯（有机玻璃）	好	好	中	差	中	差	差	差	中	中
ABS 塑料	好	好	中	中	差	差	差	好	差	好
聚甲醛	好	好	中	差	差	差	差	差	差	差
聚四氟乙烯（塑料王）	差	中	差	差	好	差	差	差	差	差
聚氨酯	好	中	中	差	中	差	差	好	好	好
酚醛塑料（电木）	差	差	差	差	好	好	差	中	中	差
环氧树脂	中	差	差	差	好	中	好	差	好	差

6.2.1　塑料成型的工艺性能

塑料成型过程中塑料所表现出的性能称为塑料成型的工艺性能。塑料成型工艺性能的好坏直接影响塑料成型加工的难易程度和塑料制品的质量，同时还影响生产率和能量的消耗等。

1. 流动性及影响因素

塑料在一定的温度与压力下填充模腔的能力称为流动性。它与铸造合金流动性的概念相似。塑料的流动性是影响塑料填充模具型腔获得完整制品的主要因素。在塑料成型过程中塑料应具有适当的流动性。如流动性最大的具有线型分子结构，且很少或没有交联结构的树脂，由于流动性太好，注射成型时容易形成“溢边”缺陷。这时应在树脂中加入某些填料，以降低树脂的流动性，消除“溢边”现象。有的塑料流动性较差，成型过程比较困难，可以通过加入润滑剂和增塑剂提高塑料的流动性。影响塑料流动性的主要因素包括塑料的性质、聚合物分子量的大小和结构、塑料中的各种添加剂、温度和压力等。

（1）聚合物分子量和结构的影响　聚合物的分子量作为塑料的固有特性而影响流动性。聚合物的分子量越大，缠结程度越严重，流动时所受的阻力越大，即聚合物的黏度越大、流动性越差。不同的成型方法对聚合物的流动性要求不同，因此对聚合物的分子量要求不同。注射成型要求塑料的流动性好，可采用分子量低的聚合物；挤出成型塑料流动性较差，可采用分子量较高的聚合物；吹塑成型可采用中等分子量的聚合物。聚合物的分子结构在成形过程中一般都处于黏流态和高弹态，由于黏流态分子的动能增加，分子的移动更加容易，聚合物的流动性增加，有利于成型过程的进行。高弹态聚合物对塑料的吹塑成型具有重要的意义。

（2）各种添加剂的影响　塑料中的各种添加剂对流动性的影响有着不同的作用。有的添加剂的加入会使流动性增加，而有的添加剂会使流动性降低。因此根据不同成型方法对流动性的不同要求，可以通过加入不同的添加剂来调整流动性。

（3）温度的影响　升高温度可使塑料树脂的黏度降低，流动性增加。但是在塑料成型中不能仅靠提高温度来提高其流动性，必须将塑料加热到合适的温度范围来成型。这是因为不同塑料的流动性对温度有不同的敏感性。有的塑料对温度不敏感，大幅度提高温度对塑料的流动性提高有限，反而会因温度过高引起树脂的降解和分解，从而使塑料制品的质量降低；有的塑料对温度非常敏感（如聚甲基丙烯酸甲酯、聚碳酸酯和聚酰胺66等），在成型过程中可以通过升温来降低黏度，提高其流动性。塑料在成型过程中要严格控制成型温度，因为微小的温度波动会引起流动性的较大变化，使生产过程不稳定，塑料制品的质量难以保证。

热塑性塑料的流动性用熔融指数（也可称熔融流动率）表示，熔融指数越大，流动性越好，熔融指数与塑料的黏度有关，黏度越小熔融指数越大，塑料的流动性也越好。

常用塑料的流动性大致可分为三类：

流动性好：尼龙、聚苯乙烯、聚丙烯、醋酸纤维素等。

流动性中：改性聚苯乙烯、ABS塑料、聚甲基丙烯酸甲酯、聚甲醛、氯化聚醚等。

流动性差：聚碳酸酯、硬聚氯乙烯、聚苯醚、聚砜、聚芳砜、氟塑料等。

（4）剪切速率及压力的影响　剪切速率对聚合物的黏度有较大影响，一般随着剪切应力的增加聚合物的黏度降低，从而提高了其流动性。但不同的聚合物熔体对剪切作用的敏感程度不同。压力对聚合物熔体的黏度也有明显的影响，随着压力的增大，聚合物熔体的黏度升高，有时黏度竟能增加一个数量级，所以在塑料的成型过程中不能单纯靠提高压力来提高塑料的流量。因此，在使用螺杆式注射机成型塑料时，通过选择一定螺距的螺杆并控制螺杆的转速来达到控制剪切速率和压力，使塑料具有合适的流动性。

2. 收缩性

塑料在成型和冷却过程中发生的体积缩小的特性（发泡制品除外）称为收

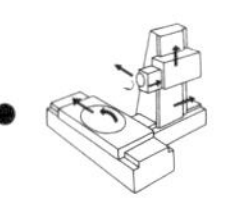

缩性。这种收缩性可用收缩率 k 来表示：

$$k = \frac{L_m - L_1}{L_1} \times 100\%$$

式中　k——塑料收缩率；

L_m——模具在室温时的尺寸（mm）；

L_1——塑件在室温时的尺寸（mm）。

不同塑料的收缩率不同，如 PVC 塑料的收缩率为 0.1% ~0.5%，POM 塑料的收缩率为 0.9% ~1.2%。但塑料的收缩率还与成型方法、制品的几何尺寸和成型的工艺条件有关。由于影响收缩性的因素较多，要精确确定成型时的收缩率较困难。在设计成型模时，通常是先初步估计塑料的收缩率，以此进行模具设计、制造、再试模，对收缩率加以调整，对模具尺寸加以修正，最后得出符合塑料制品尺寸要求的模具型腔尺寸。

3. 吸湿性

有的塑料树脂因含有极性基团，极易吸湿或黏附水分，如 ABS 塑料、有机玻璃、聚酰胺、尼龙等；有的塑料树脂是非极性基团，几乎不吸水也不黏附水分，如聚丙烯、聚苯乙烯等。我们把塑料树脂及其添加剂对水分的敏感程度称为吸湿性。吸湿性大的塑料在成型过程中往往会产生如外观水迹、表面粗糙、制品内有水泡、强度下降和黏度下降等缺陷。因此，在塑料成型前，必须对塑料树脂及其添加剂进行干燥处理。

4. 结晶性

对于结晶塑料在成型过程中发生结晶现象的性质称为结晶性。成型工艺条件对结晶塑料制品的性能具有很大的影响。如成型时料筒、模具的温度高且熔融物料的冷却速度慢，则结晶条件好，制品的结晶度大，其密度、硬度和刚度高，拉伸、弯曲、耐蚀性、耐磨性和导电性能好。反之，结晶度小，其柔软性、透明性、耐折性好，冲击强度增大，伸长率增大。因此，控制塑料的结晶度，可以获得不同性能的塑料。

5. 热敏性和水敏性

热敏性是指塑料对热较为敏感，在高温下受热时间较长或进料口截面过小，剪切作用大时，料温增高易发生变色、解聚、分解的倾向，具有这种特性的塑料称之为热敏性塑料。如聚甲醛、聚氯乙烯塑料的热敏性突出。因此，对这类塑料在成型加工时，必须严格控制成型温度和周期，在塑料中加入稳定剂以保证成型加工条件，使制品具有要求的特性。

水敏性是指塑料对水降解的敏感性，也称吸湿性。水敏性高的塑料，在成型过程中由于高温高压，使塑料产生水解或使塑件产生气泡、银丝等缺陷。所以塑料在成型前要干燥除湿，并严格控制水分。

6. 毒性、刺激性和腐蚀性

有些塑料在加工时会分解出有毒性、刺激性和腐蚀性的气体。例如，聚甲醛会分解产生刺激性气体甲醛，聚氯乙烯及其衍生物或共聚物会分解出既有刺激性又有腐蚀性的氯化氢气体。成型加工上述塑料时，必须严格掌握工艺规程，防止有害气体危害人体和腐蚀模具及加工设备。

6.2.2　注射成型及其工艺条件

1. 注射成型的原理和特点

注射成型又称注塑成型，是塑料成型的主要方法之一，主要适用于热塑性塑料和部分流动性好的热固性塑料。注射成型具有周期短，一次成型仅需 30 ~ 260s；生产率高；模具的利用率高；能成型几何形状复杂、尺寸精度高和带有各种镶嵌件的塑料制品，易于实现自动化操作，制品的一致性好，几乎不需要加工，适应性强，但成型设备昂贵。

注射成型原理如图 6-1 所示。注射成型所采用的设备为注射机，它主要由料斗、料筒、加热器、螺杆（或柱塞）、喷嘴和注射模具构成。塑料成型时，将颗粒状或粉状塑料原料倒入料斗内，在重力和螺杆旋转（或柱塞）推送下，原料进入料筒内，在料筒内物料被加热至黏流态，然后使熔融物料以高压高速经喷嘴注射到塑料成型模具内，经一定的时间，完全冷却、定型固化成型，开启模具，制品脱模。

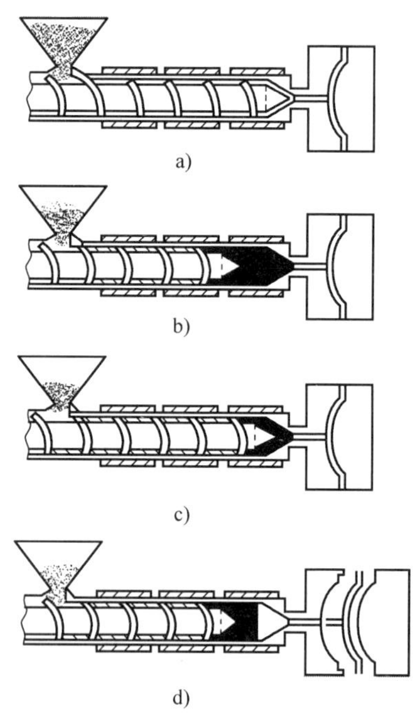

图 6-1　注射成型原理
a）加料　b）熔融塑化
c）施压注射　d）制品脱模

注射成型过程可分为加料、熔融塑化、施压注射、冲模冷却、制品脱模等五个步骤。

注射设备有螺杆式和柱塞式两种形式。它们的共同特点为①加热塑料至黏流状态；②对黏流态的塑料熔体施加压力，使其射出并充满模具型腔。螺杆式注射机具有加热均匀、原料混合和塑化均匀、温度和压力易控制、注射量大等优点。因此，螺杆式注射机是注射成型的首选设备。而柱塞式注射机结构简单，注射量小，适用于小型塑料制品的生产。

注射成型过程所需的成型工具为注射模，注射模的设计与制造是保证塑料制品形状、尺寸及塑料制品质量的关键。由于塑料制品的形状和尺寸、适用场合千

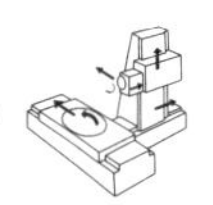

差万别，使注射模的大小、结构和复杂程度差别甚大。但典型的注射模由浇注系统、成型零件、导向零件、脱模顶出机构、抽芯机构、加热冷却系统、排气系统和其他结构零件等几部分组成。图 6-2 所示为注射模的结构简图，其浇注系统由主流道、分流道、浇口等组成；导向零件由导合钉和承压柱组成；脱模顶出机构由脱模板、脱模杆和回顶杆等组成；冷却系统由冷却剂通道组成。

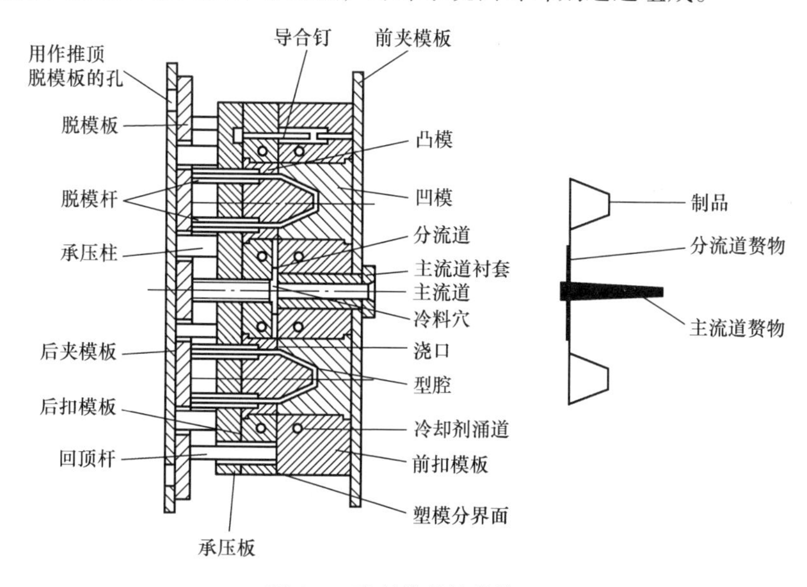

图 6-2　注射模的结构简图

2. 注射成型的工艺条件

注射成型过程中，主要控制的工艺参数有温度、压力和时间等。正确地控制工艺参数是成型过程顺利进行的条件。对于易吸湿的塑料在注射成型前必须进行干燥处理，以防止塑料制品发生气泡、雾浊、透明度差等缺陷。

（1）温度的控制　在注射成型过程中，温度的控制是非常重要的。主要是控制料筒、喷嘴和模具三个部分的温度。

1）料筒温度。应使物料从室温加热到黏流态，使物料充分塑化，获得一定的流动性，且物料不分解。一般料筒温度是分布不均匀的，遵循“前高后低”的原则。料筒的最高温度必须严格控制在塑料所要求的范围内。

2）喷嘴温度。喷嘴温度一般比料筒温度稍低，但不能过低。这样既可减少熔融物料在喷嘴处流散，又可防止冷凝料进入模腔或堵塞喷嘴。

3）模具温度。对于结晶性塑料，必须严格控制模具温度。为了使结晶塑料在成型过程中得到充分的结晶，提高其结晶度，较高的模具温度使物料成型后冷却速度变慢，有利于充分结晶，可获得结晶度高、表面光泽好、力学性能优良的制品。同时，为了使塑料熔体易定型和制品脱模，模具温度应保持恒温。由于结晶性塑料在熔点前后比容变化很大，收缩率比非结晶塑料大，所以成型制品易变形、壁厚制品易产生凹陷。因此，模具温度和模具设计，都必须考虑使制品各个部位均匀地结晶化。对于非结晶性塑料模具温度控制不严格，只要使制品各部位均匀地冷却固化便可。

（2）压力的控制　注射成型的压力分为塑化压力和注射压力，它们是对物料的塑化和充模成型质量影响非常大的因素之一。

塑化压力是指注射机工作时物料塑化过程中所需要的压力。单螺杆往复式注射机主要通过控制螺杆的转速，使螺杆对物料旋转以获得塑化压力。选择合适的螺杆转速，使物料达到较高的塑化效率。

注射压力是指在注射成型时，螺杆或柱塞的头部对物料所施加的压力。注射压力的大小和保压时间直接影响熔融物料充模和制品的性能。选择合适的注射压力及保压时间，使熔融物料克服流动阻力充满模腔，并在保压的过程中使模腔内物料冷却的收缩量得到补充，最终获得几何形状完整的制品。

（3）成型周期　成型周期是指完成一次注射成型过程所需要的时间。它包括注射时间、保压时间、冷却时间和起模时间等。

一般注射时间为3～10s，保压时间为20～120s，当制品很厚时，这个时间将延长到数分钟或更长，视制品的厚度而定。

冷却时间指注射完成到开启模具的时间，一般为30～120s。应根据制品厚度、冷却速度和模具温度而定，以制品脱模不变形，制品性能不受影响而经验确定。

制品成型过程中，在保证质量的前提下，应尽量缩短成型周期，以降低生产成本，提高设备的利用率和生产率。

常用工程塑料的注射成型工艺条件见表6-3。

表6-3　常用工程塑料的注射成型工艺条件

塑料品种	注射温度/℃	注射压力/MPa	成型收缩率（%）
聚丙烯	200～260	68.7～117.7	1.0～2.0
聚苯乙烯	160～215	49.0～98.1	0.4～0.7
聚甲醛	180～250	58.8～137.3	1.5～3.5
聚酰胺（尼龙66）	240～350	68.7～117.7	1.5～2.2
聚碳酸酯	250～300	78.5～137.3	0.5～0.8
ABS塑料	236～260	54.9～172.6	0.3～0.8
聚苯醚	320	78.5～137.3	0.7～1.0
氯化聚醚	180～240	58.8～98.1	0.4～0.6
聚砜	345～400	78.5～137.3	0.7～0.8
氟塑料F-3	260～310	137.3～392	1～2.5

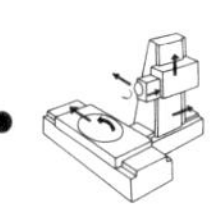

6.2.3　挤出成型及其工艺条件

1. 挤出成型的原理及特点

挤出成型是塑料制品加工中最常用的成型方法之一，它具有生产率高、可加工产品范围广等特点。它可将大多数热塑性塑料加工成各种截面形状的连续状制品，如：塑料管、棒、板材、薄膜、单丝、异型材及金属涂层、电缆包层、中空制品、半成品加工——造粒等。用于挤出成型的设备称挤出机（见图6-3）。

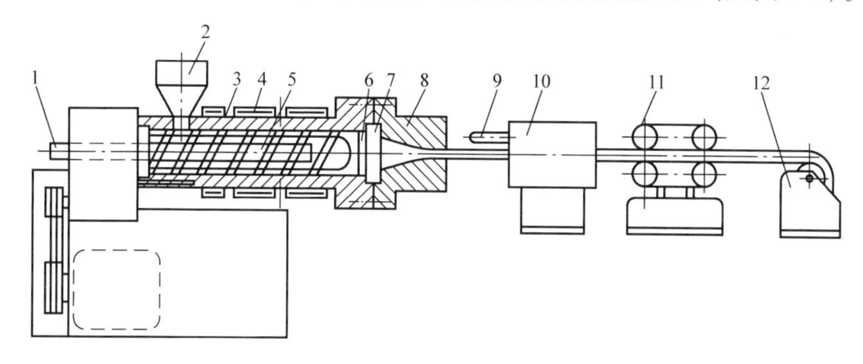

图6-3　挤出机的结构

1—冷却水入口　2—料斗　3—料筒　4—加热器　5—挤出螺杆　6—分流滤网　7—过滤板　8—机头　9—喷冷却水装置　10—冷却定型装置　11—牵引装置　12—自动定位刀具和卷取装置

挤出成型时，物料由料斗进入挤出机料筒被熔融，由挤出螺杆在一定压力作用下将熔融物料挤入机头口模，利用机头口模使塑料成型为一定形状，再经冷却、固化，制成同一截面的连续型材。改变机头口模的截面形状，可获得不同截面的型材。

挤出成型过程大致可分为三个阶段：

第一阶段是原料的塑化，即通过挤出机的加热和混炼，使固态原料变成均匀的黏性流体。

第二阶段是成型，即在挤出机挤压部件（机筒和螺杆）的作用下，使熔融的物料以一定的压力和速度连续地通过成型机头，从而获得一定的截面形状。

第三阶段是定型，通过冷却等方法使熔体已获得的形状固定下来，并变成固体状态。

挤出成型的主要优点：能连续生产等截面的长件制品；容易与同类材料或异型材料复合成型（如塑料电线）；可进行自动化大批量生产；工艺过程容易控制；产品质量稳定，致密；无浇口、浇道和毛边等废料；设备简单、投资小、占地面积小；口模简单等。

挤出成型的主要缺点：结构复杂的截面形状难以成型生产。

挤出成型的设备有螺杆式和柱塞式两种挤出机及其辅助设备。螺杆式挤出机的挤压过程是连续进行的，而柱塞式挤出机的挤出过程是间歇进行的。一般螺杆式挤出机的挤出压力小于柱塞式挤出机，当塑料的黏度大、流动性差时，成型需要较大的压力，可选用柱塞式挤出机。对于大多数塑料型材的大批量生产过程多使用螺杆式挤出机。辅助设备主要由冷却定型装置、牵引装置（机）、自动定位刀具和卷取装置等组成。由于各种塑料的成型性能差别大，应合理选择挤出机和辅助设备。

2. 挤出成型的工艺条件

（1）温度控制　温度控制是影响塑料塑化和产品特性的关键。挤出机从加料口到机头口模的温度是逐步升高的，保证塑料在料筒内充分混合和熔融。生产中机头口模的温度应控制在物料的流动温度和分解温度范围之间。在保证物料不分解的前提下，提高温度有利于生产率的提高。在成型过程中，应根据不同的物料和具体的操作工艺，来确定最佳的温度。

（2）螺杆的转速和机头压力　螺杆的转速决定了挤出机的产量并影响熔融物料通过机头口模的压力和产品质量，该速度取决于螺杆和挤出制品的几何形状及尺寸。增加螺杆转速可以提高挤出机的产量；同时，由于螺杆对物料剪切作用增强，可提高物料的塑化效果，改善制品的质量。但螺杆转速不是越高越好，如转速调节不当，会使制品表面粗糙，产生表面缺陷，影响外观质量。应根据具体情况，调整螺杆的转速，使螺杆的转速和机头口模压力达到最佳值，既保证制品质量，又获得较高产量。

（3）牵引速度　牵引速度和挤出速度的配合是保证挤出过程连续进行的必要条件。在挤出成型过程中，物料从机头口模挤出时会发生出模膨胀现象，如图6-4所示。因此，物料出模后常会被牵引到等于或小于口模的尺寸。这样型材的尺寸应按比例缩小到与牵引断面相同的程度。但物料牵引程度有所差别，所以牵引工艺就成了型材产生误差的根源。所以通过改进口模和增加定型装置来纠正。牵引速度的确定的，一般是通过牵引速度与挤出速度、口模和定型装置的配合试验来确定的。合适的牵引速度会使制品尺寸稳定、表面光洁，制品质量高。

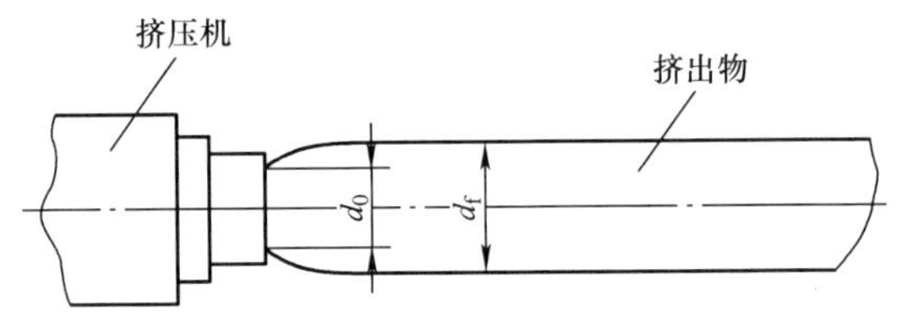

图6-4　物料挤出膨胀示意图

6.2.4　压制成型及其工艺条件

1. 压制成型的原理及特点

压制成型又称压注成型、模压成型，是塑料成型加工中较传统的工艺方法，主要用于热固性塑料的加工。压制成型主要分为模压法和层压法两种，如图6-5所示。

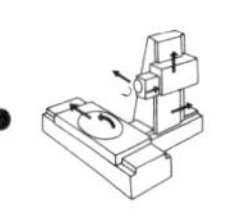

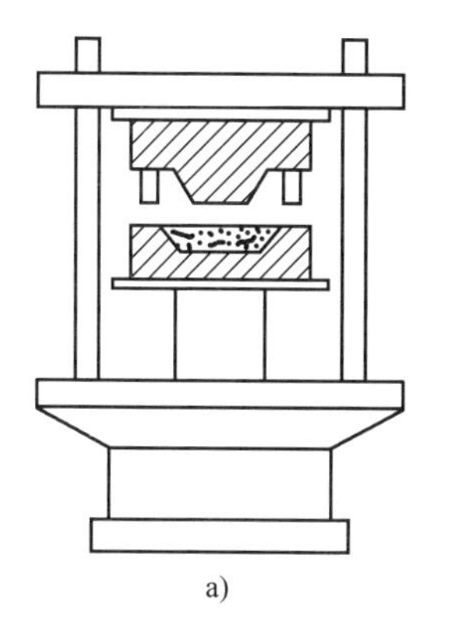

a)

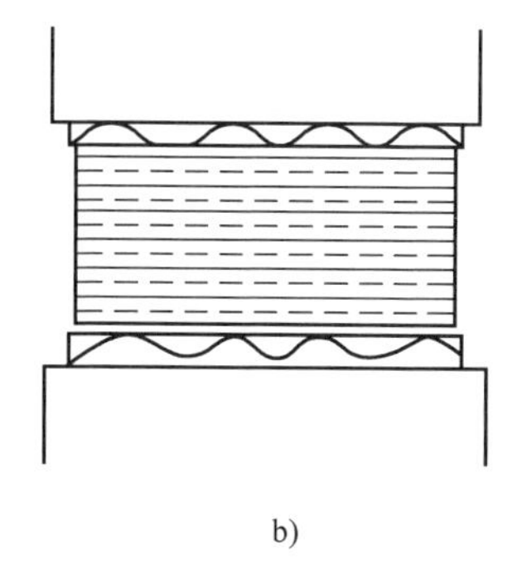

b)

图 6-5　压制成型原理示意图

a）模压法　b）层压法

模压法是将树脂和其他添加剂混合料放置于金属模具中加热加压，塑料在热和压力作用下熔融、流动充满模膛，树脂与固化剂发生交联反应，经一定时间固化成为一定形状的制品。

层压法是将纸张、棉布、玻璃布等片状材料在塑料树脂中浸泡，涂挂树脂后一张一张叠放成需要的厚度，放在层压机上加热加压，经一定时间后，树脂固化，相互黏结成型的工艺。主要适用于增强塑料板材、棒、管材等。

压制成型的主要特点为设备和模具结构简单，投资少，可生产大型制品，尤其是具有较大平面的平板类制品；工艺条件容易控制；制品收缩量小，变形小，性能均匀。但成型周期长，生产率低，较难实现自动化生产。

压制模的结构如图 6-6 所示，与注射模不同的是，压制模没有浇注系统，只有一段加料室，这是型腔的延伸和扩展。注射成型时模具处于闭合状态成型，而压制模成型是靠凸模对凹模中的原料施加压力，使塑料在型腔内成型。压制模成型零件的强度要比注射模高。

2. 压制成型的工艺条件

（1）压制温度　压制温度是指压制成型过程中模具的温度。压制温度越高，物料在模具中的流动性越好，物料越易充满模腔。同时有利于树脂化学交联固化成型，缩短压制成型时间。但温度不能过高，过高的温度会使树脂固化过快，力学性能下降，可能引起烧焦、起泡、裂缝等缺陷。过低的温度使物料的流动性差，难以充满模腔，也难以使树脂固化。

（2）压制压力　由压力机对塑料所施加的迫使物料充满型腔并固化的压力称为压制压力。压力使物料在模腔中快速流动充型，同时排出物料化学反应生成的水分及挥发物等，提高塑料的密实度，使制品不发生气泡、膨胀和裂纹等缺陷。加压过程使制品的形状固定，可防止冷却时制品的变形。压力的大小、加压

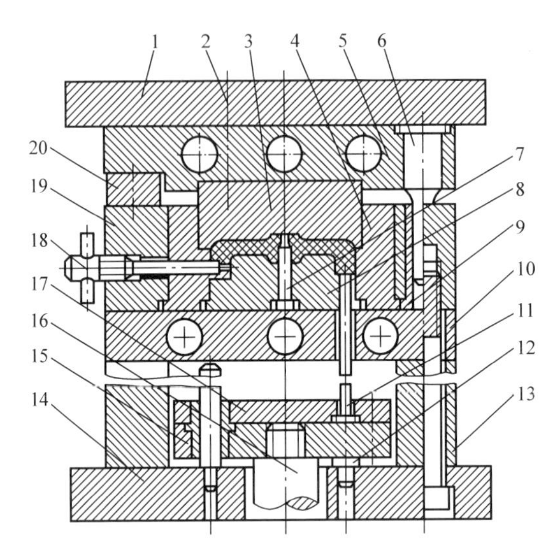

图6-6　压制模的结构

1—上模座板　2—螺钉　3—上凸模　4—加料室（凹模）　5、10—加热板　6—导柱　7—型芯　8—下凸模　9—导套　11—推杆　12—支承钉　13—垫块　14—下模座板　15—推板　16—尾杆　17—推杆固定板　18—侧型芯　19—型腔固定板　20—承压块

速度与塑料的种类及其流动性、成型温度、制品的形状、厚薄等有关。一般通过试验确定其数值范围。

（3）压制时间　压制时间是指模具闭合、加热加压到开启模具的时间。加压时间的长短与压制温度、压制压力、塑料的品种及其固化速度有关。压制温度一定，压制压力增加，压制时间可缩短。压力一定，温度提高，压制时间也可缩短。可根据实际情况经试验确定保证质量的最佳时间。表6-4所示为几种常用的热固性塑料的压制成型温度和压力。

表6-4　几种常用的热固性塑料的压制成型温度和压力

塑料种类	成型温度/℃	成型压力/MPa
酚醛塑料	140～180	7～42
脲甲醛塑料	135～155	14～56
聚酯塑料	85～150	0.35～3.5
环氧树脂塑料	145～200	0.7～14
有机硅塑料	150～190	7～56

6.2.5　真空成型及其工艺条件

1. 真空成型的原理及特点

真空成型也称吸塑成型，它是将热塑性塑料板材、片材固定在模具上，用辐

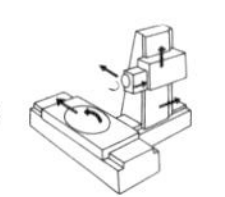

射加热器加热到软化温度，用真空泵（或空压机）抽取板材与模具之间的空气，借助大气压力使坯材吸附在模具表面，冷却后再用压缩空气脱模，形成所需塑件的加工方法。

真空成型的特点是生产设备简单，效率高，模具结构简单，能加工大尺寸的薄壁塑件，生产成本低。

2. 真空成型方法的种类及其工艺条件

真空成型包括凹模真空成型、凸模真空成型、凹凸模真空成型等。

凹模真空成型，如图 6-7 所示，一般用于外表精度要求较高，成型深度不高的塑件。

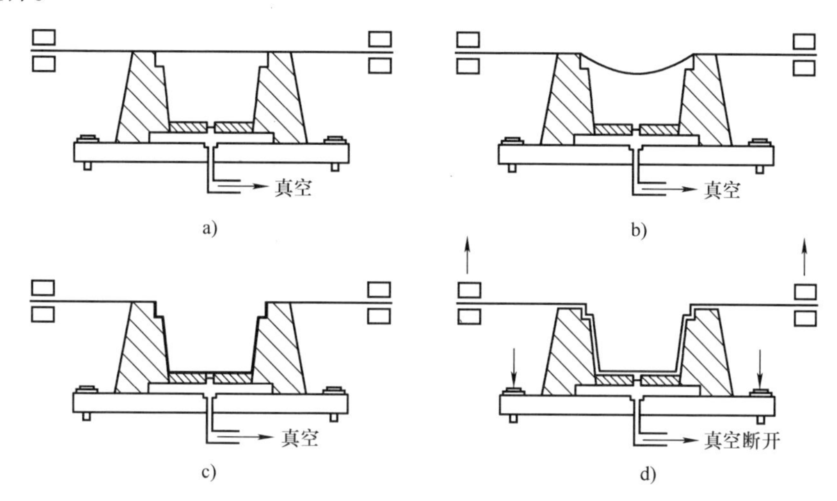

图 6-7 凹模真空成型

a）开始抽真空 b）板材变形 c）成型并冷却 d）脱模

真空成型产品类型有塑料包装盒、餐具盒、罩壳类塑件、冰箱内胆、浴室镜盒等；常用材料有聚丙烯、ABS 塑料、聚碳酸酯等。

6.2.6 其他成型方法

1. 吹塑成型

吹塑成型是先用注射法或挤压法将处于高弹态或黏流态的塑料挤成管状塑料，挤出的中空管状塑料不经冷却，将热塑料管坯移入中空吹塑模具中并向管内吹入压缩空气，在压缩空气作用下，管坯膨胀并贴附在型腔壁上成型，经过冷却后即可获得薄壁中空制品。图 6-8 所示为挤出吹塑成型的工艺过程。

吹塑成型的工艺过程为配制塑料、塑化塑料、注射（或挤压）成管坯、从芯模中通入压缩空气、管坯吹胀、吹塑模内成型、脱出制品。

吹塑成型的特点为制品的壁厚均匀，尺寸精度高，成形速度快，生产率高。

主要适用于热塑性塑料的中空型塑料制品的生产。

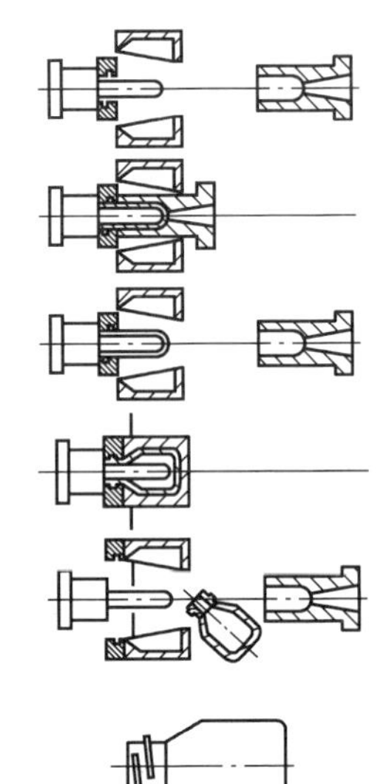

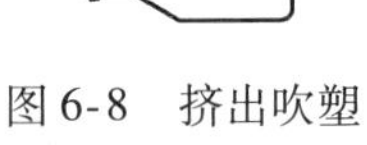

图6-8　挤出吹塑成型的工艺过程

2. 压延成型

压延成型是用热轧辊将已加热塑化的热塑性塑料压延成片材、薄膜等的工艺方法。主要适用于聚氯乙烯塑料板材、薄膜制品的生产。也适用于人造革或塑料墙纸涂层的压延成型。压延成型的工艺过程为配制塑料、塑化塑料、向压延机供料、压延、牵引、冷却、卷取、切割。

压延成型具有加工能力高，生产速度快，产品质量好，生产过程连续，可实现自动化等优点。其主要缺点是设备庞大，前期投资高，维修复杂，制品宽度受压延机辊筒长度的限制。

3. 发泡成型

发泡成型是结构泡沫塑料生产的主要方法。结构泡沫是一种具有整体皮层和泡沫内芯的泡沫塑料，由于具有较高的比强度和比刚度，可以作为结构材料使用，故称为结构泡沫。结构泡沫产品在工业零件、汽车零件、包装、无线电、精细家具、环卫产品等方面获得了广泛的应用。一般结构泡沫制品密度仅为同材质实体塑料密度的70%～80%或更低，如聚苯乙烯结构泡沫的密度为0.95～1.09g/cm^3（实体塑料的密度为1.05～1.07g/cm^3），绝大多数工程结构泡沫密度在0.65～0.80g/cm^{3}之间。

除了上述的成型方法之外，常用的成型工艺还有缠绕成型、滚塑成型、搪塑成型等。

总之，塑料的成型方法比较多。在选择塑料的成型方法时，必须根据塑料的特性来选择合理的成型方法。同时，合理设计模具的型腔，制定合适的成型工艺，才能保证塑料制品的质量。

6.3　塑料制品的结构工艺性

在塑料成型过程中，由于受许多因素的影响，常会产生许多成型缺陷。如缺料、凹痕、空洞、气泡、流痕、分层、翘曲、强度不足和毛刺等。这些缺陷的存在严重影响了塑料制品的质量，甚至会使塑料制品成为废品。因此，在成型过程中防止各种缺陷的产生是控制塑料制品质量的关键。通过分析各种成型缺陷产生的原因，认为成型缺陷的产生主要受以下几个方面的影响：

1）成型模具设计的合理性和制造质量。

2）成型过程中工艺条件的影响。

3）塑料制品结构设计的合理性等。

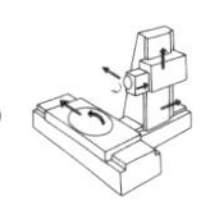

本节主要讨论塑料制品的结构对制品质量的影响。在塑料制品的设计过程中，合理设计塑料制品的结构，不仅可以保证塑料制品的成型质量，还可以提高塑料制品的生产率，降低其生产成本。

6.3.1 塑料制品壁厚的设计

在塑料制品壁厚设计时，应考虑热塑性与热固性塑料成型方法的差别，确定出各种塑料应具有的合适壁厚。

制品壁厚首先取决于使用要求，但是成型工艺对壁厚也有一定要求，当塑件壁厚太薄时，过薄的壁厚会使制品的强度低、刚性差，影响其使用。同时，过薄的壁厚会在充型时加大流动阻力，出现缺料和冷隔等缺陷。

壁厚太厚，塑件易产生空洞气泡、凹陷等缺陷，同时也会增加生产成本。塑件的壁厚应尽量均匀一致，避免局部太厚或太薄，尤其是壁与壁连接处的厚薄不应相差太大，并且应尽量用圆弧过渡，否则会造成因收缩不均产生内应力，或在厚壁处产生缩孔、气泡或凹陷等缺陷。塑料制品壁厚的设计如图6-9所示。

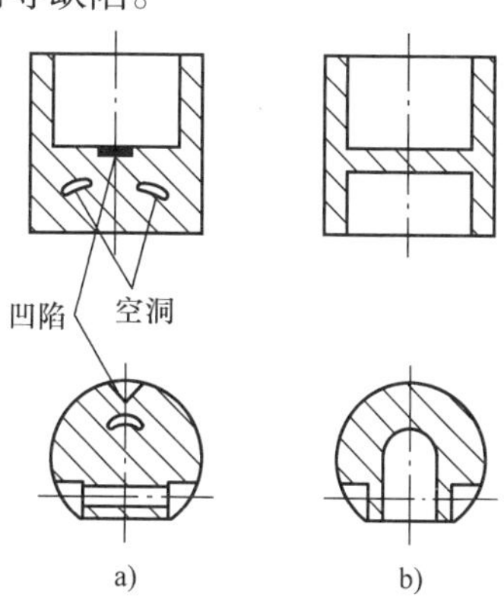

图6-9 塑料制品壁厚的设计
a）不合理 b）合理

塑料制品的壁厚一般为1～4mm，大型塑件的壁厚可达6mm以上，热塑性塑料塑件的壁厚，常在0～1.5mm范围内选取，热固性塑料塑件的壁厚，小件常在1.5～2.5mm范围内选取，大件常在3～10mm范围内选取。

常用热塑性塑料制品的最小壁厚和建议壁厚见表6-5，常用热固性塑料制品壁厚范围见表6-6。

表6-5 常用热塑性塑料制品的最小壁厚和建议壁厚 （单位：mm）

塑料名称	最小壁厚	建议壁厚		
		小型制品	中型制品	大型制品
聚甲基丙烯酸甲酯	0.80	1.50	2.2	4.0～6.5
聚丙烯	0.85	1.45	1.8	2.4～3.2
聚甲醛	0.80	1.40	1.6	3.2～5.4
聚碳酸酯	0.95	1.80	2.3	4.0～4.5
聚酰胺	0.45	0.75	1.6	2.4～3.2
聚苯醚	1.20	1.75	2.5	3.5～6.4
氯化聚醚	0.85	1.35	1.8	2.5～3.4

表6-6 常用热固性塑料制品的壁厚范围 （单位：mm）

塑料种类	壁厚		
	木粉填料	布屑粉填料	矿物填料
酚醛塑料	1.5～2.5（大件3～8）	1.5～9.5	3～3.5
氨基塑料	0.5～5	1.5～5	1.0～9.5

6.3.2 塑料制品圆角的设计

在设计塑料制品时，除使用要求的尖角外，所有内外表面的连接处，都应采用圆角过渡。一般外圆弧的半径是壁厚的1.5倍，内圆弧的半径是壁厚的0.5倍。

设计塑料制品过渡圆角的作用如下：

1）利于熔融物料在模腔的流动。

2）制品成型后有利于脱模。

3）有利于消除制品内应力集中。

4）有利于提高制品壁厚的均匀度。

5）有利于提高模具的使用寿命。

图6-10所示为塑料制品圆角的设计，图6-10a为不合理的设计；图6-10b为合理的设计。

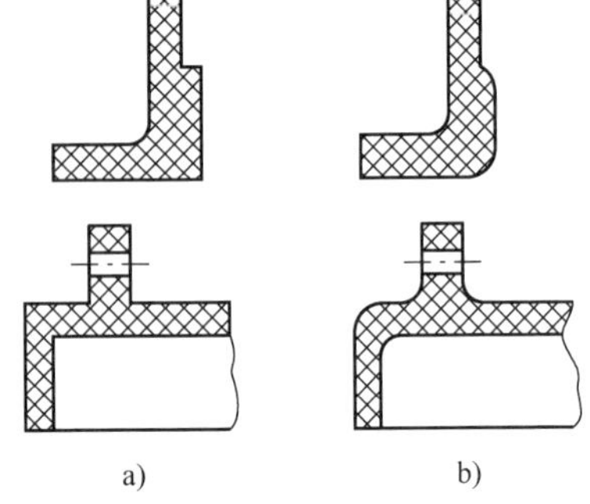

图6-10 塑料制品圆角的设计
a）不合理 b）合理

6.3.3 加强筋的设计

在塑料制品设计中，为了增强塑料制品的强度与刚度，防止其翘曲变形，常采用设计加强筋的方法。加强筋的典型尺寸如图6-11所示。

加强筋的设计应注意以下几个方面：

1）加强筋与制品壁连接处应采用圆弧过渡。

2）加强筋厚度不应大于制品壁厚。

3）加强筋的高度应低于制品高度的0.5mm以上，如图6-12所示。

4）加强筋不应设置在大面积制品中间，加强肋的分布应相互交错，如图6-13所示，以免收缩不均引起塑件变形或断裂。若非设置不可时，可在相应外表面设棱沟，以便遮掩可能产生的流纹和凹坑，如图6-14所示。

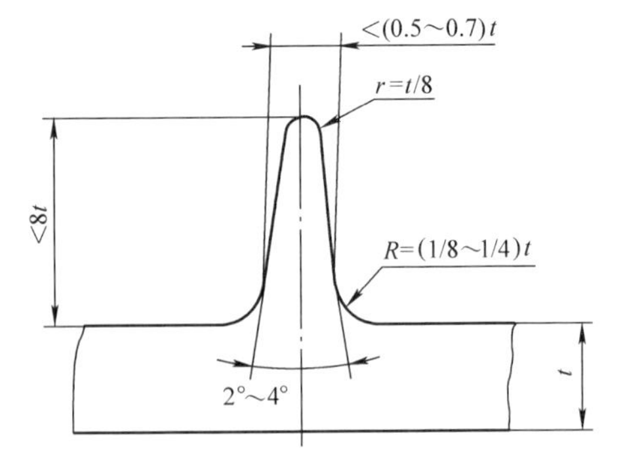

图6-11 加强筋的典型尺寸

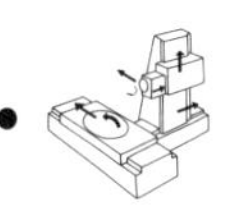

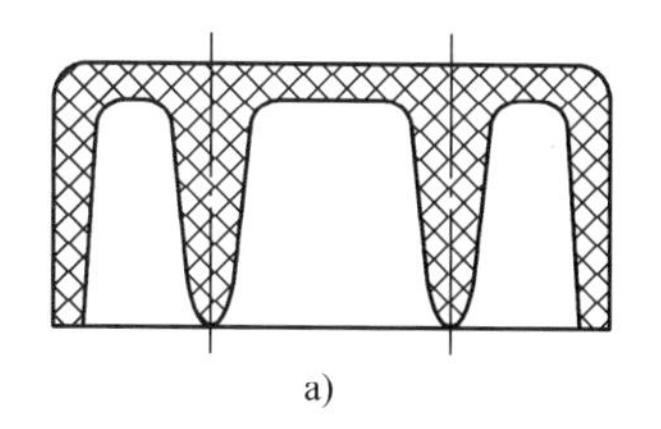

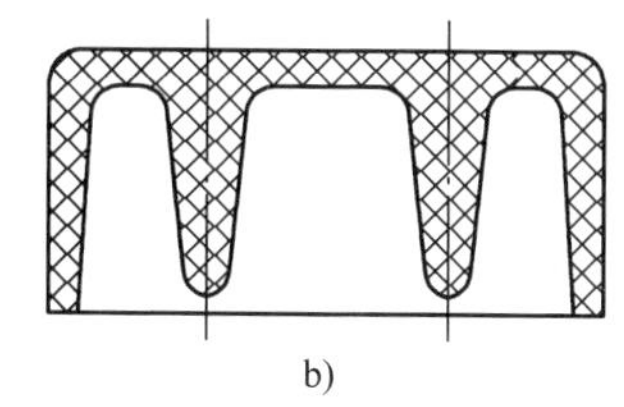

a)　　b)

图6-12　加强筋的高度
a）不合理　b）合理

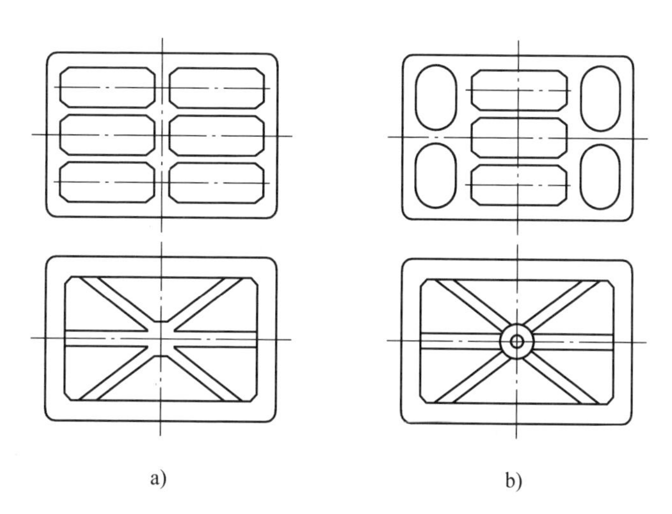

a)　　b)

图6-13　加强筋应交错分布
a）不合理　b）合理

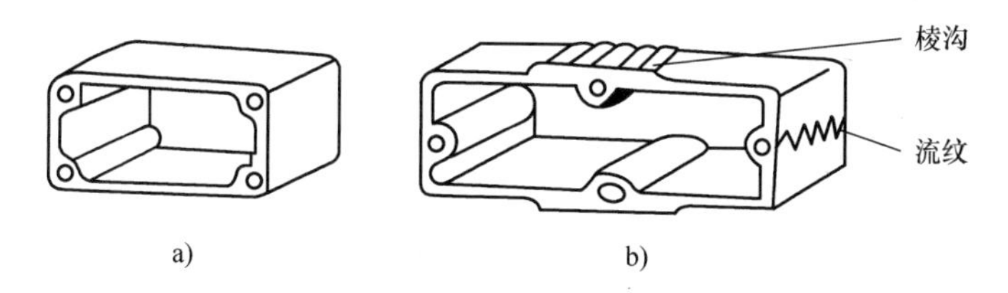

a)　　b)

图6-14　塑件外表面设棱沟
a）普通塑料制品　b）带棱沟的塑料制品

6.3.4　脱模斜度的设计

由于塑料冷却时收缩，会使塑料制品紧包在成型芯上。为了便于脱模，与脱模方向平行的塑料制品表面，都应设计合理的脱模斜度。

塑料制品的脱模斜度取决于塑料制品的形状和壁厚及塑料的收缩率。斜度过小则脱模困难，会造成塑料制品表面损伤或破裂；但斜度过大也影响塑料制品尺寸的精度，如图6-15所示。在许可的情况下，斜度α应稍大，一般取$\alpha = 30' \sim 1°30'$。

成型芯越长或型腔越深，则斜度应取偏小值；反之可选用偏大值。

常用塑料制品的脱模斜度见表6-7。

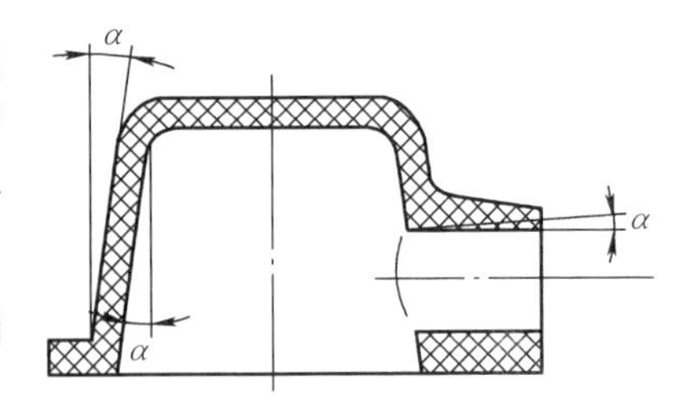

图6-15　塑料制品的脱模斜度

表6-7　常用塑料制品的脱模斜度

塑料制品材料	脱模斜度	
	型腔	型芯
聚酰胺	20′～40′	25′～40′
聚甲基丙烯酸甲酯	35′～1°30′	30′～1°
聚苯乙烯	35′～－1°30′	30′～1°
聚碳酸酯	35′～1°	30′～50′
ABS塑料	40′～1°20′	35′～1°

6.3.5　塑料制品上金属嵌件的设计

由于应用上的要求，塑料制品中常设计有不同形式的金属嵌件，用来组装塑料制品。为了防止成型工艺中塑料制品内部应力集中，熔融物料渗入模内，在设计金属嵌件时，应注意以下几点：

1）金属嵌件镶入部分的周边应设倒角，以减少周围塑料冷却时的应力集中。

2）嵌件设在塑料制品上的凸起部位时，嵌入深度应大于凸起部位的高度，以保证嵌入处塑料制品的机械强度，如图6-16所示。

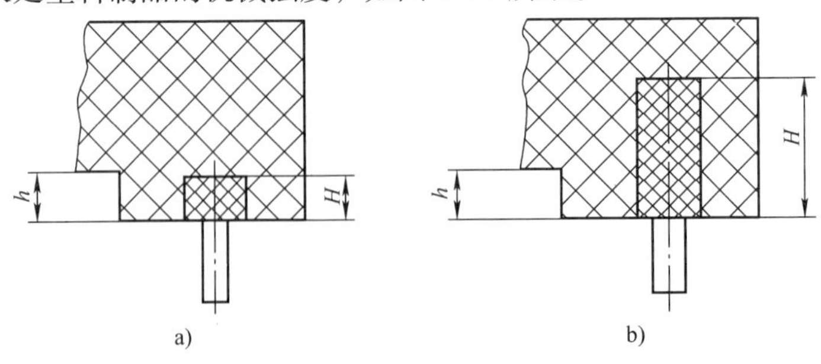

图6-16　嵌件设在塑料制品上的凸起部位

a）$H<h$ 不正确　b）$H>h$ 正确

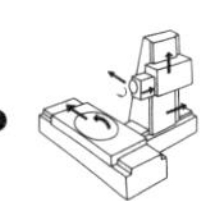

3）外螺纹嵌件应使外螺纹部分与模具配合好，应有一段无外螺纹，有利于塑料包覆螺杆，如图 6-17 所示。

4）内、外螺纹嵌件高度应稍低于型腔的成型高度 0.05 ~ 1mm，防止合模压坏嵌件和模腔，如图 6-18 所示。

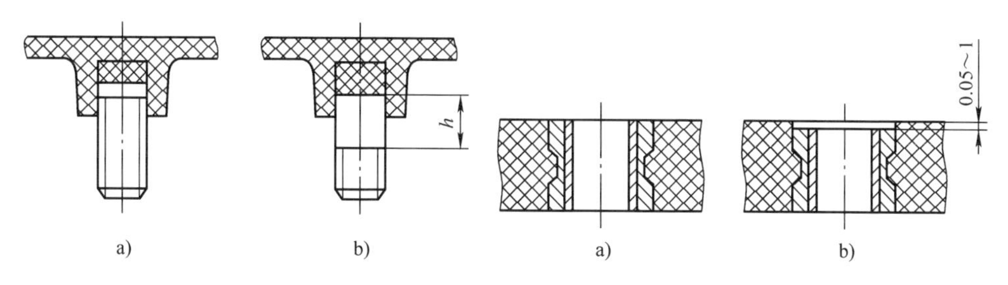

图 6-17　外螺纹嵌件的设计
a）不合理　b）合理

图 6-18　内、外螺纹嵌件的高度
a）不合理　b）合理

5）金属嵌件的种类和形式很多，但为了在塑件内牢固嵌定而不致被拔脱，其表面必须加工成沟槽或滚花，或制成多种特殊形状。图 6-19 所示为金属嵌件示例。

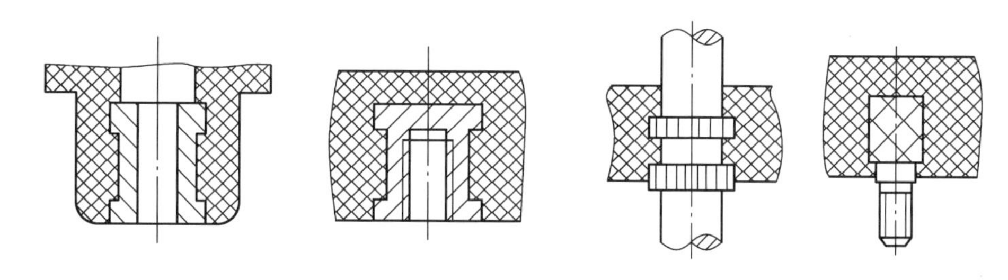

图 6-19　金属嵌件示例

6）金属嵌件周围塑料制品的壁厚，取决于塑料制品的种类、塑料的收缩率、塑料与嵌件金属的膨胀系数之差，以及嵌件的形状等因素，但金属嵌件周围的塑料制品壁厚越厚，则塑料制品破裂的可能性就越小。

7）嵌件的高度不应超过其直径的两倍，高度应有公差，如图 6-20 所示。

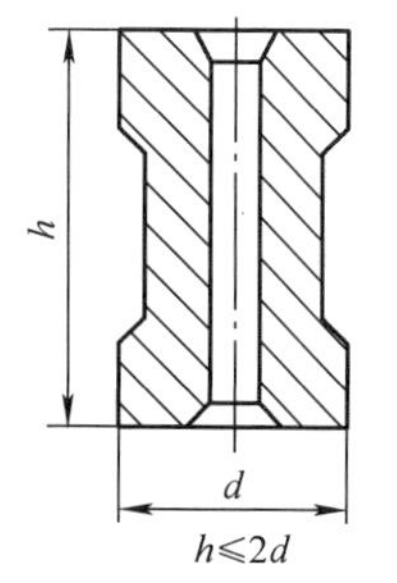

图 6-20　嵌件的高度

本 章 小 结

本章主要讨论工程塑料、工程塑料成型工艺和塑料制品的结构工艺性。

1. 工程塑料的性能及类型

工程塑料的基本性能主要包括物理、化学、力学性能和热电性能等。

按塑料的应用范围来分，可以分为通用塑料、工程塑料和功能塑料。

按塑料的受热行为来分，可以分为热塑性塑料和热固性塑料。

2. 工程塑料成型工艺

塑料成型的工艺性能的好坏直接影响塑料成型加工的难易程度和塑料制品的质量，包括流动性、收缩性、吸湿性、结晶性、热敏性、水敏性等。

常用的成型方法主要有注射成型、挤出成型、压制成型、压延成型、吹塑成型、发泡成型等。其中注射成型又称注塑成型，是塑料成型的主要方法之一，主要适用于热塑性塑料和部分流动性好的热固性塑料。注射成型具有周期短，生产率高，模具的利用率高，能成形几何形状复杂、尺寸精度高和带有各种镶嵌件的塑料制品，易于实现自动化操作，应用广泛。

3. 塑料制品的结构工艺性

塑件的壁厚应尽量均匀一致，避免局部太厚或太薄；塑料制品除使用要求的尖角外，所有内外表面的连接处，都应采用圆角过渡；为防止塑料制品翘曲变形，常采用加强筋设计；与脱模方向平行的塑件表面，应设计合理的脱模斜度。

思考题与习题

1. 工程塑料由哪些基本组分组成？各组分的主要作用是什么？

2. 工程塑料有哪些类型？与钢铁材料相比较有哪些突出的性能特点？

3. 塑料的成型方法有哪些？其成型特点是什么？各适用于什么制品？试举例说明。

4. 注射成型适用于什么塑料？主要的成型工艺参数有哪些？如何制定工艺参数？

5. 对于下列塑料制品，应采用什么塑料和什么成型方法？

塑料饮料瓶、塑料盆、塑料软管、塑料下水道、计算机外壳、电冰箱内胆

第7章　其他工程材料与材料选择

［导读］　本章简单介绍陶瓷、复合材料和智能材料的基本类型及应用，合理选择材料成形方法的原则，以及不同类型零件材料成形方法的选择示例。通过学习，了解其他工程材料的类型及其应用，掌握合理选择材料成形方法的原则，了解轴类、盘套类零件成形方法。

工程材料仍然以金属材料为主，这在相当长的时间内大概不会改变。但近年来工业陶瓷、复合材料等其他工程材料的急剧发展，在材料的生产和使用方面均有重大的进展，具有的某些特有的使用性能，正在被越来越多地应用于国民经济的各个部门。同时，迅速崛起的快速成形技术可以说是对传统生产制造行业的一次重大变革，也已成为先进制造技术的重要组成部分。

7.1　其他工程材料

7.1.1　工业陶瓷及其成形

陶瓷是各种无机非金属材料的通称，它同金属材料、高分子材料一起被称为三大固体材料。陶瓷在传统上是指陶瓷与瓷器，但也包括玻璃、搪瓷、耐火材料、砖瓦、水泥、石灰、石膏等无机非金属材料。由于这些材料都是用天然的硅酸盐矿物（即含二氧化硅的化合物）如黏土、石灰石、长石、石英、砂子等原料生产的，所以陶瓷材料也是硅酸盐材料。

1. 陶瓷材料的性能

陶瓷材料的性能主要取决于以下两个因素：第一是物质结构，主要是化学键和晶体结构，它们决定了陶瓷材料本身的性能，如电性能、热性能、磁性能和耐蚀性等；第二是组织结构，包括相分布、晶粒大小和形状、气孔大小和分布、杂质、缺陷等，它们对陶瓷材料的性能影响极大。

（1）陶瓷材料的力学性能　陶瓷材料的弹性模量和硬度是各类材料中最高的，比金属高若干倍，比有机高分子材料高2～4个数量级，这是由于陶瓷材料具有强大的化学键所致。陶瓷材料的塑性变形能力很低，在室温下几乎没有塑性，这是因为陶瓷晶体滑移系很少，共价键有明显的方向性和饱和性，离子键的同号离子接近时斥力很大，当产生滑移时，极易造成键的断裂，再加上有大量气孔的存在，所以陶瓷材料会呈现出很明显的脆性特征，韧性极低。由于陶瓷内有气孔、杂质和各种缺陷的存在，所以陶瓷材料的抗拉强度很低，抗弯强度很高，由于在受压时裂纹不易扩展，故抗压强度非常高。

（2）陶瓷材料的物理性能　陶瓷材料的熔点高，大多在2000℃以上，具有比金属材料高得多的抗氧化性和耐热性，高温强度好，抗蠕变能力强。此外，它的膨胀系数低，导热性差，是优良的高温绝热材料。但大多数陶瓷材料的热稳定性差，这是它的主要弱点之一。

陶瓷材料的导电性变化范围很广。由于离子晶体无自由电子，所以大多数陶瓷都是良好的绝缘体。但不少陶瓷既是离子导体，又有一定的电子导电性，所以也是重要的半导体材料。此外，近年来出现的超导材料，大多数也是陶瓷材料。

陶瓷材料一般是不透明的，随着科技发展，目前已研制出了诸如固体激光器材料、光导纤维材料、光存储材料等透明陶瓷新品种。

（3）陶瓷材料的化学性能　陶瓷的组织结构很稳定，因为陶瓷是以强大的离子键和共价键结合的，并且在离子晶体中金属原子被包围在非金属原子的间隙中，形成了稳定的化学结构。因此陶瓷材料具有良好的抗氧化性和不可燃烧性，即使在1000℃的高温下也不会被氧化。此外，陶瓷对酸、碱、盐等介质均具有较强的耐蚀性，与许多金属熔体也不发生作用，因而是极好的耐蚀材料和坩埚材料。

2. 陶瓷的成形过程

陶瓷的品种繁多，生产工艺过程也各不相同，但一般都要经历以下几个步骤：坯料制备、成形、坯体干燥、烧结及后续加工（见图7-1）。

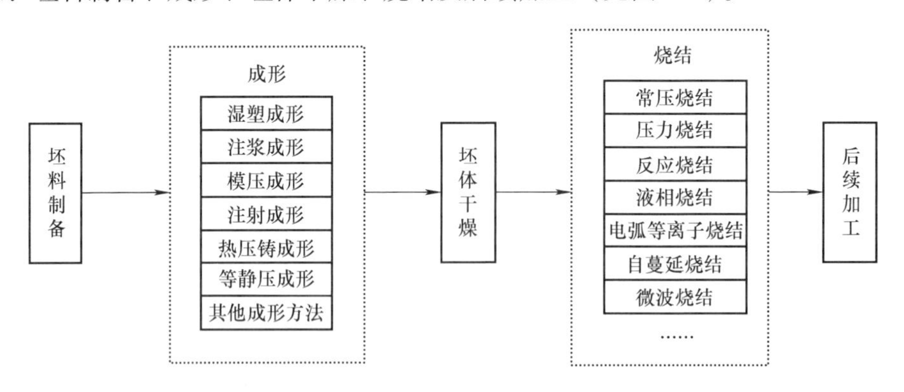

图7-1　陶瓷的生产工艺过程

（1）坯料制备　制作陶瓷制品，首先要按瓷料的组成，将所需的各种原料进行称量配料，它是陶瓷工艺中最基本的一环。称料务必精确，因为配料中某些组分加入量的微小误差也会影响陶瓷材料的结构和性能。为保证配料组分分布均

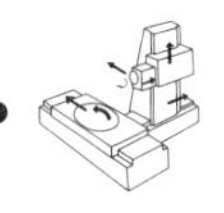

匀，一般采用球磨或搅拌等方法进行。

配料混合后应根据不同的成形方法，混合制备成不同形式的坯料，如用于注浆成形的水悬浮液；用于热压铸成形的热塑性料浆；用于挤压、注射、轧膜和流延成形的含有机塑化剂的塑性料；用于干压或等静压成形的造粒粉料。

（2）成形　成形是将坯料制成具有一定形状和规格的坯体。成形技术与方法对陶瓷制品的性能具有重要意义，由于陶瓷制品品种繁多，性能要求、形状规格、大小厚薄不一，产量不同，所用的坯料性能各异，因此可以采用不同的成形方法。陶瓷的成形方法大致分为湿塑成形、注浆成形、模压成形、注射成形、热压铸成形、等静压成形、塑性成形、带式成形等方法。

（3）坯体干燥　成形后的各种坯体，一般仍含有水分，为提高成形后的坯体强度和致密度，需要进行干燥，以除去部分水分，同时也使坯体失去可塑性。干燥的目的在于提高生坯的强度，便于检查、修复、搬运、施釉和烧制。

生坯内的水分有三种：一是化学结合水，是坯料组分物质结构的一部分；二是吸附水，是坯料颗粒所构成的毛细管中吸附的水分，吸附水膜厚度相当于几个到十几个水分子，受坯料组成和环境影响；三是游离水，处于坯料颗粒之间，基本符合水的一般物理性质。

生坯干燥时，游离水很容易排出。随着周围环境湿度与温度的变化，吸附水也有部分在干燥过程中被排出，但排出吸附水没有什么实际意义，因为它很快又会从空气中吸收水分达到平衡。结合水要在更高温度下才能排出，这已不是在干燥过程中所能排除的。

生坯的干燥形式有外部供热式和内热式。在坯体外部加热干燥时，往往外层的温度比内层高，这不利于水分由坯内向表面扩散，若对坯体施以电流或电磁波，使坯体内部温度升高，增大内扩散速度，会大大提高坯体的干燥速度。

（4）烧结　烧结是对成形坯体进行低于熔点的高温加热，使其内的粉体间产生颗粒黏结，经过物质迁移导致致密化和高强度的过程。只有经过烧结，成形坯体才能成为坚硬的具有某种显微结构的陶瓷制品（多晶烧结体），烧结对陶瓷制品的显微组织结构及性能有着直接的影响。

烧结的方法很多，如常压烧结、压力烧结（热压烧结、热等静压烧结）、反应烧结、液相烧结、电弧等离子烧结、自蔓延烧结和微波烧结等。

（5）后续加工　陶瓷经成形、烧结后，其表面状态、尺寸偏差、使用要求等的不同，需要进行一系列的后续加工处理。常见的处理方法主要有表面施釉、加工、表面金属化与封接等。

在很多场合，陶瓷需要与其他材料封接使用。常用的封接技术有：玻璃釉封接、金属化焊料封接、激光焊接、烧结金属粉末封装等。该技术最早用于电子管中，目前使用范围日益扩大，除用于电子管、晶体管、集成电路、电容器、电阻器等元件外，还用于微波设备、电光学装置及高功率大型电子装置中。

7.1.2　复合材料及其成形

高分子材料、无机材料和金属材料是当今三大材料，它们各有特点但也有其缺点，如高分子材料易老化、不耐高温，陶瓷材料韧性低、易碎裂。如果将这三大类不同的材料，通过复合组成新的材料，使它既能保持原材料的长处，又能弥补其自身短处，优势互补，提高材料的性能，扩大应用范围。因此，复合材料应运而生。复合材料就是将两种或两种以上不同性质的材料组合在一起，构成性能比其组成材料优异的一类新型材料。

1. 复合材料

复合材料大多是由以连续相存在的基体材料与分散于其中的增强材料两部分组成。增强材料是指能提高基体材料力学性能的物质，有细颗粒、短纤维、连续纤维等形态。因为纤维的刚性和抗拉强度大，因此增强材料大多数为各类纤维。所用的纤维可以是玻璃纤维、碳或硼纤维、氧化铝或碳化硅纤维、金属纤维（钨、铂、钽和不锈钢等），也可以是复合纤维。纤维是复合材料的骨架，其作用是承受负荷、增加强度，它基本上决定了复合材料的强度和刚度。基体材料的主要作用是增强材料粘合成形，且对承受的外力起传导和分散的作用。基体材料可以是高分子聚合物、金属材料、陶瓷材料等。

复合材料把基体材料和增强材料各自的优良特性加以组合，同时又弥补了各自的缺陷，所以，复合材料具有高强质轻、比强度高、刚度高，耐疲劳、抗断裂性能高、减振性能好、抗蠕变性能强等一系列的优良性能。此外，复合材料还有抗振、耐腐蚀、稳定安全等特性，因而后来居上成为应用广泛的重要新材料。

复合材料按基体材料可分为聚合物基复合材料、金属基复合材料和陶瓷基复合材料：

（1）聚合物基复合材料　聚合物基复合材料主要是指纤维增强聚合物材料。如将硅纤维包埋在环氧树脂中使复合材料强度增加，用于制造网球拍、高尔夫球棍和滑雪橇等。玻璃纤维复合材料为玻璃纤维与聚酯的复合体，可用作结构材料，如汽车和飞机中的某些部件、桥体的结构材料和船体等，其强度可与钢材相比。增强的聚酰亚胺树脂可用于汽车的“塑料发动机”，使发动机重量减轻，节约燃料。

玻璃钢是由玻璃纤维和聚酯类树脂复合而成的，是复合材料的杰出代表，具有优良的性能。它的强度高、质量轻、耐腐蚀、抗冲击、绝缘性好，已广泛应用于飞机、汽车、船舶、建筑甚至家具等的生产。

（2）金属基复合材料　金属基复合材料是以金属为基体，以纤维、晶须、颗粒、薄片等为增强体的复合材料。基体金属多采用纯金属及合金，如铝、铜、

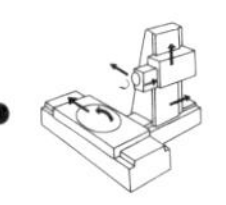

银、铅、铝合金、铜合金、镁合金、钛合金、镍合金等。增强材料采用陶瓷颗粒、碳纤维、石墨纤维、硼纤维、陶瓷纤维、陶瓷晶须、金属纤维、金属晶须、金属薄片等。

铝基复合材料（如碳纤维增强铝基复合材料）是应用最多、最广的一种。由于其具有良好的塑性和韧性，加之具有易加工性、工程稳定性、可靠性高及价格低廉等优点，受到人们的广泛青睐。

镍基复合材料的高温性能优良，这种复合材料被用来制造高温下工作的零部件。镍基复合材料应用的一个重要目标，是用它来制造燃气轮机的叶片，从而进一步提高燃气轮机的工作温度，预计可达到 1800℃以上。

钛基复合材料比其他结构材料具有更高的强度和刚度，满足更高速新型飞机对材料的要求。钛基复合材料的最大应用障碍是制备困难、成本高。

（3）陶瓷基复合材料　陶瓷本身具有耐高温、高强度、高硬度及耐腐蚀等优点，但其脆性大，若将增强纤维包埋在陶瓷中可以克服这一缺点。增强材料有碳纤维、碳化硅纤维和碳化硅晶须等。陶瓷基复合材料具有高强度、高韧性、优异的热稳定性和化学稳定性，是一类新型结构材料，已应用于或即将应用于刀具、滑动构件、航空航天构件、发动机、能源构件等领域。

2. 复合材料成形工艺

复合材料成形的工艺方法取决于基体和增强材料的类型。以颗粒、晶须或短纤维为增强材料的复合材料，一般都可以用基体材料的成形工艺方法进行成形加工；以连续纤维为增强材料的复合材料的成形方法则不相同。

复合材料成形工艺和其他材料的成形工艺相比，有一个突出的特点，即材料的成形与制品的成形是同时完成的，因此，复合材料的成形工艺水平直接影响材料或制品的性能。一种复合材料制品可能有多种成形方法，在选择成形方法时，除了考虑基体和增强材料的类型外，还应根据制品的结构形状、尺寸、用途、产量、成本及生产条件等因素综合考虑。

（1）聚合物基复合材料的成形工艺　随着聚合物基复合材料工业的迅速发展和日渐完善，新的高效生产方法不断出现。目前，成形方法已有 20 多种，并成功地用于工业生产。在生产中常用的成形方法有手糊成形法、缠绕成形法、模压成形法、喷射成形法、树脂传递模塑成形法等。以缠绕成形法为例做一简单介绍。

缠绕成形法是采用预浸纱带、预浸布带等预浸料，或将连续纤维、布带浸渍树脂后，在适当的缠绕张力下按一定规律缠绕到一定形状的芯模上至一定厚度，经固化脱模获得制品的一种方法，图 7-2 所示为缠绕成形法示意图。与其他成形方法相比，缠绕法成形可以保证按照承力要求确定纤维排布的方向、层次，充分发挥纤维的承载能力，体现了复合材料强度的可设计性及各向异性，因而制品结构合理、比强度高；纤维按规定方向排列整齐，制品精度高、质量好；易实现自动化生产，生产率高；但缠绕法成形需缠绕机、高质量的芯模和专用的固化加热炉等，投资较大。

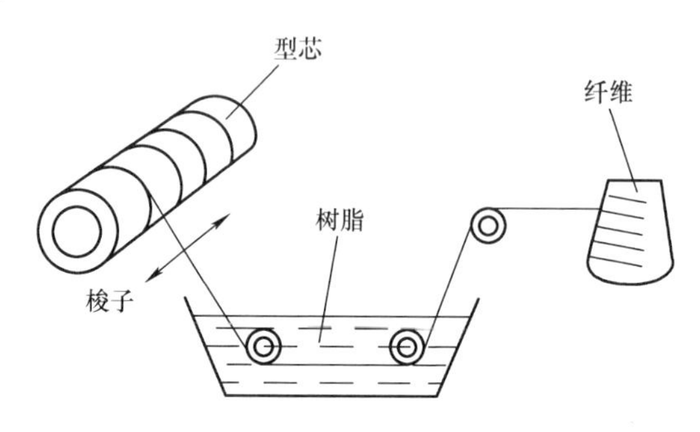

图 7-2　缠绕成形法示意图

缠绕成形法可大批量生产需承受一定内压的中空容器，如固体火箭发动机壳体、压力容器、管道、火箭尾喷管、导弹防热壳体及各类天然气气瓶、大型储罐、复合材料管道等。制品外形除圆柱形、球形外，也可成形矩形、鼓形及其他不规则形状的外凸型及某些复杂形状的回转型。

（2）金属基复合材料的成形工艺　金属基复合材料的成形工艺以复合时金属基体的物态不同可分为固相法和液相法。由于金属基复合材料的加工温度高，工艺复杂，界面反应控制困难，成本较高，故应用的成熟程度远不如树脂基复合材料，应用范围较小。目前，主要应用于航空、航天领域。

对于以各种颗粒、晶须及短纤维增强的金属基复合材料，其成形通常采用粉末冶金法、铸造法、加压浸渍法及挤压或压延方法获得；而对于以长纤维增强的金属基复合材料，其成形方法主要有：扩散结合法、熔融金属渗透法和等离子喷涂法等。以扩散结合法为例对金属基复合材料成形过程做一介绍。

扩散结合法是连续长纤维增强金属基复合材料最具代表性的复合工艺。按照制件形状及增强方向要求，将基体金属箔或薄片，以及增强纤维裁剪后交替铺叠，然后在低于基体金属熔点的温度下加热、加压并保持一定时间，基体金属产生蠕变和扩散，使纤维与基体间形成良好的界面结合，从而获得制件。图 7-3 所示为扩散结合法示意图。

扩散结合法易于精确控制，制件质量好。但由于加压的单向性，使该方法限于制作较为简单的板材、某些型材及叶片等制件。

（3）陶瓷基复合材料的成形工艺　陶瓷基复合材料的成形方法分为两类，一类是针对陶瓷短纤维、晶须、颗粒等增强体，复合材料的成形工艺与陶瓷基本相同，如料浆浇铸法、热压烧结法等；另一类是针对碳、石墨、陶瓷连续纤维增强体，复合材料的成形工艺常采用料浆浸渗法、料浆浸渍后热压烧结法和化学气

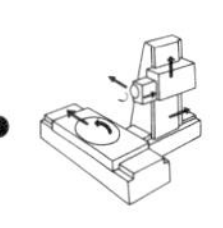

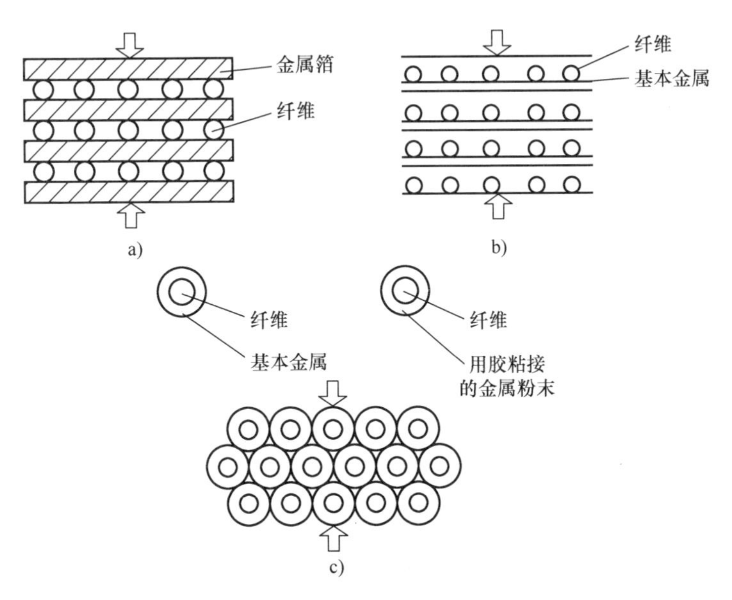

图 7-3　扩散结合法示意图

a）金属箔复合法　b）金属无纬带重叠法　c）表面镀有金属的纤维结合法

相渗透法。

7.1.3　智能材料

智能材料是继天然材料、合成高分子材料、人工设计材料之后的第四代材料，是现代高技术新材料发展的重要方向之一。近年来，智能材料的研发方面取得了很多技术突破，如英国宇航公司的导线传感器，用于测试飞机蒙皮上的应变与温度情况；英国开发出了一种快速反应形状记忆合金，在其寿命期内可循环百万次，且输出功率高，当它作为制动器时，反应时间仅为 10min；形状记忆合金已成功应用于卫星天线、医学等领域。另外，还有压电材料、磁致伸缩材料、导电高分子材料、电流变液和磁流变液等功能材料。

常用智能材料有压电材料、磁流变材料和形状记忆合金。

车用智能材料应用领域见表 7-1。压电材料基于正、逆压电效应实现汽车系统中电能与机械能的相互转化，以提高汽车对燃料能量的利用效率，减少行驶产生的不良振动，同时使汽车具有对运行状态、乘员及外部环境进行感知的能力。磁流变材料能够在磁场的影响下以一种自适应且高效的方式衰减汽车振动和耗散冲击产生的能量，并作为力传导介质连接各运动部件。形状记忆合金设计的车身智能复合材料结构在原有功能的基础上具备了传感、驱动、修复、诊断等能力。同时，超弹性行为使其表现出了作为新型吸能材料用于汽车安全防护系统的潜力。

表7-1　车用智能材料应用领域

材料种类	应用领域	应用实例
压电材料	汽车能量回收系统 汽车结构振动抑制系统 车用传感器	汽车悬架、轮胎、运行状态检测
磁流变材料	汽车隔振系统 汽车吸能防护装置 车用离合器 车用制动器	发动机悬置、座椅悬架
形状记忆合金	车用执行器 车用温度传感器 车用结构 汽车安全防护系统	可变形车身结构、车身结构健康监测

在航空航天领域中，压电材料通常用作传感驱动和振动控制，且压电材料可以承受复杂的高温环境，保障相应的机械能和电能可以相互转化。磁流变材料的磁致伸缩正效应使磁场中的材料产生变形，用于制作驱动器；磁致伸缩逆效应使变形后的材料发生产生磁场，用于制作传感器；磁致伸缩正逆耦合的智能效应，可用于制作感知控制、驱动性的材料器件。磁铁复合材料是智能复合材料的一种，集合了电和磁铁的特点，通过磁的相互转化或者磁电的相互转化，产生了特殊的电磁转化效应，在磁场感应器领域应用较为广泛。

7.2　选择材料成形方法的原则

合理选择材料成形方法不仅可以保证产品的质量，而且可以简化成形工艺，提高经济效益。因此，选择时必须考虑以下原则：

1. 满足使用性能的要求

零件的使用性能要求包括零件类别、用途、形状、尺寸、精度、表面质量及材料的化学成分、金属组织、力学性能、物理性能和化学性能等方面的使用要求。不同的零件，其功能不同，使用要求也有所不同，而同类零件，也因材料不同其成形方法有所不同。例如，杆类零件中机床的主轴和手柄，其中主轴是机床的关键零件，尺寸、形状和加工精度要求很高，且受力复杂，在长期使用中不允许发生过大的变形，通常45钢或40Cr等具有良好综合力学性能的材料，可经锻造成形及严格切削加工和热处理制成；而机床手柄则常采用低碳钢圆棒料或普通灰铸铁件为毛坯，经简单的切削加工制成即可。又如发动机曲轴，在工作过程中

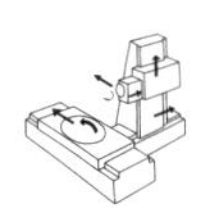

通常要承受很大的拉伸、弯曲和扭转应力，要求具有良好的综合力学性能，但根据不同使用要求成形方法的不同，高速大功率发动机曲轴一般采用强度和韧性较好的合金结构钢锻造成形，功率较小时可采用球墨铸铁铸造成形或用中碳钢锻造成形。

另外，根据零件形状、尺寸和精度不同，成形方法也有所不同。通常轴杆类、盘套类零件形状较为简单，可采用压力加工成形、焊接成形；机架箱体类零件往往具有复杂的内腔，一般选择铸造成形，比如，机床床身是机床的主体，主要的功能是支承和连接机床的各个部件，以承受压力和弯曲应力为主，同时为了保证工作的稳定性，应有较好的刚度和减振性，机床床身一般又都是形状复杂、并带有内腔的零件，故在大多数情况下，机床床身选用灰铸铁件为毛坯，其成形方法一般采用砂型铸造。而不同的成形方法能实现的精度等级也是不同的，如铸件，尺寸精度要求不高的可采用普通砂型铸造，尺寸精度要求较高的可采用熔模铸造、压力铸造及低压铸造等；对于锻件，尺寸精度低的可采用自由锻造，精度要求高的可选用模型锻造。

2. 适应成形工艺性要求

成形工艺性包括铸造工艺性、锻造工艺性、焊接工艺性等。成形工艺性的好坏对零件加工的难易程度、生产率、生产成本等起着十分重要的作用。因此，选择成形方法时，必须注意零件结构与材料所能适应的成形加工工艺性。当零件形状比较复杂、尺寸较大时，用锻造成形往往难以实现，如果采用铸造或焊接，则其材料必须具有良好的铸造性能或焊接性，在零件结构上也要适应铸造或焊接的要求。另外，通常不能采用锻压成形的方法和避免采用焊接成形的方法来制造灰口铸铁零件；避免采用铸造成形方法制造流动性较差的薄壁毛坯；不能用埋弧自动焊焊接仰焊位置的焊缝；不能采用电阻焊方法焊接铜合金构件；不能采用电渣焊焊接薄壁构件等。

3. 经济性原则

经济性原则是指零件的制造材料费、能耗费、人工费用等成本最低。选择成形方法时，在保证零件使用要求的前提下，从材料价格、零件成品率、整个制造过程加工费、材料利用率、零件寿命等方面对可供选择的方案从经济上进行综合分析比较，选择成本低廉的成形方法。例如，以往通常选用调质钢（如 40、45、40Cr 等）模锻成形方法加工发动机曲轴，而随着研究的深入，目前逐渐采用疲劳强度与耐磨性较高的球墨铸铁（如 QT600－3、QT700－2 等）替代，并利用砂型铸造成形，这样不仅可满足使用要求，而且成本降低了 50%～80%，还提高了耐磨性。

另外，还应考虑零件的生产批量，即单件小批量生产时，选用通用设备和工具、低精度低生产率的成形方法，这样，毛坯生产周期短，能节省生产准备时间

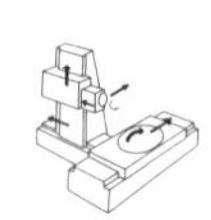

和工艺装备的设计制造费用，虽然单件产品消耗的材料及工时多，但总成本较低；大批量生产时，应选用专用设备和工具，以及高精度、高生产率的成形方法，这样，毛坯生产率高、精度高，虽然专用工艺装置增加了费用，但材料的总消耗量和切削加工工时会大幅降低，总的成本也降低了。例如采用手工造型铸造和自由锻造方法，毛坯的制造费用一般较低，但原材料消耗和切削加工费用都比机器造型铸造和模型锻造高，因此生产批量较大时，零件的整体制造成本较高。

同时，在选择成形方法时，必须考虑企业的实际生产条件，如设备条件、技术水平、管理水平等。一般情况下，应在满足零件使用要求的前提下，充分利用现有生产条件。当采用现有条件不能满足产品生产要求时，也可考虑调整毛坯种类、成形方法，对设备进行适当的技术改造；或通过协作解决。

4. 环保节能原则

现在，环境已成为全球关注的大问题。地球温暖化，臭氧层破坏，酸雨，固体垃圾，资源、能源的枯竭等，环境恶化不仅阻碍生产发展，甚至危及人类的生存。环境恶化和能源枯竭已是人类必须解决的重大问题，在发展工业生产的同时，必须考虑环保和节能问题，必须做到：

1）尽量减少能源消耗，选择能耗小的成形方案，并尽量选用低能耗成形方法的材料，合理进行工艺设计，尽量采用净成形、近净成形的新工艺。

2）不使用对环境有害和会产生对环境有害物质的材料，采用材料利用率高、易再生回收的材料。

3）避免排出大量CO_2气体，导致地球温度升高。例如，汽车在使用时需要燃料并排出废气，故要求汽车重量轻，发动机效率高，要通过更新汽车用材与成形方法才可能实现。

5. 利用新工艺、新技术、新材料

随着科技的不断发展，市场需求的不断增加，用户要求多变的、个性化的精制产品。这使产品的生产由大批量转变成小批量，少品种转变成多品种；产品的类型更新快，生产周期短；产品的质量高且低成本。因此，选择成形方法时应扩大对新工艺、新技术、新材料的应用，如精密铸造、精密锻造、精密冲裁、冷挤压、液态模锻、特种轧制、超塑性成形、粉末冶金、注塑成形、等静压成形、复合材料成形及快速成形等，采用少、无余量成形方法，以显著提高产品质量、经济效益与生产效率。

7.3 材料成形方法的选择

常用机械零件的毛坯成形方法有：铸造、锻造、焊接、冲压、型材成形方法等，各零件的形状和用途不同，毛坯成形方法不同。

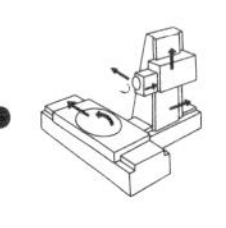

7.3.1　轴、杆类零件

轴、杆类零件为长径比较大的零件，常见的有光轴、阶梯轴、偏心轴和曲轴等，如图 7-4 所示，主要功用为支撑传动件，传递运动和动力，承受弯曲、扭转、拉伸、压缩等各种应力，轴径部分产生摩擦，还有冲击载荷等，将产生磨损、变形或断裂等缺陷，要求零件具有较高的综合力学性能、一定的表面质量和耐磨性。

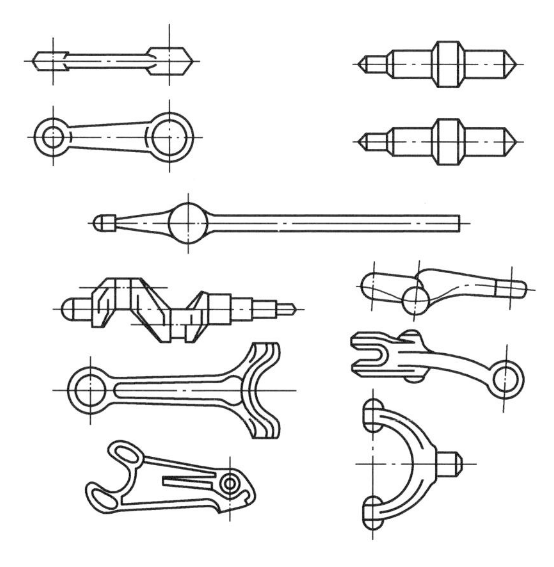

图 7-4　轴、杆类零件

轴、杆类零件一般选择钢或铸铁，用锻造或铸造方法制造毛坯。通常光轴、直径变化较小的轴、力学性能要求不高的轴，可直接选用轧制圆钢制造。直径差较大的阶梯轴，通常采用锻造方法制造毛坯，单件小批量生产常采用自由锻，大批量可采用模型锻造。异形断面或弯曲轴线的轴，如凸轮轴、曲轴等，在满足使用要求的前提下，可选用球墨铸铁采用铸造方法制造毛坯，以降低制造成本。在某些情况下，也可以采用锻－焊或铸－焊结合的方法来制造轴杆类零件的毛坯。

7.3.2　盘套类零件

盘套类零件包括齿轮、带轮、飞轮、模具、法兰盘、联轴器、套环、垫圈等，如图 7-5 所示，它们通常为轴向尺寸小于径向尺寸，或两个方向尺寸相近的零件。通常对于承受轻载，力学性能要求不高的盘套类零件采用铸造方法或结合焊接方法制造，而对于承受重载，力学性能要求较高的零件一般采用锻造方法。

齿轮是典型的盘套类零件，通常轮齿齿面承受接触应力和摩擦，齿根承受交

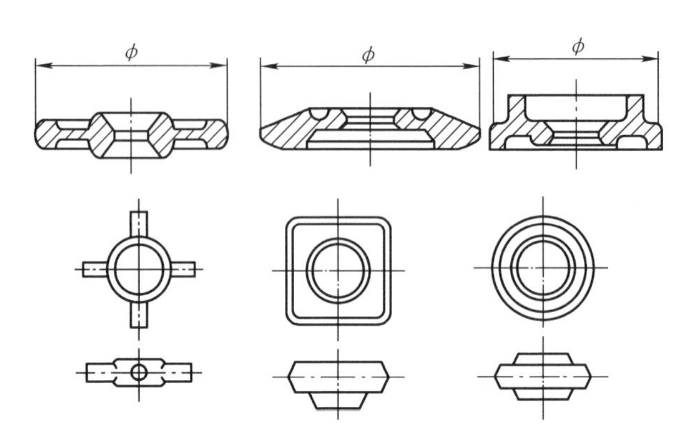

图7-5 盘套类零件

变的弯曲应力，还承受冲击力，轮齿易产生磨损、点蚀、变形或折断，因此，对其强度、韧性，以及齿面的硬度和耐磨性都有一定要求。但在机械中因工作条件有很大差异，毛坯制造方法也有所不同。低速、轻载齿轮，力学性能要求不高时，可选用灰铸铁、球墨铸铁等材料铸造成形制造毛坯；高速、重载齿轮通常要求表面硬度和良好的力学性能，可选用合金结构钢锻造成形后，进行齿部渗碳、淬火热处理，如为大批量生产可采用热轧或精密模锻的方法。而直径大于500mm的齿轮锻造比较困难，通常可选用铸钢或球墨铸铁铸造成形结合焊接方法制造。低速、受力不大或开式运转齿轮可选用工程塑料注塑成型制造。

带轮、飞轮等零件受力不大、结构简单，通常采用灰铸铁铸造成形，单件生产时也可采用低碳钢焊接完成。法兰根据受力情况及形状、尺寸等不同，可采用铸造或锻造加工，厚度较小垫圈一般采用板材冲压成形。

7.3.3 机架、箱座类零件

机架、箱座类零件一般结构复杂，壁厚分布不均匀，性状不规则，质量从几千克至数十吨，工作条件也相差很大。机身、底座等一般的基础零件，主要起支承和连接机械各部件的作用，主要承受压力，并要求有较好的刚度和减振性；有些机械的机身、支架还要承受压、拉和弯曲应力的耦合作用，以及冲击载荷；工作台和导轨等零件，则要求有较好的耐磨性；箱体零件一般受力不大，但要求有良好的刚度和密封性。这类零件通常铸造成形，对于不易整体成形的大型机架可采用焊接成形方法完成，但结构会产生内应力，易产生变形，吸振性不好。

7.3.4 毛坯成形方法选择举例

图7-6所示为发动机上的排气门，材料为耐热钢，可有下列几种成形工艺方案：

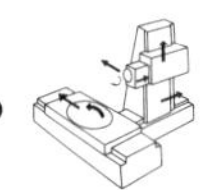

(1) 胎模锻造成形　选用直径大于气门杆的棒料，采用自由锻拔长杆部，再用胎模镦粗头部法兰。这种方法生产率低，常用于小批量生产。

(2) 平锻机模锻成形　选用与气门杆部直径相同的棒料，在平锻机上采用锻模模膛对头部进行局部镦粗。这种方法设备和模具成本较高，适于大批量生产。

(3) 摩擦压力机成形　选用与气门杆部直径相同的棒料，头部首先进行电热镦粗，然后在摩擦压力机上进行法兰终锻成形。这种方法效率较高，加工余量小，材料利用率高，可用于中小批量生产。

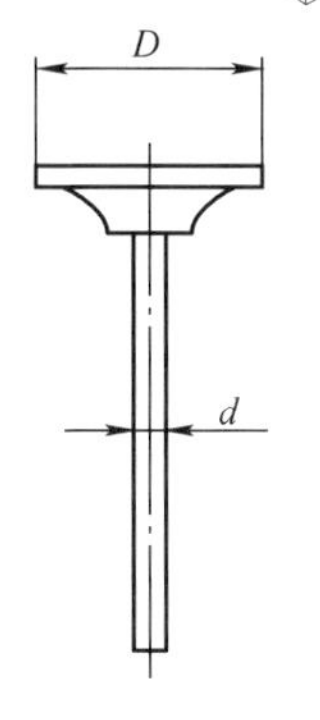

图 7-6　排气门

(4) 热挤压成形　选用直径大于气门杆的棒料，在热模锻压力机上挤压成形杆部，闭合镦粗头部形成法兰。这种方法成本低，制品质量好。

总之，在具体选择材料成形方法时，应具体问题具体分析，在保证使用要求的前提下，力求做到质量好、成本低和制造周期短。

本章小结

本章主要讨论陶瓷、复合材料的性能及成形过程，以及合理选择材料成形方法的原则。

1) 陶瓷材料的弹性模量和硬度高，但有明显的脆性特征。工业陶瓷生产工艺过程一般有坯料制备、成形、坯体干燥、烧结及后续加工等步骤。

2) 复合材料按基体材料可分为聚合物基复合材料、金属基复合材料和陶瓷基复合材料。聚合物基复合材料常用的成形方法有手糊成形法、缠绕成形法、模压成形法、喷射成形法、树脂传递模塑成形法等。金属基复合材料的成形工艺以复合时金属基体的物态不同可分为固相法和液相法。陶瓷基复合材料的成形方法分为两类，一类是料浆浇铸法、热压烧结法等；另一类是料浆浸渗法、料浆浸渍后热压烧结法和化学气相渗透法。

3) 智能材料常用的类型有压电材料、磁流变材料和形状记忆合金。

4) 合理选择材料成形方法的原则为满足使用性能的要求；适应成形工艺性要求；经济性原则；环保节能原则；利用新工艺、新技术、新材料。

思考题与习题

1. 何谓复合材料，有什么特点？为什么其有广阔的应用前景？

2. 金属基复合材料的性能特点是什么？有哪些成形方法？

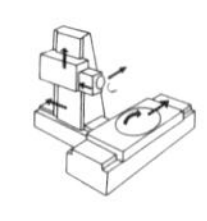

3. 说明陶瓷的成形过程。

4. 选择材料成形方法的原则是什么?

5. 材料选择与成形方法选择之间有何关系?

6. 在轴、杆类，盘套类，箱体、底座类零件中，分别举出1~2个零件，试分析如何选择毛坯成形方法。

第8章 金属切削加工的基础知识

[导读] 本章介绍金属切削过程的基础知识，主要包括金属切削过程的一些基本概念及金属切削过程的基本规律等内容。重点内容是刀具的结构及对切削过程的影响，切屑类型、积屑瘤、切削热对刀具磨损的影响。难点是车刀几何角度、作用及其选择原则的理解。通过本章的学习，了解切削过程、刀具常用材料、切削变形、刀具磨损、加工质量和生产率等方面知识，掌握刀具几何角度的含义，掌握切削要素的基本规律和生产上的应用及材料的切削加工性。

金属切削过程就是刀具从工件上切除多余的金属，使工件获得规定的几何形状，加工精度和表面质量。因此，要进行优质、高效与低成本的生产，必须重视金属切削过程的研究。通常金属切削加工分为钳工加工和机械加工两部分。

钳工加工一般是由工人手持工具进行的切削加工，其主要内容有划线、錾削、锯削、锉削、刮研、钻孔和铰孔、攻螺纹和套螺纹等，机械装配和修理也属钳工范围。随着加工技术的逐步发展，钳工加工的一些工作已由机械加工所代替，机械装配也在一定范围内不同程度地实现机械化、自动化。尽管如此，钳工作为切削加工的一部分仍是不可缺少的，在机械制造中仍占有独特的地位，如中小批量生产中各种机件上许多小螺孔的攻螺纹，目前采用钳工进行仍是较为经济方便的加工方式；又如，精密机床和设备导轨面的刮研常被磨削或宽刀细刨所代替，但质量还是刮研的较好。

机械加工是通过工人操作机床而不直接接触被加工零件进行切削加工的，其主要的加工方法有车、铣、刨、钻、磨及齿轮加工等。在现代机械制造中，除少数零件采用精密铸造、精密锻造、粉末冶金和工程塑压成形等方法直接获得零件外，绝大多数零件的外形、精度和表面质量还须依靠切削加工方法来保证。因此，切削加工在机械制造业中占有重要的地位。

金属切削加工虽有各种不同的形式，但它们在切削运动、切削工具及切削过程的物理实质方面却有共同的现象和规律，这些现象和规律是研究各种切削加工方法的共同基础。

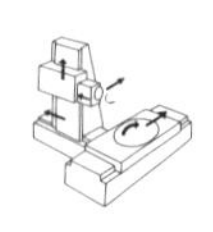

8.1　切削运动和切削要素

8.1.1　零件的种类及其表面的形成

任何机器或机械装置都是由多个零件组成的。组成机械设备的零件虽然多种多样，但分析起来，主要由以下四种表面所组成，如图8-1所示。

（1）圆柱面　圆柱面是以直线为母线，以圆为轨迹，且母线垂直于轨迹所在平面做旋转运动时所形成的表面，如图8-1a所示。

（2）圆锥面　圆锥面是以直线为母线，以圆为轨迹，且母线与轨迹所在平面相交成一定角度做旋转运动时所形成的表面，如图8-1b所示。

（3）平面　平面以直线为母线，以另一直线为轨迹做平移运动时所形成的表面，如图8-1c所示。

（4）成形面　成形面是以曲线为母线，以圆为轨迹做旋转运动或以直线为轨迹做平移运动时所形成的表面，如图8-1d、e所示。

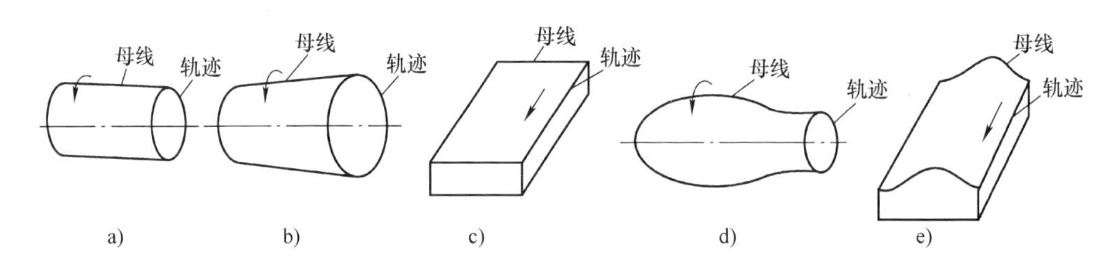

图8-1　表面的形成

上述各种表面，可分别用如图8-2所示的相应的加工方法获得。

8.1.2　机床的切削运动

各种表面的形成都是母线沿轨迹运动的结果。在机床上要加工出各种表面，刀具与工件必须有适当的相对运动，即所谓的切削运动。切削运动分为主运动和进给运动两种。

（1）主运动　主运动是切下切屑所需要的最基本的运动。在各种切削方法中，主运动只有一个，且主运动的速度最高，消耗机床的功率最多，约为机床总功率的95%以上。图8-2所示的Ⅰ表示出了各种加工方法的主运动。

（2）进给运动　进给运动是使金属层不断投入切削，从而加工出完整表面所需的运动。进给运动可以有一个或几个，进给运动的速度低，消耗机床的功率少，约为机床总功率的5%以下。各种加工方法的进给运动如图8-2所示的Ⅱ。

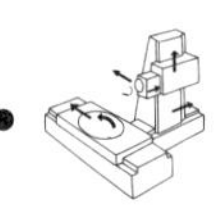

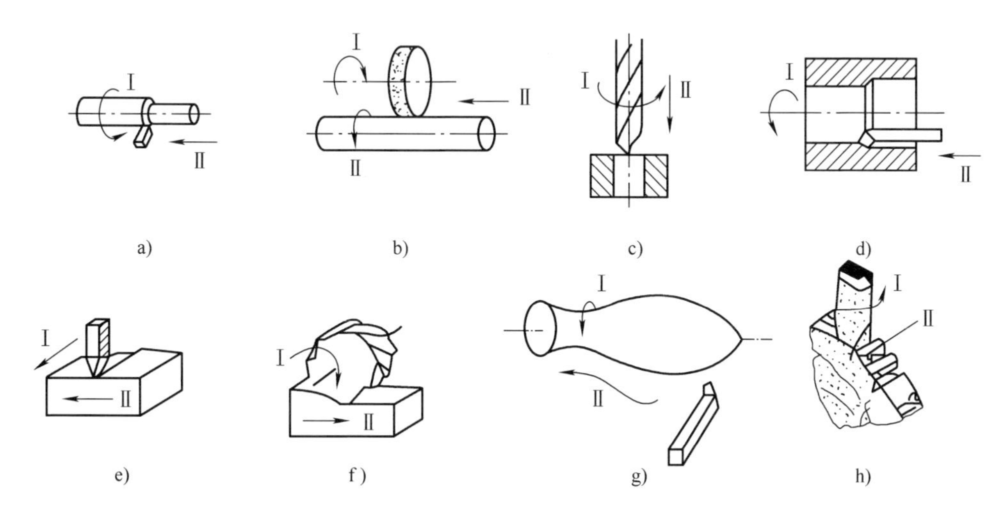

图 8-2　零件不同表面加工时的切削运动

a）车外圆面　b）磨外圆面　c）钻孔　d）车床上镗孔

e）刨平面　f）铣平面　g）车成形面　h）铣成形面

8.1.3　工件上的几个表面

在切削加工过程中，随着刀具的不断切入，在工件上自然地形成了三个不断变化着的表面：待加工表面、加工表面和已加工表面，如图 8-3 所示。

待加工表面指工件即将被切除切屑的表面，随着切削过程的进行，它将逐渐减小直至全部消失。

加工表面指正在被切削刃切削的工件表面。

已加工表面指刀具从工件上切除切屑后所形成的新表面。

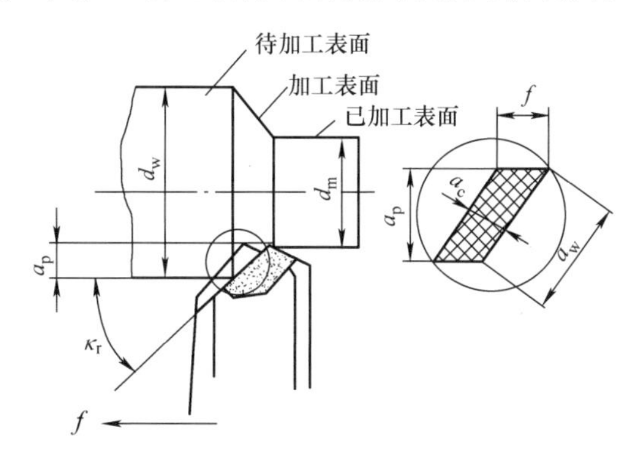

图 8-3　车削外圆时的切削要素及加工表面

8.1.4　切削用量

切削用量是指切削速度、进给量和背吃刀量三个要素的总称。

（1）切削速度 v　它是指在单位时间内，工件和刀具沿主运动方向的相对位移。

若主运动为旋转运动，则以车削外圆为例，在图8-3中，切削速度 v(m/s）为

$$v=\frac{\pi d_{w} n}{1000\times 60}$$

式中　d_w——待加工表面直径（mm）；

n——工件的转速（r/min）。

若主运动为往复直线运动（如刨削），常用其平均速度作为切削速度（m/s），即

$$v=\frac{2L n_{r}}{1000\times 60}$$

式中　L——往复直线运动的行程长度（mm）；

n_r——主运动每分钟的往复次数（次/min）。

（2）进给量 f　它是指在主运动的一个循环（或单位时间）内，刀具和工件之间沿进给运动方向的相对位移。如车削时，工件每转一转，刀具相对于工件沿进给运动方向移动的距离，即为进给量 f，单位为mm/r；又如当在牛头刨床上刨平面时，工件在刀具往复一次中所移动的距离，即为进给量 f，单位为mm/次。

单位时间的进给量又称进给速度 v_f，单位为mm/s。进给量与进给速度之间的关系为

$$v_f = fn/60$$

（3）背吃刀量 a_p　它是指待加工表面与已加工表面之间的垂直距离。车削外圆时：

$$a_{p}=\frac{d_{w}-d_{m}}{2}$$

式中　d_m——已加工表面直径（mm）。

8.1.5　切削层的几何参数

切削层是指工件正在被刀具切削的一层金属，即两个相邻加工表面之间的那层材料。以车削外圆为例（见图8-3），切削层就是工件每转一转，刀具从工件上切下的那一层材料。切削层的几何参数一般在垂直于切削速度的平面内观察和度量，它包括切削厚度、切削宽度和切削面积。

（1）切削厚度 a_c　它是指两相邻加工表面间的垂直距离，如图8-3所示。

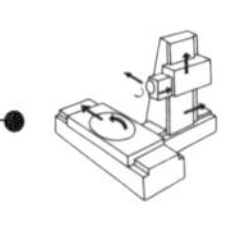

车外圆时

$$a_c = f\sin\kappa_r$$

（2）切削宽度 a_w　它是沿主切削刃度量的切削层尺寸，如图 8-3 所示。车外圆时

$$a_w = a_p/\sin\kappa_r$$

（3）切削面积 A_0　它是指切削层垂直于切削速度截面内的面积，如图 8-3 所示。车外圆时

$$A_0 = a_c a_w = f a_p$$

8.2　金属切削刀具

在切削过程中，直接完成切削工作的是刀具。无论哪种刀具，一般都由工作部分和夹持部分组成。夹持部分是用来将刀具夹持在机床上的部分，要求它能保证刀具正确的工作位置，传递所需要的运动和动力，并且夹持可靠，装卸方便。一般夹持部分选用优质碳素结构钢制成。工作部分是刀具上直接参加切削工作的部分，它必须选用专门的刀具材料制作，刀具切削性能的优劣，取决于工作部分的材料、角度和结构。

8.2.1　刀具材料

1. 基本要求

刀具材料一般是指工作部分的材料，它不仅要在高温下进行切削工作，还要承受较大的压力、摩擦、冲击和振动等，因此应具备以下基本要求：

（1）有较高的硬度　刀具材料硬度必须高于工件材料的硬度，常温硬度一般要求在 60HRC 以上。

（2）有足够的强度和韧性　这样可以承受切削力、冲击和振动。

（3）有较好的耐磨性　这样可以抵抗切削过程中的磨损，维持一定的切削时间。

（4）有较高的耐热性　即在高温下仍能保持较高硬度的性能，又称热硬性。

（5）有较好的工艺性　这样可以便于制造各种刀具。其工艺性包括锻、轧、焊、切削加工、磨削加工和热处理性能等。

目前尚没有一种刀具材料能全面满足上述要求，因此，必须了解各种刀具材料的性能，合理地选用刀具材料。

2. 常用的材料

目前在切削加工中常用的刀具材料有碳素工具钢、合金工具钢、高速钢和硬质合金等，其中高速钢和硬质合金是金属切削中最常用的刀具材料。常用刀具材料的特性见表 8-1。

表 8-1　常用刀具材料的特性

种类	牌号	物理性能						相对价格（高速钢 = 1）	用途
		硬度	抗弯强度 σ_{bb}/GPa	冲击韧度 a_K/kJ·m^{-2}	耐热性/℃	热导率/W·(m·℃)$^{-1}$	切削速度之比		
碳素工具钢	T10A	81 ~ 83HRA	2.35	—	200	41.8	0.2 ~ 0.4	0.3	用于制造锉刀、刮刀等手工工具
合金工具钢	9SiCr	80HRA	2.35	—	300	41.8	0.5 ~ 0.6		用于制造薄刃刀具，如丝锥、板牙、铰刀等
高速钢	W18Cr4V	82 ~ 84HRA	3.43	0.294	600	16.8 ~ 25	1.0	1.0	用途广泛，主要用于制造钻头、铣刀、铰刀、拉刀、丝锥、齿轮刀具等
硬质合金	YG8	89HRA	1.47	—	800 ~ 1000	75.4	6	10	适用于铸铁、有色金属及其合金、非金属材料的粗加工和间断切削时的粗刨
	YT15	91HRA	1.13	—	800 ~ 1000	33.5	6	10	适用于碳钢、合金钢连续切削时的粗车、半精车及精车，间断切削时的半精车与精车
陶瓷	AM	>92HRA	0.39 ~ 0.49	—	>1000	4.2 ~ 21	12 ~ 14	15	适用于高速切削，可加工高硬度（淬火钢）、高精度零件

（1）碳素工具钢与合金工具钢　碳素工具钢是碳含量较高的优质钢（w_C 为 0.007 ~ 0.012），如 T10A。碳素工具钢淬火后具有较高的硬度，而且价格低廉，

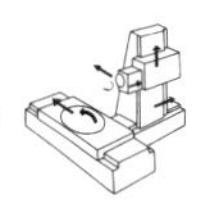

但这种材料的耐热性较差，当温度达到 200℃时即失去它原有的硬度，并且淬火时容易产生变形和裂纹。

合金工具钢是在碳素工具钢中加入少量的 Cr、W、Mn、Si 等合金元素所形成的刀具材料（如 9SiCr、CrWMn 等），由于合金元素的加入，与碳素工具钢相比，它热处理变形有所减小，耐热性也有所提高（达 300℃）。

这两种刀具材料因其耐热性都比较差，所以，常用于制造一些形状较简单的低速切削刀具，如锉刀、锯条、铰刀等。

（2）高速钢　它是含有较多 W、Cr、V 等合金元素的高合金工具钢，如 W18Cr4V，又称锋钢或风钢，与碳素工具钢和合金工具钢相比，它具有较高的耐热性，温度达 600℃时，仍能正常切削，其许用切削速度为 30～50m/min，是碳素工具钢的 5～6 倍，而且它的强度、韧性和工艺性能都较好，广泛用于制造切削形状复杂的刀具，如麻花钻、铣刀、拉刀和各种齿轮加工刀具等。

（3）硬质合金　它是以高硬度、高熔点的金属碳化物（WC、TiC）为基体，以金属 Co、Ni 等为黏结剂，用粉末冶金方法制成的一种合金。它的硬度高、耐磨性好、耐热性好。其许用切削速度是高速钢的 6 倍，但其强度和韧性比高速钢低，工艺性差。因此硬质合金常用于制造形状简单的高速切削刀片，将其焊接或机械夹固在车刀、刨刀、面铣刀、钻头等的刀体（刀杆）上使用。

国产的硬质合金一般分为两大类：一类是由 WC 和 Co 组成的钨钴类（YG 类）；另一类是由 WC、TiC 和 Co 组成的钨钛钴类（YT 类）。

YG 类硬质合金的韧性较好，但切削韧性材料时，耐磨性较差，因此，它适用于加工铸铁青铜等脆性材料。常用的牌号有 YG3、YG6、YG8 等，其中数字表示 Co 的质量分数。

YT 类硬质合金比 YG 类硬度高，耐热性好，在切削韧性材料时的耐磨性较好，但韧性较差，一般适用于加工钢件。常用牌号有 YT5、YT15、YT30 等，其中数字表示 TiC 的质量分数。

3. 新型刀具材料简介

近年来，随着高硬度难加工材料的出现，给刀具材料提出了更高的要求，这就推动了新刀具材料的不断开发。

（1）高速钢的改造　为了提高高速钢的硬度和耐磨性常采用如下措施：

1）在高速钢中增添新的元素，如我国制成的铝高速钢，增添铝元素，使其硬度达 70HRC，耐热性超过了 600℃，称为高性能高速钢或超高速钢。

2）改进刀具制造的工艺方法，如用粉末冶金法制造的高速钢称为粉末冶金高速钢。它可消除碳化物的偏析并细化晶粒，提高材料的韧性、硬度，并减小了热处理变形，适用于制造各种高精度刀具。

（2）硬质合金的改进　为了克服常用硬质合金材料的韧性低、脆性大、易

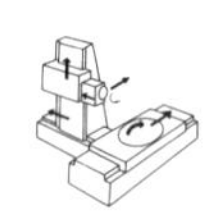

崩刃的缺点，常采用如下措施：

1）调整化学成分，增添少量的碳化钽（TaC）、碳化铌（NbC），使硬质合金既有高硬度又有较好的韧性。

2）改进工艺方法，即细化合金的晶粒，如超细晶粒硬质合金，硬度可达90～93HRA，抗弯强度可达2.0GPa。

3）采用涂层刀片，即在韧性较好的硬质合金（如YG类）基本表面，涂敷5～10μm厚的一层TiC或TiN，以提高其表层的耐磨性。

（3）非金属刀具材料　陶瓷、天然及人造金刚石、立方氮化硼等的硬度和耐磨性比上述各种金属刀具材料高，可用于切削淬火钢、有色金属及硬质合金等材料。由于它们的脆性大，抗弯强度又极低，金刚石和立方氮化硼两种材料价格又昂贵，因此很少应用。

8.2.2　刀具的几何形状

刀具切削部分直接担负切削工作，其几何形状对加工质量和生产率都有直接影响，因此，一把好的刀具除适用的材料外，还必须具有合理的几何形状。所用的切削刀具虽然多种多样，但它们切削部分的结构要素和几何角度却有许多共同的特征，各种多齿刀具或复杂刀具，就其一个刀齿而言，都相当于一把车刀的刀头，下面以车刀为例，分析并研究刀具的几何形状。

1. 车刀切削部分的组成

车刀的切削部分由三个刀面、两个切削刃（刀刃）和一个刀尖组成，简称“三面两刃一尖”，如图8-4所示。

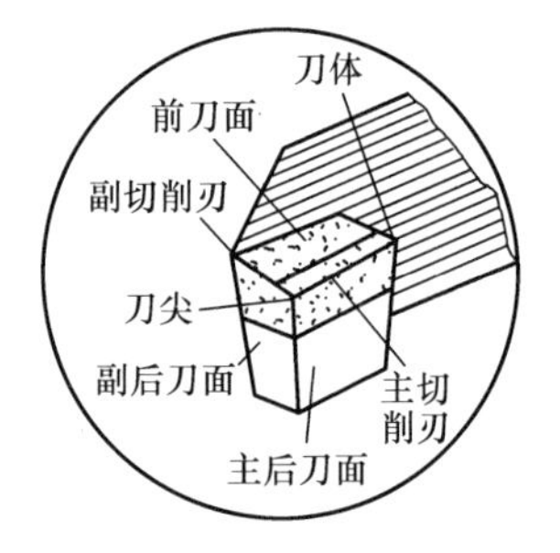

图8-4　车刀的组成

（1）前刀面（前面）　切削时，切屑流出所经过的表面称为前刀面。

（2）主后刀面（主后面）　切削时，刀具上与工件的待加工表面相对的表面称为主后刀面。

（3）副后刀面（副后面）　切削时，刀具上与工件的已加工表面相对的表面称为副后刀面。

（4）主切削刃（主刀刃）　它是前刀面和主后刀面的交线，切削时，承担着主要的切削工作。

（5）副切削刃（副刀刃）　它是前刀面和副后刀面的交线，切削时，一般承担少量的切削工作。

（6）刀尖　它是主切削刃和副切削刃的交点，实际上，刀尖并非绝对尖点，而是一小段过渡圆弧或一小段直线，以减小刀尖的磨损。

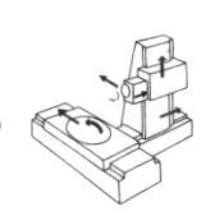

2. 车刀切削部分的主要角度

为了确定刀面和切削刃的空间位置，首先要建立起由三个辅助平面组成的坐标参考系。以它为基准，用角度值来反映刀面和切削刃的空间位置。

（1）辅助平面　轴助平面包括基面、切削平面和正交平面，如图 8-5 所示。

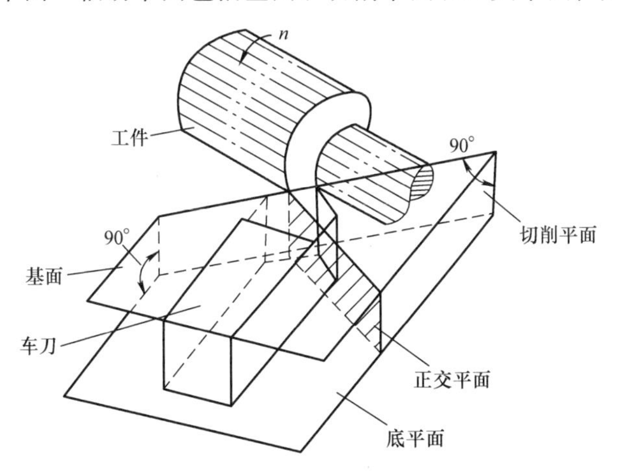

图 8-5　辅助平面

为了简化分析，假设切削时只有主运动，刀柄安装在与工件中心线相垂直，且刀尖与工件中心线等高的位置。这种假设的状态称为静止状态。在静止状态下确定的辅助平面是刀具标注角度的基准。

1）基面。基面是过主切削刃上某一选定点，并与该点切削速度方向（主运动方向）垂直的平面。

2）切削平面。切削平面是过主切削刃上某一选定点，并与该点的加工表面相切的平面。

3）正交平面。正交平面是过主切削刃上某一选定点，与主切削刃在基面上的投影相垂直的平面。

如图 8-5 所示，三个辅助平面相互垂直，构成了一个空间坐标参考系。

（2）车刀的标注角度　车刀的标注角度是指在刀具图样上标注的角度，也是刀具制造和刃磨的依据。下面介绍车刀的几个主要标注角度，如图 8-6 所示。

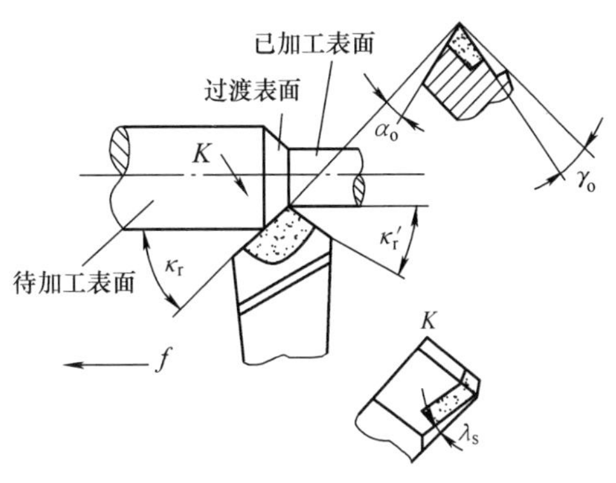

图 8-6　车刀的主要标注角度

1）前角γ_o。在正交平面内，前

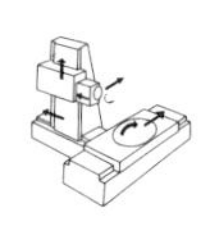

角是前刀面与基面之间的夹角。根据前刀面与基面相对位置的不同又可分为正前角、零前角和负前角，如图8-7所示。

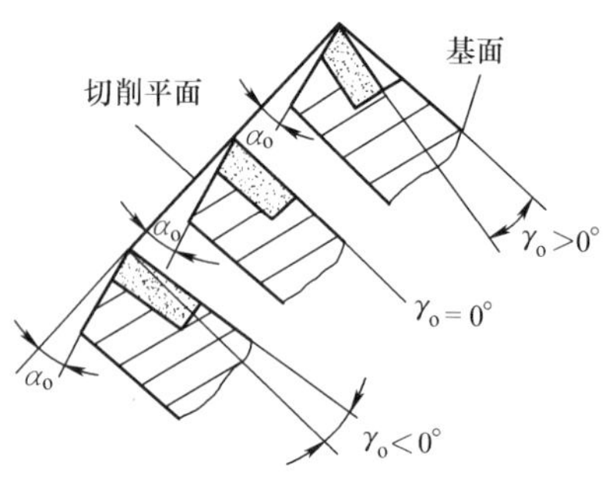

图8-7 前角的正与负

前角的大小对切屑变形、切削力、刀具的磨损、切削刃的强度都有直接影响。前角增大，可减小切削力，减小前刀面与切屑之间的摩擦，使切削轻快，降低切削温度，减小刀具的磨损。但前角过大时，切削刃的强度降低，导热体积减小，散热条件变差，导致切削温度升高，反而加剧了刀具磨损，降低了刀具寿命。一般地，当加工塑性大的材料时，切削变形大，应取较大的前角。当加工脆性材料时，应取较小的前角。通常硬质合金车刀的前角为-5°~25°。

2）后角α_o。在正交平面内，后角是主后刀面与切削平面之间的夹角。后角对刀具的主后刀面与加工表面的摩擦、刀具的锋利程度、切削刃强度有直接影响。较大的后角，可使切削刃锋利，摩擦减小，但若后角过大，将会削弱切削刃的强度，减小导热体积而增大刀具磨损。后角的选择一般依据加工性质进行。粗加工时，主要考虑切削刃的强度，应取较小的后角值，一般为3°~6°；精加工时，主要考虑减小主后刀面和加工表面之间的摩擦，提高工件的表面质量，应取较大的后角，一般为6°~12°。

3）主偏角κ_r。在基面内，主偏角是主切削刃的投影与进给方向之间的夹角。主偏角的大小主要影响切削层的几何参数和刀具寿命，影响切削力径向分力F_Y的大小，影响已加工表面的表面粗糙度。如图8-8所示，当背吃刀量和进给量一定时，主偏角越小，切下的切屑形状越薄而宽，主切削刃单位长度上的负荷减轻，散热条件较好，有利于提高刀具的使用寿命。主偏角减小则切削力的径向分力F_Y增大，如图8-9所示。当加工刚性较差的工件时，为避免工件变形和振动，应选用较大的主偏角。车刀常用的主偏角有45°、60°、75°、90°四种。

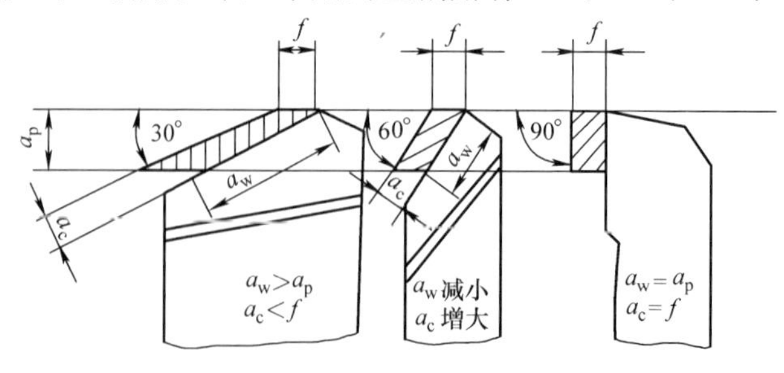

图8-8 主偏角对切削层的影响

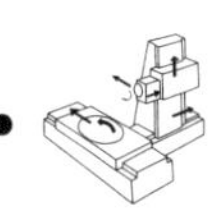

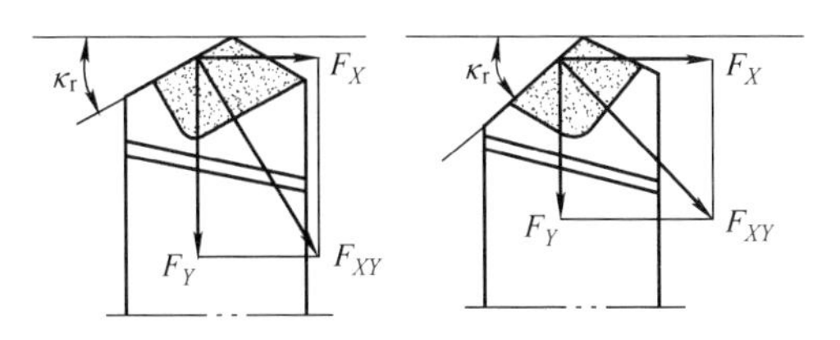

图 8-9　主偏角对切削分力的影响

4）副偏角 κ_r'。在基面内，副偏角是副切削刃的投影与进给相反方向之间的夹角。副偏角主要影响工件已加工表面的表面粗糙度值，减小副偏角可减小已加工表面残留面积的高度，降低表面粗糙度值 Ra，如图 8-10 所示，车刀的副偏角一般取 5°～15°。

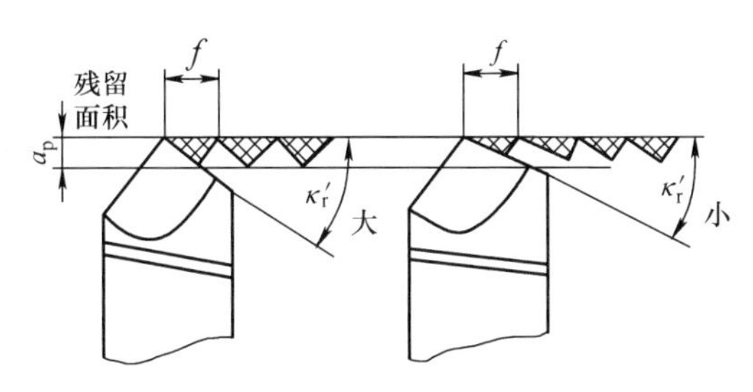

图 8-10　副偏角对残留面积的影响

5）刃倾角 λ_s。在切削平面内，刃倾角是主切削刃与基面之间的夹角。与前角类似，刃倾角也有正、负和零值之分，如图 8-11 所示。

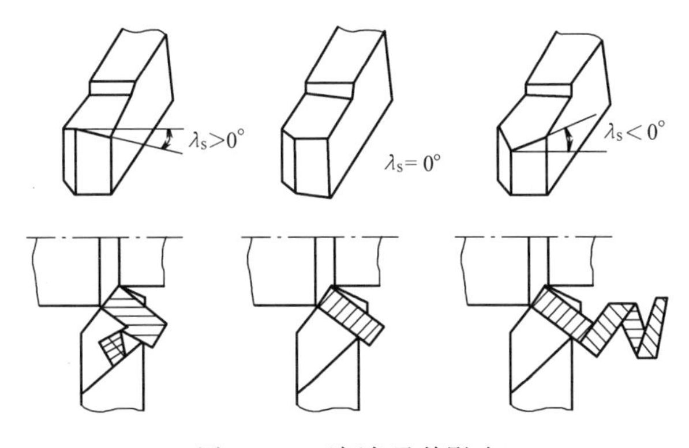

图 8-11　刃倾角及其影响

刃倾角的主要影响是刀尖的强度和排屑方向。负的刃倾角可使刀尖强度增加，但切屑排向已加工表面，可能会划伤或拉毛已加工表面。因此，当粗加工时，考虑增加刀尖的强度，刃倾角应选用较小值；当精加工时，为保证加工质量，刃倾角常取正值。车刀的刃倾角一般取 -5°～5°之间。

（3）车刀的工作角度　上述车刀的标注角度是在不考虑进给运动的影响、刀尖与工件回转中心等高、刀杆的纵向轴线垂直于进给方向、车刀的底面与基面平行等条件下确定的。实际切削时，上述条件若发生了变化，辅助平面的位置将会随之发生变化，导致刀具的实际切削角度不等于标注角度。刀具在切削过程中的实际切削角度称为工作角度。如图8-12所示，若刀尖高于工件回转中心，则工作前角$\gamma_{oe} > \gamma_o$，而工作后角$\alpha_{oe} < \alpha_o$；若刀尖低于工件的回转中心，则$\gamma_{oe} < \gamma_o$，$\alpha_{oe} > \alpha_o$。镗孔时的情况正好与此相反。

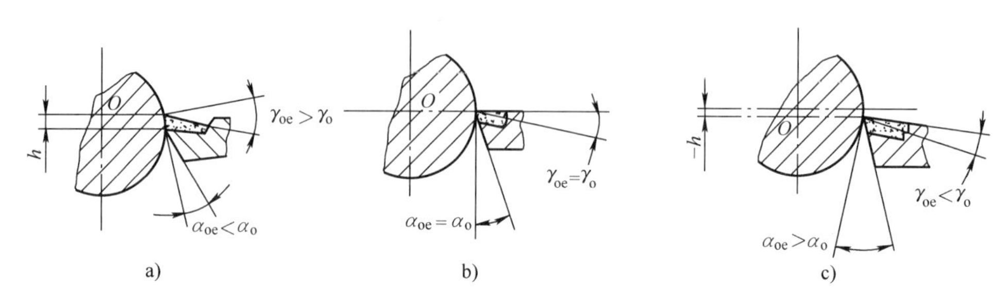

图8-12　车刀安装高度对前角和后角的影响

a）偏高　b）等高　c）偏低

当车刀刀杆的纵向轴线与进给方向不垂直时，将会引起主偏角和副偏角的变化，如图8-13所示。

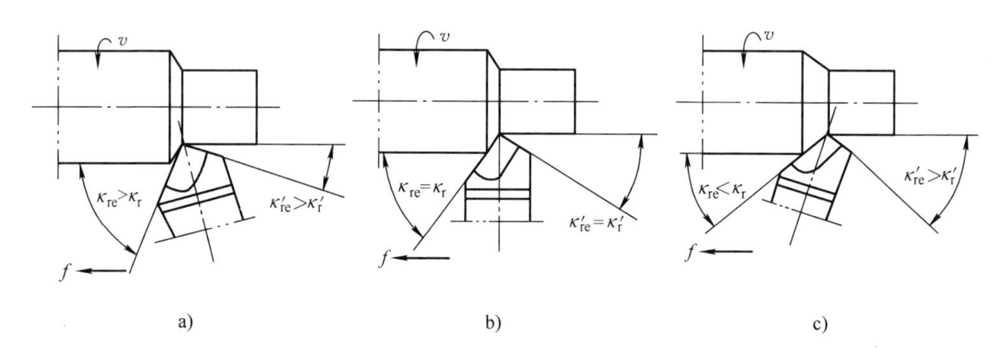

图8-13　车刀安装偏斜对主偏角和副偏角的影响

8.2.3　车刀的几种结构形式

刀具的结构形式对刀具的切削性能、切削加工的生产率和经济效益有着重要的影响。常用的车刀结构形式有整体式、焊接式、机夹重磨式和机夹可转位式四种见表8-2。

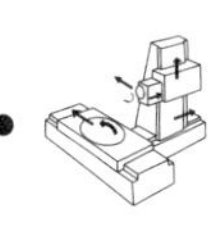

表 8-2　常用车刀的结构和特点

车刀名称	结构简图	特点
整体式		刀头、刀杆用同一种材料制成，为一整体，因此对贵重的刀具材料消耗较大
焊接式		刀头为优质刀具材料，刀杆为一般钢材，二者焊为一体，结构简单，紧凑，刚性好，刃磨方便。但硬质合金刀片在较大的焊接应力作用下易产生裂纹
机夹重磨式		它是将刀片用机械夹固法夹紧在刀杆上，刃磨时把刀片卸下，刀杆可重复使用，节约了大量刀杆材料
机夹可转位式		它是将具有一定几何参数的正多边形刀片，用机械夹固法装夹在标准刀杆上。刀片上的一个切削刃用钝后，只需将夹紧元件松开，将刀片转位，换成另一个新切削刃便可继续使用，无须重新对刀，特别适用于自动化生产线

8.3　金属的切削过程

金属切削过程实质上是一种挤压过程。被切削金属受刀具的挤压而产生变形是切削过程中的基本问题。金属切削过程中产生的积屑瘤、切削力、加工硬化和刀具磨损等物理现象，都是由切削过程的变形和摩擦所引起的。

8.3.1　切削过程及切屑种类

1. 切屑形成过程

金属的切削过程实际上与金属的挤压过程很相似。当切削塑性材料时，材料受到刀具作用开始产生弹性变形；随着刀具的继续切入，金属内部的应力、应变继续加大，当应力达到材料的屈服强度时，开始产生塑性变形；刀具再继续向前推进，应力进而达到材料的断裂强度，这时金属材料被挤裂，并沿着刀具的前刀面流出而形成切屑。

在金属切削过程中，经过塑性变形的切屑其外形与原来的切削层不同，切屑的厚度 a_{ch} 通常都大于切削层厚度 a_c，而切屑的长度 L_{ch} 却小于切削层长度 L_c，如图8-14所示。这种现象称为切屑收缩，切屑的变形程度可用变形因数表示。

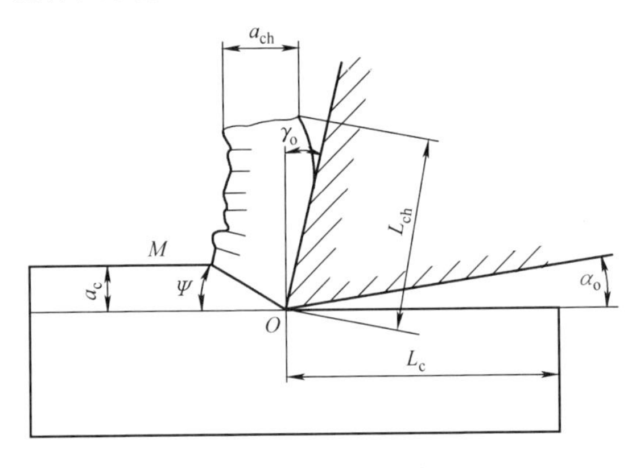

图8-14　切屑收缩

切削层长度 L_c 与切屑长度 L_{ch} 之比，称为变形因数（或收缩因数）ζ，即

$$\zeta=\frac{L_c}{L_{ch}}>1$$

变形因数对切削力、切削温度和表面粗糙度值影响较大，当其他条件不变时，切屑变形因数越大，切削力越大，切削温度越高，表面越粗糙。影响切屑变形因数的因素主要有刀具前角、切削速度、切削厚度、切屑与刀具之间的摩擦因数和被切材料的塑性等几个方面。增大刀具前角、提高切削速度、加大切削厚度、减小切屑与刀具之间的摩擦因数、降低被切材料的塑性都能减小切屑变形因数，因此，在切削加工中，可根据情况采取相应的措施，减小切屑变形因数，改善切削过程。例如，当切削塑性高的低碳钢时，为减小切屑变形，提高表面质量，一般在切削加工之前将材料进行正火处理，以降低其塑性，提高切削加工性。

2. 切屑的种类

当工件材料的塑性、刀具的前角或采用的切削用量等条件不同时，切屑的形状也不同，并会对切削过程产生不同的影响。

（1）带状切屑　如图8-15a所示，当采用较大的刀具前角、较高的切削速度、较小的进给量切削塑性材料时，容易得到带状切屑。带状切屑的顶面呈现毛

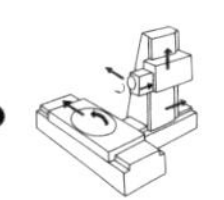

茸状，底面光滑，而且切屑只经历弹性变形→塑性变形→切离三个变形阶段。切削过程比较平稳，切削力波动也较小，加工表面光洁，但它会缠绕在刀具或工件上损坏切削刃，刮伤工件，且清除和运输也不方便，常成为影响正常切削的关键。为此，常开出断屑槽，以使切屑折断。

（2）节状切屑　如图 8-15b 所示，当采用较低的切削速度、较小的刀具前角、较大的进给量切削中等硬度的钢材时，容易得到节状切屑。在形成节状切屑过程中，金属材料要经历弹性变形→塑性变形→挤裂→切离四个变形阶段。其切削力波动较大，工件表面较粗糙。

（3）崩碎切屑　如图 8-15c 所示，当切削铸铁和青铜等脆性材料时，易形成崩碎切屑。其一般只经历弹性变形→挤裂→切离三个变形阶段。当形成崩碎切屑时，切削热和切削力都集中在主切削刃和刀尖附近，刀尖易磨损，容易产生振动，影响工件表面质量。

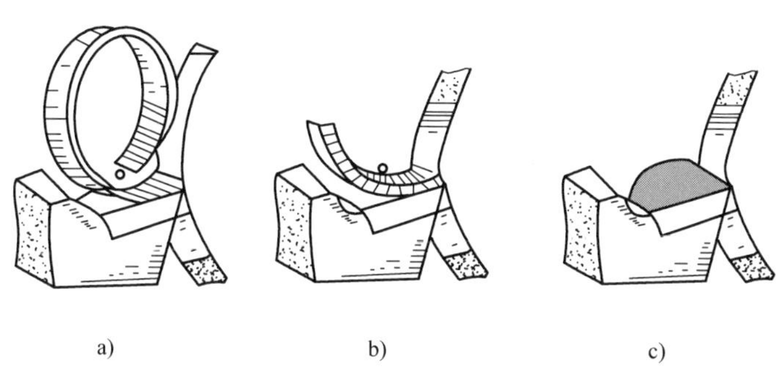

图 8-15　切屑的种类

8.3.2　积屑瘤

当在一定范围的切削速度下切削塑性材料时，常发现在靠近切削刃的前刀面上黏附着一小块很硬的金属，这块硬金属即为积屑瘤，或称刀瘤，如图 8-16 所示。

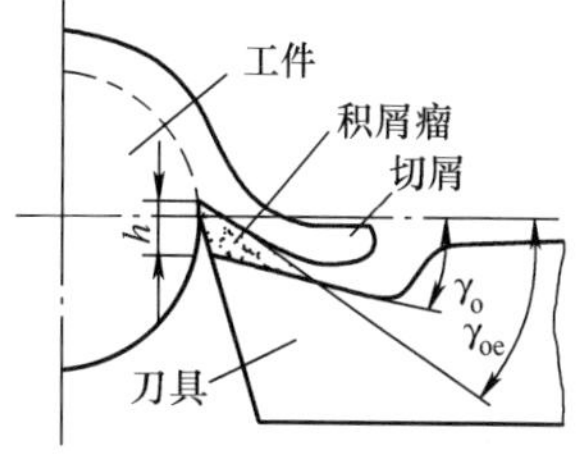

图 8-16　积屑瘤

1. 积屑瘤的形成

一般认为积屑瘤是被切削的金属在切削区的高温、高压和剧烈摩擦力的作用下与刀具前刀面发生黏结而形成的。当切屑沿着刀具的前刀面流出时，在一定的温度与压力作用下，与前刀面接触的切屑底层金属受到的摩擦阻力超过切屑本身的分子结合力时，就会有一部分金属黏附在切削刃附近的前刀面上，形成积屑瘤。积屑瘤形成后不断长大，当达到一定高度时又会破裂，并且被切屑带走或嵌

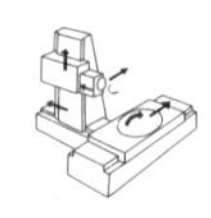

附在工件表面上。上述过程是反复进行的。

2. 积屑瘤对切削加工的影响

在形成积屑瘤的过程中，金属材料因塑性变形而被强化，因此，积屑瘤的硬度比工件材料高，能代替切削刃进行切削，从而起到保护切削刃的作用。同时，由于积屑瘤的存在，增大了刀具实际工作前角，如图8-16所示，使切削轻快，因此，粗加工时，积屑瘤的存在是有益的。但是积屑瘤的顶端伸出切削刃之外，而且又不断地产生和脱落，使实际背吃刀量和切削厚度不断变化，影响尺寸精度并导致切削力的变化，从而引起振动。有一些积屑瘤碎片黏附在工件已加工表面上，使工件表面变得粗糙。因此，精加工时，应尽量避免产生积屑瘤。

3. 影响积屑瘤的因素

工件材料和切削速度是影响积屑瘤的主要因素。

塑性大的材料，切削时的塑性变形较大，容易产生积屑瘤。塑性小而硬度较高的材料，产生积屑瘤的可能性及积屑瘤的高度相对较小，切削脆性材料一般没有塑性变形，形成的崩碎切屑不流过前刀面，因此一般无积屑瘤。

当切削速度很低（$v<5\text{m/min}$）时，切屑流动较慢，切屑底面的新鲜金属氧化充分，摩擦因数较小。又由于切削温度低，切屑分子的结合力大于切屑底面与前刀面之间的摩擦力，因而不会出现积屑瘤。当切削速度在5~50m/min范围内时，切屑底面的金属与前刀面间的摩擦因数较大，同时切削温度升高，切屑分子的结合力降低，因而容易产生积屑瘤。一般钢料在$v\approx20\text{m/min}$，切削温度为300℃左右时，摩擦因数最大，积屑瘤的高度也最大，当切削速度很高（$v>50\text{m/min}$）时，由于切削温度很高，切屑底面呈微熔状态，摩擦因数明显降低，积屑瘤也不会产生。

因此，一般精车、精铣用高速切削；而当用高速钢刀具拉削、铰削和宽刀精刨时，则采用低速切削，以避免形成积屑瘤。选用适当的切削液对刀具进行冷却润滑，对塑性较高的材料（如低碳钢）进行正火处理，都能避免形成积屑瘤。

8.3.3　切削力

1. 切削力及其影响

在切削过程中，刀具和工件之间的相互作用力称为切削力。

（1）切削力的来源

1）工件材料作用于前刀面上的弹性变形和塑性变形抗力。

2）工件材料作用于后刀面上的弹性变形和塑性变形抗力。

3）切屑与前刀面及加工表面和后刀面之间的摩擦力。

（2）切削力的分解及影响　总切削力F_r的大小和方向不易测定，为了适应设计和工艺分析的需要，常把切削力分解成三个相互垂直的分力F_X、F_Y、F_Z。

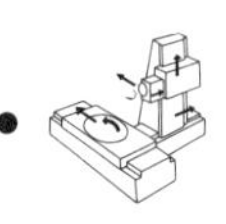

现以车外圆为例，来说明切削力 F_r的分解方法及各分力的作用。

当车外圆时，总切削力可分解为以下三个相互垂直的分力，如图 8-17 所示。

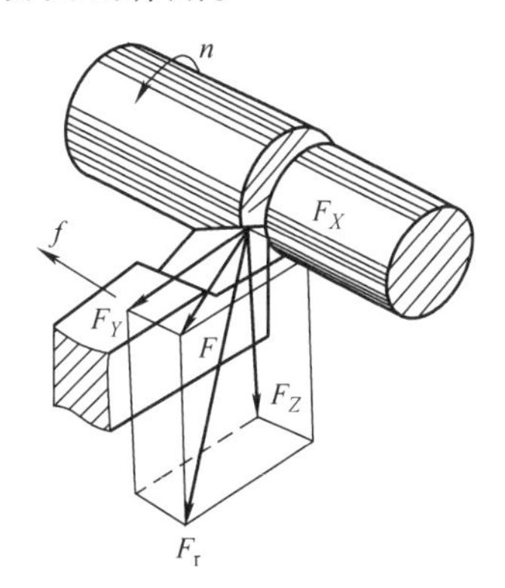

图 8-17　切削力的分解

1）主切削力（切向力）F_Z。它是总切削力 F_r在切削速度方向上的分力，占总切削力的 80% ~90%。它消耗的功率最大，故称主切削力。此力是计算机床动力及主传动系统零件强度和刚度的主要依据。当主切削力 F_Z 过大时，可能会发生刀具崩刃或“闷车”的现象。

2）进给力（轴向力）F_X。它是总切削力 F_r 分解在进给方向上的分力。F_X 所消耗的功率仅为总功率的 1% ~5%。它是设计和计算进给机构零件强度和刚度的依据。

3）背向力（径向力）F_Y。它是总切削力 F_r在背吃刀量方向上的分力。因为当车外圆时，刀具在这个方向上的运动速度为零，所以 F_Y不做功。但其反作用力作用在工件上，易使工件弯曲变形，特别是车削刚性差的细长轴时，变形尤为明显，如图 8-18 所示。这不仅会影响加工精度，同时还会引起振动。因此，当车削刚性较差的零件时，应设法减小或消除 F_Y的影响。例如，车削细长轴时常采用 $\kappa_r = 90°$的偏刀，这就是为了减小 F_Y。

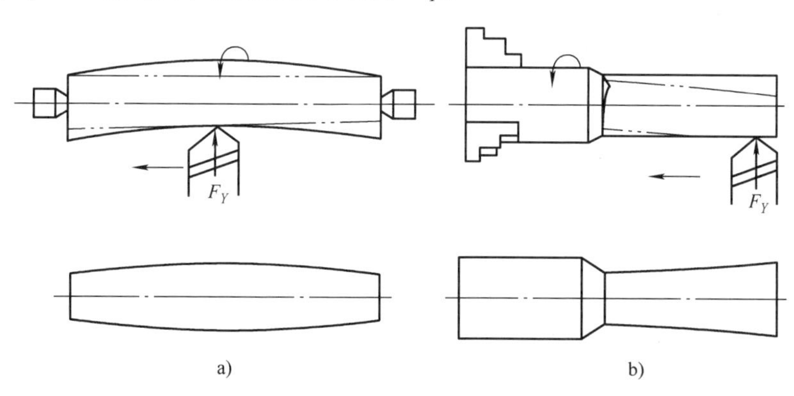

图 8-18　背向力 F_Y引起的工件变形

三个切削分力相互垂直，并与总切削力 F_r，有如下关系：

$$F_r = \sqrt{F_X^2 + F_Y^2 + F_Z^2}$$

2. 切削力与切削功率的计算

由于影响切削力的因素很多，切削力的大小一般用经验公式来计算。经验公式是通过大量的试验得到的，并根据影响主切削力的各个因素，总结出各种修正

系数。如果已知单位切削力 p（单位切削面积上的主切削力，N/mm^2），则主切削力 F_Z(N) 为

$$F_Z = pA_0 = pa_p f$$

p 的数值可以从有关切削手册中查得，表8-3列出了几种常用材料的单位切削力。在不同的切削条件下，F_X、F_Y 相对于 F_Z 的比值可在很大的范围内变化。

$$F_X = (0.1 \sim 0.6)F_Z$$

$$F_Y = (0.15 \sim 0.7)F_Z$$

表8-3　几种常用材料的单位切削力

材料	牌号	制造、热处理状态	硬度 HBW	单位切削力 $p/N \cdot mm^{-2}$
结构钢	45（40Cr）	热轧或正火	187（212）	1962
		调质	229（285）	2305
灰铸铁	HT200	退火	170	1118
铅黄铜	HPb59-1	热轧	78	736
硬铝合金	2A12	淬火及时效	107	834

一般根据实际的切削条件，在资料中查出有关的修正系数和相应的比值大小，即可计算出 F_X、F_Y、F_Z。

切削功率应为三个切削分力消耗功率的总和。但当车削外圆时，F_Y所消耗的功率等于零，F_X所消耗的功率很小，可忽略不计，因此，可粗略地计算出切削功率 P_m(kW) 为

$$P_m = 10^{-3} F_Z v$$

3. 影响切削力的因素

影响切削力的因素很多，但主要有以下几点。

（1）工件材料　若工件材料的强度和硬度高，则切削时的变形抗力大，切削力就大；若材料的塑性好，则切削时的塑性变形大，切屑与前刀面的摩擦因数大，因而切削力也大。

（2）切削用量　在切削用量中，背吃刀量和进给量是影响切削力的主要因素，当 a_p和f增大时，切削面积 A_0 增大，因而切削力会明显地增大。试验表明，当背吃刀量增加一倍时，切削力也增加一倍；当进给量增加一倍时，切削力增大75%左右。

（3）刀具角度　刀具的前角和主偏角对切削力的影响较大。前角越大，切削变形愈小，切削力就越小。主偏角主要影响 F_X和 F_Y两个分力的大小，当增大主偏角 κ_r时，F_X增大而 F_Y减小。

（4）切削液　在切削过程中，合理地选用切削液可以减小摩擦阻力，减小切削力。

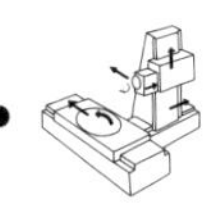

8.3.4　切削热和切削温度

1. 切削热的来源与传散

在切削过程中所消耗的切削功绝大部分转变为热，这些热称为切削热，其来源主要有三个方面，如图 8-19 所示。

1）切屑变形所产生的热，它是切削热的主要来源。

2）切屑与前刀面之间的摩擦所产生的热。

3）工件与后刀面之间的摩擦所产生的热。

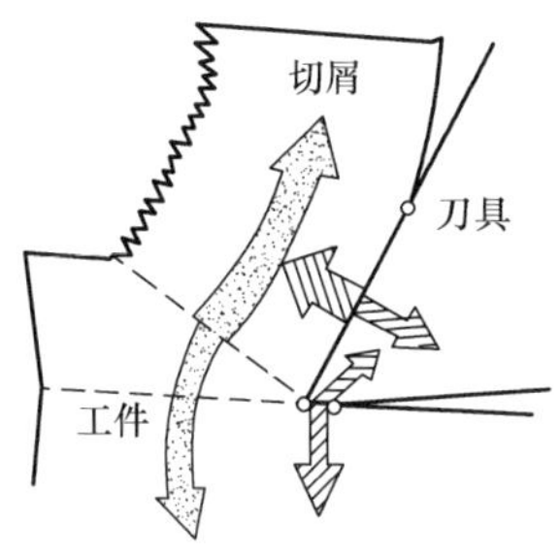

图 8-19　切削热的来源

随着刀具材料、工件材料、切削条件不同，三个热源的发热量也不相同。切削热产生以后，由切屑、工件、刀具及周期介质（如空气）传出。各部分传出的比例取决于工件材料、切削速度、刀具材料及几何角度等。车削时的切削热主要是由切屑传出的。用高速钢切削钢材时，有 50% ~80% 的切削热被切屑带走；10% ~40% 的热传入工件；3% ~9% 的热传给刀具；传给介质的热仅有 1% 左右。

传入刀具的热量虽不是很多，但由于刀具切削部分体积很小，也会引起刀具温度升高（高速切削时，刀头温度可达 1000℃以上），从而加速刀具的磨损。

传入工件的热量可使工件的温度升高，引起工件材料膨胀变形，从而产生形状和尺寸误差，降低加工精度；传入切屑和介质的热量越多，对加工越有利。

因此，在切削加工中应设法减小切削热，改善散热条件，以减小高温对刀具和工件的不良影响。

2. 切削温度及其影响因素

切削温度一般是指切屑、工件与刀具接触区域的平均温度。切削温度的高低，除了用仪器测定外，还可以通过观察切屑的颜色大致估计出来。当切削碳钢时，切屑呈银白色和淡黄色，表示切削温度较低，切屑呈紫色或深蓝色，则说明切削温度很高。

切削温度的高低取决于切削热的产生与传散情况，它主要受切削用量、工件材料、刀具材料、刀具角度和冷却条件等因素的影响。

（1）切削用量　提高切削速度，可使单位时间产生的切削热增加，从而使切削温度升高。切削速度对切削温度的影响最大。当进给量和背吃刀量增加时，切削力增大，摩擦也大，所以切削热也增加，在切削面积相同的条件下，增加进给量与增加背吃刀量相比，后者可使切削温度降低一些。当增加背吃刀量时，参与切削的切削刃长度增加，这将有利于切削热的传散。

（2）工件材料　工件材料的强度和硬度越高，切削时消耗的功越多，产生的切削热也越多，切削温度就越高；材料的导热性好，切削热可以很快通过工件和切屑传出，从而降低切削温度。

（3）刀具材料　导热性好的刀具材料可使切削热很快传出，从而降低切削温度。

（4）刀具角度　增大刀具前角，可使切屑变形，切屑与前刀面的摩擦减小，从而减少切削热，降低切削温度。但前角太大时，刀具的传热条件变差，反而不利于散热，不利于降低切削温度。主偏角减小，参加切削的切削刃长度增加，有利于散热，降低切削温度。

（5）冷却条件　使用切削液可有效降低切削温度。

3. 切削液

（1）切削液的作用及种类　为了降低刀具和工件的温度，不仅要减少切削热的产生，而且要改善散热条件。喷注足量的切削液可以有效地降低切削温度。使用切削液除起冷却作用外，还可以起润滑、清洗和防锈作用。生产中常用的切削液可分为以下三种。

1）水溶液。水溶液的主要成分是水，并在水中加入一定量的防锈剂等添加剂。它的冷却性能好，润滑性能差，呈透明状，常在磨削中使用。

2）乳化液。它是将乳化油用水稀释而成的，呈乳白色，为使油和水混合均匀，常加入一定量的乳化剂（如油酸钠皂等）。乳化液具有良好的冷却和清洗性能，并且具有一定的润滑性能，适用于粗加工及磨削。

3）切削油。切削油主要是矿物油，特殊情况下也采用动、植物油或复合油。它的润滑性能好，但冷却性能差，常用于精加工工序。

（2）切削液的选用　在生产中，通常根据加工性质、工件材料、刀具材料等选择切削液。粗加工时，要求以冷却为主，一般应选用冷却作用较好的切削液，如水溶液或低浓度的乳化液等；精加工时，主要希望提高加工质量和减少刀具磨损，一般应选用润滑作用较好的切削液，如高浓度的乳化液或切削油等。

通常当切削脆性材料（铸铁、青铜）时，为了避免崩碎切屑进入机床运动部件之间，一般不使用切削液。当低速精加工（如宽刀精刨、精铰、攻螺纹）时，为了提高表面质量，可用煤油作为切削液。对于有色金属的加工，为避免腐蚀工件，一般不使用含硫化油的切削液。一般钢材的加工通常选用乳化液和硫化切削油。

高速钢刀具的耐热性较差，为了提高刀具的使用寿命，一般要根据加工性质和工件材料选用合适的切削液。硬质合金刀具由于耐热性和耐磨性都较好，一般不用切削液。

8.3.5　刀具的磨损和刀具使用寿命

在切削过程中，切削刃由锋利逐渐变钝以致不能正常使用的现象称为刀具的

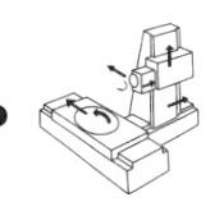

磨损。刀具磨损到一定程度后，必须及时重磨，否则会产生振动并使表面质量恶化。

1. 刀具的磨损形式

实践表明，刀具正常磨损，按发生部位不同，其主要磨损形式如下：

（1）后刀面磨损　如图 8-20a 所示，后刀面磨损后使切削刃附近形成后角接近 0°的小棱面，它的大小用其高度 V_B 表示。这种磨损一般发生在切削脆性材料或以较小的切削厚度（a_c <0.1mm）切削塑性材料的情况下。

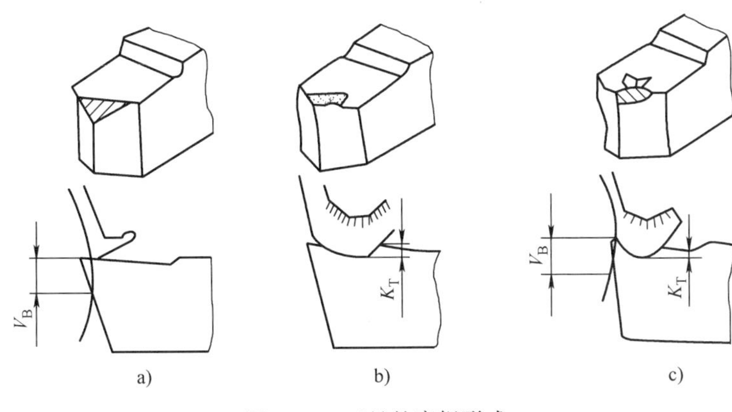

图 8-20　刀具的磨损形式

（2）前刀面磨损　如图 8-20b 所示，磨损后在切削刃后方出现月牙洼，它的大小用月牙洼的深度 K_T 表示。这种磨损一般发生在以较大的切削厚度（a_c >0.5mm）切削塑性材料的情况下。

（3）前、后刀面同时磨损　如图 8-20c 所示，这种同时磨损一般发生在以中等切削厚度（a_c =0.1 ~0.5mm）切削塑性材料的情况下。

由于多种情况下后刀面都有磨损，它的磨损对加工质量的影响较大，而且测量方便，所以一般都用后刀面的磨损高度 V_B 来表示刀具的磨损程度。

2. 刀具的磨损过程

刀具的磨损过程可分为三个阶段（见图 8-21）：第Ⅰ阶段（*OA* 段）称为初期磨损阶段；第Ⅱ阶段（*AB* 段）称为正常磨损阶段；第Ⅲ阶段（*BC* 段）称为急剧磨损阶段。

在初期磨损阶段，由于刃磨后的刀具表面有微观高低不平现象，且后刀面与加工表面的实际接触面积很小，故磨损较快。在正常磨损

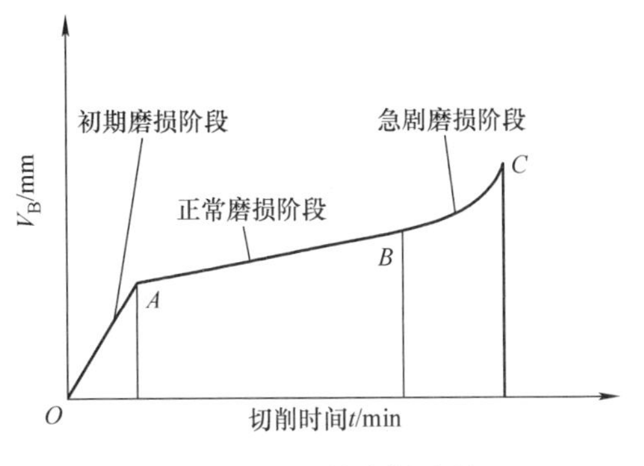

图 8-21　刀具磨损过程

阶段，由于刀具上微观不平的表层已被磨去，表面光洁，摩擦力小，并形成狭窄的棱面，使压强减小，故磨损较慢。刀具经过正常磨损阶段后即进入急剧磨损阶段，切削刃将急剧变钝。如继续使用，将使切削力增大，切削温度急剧上升，加工质量显著恶化。

经验表明，在刀具正常磨损阶段的后期，急剧磨损阶段之前刃磨刀具最为适宜。这样既可保证加工质量，又能提高刀具的使用寿命。

3. 刀具使用寿命 *T*

刀具磨损的程度通常以限定后刀面的磨损高度 V_B 作为刀具磨钝的衡量标准。在实际生产中，由于不便经常停机测量 V_B 的高度，因此，用规定刀具使用的时间作为限定刀具磨损量的衡量标准，于是提出了刀具使用寿命的概念。

刀具使用寿命是指刀具两次刃磨之间实际进行切削的时间，单位为 min。例如，目前硬质合金焊接车刀的使用寿命通常规定为60min，高速钢钻头的使用寿命为 80～120min。各种刀具使用寿命的数值可查阅《金属切削手册》。

一把刀具经过使用→磨钝→刃磨锋利若干个循环以后，刀具的切削部分便无法继续刃磨使用而完全报废，刀具从开始切削到完全报废，实际切削的总时间称为刀具寿命。

4. 影响刀具使用寿命的因素

影响刀具使用寿命的因素很多，主要有工件材料、刀具材料及其几何角度、切削用量及是否使用切削液等因素，切削用量中切削速度 v 的影响最大，为了保证各种刀具所规定的使用寿命，对加工者来说，特别要注意合理地选择切削速度。

8.4　加工质量和生产率

8.4.1　加工质量

零件的加工质量直接影响着产品的使用性能和使用寿命，它主要包括加工精度和表面质量两个内容。

1. 加工精度

加工精度是指零件加工以后，其尺寸、形状、相互位置等参数的实际数值与其理想数值的接近程度。实际数值与理想数值越近，即加工误差越小，则加工精度就越高。

零件的加工精度包括尺寸精度、形状精度和位置精度。

（1）尺寸精度　它是指零件的实际尺寸与理想尺寸的接近程度，常用尺寸公差表示。根据国家标准 GB/T 1800.1—2020 规定，标准公差分为 20 个等级，

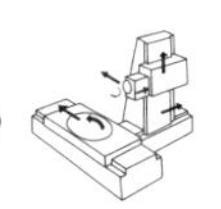

即 IT01，IT0，IT1 ~ IT18。IT 表示标准公差，阿拉伯数字表示公差等级，数字越大，公差数值越大，则尺寸精度就越低，IT01 ~ IT13 用于配合尺寸，目前常用的配合尺寸公差为 IT5 以下；IT4 ~ IT18 用于非配合尺寸。

（2）形状精度　它指的是零件的实际形状与理想形状的接近程度。形状公差有直线度、平面度、圆度、圆柱度、线轮廓度和面轮廓度六种。

（3）位置精度　它指的是零件的表面、轴线或对称面之间的实际位置与理想位置的接近程度，位置精度有平行度、垂直度、倾斜度、位置度、同轴度、对称度、圆跳动和全跳动八种。

通常，某种加工方法所达到的精度是指在正常操作情况下所能达到的精度，称为经济精度。当设计零件时，首先应根据零件尺寸的重要性来决定选用哪一级精度；其次还应考虑本厂的设备条件和加工费用的高低。总之，选择精度的原则是在保证能达到技术要求的前提下，选用较低的精度。

2. 表面质量

零件的表面质量包括表面粗糙度值、表面层加工硬化的程度及表面残余应力的性质和大小。零件的表面质量对零件的耐磨、耐腐蚀、耐疲劳等性能，以及零件的使用寿命都有很大的影响。因此，对于高速、重载荷下工作的零件表面质量要求都较高。

一般零件的图样上有标注表面粗糙度值的要求。表面粗糙度值常用轮廓的算术平均偏差（Ra）值来评定。零件的表面质量要求越高，表面粗糙度值也就越小，但有些零件的表面，出于外观或清洁的考虑，要求光亮，而精度要求不一定高，如机床的手柄、面板等。

8.4.2　生产率

切削加工生产率 R_0（件/min）常用单位时间内生产零件的数量表示，即

$$R_0 = \frac{1}{t_w}$$

式中　t_w——生产一个零件所需的总时间（min/件）。

在机床上加工一个零件所用的时间包括三个部分，即

$$t_w = t_m + t_c + t_0$$

式中　t_m——基本工艺时间，即加工一个零件所需的总切削时间；

t_c——辅助时间，即为了维持切削加工所消耗在各种辅助操作上的时间，如调整机床、空移刀具、装卸或刃磨、安装工件、检验等时间；

t_0——其他时间，如清扫切屑、工间休息等时间。

所以生产率 R_0 应为

$$R_0 = \frac{1}{t_m + t_c + t_0}$$

由上式可知，提高切削加工的生产率，实际就是设法减少零件加工的基本工艺时间、辅助时间及其他时间。

8.4.3　切削用量的选择

合理选择切削用量，对于保证加工质量、提高生产率和降低生产成本具有重要意义。

在切削加工中，提高切削速度、加大进给量和背吃刀量，都有利于提高生产率。但实际上v、f、a_p受工件材料、加工性质、刀具使用寿命、机床动力、机床和工件刚性等因素的限制，不可能任意选用。合理选择切削用量，实质上是在一定条件下，选择v、f、a_p数值的最佳组合。

粗加工时，应以提高生产率为主，同时还要保证规定的刀具使用寿命。实践证明，对刀具使用寿命影响最大的是切削速度，其次是进给量，背吃刀量的影响最小。因此，选择切削用量的顺序应为$a_p \to f \to v$，即在机床功率足够时，应尽可能选取较大的背吃刀量，最好一次走刀将该工序的加工余量切完。只有当余量太大，机床功率不足，刀具强度不够时，才分两次或多次走刀将余量切完，但第一次走刀的背吃刀量应尽量大些，其次根据机床－夹具－工件－刀具工艺系统的刚性，选择尽可能大的进给量，最后根据工件材料和刀具材料确定切削速度，使之在已选定的背吃刀量和进给量的基础上能达到规定的刀具使用寿命。粗加工时一般选用中速切削。

精加工时，应以保证加工质量为主，同时也要考虑刀具使用寿命和提高生产率。为此，往往采用逐渐减小背吃刀量的切削加工方法来逐步提高加工精度。进给量的大小主要是根据表面粗糙度的要求选取，切削速度的选择应避开积屑瘤的切削速度范围。硬质合金刀具一般采用较高的切削速度，高速钢刀具则采用较低的切削速度。一般情况下，精加工常选用较小的背吃刀量、进给量和较高的切削速度，这样既可保证加工质量，又可提高生产率。

切削用量数值的大小可从《切削用量手册》中查找，也可根据经验确定。

8.5　材料的切削加工性

材料的切削加工性是指材料被切削加工的难易程度。

8.5.1　衡量材料切削加工性的指标

生产中用以衡量材料切削加工性的指标主要有以下五个：

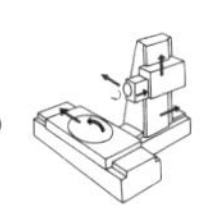

（1）一定刀具使用寿命下的切削速度 v_T　当刀具使用寿命为 T 时，切削某种材料所允许的切削速度 v_T 越高，材料的切削加工性越好，若 $T=60\text{min}$，则 v_T 可写作 v_{60}。

（2）相对加工性 K_r　它是指各种材料的 v_{60} 与 45 钢（正火）的 v_{60} 比值，由于把后者的 v_{60} 作为比较的基准，故写作 $(v_{60})_j$，所以

$$K_r=\frac{v_{60}}{(v_{60})_j}$$

常用材料的相对加工性可分为八个等级，见表 8-4，凡 $K_r>1$ 的材料，其切削加工性能比 45 钢（正火）好，反之较差。

表 8-4　材料相对切削加工性分级

加工性等级	名称及种类		相对加工性 K_r	代表性材料
1	很容易切削材料	一般有色金属	>3.0	5－5－5 铜铅合金，9－4 铝铜合金，铝镁合金
2	容易切削材料	易切削钢	2.5～3.0	15Cr 退火，R_m＝380～450MPa 自动机钢，R_m＝400～500MPa
3		较易切削钢	1.6～2.5	30 钢正火，R_m＝450～560MPa
4	普通材料	一般钢及铸铁	1.0～1.6	45 钢，灰铸铁
5		稍难切削材料	0.65～1.0	2Cr13 调质，R_m＝850MPa 35 钢，R_m＝900MPa
6	难切削材料	较难切削材料	0.5～0.65	45Cr 调质，R_m＝1050MPa
7		难切削材料	0.15～0.5	65Mn 调质，R_m＝950～1000MPa 50CrV 调质，某些钛合金
8		很难切削材料	<0.15	某些钛合金，铸造镍基高温合金

（3）已加工表面质量　凡较容易获得好的表面质量的材料，其切削加工性就较好。精加工时，常以此为衡量指标。

（4）切屑控制或断屑的难易　凡切屑较容易控制或易于断屑的材料，其切削加工性较好。当在自动机床或自动线上加工时，常以此为衡量指标。

（5）切削力　在相同切削条件下，切削力较小的材料，其切削加工性较好。在粗加工中，机床刚性或动力不足时，常以此作为衡量指标。

在衡量材料切削加工性的几个指标中，v_T 和 K_r 最为常用，因为它们对于不同的加工条件都能适用。

8.5.2 改善材料切削加工性的途径

材料的切削加工性并非一成不变，因此在生产中，常采用一些措施来改善材料的切削加工性，使之利于提高生产率、零件表面质量和刀具使用寿命。

生产中常用于改善材料切削加工性的措施主要有以下两个。

1. 调整材料的化学成分

材料的化学成分直接影响其力学性能。例如，碳钢中，随着碳含量的增加，其强度和硬度提高，塑性和韧性降低，故高碳钢强度和硬度较高，切削加工性较差；低碳钢塑性和韧性较高，切削加工性却较差；中碳钢的强度、硬度、塑性和韧性都居于高碳钢和低碳钢之间，故切削加工性较好。

在钢中加入适量的硫、铅等元素，可有效地改善其切削加工性，这样的钢称为易切削钢。但只有在满足零件对材料性能要求的前提下才能这样做。

2. 采用热处理改善材料的切削加工性

化学成分相同的材料，当其金相组织不同时，力学性能不同，其切削加工性也不同。因此，可通过对不同材料进行不同的热处理来改善其切削加工性。例如，对高碳钢进行球化退火，可降低硬度；对低碳钢进行正火，可降低塑性，这些热处理措施都能改善切削加工性。白口铸铁可在910～950℃经10～20h退火或正火，使其变为可锻铸铁，从而改善切削性能。

本章小结

本章主要介绍金属切削过程的基础知识（包括基本定义与刀具材料），讨论了金属切削过程的四大规律及在生产上的应用，分析了切削加工对加工质量和生产率的影响。

1）金属切削过程中的基本定义，在切削运动方面：切削运动，切削用量三要素（切削速度、进给量、背吃刀量）；在刀具切削方面：车刀构造，参考系和参考平面，刀具角度；在工件方面：三个加工表面，切削层参数（切削厚度、切削宽带和切削面积）。

2）刀具材料的性能（高的硬度与耐磨性，足够的强度与韧性，高的耐热性及良好的工艺性），常用刀具的材料（工具钢、高速钢、硬质合金及新型刀具材料）。

3）金属切削过程的四大规律及应用：切屑变形规律，切削力变化规律，切削热与切削温度变化规律，刀具磨损与使用寿命变化规律。

4）切削用量的选择原则（切削速度，进给量和背吃刀量），改善材料切削加工性的途径（调整材料化学成分及热处理）。

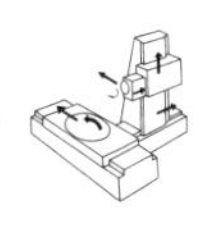

思考题与习题

1. 什么是切削用量三要素？当切削加工外圆时，切削用量的数学表达式是什么？

2. 主运动和进给运动各有什么特点？

3. 金属切削刀具的材料应具备什么性能特点？常用的刀具材料有哪些？

4. 刀具标注角度基准的辅助平面包括哪些平面？

5. 试分析前角、后角、主偏角、副偏角和刃倾角对切削加工过程的影响。

6. 什么是车刀的工作角度？安装车刀时，将刀尖高于工件回转中心，工作角度与标注角度有何区别？

7. 切屑形成过程的实质是什么？切屑有哪些类型？

8. 试分析积屑瘤形成的条件。它对切削加工有什么影响？如何利用和控制积屑瘤？

9. 刀具磨损形式有哪些类型？什么是刀具的使用寿命？

10. 切削力是如何产生的？影响切削力的主要因素有哪些？

11. 切削热是如何产生、传散的？它对切削加工有何影响？

12. 在考虑加工质量与切削加工生产率情况下，如何合理选用切削用量三要素？

13. 什么是金属的切削加工性？常用的衡量指标有哪些？怎么提高金属的切削加工性？

第9章　常用切削加工方法

［导读］ 本章介绍了常用金属切削加工方法，包括各种加工方法的类型、工艺特点、加工方式及应用等方面内容。重点是了解每种加工方法的特点及应用范围。通过本章学习，熟悉并掌握各种切削加工方法的加工过程、加工方式、工艺特点及应用。

9.1　车削加工

用车刀在车床上加工工件的工艺过程称为车削加工。一般车削加工精度可达IT8～IT7，表面粗糙度值 Ra 为6.3～1.6μm。车削加工时，主运动为工件的旋转，刀具做直线进给运动。因此，车削加工适宜加工各种回转体表面。

根据所要加工零件的类型、生产批量及对车削加工生产率的要求，常用的车床类型主要有普通卧式车床、立式车床、六角车床、多刀半自动车床、自动车床及数控车床等。其中应用最广泛的是普通卧式车床，它适宜于加工各种轴、盘及套类零件的单件和小批量生产。对于直径较大而长度较短的大型零件（一般长径比 $L/D=0.3\sim0.6$），多采用立式车床加工；对于批量加工外形较复杂，含有内孔及螺纹的中、小型轴、套类零件，宜选用六角车床加工；在生产批量大、所加工的零件较小、形状较为简单的条件下，可选用半自动或自动车床进行加工。

9.1.1　车削加工的工艺特点

1. 易于保证工件各加工表面位置精度

在车削加工时，对于短轴类或盘类零件常采用三爪卡盘和花盘弯板装夹；长轴类零件常采用双顶尖＋拔盘或双顶尖＋卡盘装夹。对于套类零件采用心轴装夹。如图9-1a所示，在一次装夹中车出短轴各加工表面，然后切断，由于各加工表面具有同一回转轴线，故能保证各加工表面之间的同轴度要求。工件端面与轴线的垂直度则由机床本身的精度保证，它取决于车床横滑板导轨与工件回转轴线的垂直度。对于形状不规则的零件，为了保证加工面的位置精度，可以利用花盘和弯板装夹（见图9-1b），为了保证弯管的 A 面与 B 面垂直，应将其安装在花盘和弯板上车 A 面。

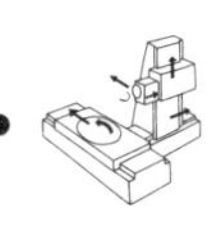

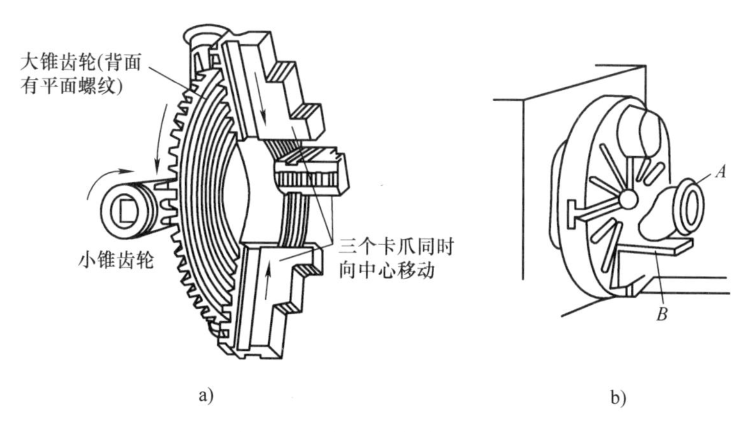

图 9-1 车床卡盘装夹工件

2. 加工过程比较平稳

车削加工过程一般是连续进行的，其切削面积 A 也是相对稳定的（毛坯加工余量不均匀除外）。因此相对于铣削、刨削而言，在车削过程中切削力变化较小，不会产生冲击，其加工过程比较平稳。因此车削加工允许采用较大的切削用量以提高生产率。

3. 适合于有色金属零件的精加工

当有色金属零件要求精度较高，表面粗糙度值较小时，若采用磨削加工，由于有色金属材料硬度较低而塑性好，磨削时产生的磨屑极易堵塞砂轮，使砂轮很难继续进行磨削。在车削加工时，采用金刚石车刀或硬质合金车刀，选用很小的进给量（$f<0.1$mm/r）与背吃刀量（$a_p<0.15$mm），以及很高的切削速度（$v\approx$5m/s），加工精度通常可达到 IT6 ~ IT5，表面粗糙度值 Ra 可达 0.4 ~ 0.1μm。

4. 刀具简单

车刀是各类刀具中最简单的一种，其制造、刃磨及安装均比较方便，这就便于根据具体加工要求，选用合理的角度，如常用的外圆车刀、弯头车刀、内圆车刀及切断刀等。因此，车削的适应性较广，并且有利于加工质量和生产率的提高。

9.1.2 车削加工的应用

车削加工一般是用来加工单一轴线的零件，如直轴及一般盘、套类零件等。若需要加工多轴线的零件，如曲轴、偏心轮或盘形凸轮，则需改变工件的安装位置或将车床适当进行改装。图 9-2 所示为车削曲轴及偏心轮时工件安装位置示意图。

车削加工是机械加工中最基本的、应用范围非常广泛的一种加工方法。在车

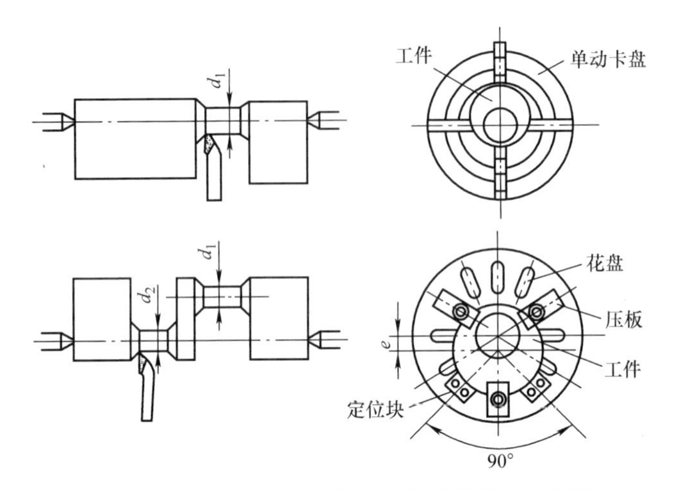

图 9-2　车削曲轴及偏心轮时工件安装位置示意图

床上使用不同的车刀或其他刀具，可以加工各种回转表面，如内、外圆柱面，内、外圆锥面，端面，螺纹，沟槽，切断，成形面及滚花等。表 9-1 所示为车床工作。

表 9-1　车床工作

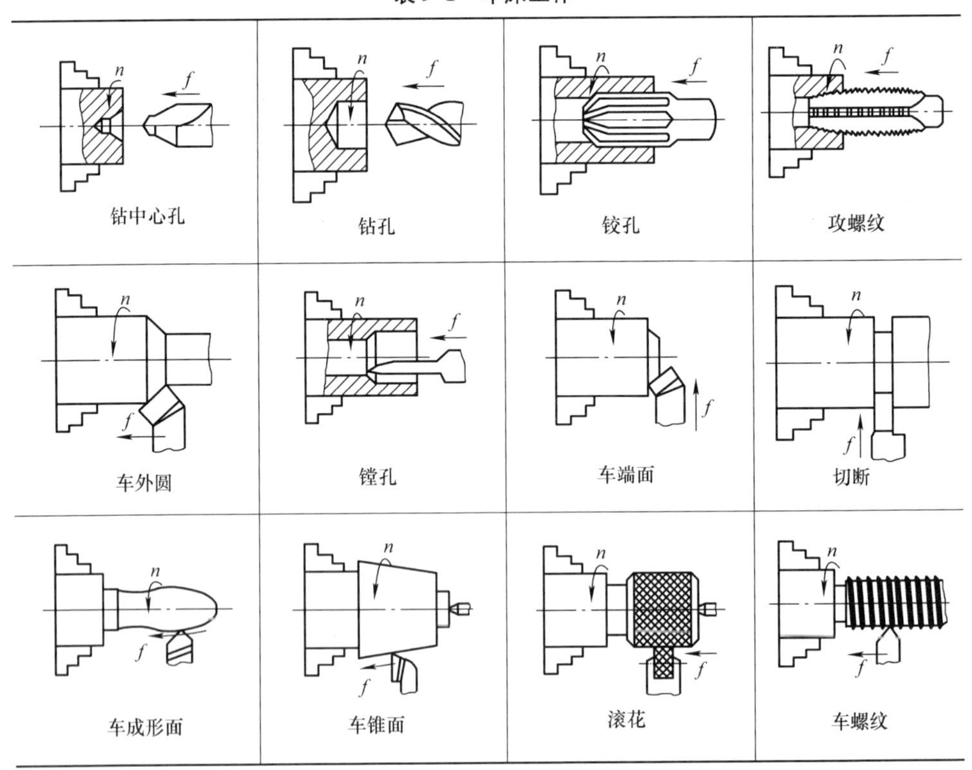

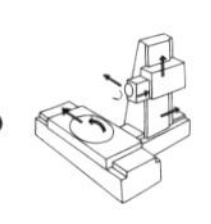

9.2　钻镗加工

9.2.1　钻削加工

用钻头在实体材料上加工孔的工艺方法称为钻削加工。钻削是孔加工的基本方法之一。钻削通常在钻床或车床上进行，也可在镗床或铣床上进行。

1. 钻床及其加工范围

常用的钻床有台式钻床、立式钻床及摇臂钻床。台式钻床主要适用于单件、小批量生产小型工件上直径较小的孔（一般孔径<13mm）；立式钻床是钻床中最常见的一种，主要适用于中、小型工件上较大直径孔的加工（一般孔径<50mm）；摇臂钻床（见图 9-3）主要用于大、中型工件上孔的加工；对于回转体类零件上的孔多在车床上加工。

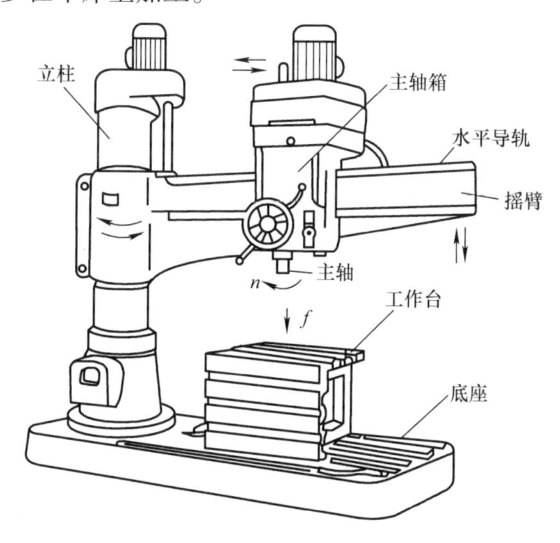

图 9-3　摇臂钻床

2. 钻削刀具

钻削加工时，最常用的刀具是麻花钻。标准麻花钻由三部分组成，即柄部、颈部及工作部分，如图 9-4 所示。

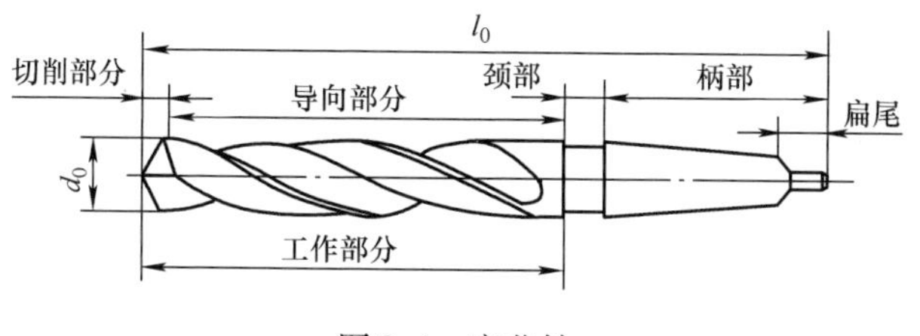

图 9-4　麻花钻

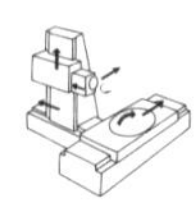

柄部是钻头夹持部分，用来传递钻孔时所需要的转矩。钻柄有直柄和锥柄两种，直径小于12mm的钻头为直柄，直径大于12mm的钻头为锥柄。

颈部位于柄部和工作部分之间，是为磨削钻柄而设的越程槽。通常钻头规格会刻写在颈部。

工作部分是钻头主体，它由切削部分和导向部分组成。切削部分包括两条对称的主切削刃、两个副切削刃和横刃。在麻花钻头中两个螺旋槽表面为前面，顶端两个曲面为主后面，与工件的已加工表面相对的棱带（刃带）为副后面。两个主后面的交线是横刃，是在刃磨两个主后面时形成的。导向部分在钻孔时起导向作用，同时它具有辅助切削的作用。

麻花钻的几何角度，如图9-5所示。

（1）螺旋角 β　螺旋角是钻头轴线与棱带螺旋线切线之间的夹角。螺旋角越大，切削越容易，但钻头的强度低。一般 $\beta=18°\sim30°$，直径较小的钻头 β 应取小值。

（2）前角 γ_0　在图9-5中的主切削刃上做 $N-N$ 剖面为正交平面，前角是在正交平面内测量的前面与基面的夹角。由于前面是螺旋面，因而沿主切削刃各点的前角是变化的。沿着钻心方向逐渐减小。靠近横刃处前角约为 $-30°$，横刃上的前角一般为 $-60°\sim-50°$，而在外圆处的前角约为30°。

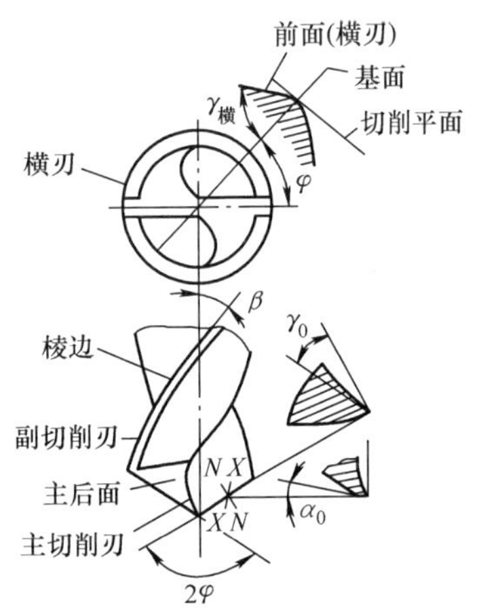

图9-5　麻花钻的几何角度

（3）后角 α_0　在图9-5中的主切削刃上做 $X-X$ 轴轴向正交平面，后角是在轴向正交平面内测量的主后面与切削平面的夹角。切削刃各点的后角也是变化的，外圆处后角为 $8°\sim14°$，在靠近横刃处后角为 $20°\sim25°$。

（4）顶角 2φ　顶角是两条主切削刃之间的夹角。标准麻花钻的顶角为 $116°\sim120°$。

3. 钻削运动

在钻床上钻孔时，刀具（钻头）的旋转为主运动，同时钻头沿工件的轴向移动为进给运动；而在车床上钻孔时，工件的旋转为主运动，装在尾架上的钻头沿工件轴向移动为进给运动。

钻削时，钻削速度 v(m/s) 为

$$v=\frac{\pi Dn}{1000\times60}$$

式中　D——钻头直径（mm）；

n——钻头或工件的转速（r/min）。

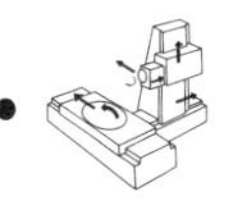

进给量 f 为钻头或工件每转一周，钻头沿其轴向移动的距离。

背吃刀量 a_p 为

$$a_p = D/2$$

式中　D——钻头的直径。

4. 钻削加工的工艺特点

钻削加工与车削加工相比，钻削的工作条件要苛刻得多。这是因为钻削时，钻头工作部分大都处于已加工表面的包围中，因而会引起许多特殊问题。因此，其工艺特点概括如下：

（1）钻孔时容易产生“引偏”　所谓引偏是指加工时钻头弯曲而引起的孔径扩大，孔不圆（见图 9-6a）或孔的轴线歪斜（见图 9-6b）等。其原因如下：

1）钻头的刚性及导向作用较差。因麻花钻的直径与长度受所加工孔的限制，一般呈细长状，刚性较差，加之为形成切削刃和容纳切屑，必须制出两条较深的螺旋槽，使钻心变细，进一步削弱了钻头的刚性。为减小导向部分与已加工孔壁的摩擦，钻头仅有两条很窄的棱边与孔壁接触，接触刚性和导向作用也很差。

2）横刃具有不良的影响。钻孔时，开始与工件表面产生接触的是钻头的横刃，由于横刃具有很大负前角，使钻头很难进行切削，尤其是当加工表面不平或加工表面与钻头轴线不垂直时，钻头极易产生“引偏”。

3）钻头的两条主切削刃很难刃磨得完全对称，工件的材料很难完全均匀，使钻削时的径向力不能完全抵消，也容易产生“引偏”。

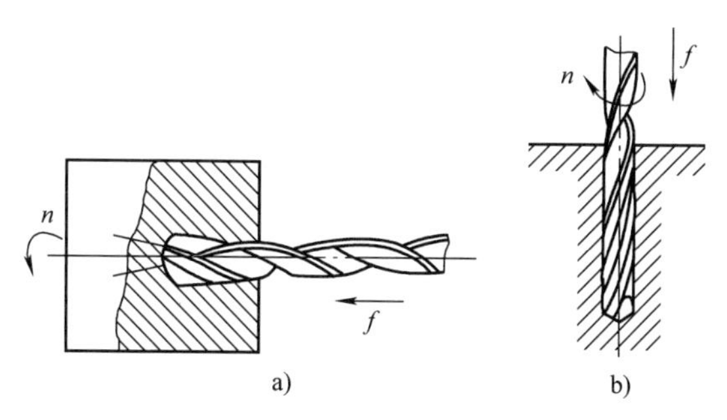

图 9-6　钻孔“引偏”

在实际生产中常采用如下措施来减少“引偏”：①预钻锥形定心坑，如图 9-7a 所示，即用小顶角（为 90°～100°）大直径的短麻花钻，预先钻一个锥形坑，然后再用所需钻头钻孔；②用钻套为钻头导向，如图 9-7b 所示，这样可减小钻孔开始时的引偏，特别是在斜面或曲面上钻孔时更为必要；③刃磨钻头时，尽量将钻头的两条主切削刃刃磨得对称一致，使两主切削刃的径向力互相抵消，从而减小钻头的引偏。

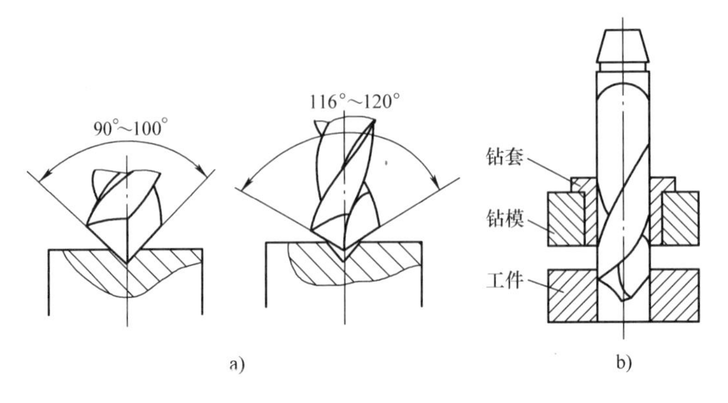

图9-7 减小“引偏”的措施

a）预钻孔 b）用钻模钻孔

（2）排屑困难 钻孔时，由于切屑较宽，容屑槽尺寸又受到限制，因而在排屑过程中，往往与孔壁产生较大的摩擦，挤压、拉毛和刮伤已加工表面，降低表面质量。有时切屑可能阻塞在钻头的容屑槽里，卡死钻头，甚至将钻头扭断。为了改善排屑条件，可在钻头上修磨出分屑槽，如图9-8所示。将宽的切屑分成窄条，以利于排屑。当钻深孔（$L/D>5\sim10$）时，应采用图9-9所示的深孔钻来进行加工。深孔钻钻头只有一个切削刃，切屑槽很大（见图9-9中B处），整个钻头是空心（见图9-9中A处）。钻削时，切削液以高压从钻头尾部沿孔A喷射到切削区对钻头起到冷却润滑作用，并且带着切屑沿着B槽排出孔外。

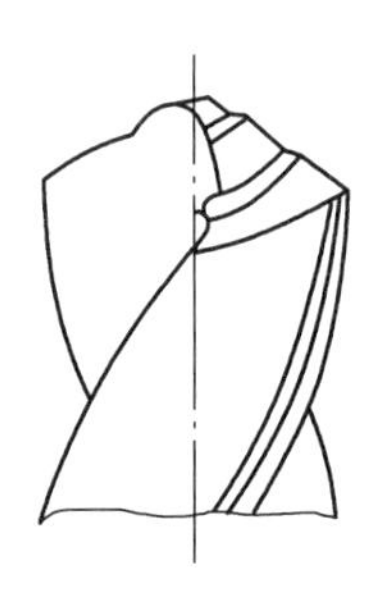

图9-8 分屑槽

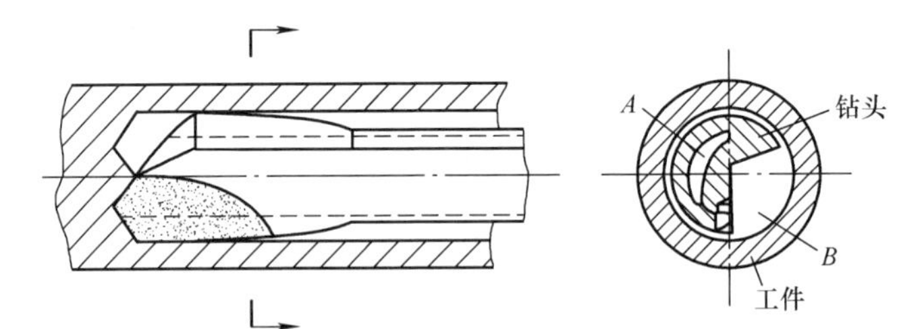

图9-9 深孔钻加工

（3）散热条件差 由于钻削过程为一种半封闭式的切削，钻削时，所产生的热量虽然由切屑、工件、刀具和周期介质传出，但它们之间的比例却与车削大不相同，如用标准麻花钻钻不加切削液的钢料时，工件吸收的热量约占52.5%，钻头约占14.5%，切屑约占28%，而介质仅占5%左右。当钻削时，大量的高温切屑不能及时排出，切削液难以注入切削区，切屑、刀具与工件之间的摩擦很

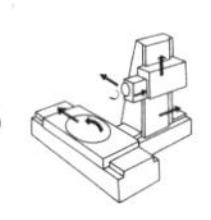

大，因此切削温度较高，致使刀具磨损加剧，这就限制了钻削用量和生产率的提高。

5. 钻削的应用

在生产中，各类机器零件上都需要进行钻削加工，因此钻削加工的应用十分广泛。但由于钻削的工艺特点，用标准麻花钻加工孔时，一般加工精度在IT10以下，表面粗糙度值 Ra 大于12.5μm，生产率也很低，因此钻孔主要用于孔的粗加工。例如，精度和表面质量要求不高的螺钉孔、油孔等；一些内螺纹在攻螺纹前，需要先进行钻孔；精度和表面质量要求较高的孔，也要以钻孔作为预加工工序。在钻床上除钻孔外还可以进行扩孔、铰孔、攻螺纹、锪孔和锪凸台等工作，表9-2所示为钻床上的主要工作。

表9-2　钻床上的主要工作

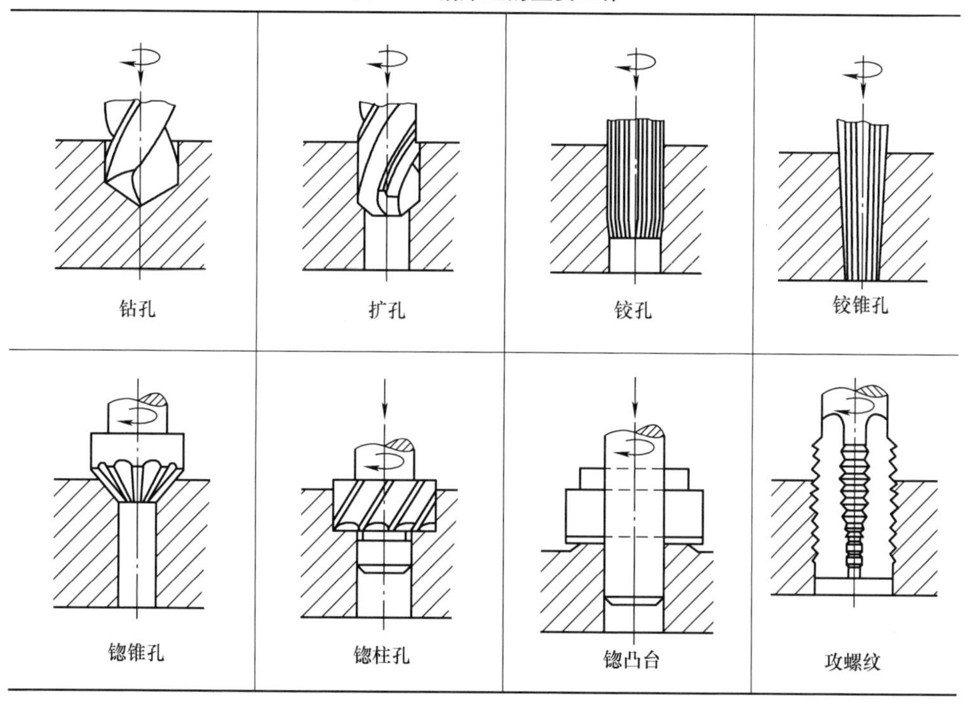

孔自身精度要求高、表面粗糙度值小的中、小直径孔（小于50mm）在钻削之后，常常需要采用扩孔和铰孔进行半精加工和精加工。

9.2.2　扩孔和铰孔

1. 扩孔

扩孔是用扩孔钻（见图9-10）对工件上已有的孔进行扩大的加工，如图9-11所示。扩孔时的背吃刀量 $a_p=(d_m-d_w)/2$，比钻孔时($a_p=d_m/2$)小得

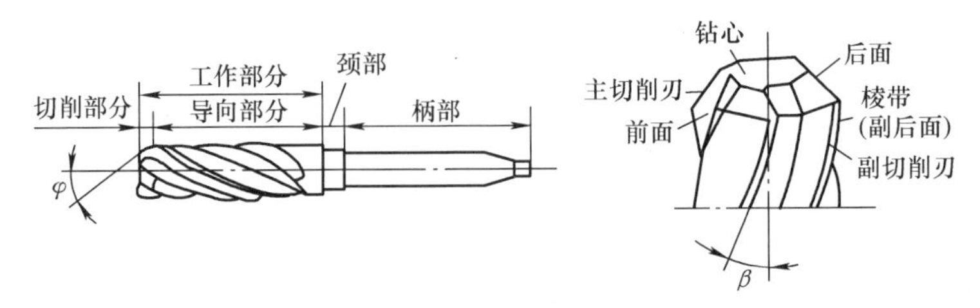

图 9-10　扩孔钻

多，因而刀具结构和切削条件比钻孔时要好得多，其主要原因是：

1）切削刃不必自外圆延伸到中心，这样避免了横刃和由横刃所引起的一些不良影响。

2）扩孔余量比较小，切屑窄，易排出，不易擦伤已加工表面，同时容屑槽较浅，钻心较粗，刀体强度高，刚性好，有利于加大切削用量和改善加工质量。

3）扩孔钻的齿数多，一般有 3～4 个刀齿，因此导向性好，切削平稳，同时可提高生产率。

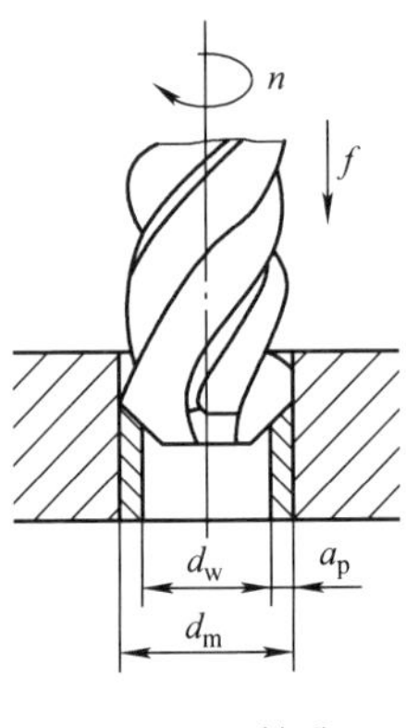

图 9-11　扩孔

由于上述原因，扩孔的加工质量比钻孔高，一般精度可达 IT10～IT9，表面粗糙度值 Ra 为 6.3～3.2μm。扩孔常作为孔的半精加工，当孔的精度和表面质量要求更高时，则采用铰孔。

2. 铰孔

铰孔是应用普遍的孔的精加工方法之一。一般加工精度可达 IT9～IT7，表面粗糙度值 Ra 为 1.6～0.4μm。

铰刀的结构，如图 9-12 所示。铰孔加工质量较高的原因如下：

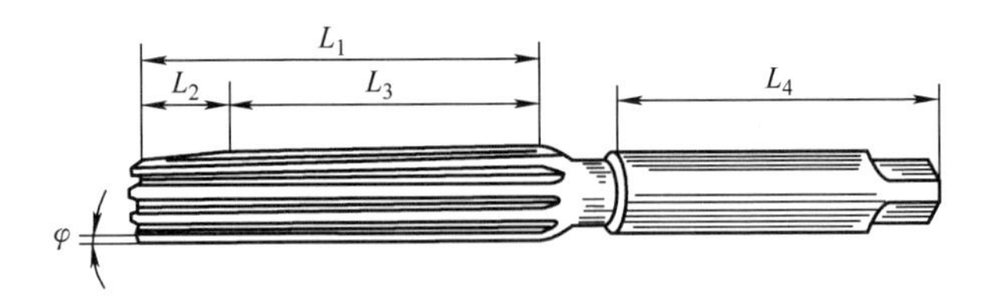

图 9-12　铰刀的结构

1）切削刃多（6～12 个），容屑槽很浅，刀心截面很大，故铰刀的刚性和导向性比扩孔钻更好。

2）铰刀本身的精度很高，而且具有修光部分，可校准孔径和修光孔壁。

3）铰孔的余量小（粗铰为 0.15～0.35mm，精铰为 0.05～0.15mm），切削速度低，切削力很小，所产生的切削热较少，因此工件的受力变形较小。加之低

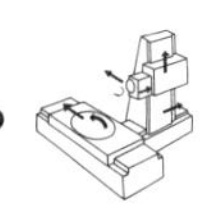

速切削，可避免积屑瘤的不利影响，使得铰孔质量比较高。

麻花钻、扩孔钻和铰刀都是标准刀具，对于中等尺寸以下较精密的孔，在单件、小批量乃至大批量生产中，钻－扩－铰是经常采用的典型工艺。

钻、扩、铰一般只能保证孔本身的精度，而不易保证孔的位置精度，也不易加工非标准孔和尺寸较大的孔（一般大于 50mm）。因此，直径较小的孔在大批量生产中，为了保证加工精度，提高生产率及降低加工成本，广泛使用钻模（见图 9-13）、多轴钻（见图 9-14）或组合机床（见图 9-15）进行孔的加工，直径较大的孔及孔系和非标准孔则采用镗削加工。

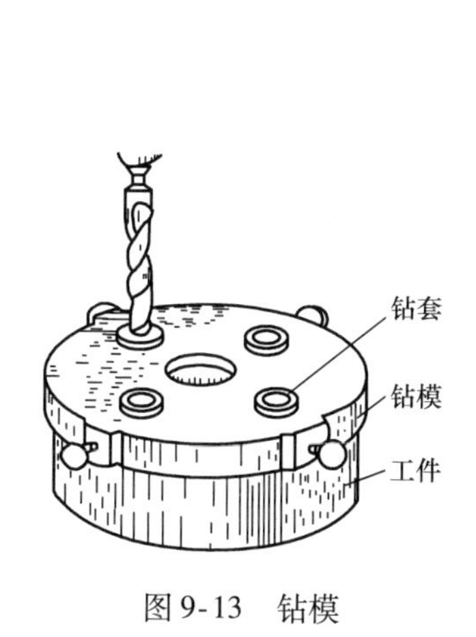

图 9-13　钻模

图 9-14　多轴钻

9.2.3　镗削加工

对于直径较大的孔（一般孔径大于 30mm），生产中常采用镗削来代替扩孔和铰孔。这是因为镗刀结构简单，价格比大直径的扩孔钻和铰刀便宜得多，而且轻便。另外镗孔的通用性好，既可精加工也可半精加工及粗加工，因此特别适用于批量零件的加工。

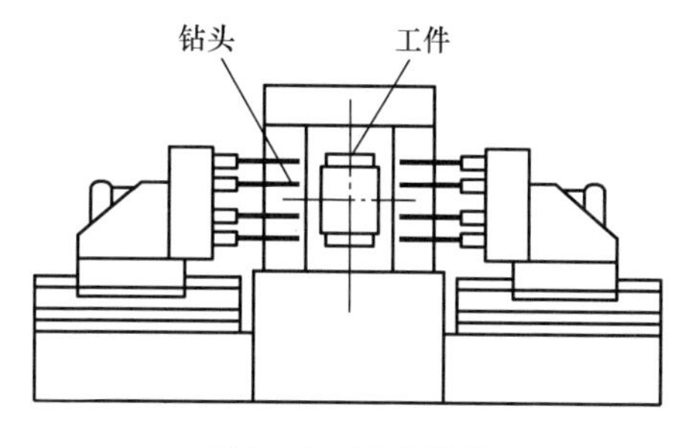

图 9-15　组合机床

镗孔可以在多种机床上进行，常见的主要有在车床上镗孔和在镗床上镗孔。

1. 在车床上镗孔

在车床上镗孔主要适用于回转体零件上的单轴线孔和小型支架上的轴承孔的加工。图 9-16a 所示为在车床上用卡盘装夹工件进行镗孔，这种加工可以通过一次装夹完成内孔、外圆和端面的加工，保证了孔与外圆的同轴度及内孔轴线与端面的垂直度。图9-16b所示为在车床上用花盘弯板装夹小型支架零件镗削加工轴承孔。

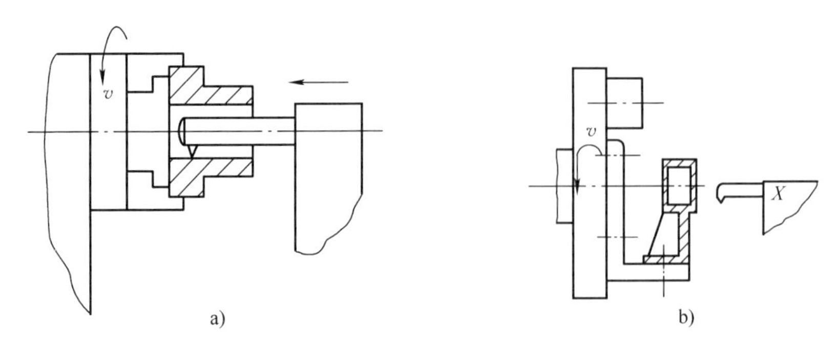

图9-16　在车床上镗孔示意图

2. 在镗床上镗孔

对于箱体类和支架类零件上的孔和孔系（即要求轴线相互平行或垂直的若干个孔）常用镗床加工。

生产中常用的镗床主要有卧式镗床和坐标镗床。坐标镗床主要用于加工精密零件上的精密孔，如钻模、镗模、量具上的精密孔。实际生产中广泛使用的是卧式镗床，如图9-17所示。它是由床身、前立柱、主轴箱、主轴、工作台、后立柱和尾座等组成。工件安装在镗床工作台上，通过调整工作台的移动和转动，以调整主轴箱垂直位置，从而加工工件上不同位置的孔。在卧式镗床上不仅可以镗孔，还可以加工平面、沟槽，钻孔、扩孔、铰孔，加工端面、外圆、孔内环形槽及螺纹等。表9-3所示为卧式镗床的主要工作。

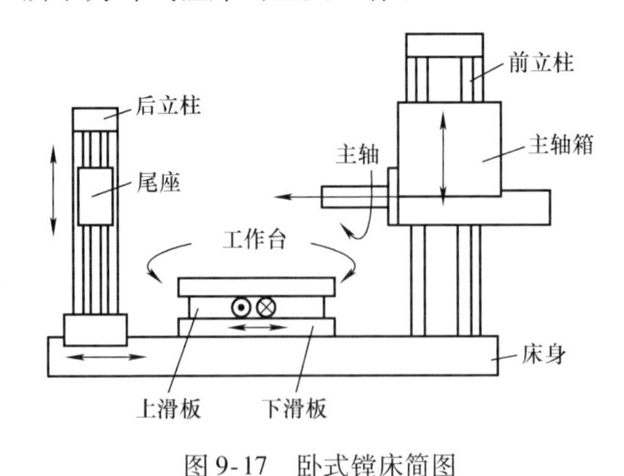

图9-17　卧式镗床简图

(1) 镗刀的种类　在镗床上常用的刀有单刃镗刀和多刃镗刀两种。

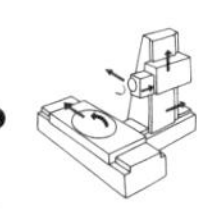

1）单刃镗刀。单刃镗刀的结构与车刀类似，它是将镗刀垂直或按某一角度安装在镗刀杆上，如图 9-18 所示。垂直安装可镗通孔，当按一定角度安装时，由于镗杆的前端不超过镗刀，可用来加工不通孔（盲孔）。单刃镗刀适应性强，灵活性较大，可以校正原有孔的轴线歪斜或位置偏差，但其生产率较低。

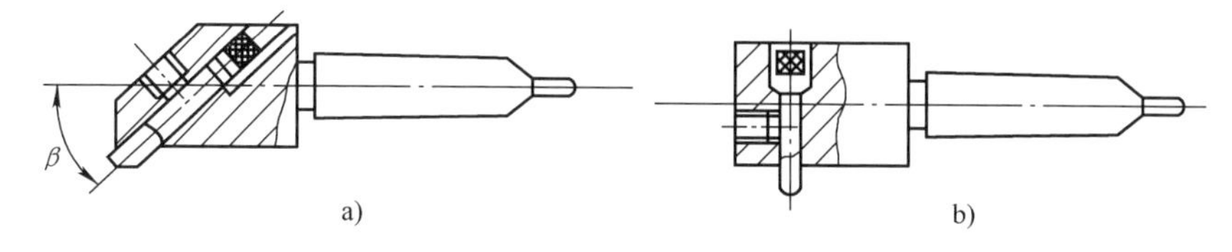

图 9-18　单刃镗刀

表 9-3　卧式镗床的主要工作

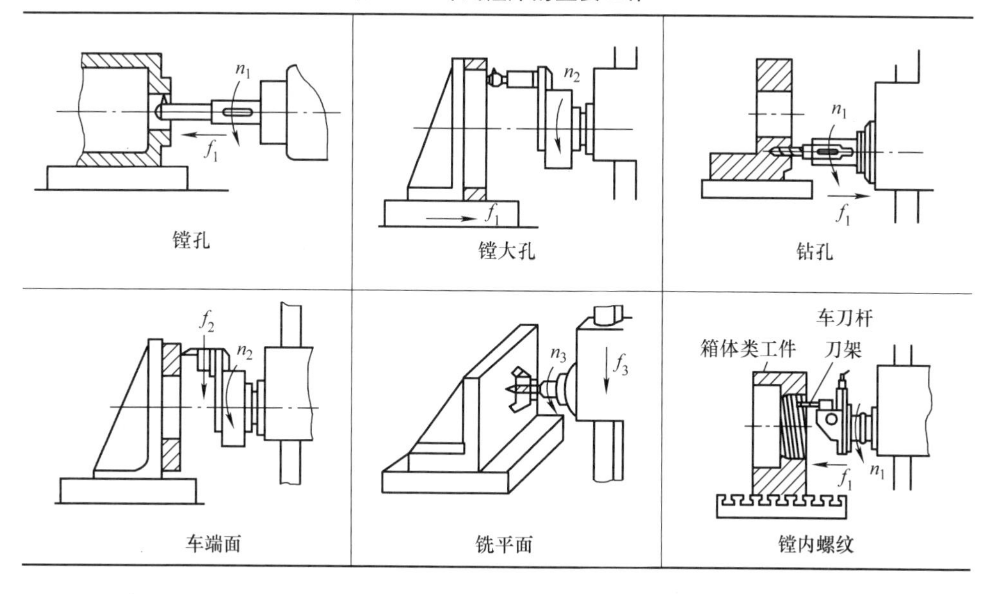

2）多刃镗刀。这种镗刀是在刀体上安装两个以上的镗刀片（常用 4 个），以提高生产率。另一种多刃镗刀为可调浮动镗刀，如图 9-19 所示。这种刀片不是固定在镗刀杆上，而是插在镗刀杆的方槽中，可沿径向自由滑动，由两个对称的切削刃产生的切削力自动平衡其径向位置，可自动抵消因刀具安装误差或刀杆偏摆所引起的孔径误差。调节刀片的尺寸时，先拆

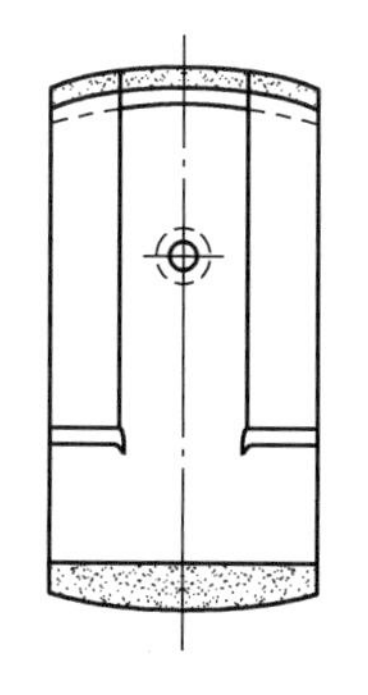

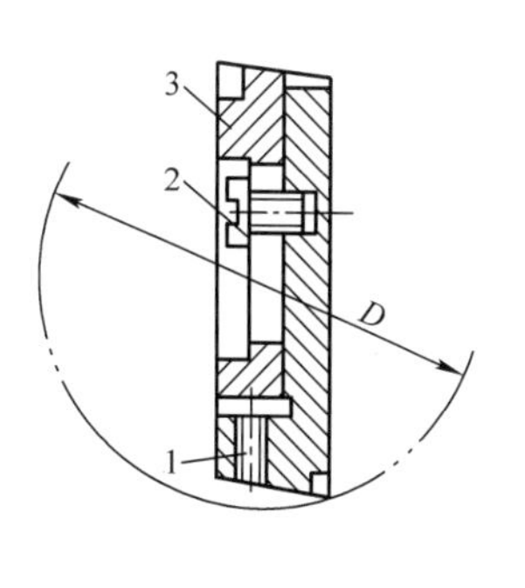

图 9-19　浮动镗刀
1、2—螺钉　3—刀齿

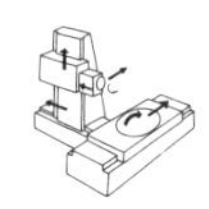

开螺钉1，再旋螺钉2，将刀齿3的径向尺寸调好后，拧紧螺钉1，把刀齿3固定即可。用浮动镗刀加工时，由于刀片在径向是浮动的，因此，不能校正原有孔的轴线歪斜或位置偏差。浮动镗刀与铰刀类似，其加工过程也相似。它主要用于批量生产、精加工箱体类零件上直径较大的孔。

（2）镗床加工的工艺特点

1）镗床是加工机床座、箱体、支架等外形复杂的大型零件的主要设备。在镗床上加工变速箱箱体、发动机等孔径大、数量较多、精度较高的孔，能方便地保证孔与孔之间、孔与基准平面之间的位置精度和尺寸精度要求。

2）加工范围广泛。镗床是一种多用途、多功能的通用机床，既可以加工单个孔，又可以加工孔系；既能加工小直径的孔，又能加工大直径的孔；既可加工通孔，又可加工台阶孔及孔内环槽。此外，它还可以进行部分铣削和车削等工作。

3）能获得较高的精度和较小的表面粗糙度值。普通镗床镗孔精度可达IT8～IT7，表面粗糙度值 Ra 可达1.6～0.8μm。若采用金刚床（采用金刚石镗刀）或坐标床，可获得更高的精度和更低的表面粗糙度值。

4）生产率较低。机床和刀具调整复杂，操作技术要求较高，在单件小批生产中不使用镗模的情况下，生产率较低。在大批量生产中需使用镗模，以提高生产率。

9.3 刨削和拉削加工

9.3.1 刨削加工

在刨床上，用刨刀加工工件的方法称为刨削。刨削加工是平面加工的主要方法之一。常用的刨削加工机床有牛头刨床、龙门刨床和插床等。

1. 刨削加工的工艺特点

1）刨床与刨刀结构简单，调整和操作简便。单刃刨刀与车刀基本相同，形状简单，制造、刃磨和安装方便，因此刨削加工的通用性好。

2）生产率一般较低。刨削加工的主运动为往复直线运动，受冲击力、惯性力的影响，限制了切削速度的提高。另外，刨削一般是单刃刨刀间歇切削，增加了辅助回程时间，所以刨削的生产率一般较低。但是对于窄长平面（如导轨、长槽等）的加工及在龙门刨床上进行多件或多刀加工，刨削的生产率也有提高。

一般刨削精度可达IT9～IT7，表面粗糙度值 Ra 为6.3～1.6μm。在龙门刨床上用宽刃刨刀，以很低切削速度精制时，表面粗糙度值 Ra 达0.8～0.4μm。

2. 刨削加工的应用

由于刨削加工的特点，刨削加工主要用在单件、小批生产中，在维修车间和

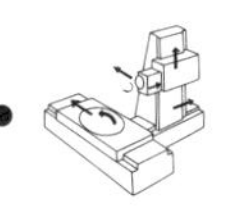

模具车间应用较多。

刨削加工主要用来加工平面，这些平面主要包括水平面、垂直面和斜面，也广泛用于加工沟槽，如直角槽、燕尾槽、T 形槽等。如果刨床进行适当的调整或增加某些附件，还可以加工齿条、齿轮、花键和母线为直线的成形面等。表 9-4 所示为刨削加工的主要应用范围。

表 9-4 刨削加工的主要应用范围

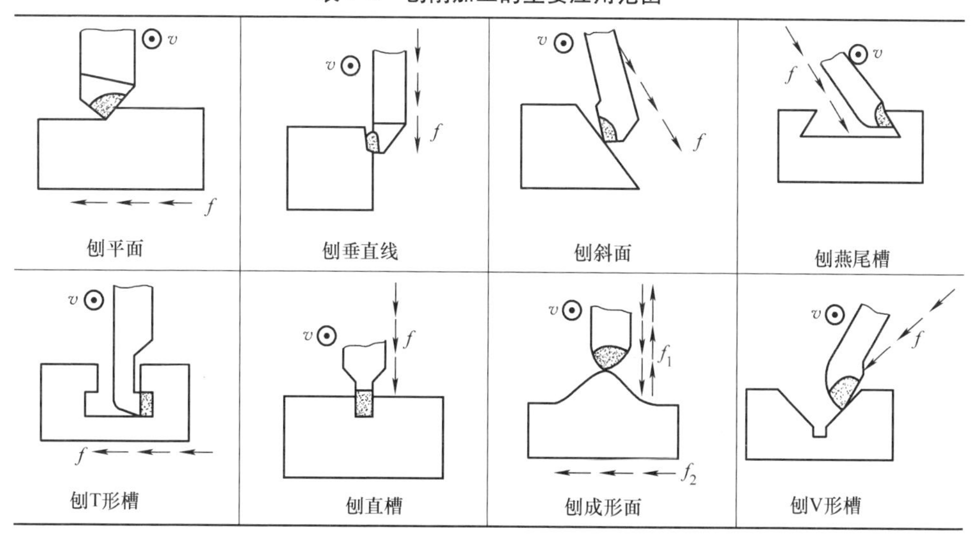

9.3.2 拉削加工

在拉床上用拉刀加工工件的方法称为拉削加工。拉削加工是一种高生产率和高精度的加工方法。

拉削加工时，只有主运动，即拉刀的直线移动，进给运动是由拉刀的后一个刀齿高出前一个刀齿来实现的。刀齿的高出量称为齿升量 a_f，图 9-20 所示为平面拉削示意图。拉削所用的机床称为拉床，所用的刀具称为拉刀，图 9-21 所示为圆孔拉刀。拉刀一般本身精度高，形状复杂，制造困难，成本高。故拉削加工只适用于大批量生产，拉削加工的工艺特点如下：

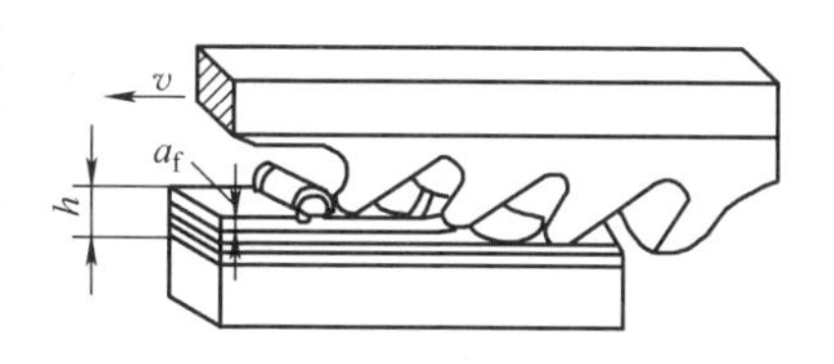

图 9-20 平面拉削示意图

（1）生产率高 由于拉刀是多齿刀具，同时参加工作的刀齿数较多，总切削宽度大，并且拉刀在一次行程就能完成粗、半精和精加工，大大缩短了基本工艺时间和辅助时间，所以生产率高。

（2）加工范围较广 拉削可以加工平面、各种形状的通孔及半圆弧面和某

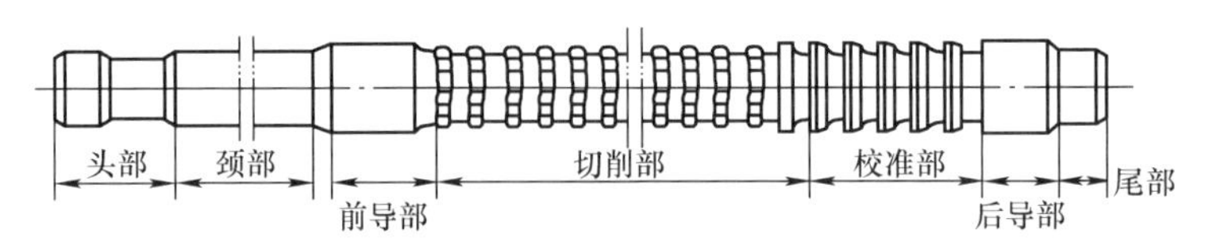

图 9-21　圆孔拉刀

些组合表面，如图 9-22 所示，所以拉削加工范围较广。但对于盲孔、深孔、阶梯孔和有障碍的外表面，则不能用拉削加工方法。图 9-23 所示为拉孔的示意图。如果加工时，刀具所受的力不是拉力而是推力（见图 9-24），则称为推削，所用的刀具称为推刀。一般推削易引起推刀弯曲，所以推削远不如拉削应用范围广。

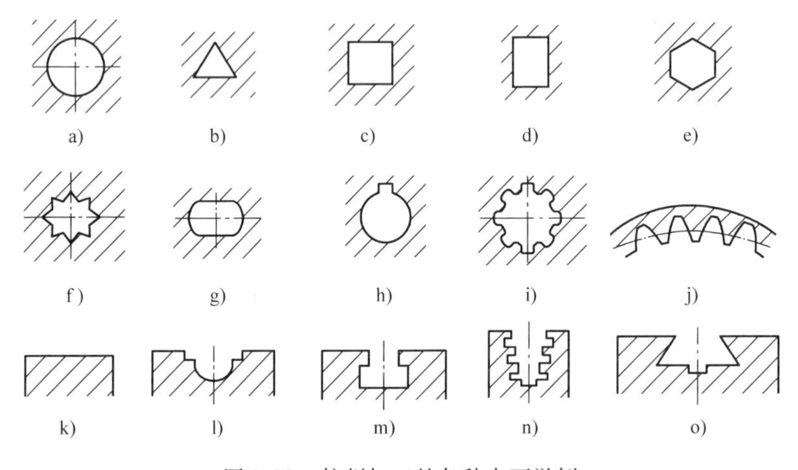

图 9-22　拉削加工的各种表面举例

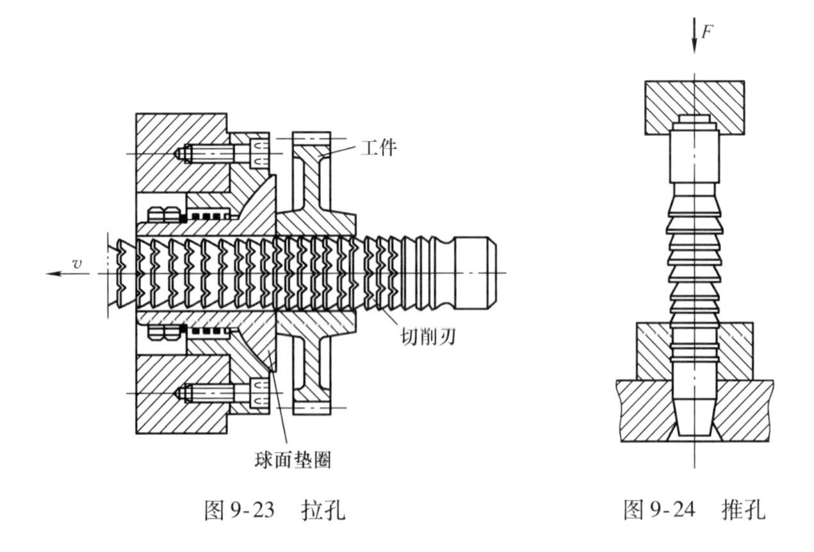

图 9-23　拉孔

图 9-24　推孔

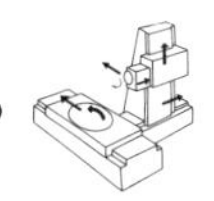

（3）加工精度较高，表面粗糙度值较小　一般拉削加工的精度为IT8～IT7，表面粗糙度值 Ra 为0.8～0.4μm，这是由于拉削速度低（一般小于18m/min），每个切削齿的切削厚度较小，因而切削过程比较平稳，并可避免积屑瘤的不利影响，同时所使用的拉刀具有切削、修光和校准部分。

（4）拉床结构简单，操作方便　拉削只有一个主运动，即拉刀的直线运动，故拉床结构简单，操作方便。

（5）拉刀寿命长　由于拉削时切削速度较低，刀具磨损慢，刃磨一次，可以加工数以千计的工件；拉刀可以重磨多次，故拉刀的寿命长。

9.4　铣削加工

在铣床上用铣刀对工件进行切削加工的方法称为铣削。铣削加工时，铣刀的旋转运动为主运动，工件的直线移动为进给运动。

铣床的种类很多，依据其结构及用途可分为：升降台式铣床（包括卧式和立式两种铣床）、无升降台式铣床、龙门铣床等。升降台式卧式铣床和立式铣床应用最广泛，它适用于单件、小批量生产条件下中、小型工件的加工。无升降台式铣床适宜于加工大、中型工件。龙门铣床的结构与龙门刨床相似，其生产率较高，广泛应用于批量生产大型工件的加工，也可同时加工多个中、小型工件。铣床除上述几种外还有一些专用铣床，如工具铣床、仿形铣床、螺纹铣床、键槽铣床及其他专用铣床等。

9.4.1　铣削过程

1. 铣削加工的切削用量

在铣床上铣削加工时，铣削用量有四要素：铣削速度 v、进给量 f、铣削宽度 a_e 及铣削深度 a_p，如图9-25所示。

（1）铣削速度 v　铣削速度 v(m/s）是指铣刀最大直径处切削刃的线速度，即

$$v=\frac{\pi Dn}{1000\times 60}$$

式中　D——铣刀外径（mm）；

n——铣刀转速（r/min）。

（2）进给量 f　铣削时，进给量的表示方法有三种。

1）每齿进给量 f_z：即铣刀每转一齿，工件对铣刀的移动量，单位为mm/齿。

2）每转进给量 f_r：即铣刀每转一转，工件对铣刀的移动量，单位为mm/r。

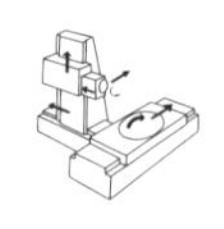

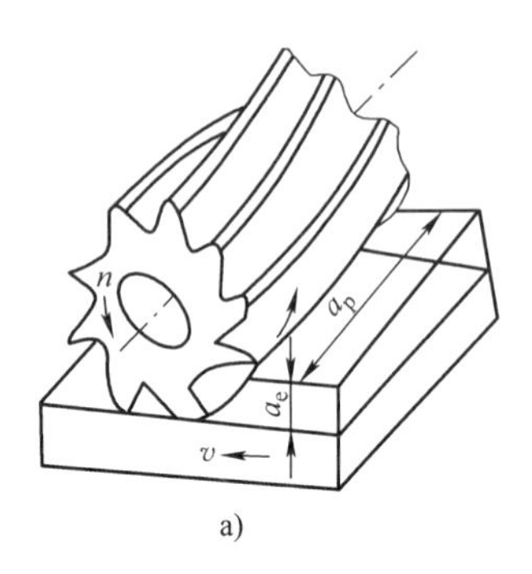

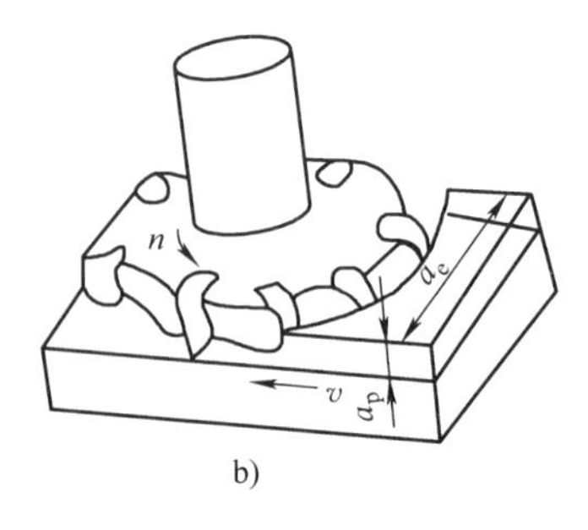

图9-25　铣削用量

a）周铣　b）端铣

3）每秒进给量f_s：即铣刀每转一秒，工件对铣刀的移动量，单位为mm/s。

上述三者间的关系为

$$f_s=\frac{f_r n}{60}=\frac{f_z z n}{60}$$

式中　z——铣刀齿数。

（3）铣削宽度a_e　铣削宽度指垂直于铣刀轴线方向测量的切削层尺寸。

（4）铣削深度a_p　铣削深度指平行于铣刀轴线方向测量的切削层尺寸。

2. 铣削加工的铣削力分析

铣削加工时总切削力F_r可分解为三个分力，即切向分力F_Z，径向分力F_Y，以及轴向分力F_X。切向分力F_Z是切下切屑的主切削力；径向分力F_Y是工件反作用在铣刀上的力；轴向分力F_X是作用在铣刀主轴轴线方向的力，该力将使刀杆产生拉伸或压缩变形。切向分力F_Z和径向分力F_Y的合力F分解为水平分力F_H和垂直分力F_V，如图9-26所示。水平分力F_H与进给方向平行，是设计夹具和校核铣床进给机构强度的依据。而垂直分力F_V的大小和方向将直接影响工件装夹在工作台的稳固情况。

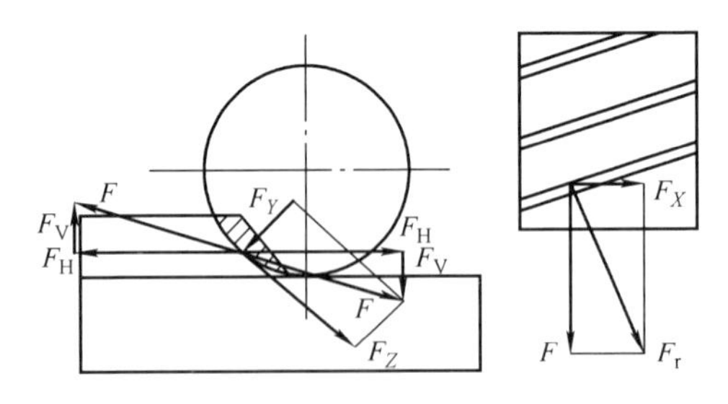

图9-26　铣削力

在铣削加工过程中，铣削力主要有以下几个特点：

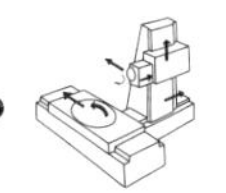

1）由于铣削厚度 a_e 是不断变化的，会引起切削力大小不断变化，如图 9-27a 所示。

2）在铣削过程中，同时参加切削的刀齿数是变化的，也会引起切削力大小的变化。如图 9-27a 所示状态，刀齿 1、2、3 都参加切削，当到达图 9-27b 所示状态时，刀齿 1 切离工件，此时瞬间切削力突然下降。

3）铣削力的方向和作用点是变化的。如图 9-27a 所示状态，3 个刀齿同时切削，合力下的作用点在 A 点，当切至图 9-27b 所示状态时，刀齿 1 切离工件，合力作用点移至 B 点，合力的方向也改变了。

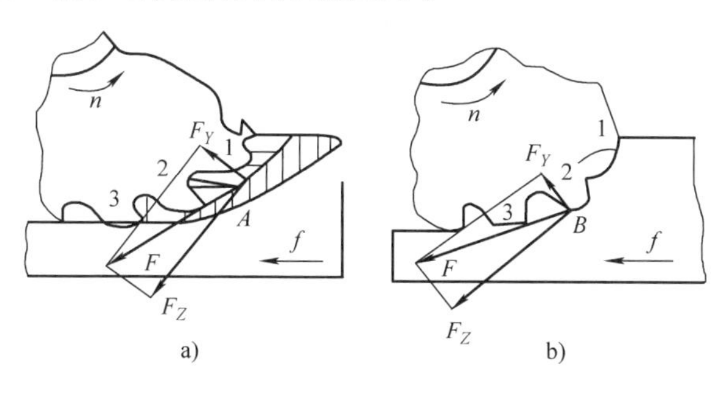

图 9-27　铣削过程受力分析

9.4.2　铣削方式

铣平面是铣削加工的主要工作之一，常用铣平面的方式有周铣法和端铣法两种。

1. 周铣法

用圆柱铣刀的圆周刀齿加工平面称为周铣，如图 9-25a 所示。根据铣刀旋转方向与工件进给方向的异同，又可分为逆铣和顺铣。逆铣是指在切削部位刀齿的旋转方向和工件的进给方向相反，如图 9-28a 所示；顺铣则是刀齿的旋转方向和工件进给方向相同，如图 9-28b 所示。

逆铣时，每个刀齿的切削厚度是从零增大到最大值。由于铣刀刃口总有圆弧存在，而不是绝对尖锐的，所以在刀齿接触工件的初期，不能切入工件，而是在工件表面上挤压、滑行，使刀齿在工件之间的摩擦加大，加速刀具磨损，同时也使表面质量下降。顺铣时，每个刀齿的切削厚度是由最大减小到零，从而避免了上述缺点。

逆铣时，铣削力 F 的垂直分力 F_V 使工件上抬，不利于工件的夹紧；而顺铣时，垂直分力 F_V 使工件压向工作台，这样减少了工件振动的可能性，有利于工件的夹紧，尤其铣削薄而长的工件时，更为有利。

由上述分析可知，从提高刀具使用寿命、工件的表面质量及工件夹持的稳定

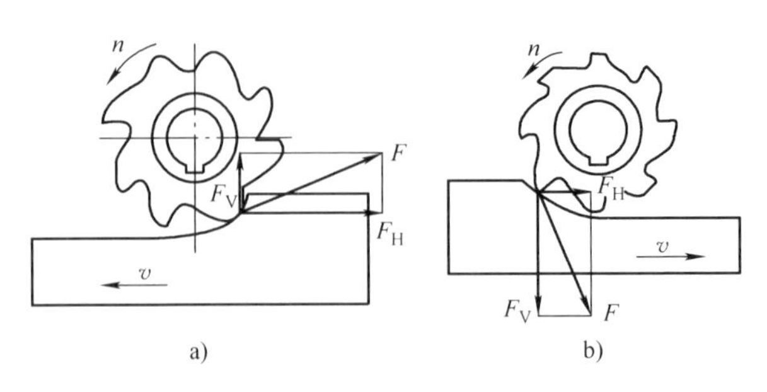

图 9-28 逆铣和顺铣
a）逆铣 b）顺铣

性出发，一般以采用顺铣为宜。但是，在顺铣过程中，由于大小不断变化的水平分力 F_H 的方向与工作台进给方向相同，而工作台进给丝杠与固定螺母之间一般都存在间隙，如图 9-29 所示，间隙在进给方向的前方。在 F_H 忽大忽小的作用力下，就会使工件连同工作台忽左忽右来回窜动，造成切削过程的不平稳，引起啃刀、打刀甚至损坏机床。而逆铣时，水平分力 F_H 与进给方向相反，铣削过程中工作台丝杠始终压向螺母，不致因为间隙的存在而引起工件窜动。所以，一般铣削加工多采用逆铣法。只有在铣床上装有消除工作台丝杠与螺母之间间隙的机构时，才采用顺铣法。

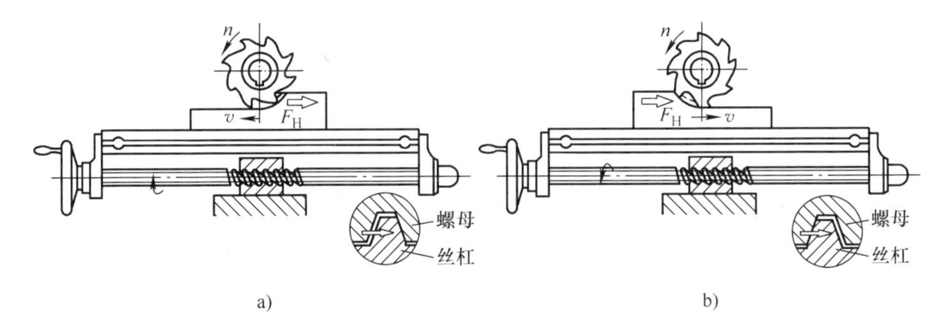

图 9-29 逆铣和顺铣时丝杠与螺母之间的间隙
a）逆铣 b）顺铣

另外，当铣削带有黑色硬皮工件的表面时，如铸件和锻件表面的粗加工，若用顺铣法，因刀齿首先接触黑色硬皮，将加剧刀齿的磨损，所以也采用逆铣法。

2. 端铣法

用面铣刀的端面刀齿加工平面称为端铣法，如图 9-25b 所示。端铣法可以通过调整铣刀和工件的相对位置，来调节刀齿切入和切出时的切削厚度以达到改善铣削过程的目的。

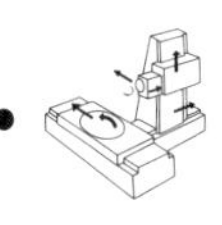

3. 周铣法与端铣法的比较

（1）端铣法的加工质量略高于周铣法　其原因如下：

1）端铣时，铣刀与工件的瞬时接触角较大，如图 9-30a 所示，同时参加切削的刀齿数目多，这样每个刀齿切入和切出工件时，对总切削力的变化影响小。而且面铣刀的刚性大，切削过程平稳，有利于提高加工质量。周铣时，圆柱铣刀与工件的瞬时接触角 φ 较小，如图 9-30b 所示，同时参加切削的刀齿少，通常只有 1 ~2 个，每个刀齿切入切出工件时，切削力变化较大容易引起振动，从而影响加工质量。

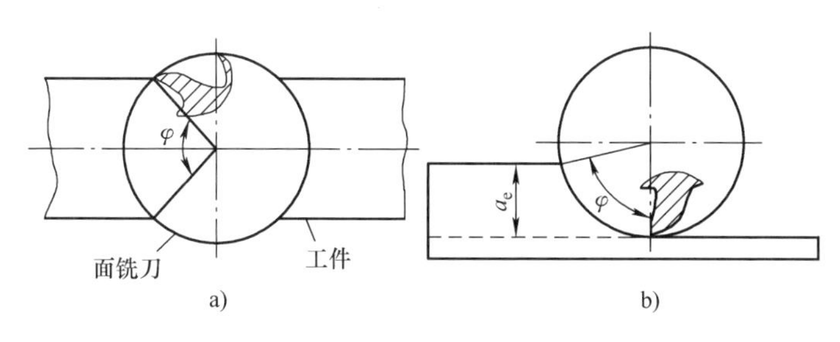

图 9-30　端铣和周铣时刀齿与工件的接触角
a）端铣　b）周铣

2）端铣时，主切削刃担任主要切削工作，而副切削刃进行修光，所以加工表面粗糙度值较小。

（2）端铣的生产率高于周铣　由于周铣的螺旋形刀齿不易镶装硬质合金刀片，圆柱形铣刀多采用高速钢制成，而面铣刀则可方便地镶装硬质合金刀片，故可采用高速铣削，有利于大大提高生产率。

由于端铣法具有上述优点，故在铣削平面时大都采用端铣法。而周铣法的适应性较强，可利用多种形式的铣刀，除可铣平面外还可方便地加工各种沟槽、齿形及成形表面等，故在生产中仍得到了比较广泛的应用。

9.4.3　铣削工艺特点及应用

1. 工艺特点

（1）生产率高　铣刀是典型的多齿刀具，铣削时有几个刀齿同时参加工作，并可使用硬质合金镶片铣刀，有利于采用高速铣削，提高生产率。

（2）刀齿散热条件好　铣刀在切离工件的一段时间内可得到一定程度的冷却，有利于刀齿的散热。但是，在切入及切出工件时，刀齿不但受到冲击力的作用，而且还会受到热冲击，这将加剧刀齿的磨损。

（3）铣削时，容易产生振动　铣刀刀齿在切入和切出工件时易产生冲击，铣削过程中同时参加工作的刀齿数目是变化的，对每个刀齿而言在铣削过程中铣削厚度也是不断变化的，因此会引起铣削过程的不平稳。

2. 铣削的应用

铣削的形式很多，铣刀的类型和形状更是多种多样，加上分度头、回转工作台等附件的应用，因而，铣削的应用范围较广。表9-5所示为铣削加工的主要应用范围。

铣削主要用来加工平面（包括水平面、垂直面及斜面）和各种沟槽（如直角沟槽、V形槽、T形槽及燕尾槽等），以及切断，也可加工一些成形面，如齿轮齿形面、螺旋槽、凸轮面和各种特形表面。一些曲面、圆弧面、圆弧槽等可利用圆形工作台在立式铣床上加工。此外，利用铣床上的分度头还可以加工需要等分的工件，如铣四方、六方、花键、离合器及齿轮等。铣削加工精度一般可达IT9～IT7，表面粗糙度值 Ra 为6.3～1.6μm。

表9-5　铣削加工的主要应用范围

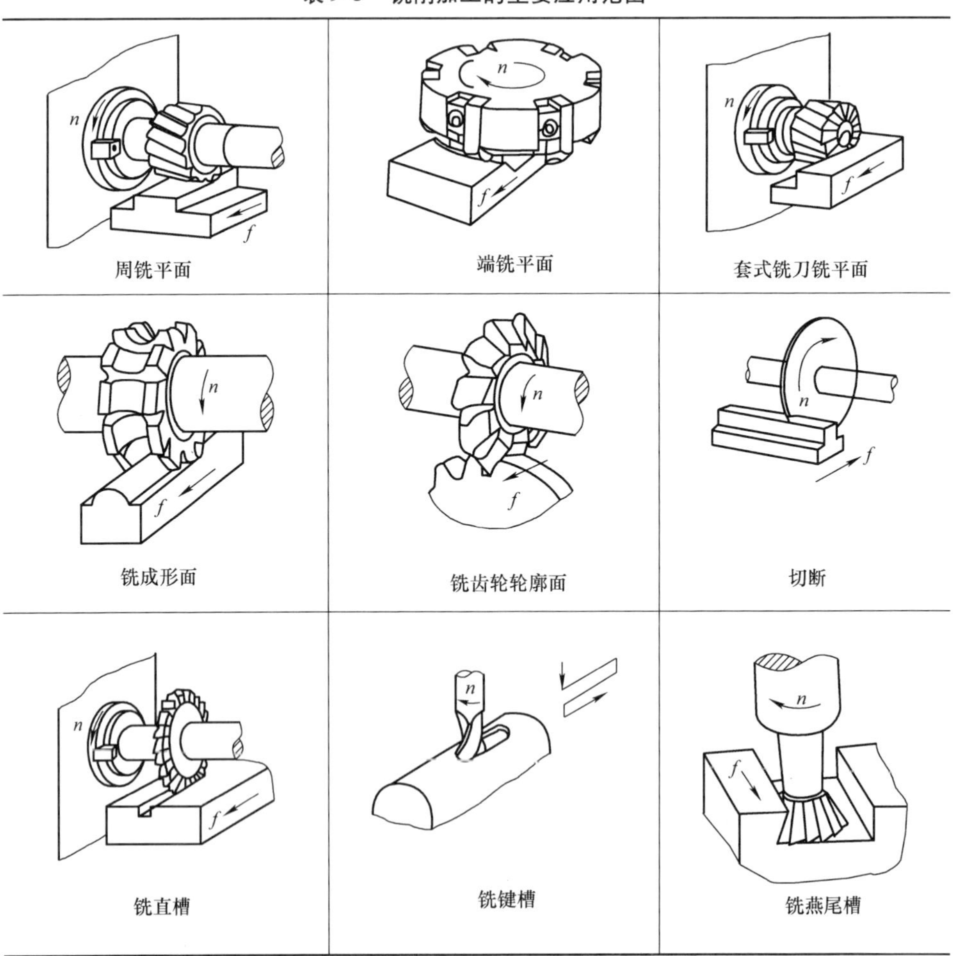

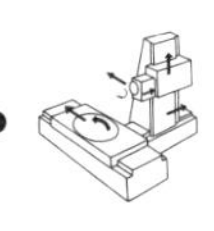

9.4.4　铣削与刨削加工的分析比较

铣削与刨削是平面加工的两种基本方法。由于铣削、刨削加工的机床、刀具和切削方式不同，它们的工艺特点有较大的差别，因此，应根据它们的工艺特点，对铣削、刨削加工进行分析比较。

1. 铣削与刨削加工的生产率

在多数情况下，铣削的生产率明显高于刨削，只有在加工窄长平面时，刨削的生产率才高于铣削。这是由于

1）刨削的主运动是直线往复运动，刀具切入工件时有冲击，回程时还要克服惯性力从而限制了切削速度的提高。铣削的主运动是回转运动，有利于选用高速切削。

2）刨刀是单刃刀具，实际参加切削的切削刃长度有限，一个表面要经多次行程才能加工出来，而且回程不切削，是空行程。铣刀是多刃刀具，同时参加切削的刀齿较多，总的切削宽度大而且没有回程时间损失。

3）对窄长平面（如导轨、长槽等），刨削的生产率高于铣削是因为刨削因工件变窄而减少了横向走刀次数。所以在成批生产加工窄长平面时，多采用刨削加工。

2. 铣削与刨削的加工质量

铣削与刨削的加工质量相近。一般经粗、精两道工序后，精度都可达到 IT9 ~ IT7，表面粗糙度值 *Ra* 可达 6.3 ~ 1.6μm。但是根据加工条件不同，加工质量也有一定变化。

1）端铣的加工质量高于周铣。

2）周铣时，顺铣的加工质量高于逆铣。

3）对于有色金属的精密平面，通常在粗、精加工后，不能进行磨削加工，可采用高速端铣，以小进给量切除极薄的一层金属，从而获得较高的加工精度和较低表面粗糙度值（*Ra* 可达 0.8μm 以下）。

4）对于表面粗糙度值要求低（*Ra*0.2 ~ 0.8μm）、直线度要求高的窄长平面，可在龙门刨床上用宽刃刨刀低速细刨，直线度可达到在 1000m 内不大于 0.02mm，*Ra* 可达 0.8 ~ 0.2μm。

3. 铣削与刨削的应用场合

刨削的生产率虽然比铣削的低，但由于刨刀结构简单，刨床便宜，调整简便，在单件小批量生产中具有较好的经济效果，所以得到了广泛应用。

在大批量生产中，则因刨削生产率较低，所以，铣削使用得极为普遍。

铣削与刨削虽然都是以平面和沟槽为主的加工方法，但由于铣削的主运动是

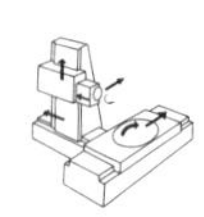

回转运动，铣刀类型多，铣床上的附件也较多，使铣削机动灵活，适应性强，加工范围比刨削广泛。从技术上的可能性考虑，许多加工，用铣削、刨削均能完成，但有些只能用铣削，或有些只能用刨削。如在铣床回转工作台上铣圆弧形沟槽、利用分度头铣离合器和齿轮、在万能铣床上通过交换齿轮铣螺旋槽等，这些在刨床上很难加工，甚至无法加工。工件内孔中的键槽和多边形孔，可用插床（立式刨床）加工，用铣削是无法完成的。这些加工实例很多，这里不再一一举例。

9.5　磨削加工

磨削加工就是用磨料对工件表面进行切削加工的一种方法，是零件精加工的主要方法之一。它的应用范围很广，不仅能加工一般材料，如钢、铸铁等，还可加工一般刀具难以加工的材料，如淬火钢、硬质合金及陶瓷等。

9.5.1　砂轮

砂轮是磨削加工的主要工具，它是由磨料和结合剂构成的疏松多孔物体，如图9-31所示。磨粒、结合剂和空隙是构成砂轮的三要素。

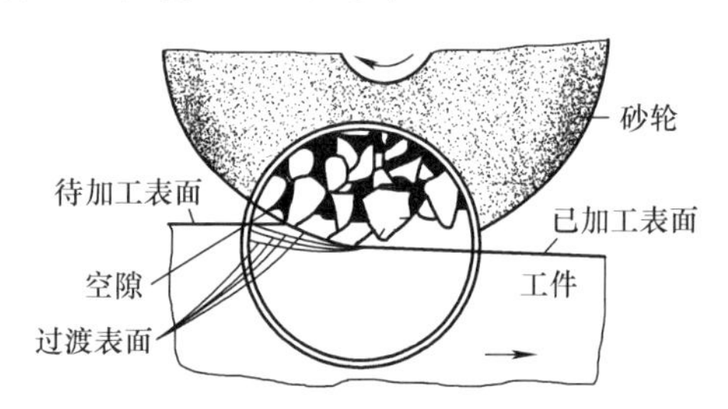

图9-31　砂轮及磨削示意图

随着磨料、结合剂及砂轮制造工艺的不同，砂轮特性差别可能很大，对磨削加工的精度及生产率等有着重要的影响。

1. 砂轮特性

（1）磨料　磨料是制造砂轮的主要原料，起切削作用。因此，磨料必须锋利，并切削表面应具备高硬度和一定的韧性。表9-6所示为常用磨料的特性与用途。

表9-6　常用磨料的特性与用途

类别	名称	代号	特性	用途
刚玉类	棕刚玉	A	含质量分数为91%～96%氧化铝。棕色，硬度高，韧性好，价格便宜	磨削碳钢、合金钢、可锻铸铁、硬青铜等
	白刚玉	WA	含质量分数为97%～99%的氧化铝。白色，比棕刚玉硬度高，韧性低，自锐性好，磨削时发热少	精磨淬火钢、高碳钢、高速钢及薄壁零件

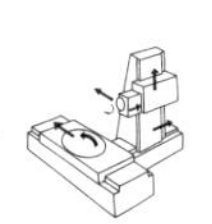

（续）

类别	名称	代号	特性	用途
碳化硅类	黑碳化硅	C	含质量分数为 95% 以上的碳化硅。呈黑色或深蓝色，有光泽。硬度比白刚玉高，性脆而锋利，导热性和导电性良好	磨削铸铁、黄铜、铝、耐火材料及非金属材料
	绿碳化硅	GC	含质量分数为 97% 以上的碳化硅。呈绿色，硬度和脆性比黑碳化硅更高，导热性和导电性好	磨削硬质合金、光学玻璃、宝石、玉石、陶瓷，珩磨发动机气缸套等
金刚石类	人造金刚石	D	无色透明或淡黄色、黄绿色、黑色。硬度高，比天然金刚石性脆。价格比其他磨料贵好多倍	磨削硬质合金、宝石等高硬度材料

（2）粒度　粒度是指磨料颗粒的大小。它分为磨粒与微粉两种。粒度号是指 1in（25.4mm）长度内的孔眼数，当磨料的颗粒值小于 40μm 时，称为微粉（W），微粉颗粒尺寸用 μm 表示。

磨粒粒度的选择，主要与加工表面的表面粗糙度值和生产率有关。粗磨时，磨削余量大，表面质量要求不高，应选用较粗磨料；精磨时，余量小，表面质量要求高，可选较细磨粒。不同粒度砂轮的应用见表 9-7。

表 9-7　不同粒度砂轮的应用

砂轮粒度	一般使用范围	砂轮粒度	一般使用范围
F14 ~ F24	磨钢锭、切断钢坯、打磨铸件毛刺等	F120 ~ W20	精磨、珩磨和螺纹磨
F36 ~ F60	一般磨平面、外圆、内孔及无心磨等	W20 以下	镜面磨、精细珩磨
F60 ~ F100	精磨和刀具刃磨等		

（3）结合剂　砂轮中用以黏结磨料的物质称结合剂。砂轮的强度、抗冲击性、耐热性及耐蚀性主要决定于结合剂的性能。常用的结合剂的种类、性能及用途见表 9-8。

表 9-8　常用结合剂的种类、性能及用途

名称	代号	性能	用途
陶瓷结合剂	V	耐水、耐油、耐酸、耐碱的腐蚀，能保持正确的几何形状。气孔率大，磨削率高，强度较大，韧性、弹性、抗振性差，不能承受侧向力	$v_{轮}<35$m/s 的磨削，这种结合剂应用最广，能制成各种磨具，适用于成形磨削和磨螺纹、齿轮、曲轴等
树脂结合剂	B	强度大并富有弹性，不怕冲击，能在高速下工作。有摩擦抛光作用，但坚固性和耐热性比陶瓷结合剂差，不耐酸、碱，气孔率小，易堵塞	$v_{轮}>50$m/s 的高速磨削，能制成薄片砂轮磨槽，刃磨刀具前刀面。高精度磨削。湿磨时切削液中含碱量应小于 1.5%

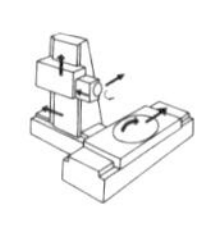

（续）

名称	代号	性能	用途
橡胶结合剂	R	弹性比树脂结合剂更大些，强度也大。气孔率小，磨粒容易脱落，耐热性差，不耐油，不耐酸，而且还有臭味	制造磨削轴承沟道的砂轮和无心磨削砂轮、导轮及各种开槽和切割用的薄片砂轮，制成柔软抛光砂轮等
金属结合剂（青铜、电镀镍）	M	韧性、成形性好，强度大，自锐性能差	制造各种金刚石磨具，使用寿命长

（4）硬度　砂轮硬度是指砂轮表面上的磨粒在外力作用下脱落的难易程度，易脱落的称软砂轮，反之称硬砂轮。同一种磨料可做成不同硬度的砂轮，砂轮的软硬决定于结合剂的性能、数量及砂轮的制造工艺。

当加工硬金属时，为了能及时地使磨钝的磨粒脱落，从而露出具有尖锐棱角的新磨粒，应选用软砂轮；当加工软金属时，为使磨粒不致过早脱落应选用硬砂轮。常用砂轮的硬度等级见表9-9。

表9-9　常用砂轮的硬度等级

<table>
<tr><td rowspan="2">硬度等级</td><td>大级</td><td colspan="3">软</td><td colspan="2">中软</td><td colspan="2" rowspan="2">中</td><td colspan="3">中硬</td><td colspan="2">硬</td></tr>
<tr><td>小级</td><td>软1</td><td>软2</td><td>软3</td><td>中软1</td><td>中软2</td><td>中硬1</td><td>中硬2</td><td>中硬3</td><td>硬1</td><td>硬2</td></tr>
<tr><td colspan="2">代号</td><td>G</td><td>H</td><td>J</td><td>K</td><td>L</td><td>M</td><td>N</td><td>P</td><td>Q</td><td>R</td><td>S</td><td>T</td></tr>
</table>

（5）形状与尺寸　根据机床类型与磨削加工的需要，砂轮将制成各种标准的形状和尺寸。常用的几种砂轮形状、代号和用途见表9-10。

为了便于选用砂轮，在砂轮的非工作表面上印有特性代号，例如

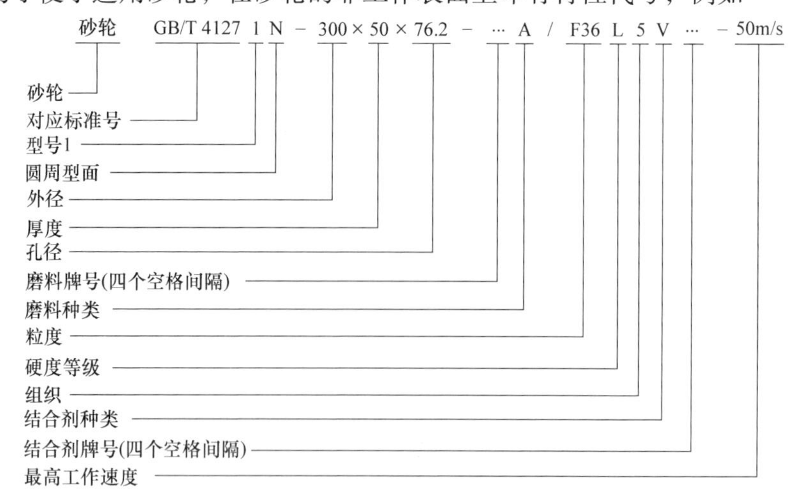

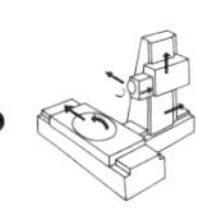

磨削时应按上述特性合理选用砂轮。但由于砂轮更换麻烦，一般除了生产批量较大或磨削重要的工件或材料硬度较大的工件外，只要机床现有砂轮大致符合要求，通过修整砂轮和选用适当的磨削用量即可使用。

表 9-10　常用砂轮形状、代号和用途

砂轮名称	简图	代号	用途
平形砂轮		P	磨削外圆、内圆、平面，并用于无心磨
双斜边砂轮		PSX	磨削齿轮的齿形和螺纹
筒形砂轮		N	立轴端面平磨
杯形砂轮		B	磨削平面、内圆及刃磨刀具
碗形砂轮		BW	刃磨刀具，并用于导轨磨
碟形砂轮		D	磨削铣刀、铰刀、拉刀及齿轮的齿形
薄片砂轮		PB	切断和开槽

2. 砂轮的安装、平衡与修整

（1）砂轮的安装　在磨床上安装砂轮应特别注意。因为砂轮转速高，如安装不当，工作时易引起碎裂。图 9-32 所示为几种常用安装方法。图 9-32a 适用于孔径大的平形砂轮，图 9-32b、c 所示方法适用于直径不太大的平形和碗形砂轮，图 9-32d 所示方法适用于直径较小的内圆磨砂轮。

（2）砂轮的平衡　为使砂轮平稳地工作，一般直径大于 125mm 的砂轮都要进行平衡，使砂轮的重心与其旋转轴线重合。砂轮的平衡方法，就是在砂轮法兰盘的环形槽内装入几块平衡块，如图 9-33 所示。通过调整平衡块的位置，使砂轮重心与回转轴线重合。

（3）砂轮修整　砂轮工作一定时间后，磨粒逐渐变钝，砂轮工作表面空隙被磨屑堵塞，最后使砂轮丧失切削能力。所以，砂轮工作一段时间后必须进行修整，以便磨钝的磨粒脱落，恢复砂轮的切削能力和外形精度。砂轮常用金刚石进行修整。金刚石具有很高的硬度和耐磨性，是修整砂轮的主要工具。

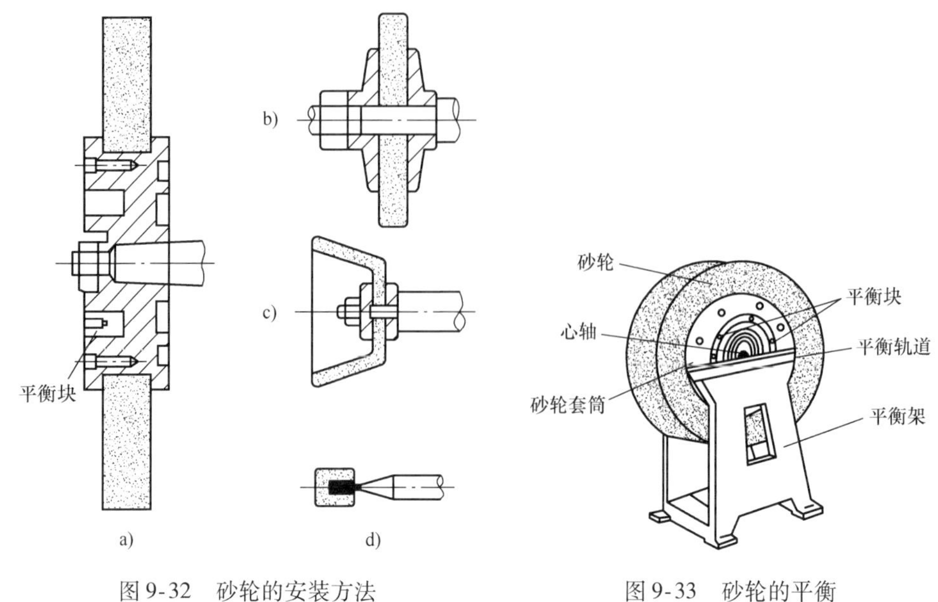

图9-32　砂轮的安装方法

图9-33　砂轮的平衡

9.5.2　磨削工艺

1. 磨削原理

磨削是用砂轮表面的磨粒从工件表面切除微细的金属层。每一颗磨粒的单独工作类似一把具有负前角的车刀，而整个砂轮则可以看作是具有极多刀齿的铣刀，但刀齿是由许多分散的尖棱组成，其形状不一，切削刃口差别大，分布很不规则。其中比较锋利且比较凸出的磨粒，可以获得较大的切削厚度而切出切屑，不太凸出的磨粒只是在工件表面上刻划出细小的沟纹，工件材料则被挤向沟槽的两旁而隆起。而磨钝或凹下的磨粒，它们仅能在工件表面产生滑擦。因此，磨削实质上就是切削、刻划与滑擦三个过程的综合作用。

2. 磨削的工艺特点

（1）加工精度高，表面粗糙度值小　磨削时，磨粒刃口非常锋利，刃口半径很小，加之切削刃极多，因此能切下极薄的一层金属。切削厚度可小至数微米，因而残留面积高度极小。

磨削所用磨床的精度高，刚性及稳定性好，具有控制小磨削深度的微量进给机构，可进行微量切削，从而能实现精密加工。

磨削时，切削速度很高，如普通外圆磨削速度为30～35m/s，高速磨削速度一般大于50m/s。当无数切削刃以很高的速度从工件表面切过时，每个切削刃仅从工件上切下极少量金属，残留面积高度很小，有利于形成小表面粗糙度值的表面。

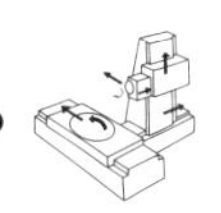

因此磨削加工可以达到高的精度和小的表面粗糙度值。一般磨削精度可达IT7 ~ IT6，表面粗糙度值 Ra 可达 0.1μm 以下。

（2）径向分力 F_Y 较大　磨削加工时，切削力分解为 3 个相互垂直的分力 F_X、F_Y、F_Z，如图 9-34 所示。在一般切削加工中，主切削力 F_Z 较大。而在磨削加工中，由于磨削深度及磨削厚度较大，故 F_Z、F_X，较小，但由于砂轮与工件的接触宽度大且磨粒多为负前角，因而 F_Y 力较大。

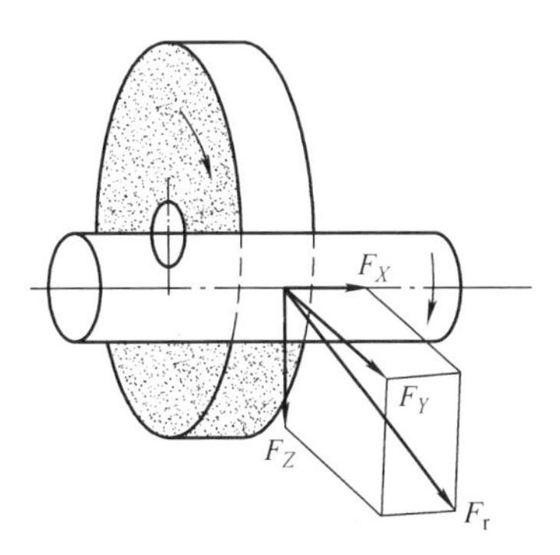

图 9-34　磨削力的分解

由于径向分力 F_Y 较大，工件在磨削过程中将产生变形而影响精度，如图 9-35 所示。同时将造成机床、砂轮、工件产生弹性变形，使实际磨削深度变小。因此，在磨削加工的最后阶段进给深度应尽可能小，以消除因变形而产生的误差。

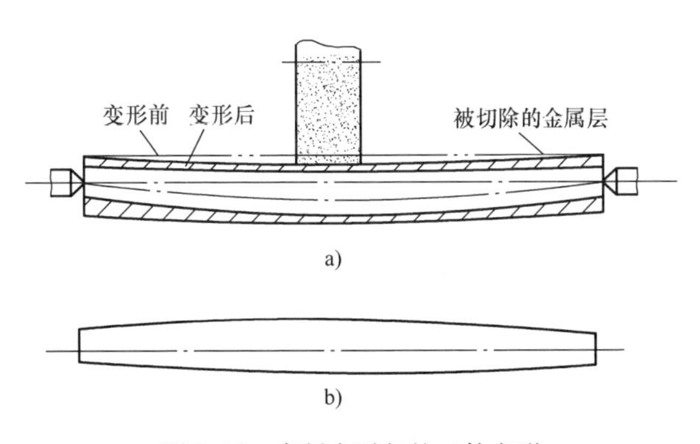

图 9-35　磨削力引起的工件变形

（3）砂轮具有自锐性　在磨削过程中，一方面，磨粒在高速、高压及高温的共同作用下逐渐磨损而变钝，变钝的磨粒切削能力将急剧降低，使作用磨粒上的力急剧增大，磨粒将会发生破碎而形成新的锋利棱角，代替被磨钝磨粒对工件进行切削；另一方面，当此力超过砂轮结合剂的黏结力时，被磨钝的磨粒就会从砂轮表面脱落，露出一层锋利的磨粒，继续进行切削。我们把砂轮的这种自行推陈出新、以保持自身锋锐的性能称为“自锐性”。

砂轮本身虽具有自锐性，但是由于切屑和碎磨粒会把砂轮堵塞，使之失去切削能力，加之磨粒脱落不均匀，会使砂轮失去外形精度。所以，为恢复砂轮的切削能力和外形精度，在磨削一定时间后，砂轮须进行修整。

（4）磨削温度高　磨削时，高速旋转的砂轮与工件表面之间相互摩擦，磨粒对工件表面产生挤压，使工件产生弹性与塑性变形从而产生大量的磨削热，再加之砂轮本身的导热性差，磨削时产生的大量磨削热很难及时排出，在磨削区形成瞬时高温（有时高达800～1000℃）。

如此高的磨削温度易烧伤工件表面，使淬火钢件表面退火，硬度降低，还易使工件产生裂纹及变形等缺陷而降低表面质量。同时金属材料在高温下软化造成砂轮堵塞，影响砂轮的使用寿命及工件的表面质量。

因此，在磨削过程中应采用大量的切削液，以便有效地降低磨削温度。同时切削液还可以将细碎的切屑及破碎或脱落的磨粒冲走，避免砂轮堵塞。对脆性材料，如铸铁、黄铜等，在磨削时一般不加切削液而采用吸尘器清除尘屑。

9.5.3　磨削方法

磨削加工的应用范围很广，它可以加工各种外圆面、内孔、平面和成形面（如齿轮、螺纹等），如图9-36所示。此外，还可用于各种切削刀具的刃磨。

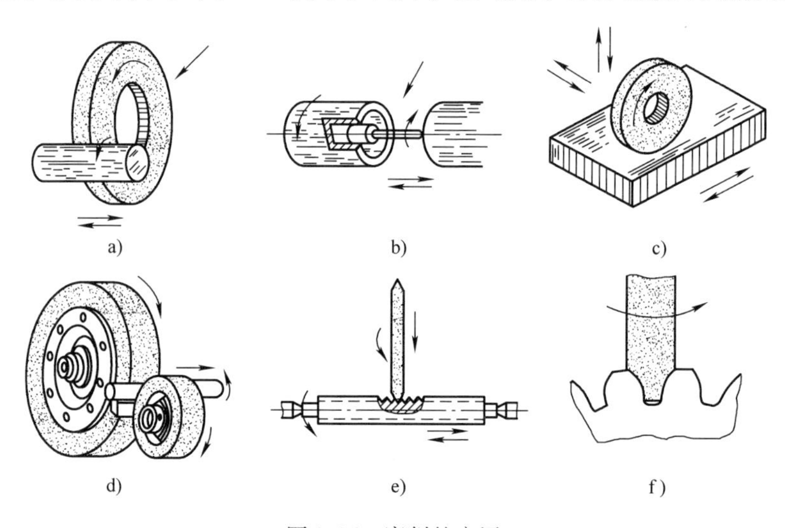

图9-36　磨削的应用

a）外圆磨削　b）内圆磨削　c）平面磨削　d）无心磨削　e）螺纹磨削　f）齿轮磨削

1. 外圆磨削方法

外圆磨削一般在普通外圆磨床或万能外圆磨床上进行。外圆磨削可采用纵磨法、横磨法、综合磨法和深磨法，也可在无心磨床上进行，称为无心外圆磨削法。

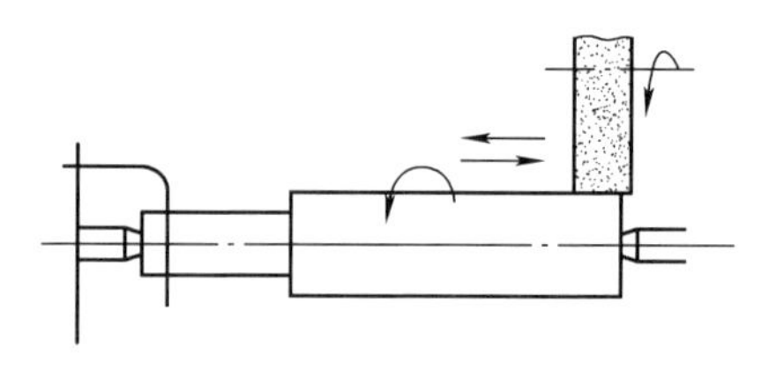

图9-37　纵磨法磨削外圆

（1）纵磨法　纵磨法磨削外圆如图9-37所示。磨削时，砂轮高速旋转为主

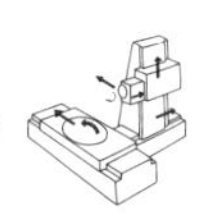

运动，工件旋转并与工作台一起往复直线运动分别为圆周进给及纵向进给运动。这种磨削方法由于磨削深度小，磨削力小，磨削温度低，所以加工精度和表面质量较高，且适应性较广，可磨削任何长度的工件。但生产率较低，故广泛应用于单件、小批量生产及精磨，特别适用于细长轴的磨削。

（2）横磨法　横磨法磨削如图 9-38 所示。这种方法由于使用较宽的砂轮，磨削时工件不做纵向进给，仅由砂轮以慢速做横向进给，直到磨去全部余量为止。此法生产率高，并能磨削成形面。但磨削力大，磨削温度高，工件易变形和烧伤。另外，砂轮工作面的状态会直接影响工件的加工精度。这种方法适用于成批大量生产中磨削表面宽度较小且刚度较好的工件。

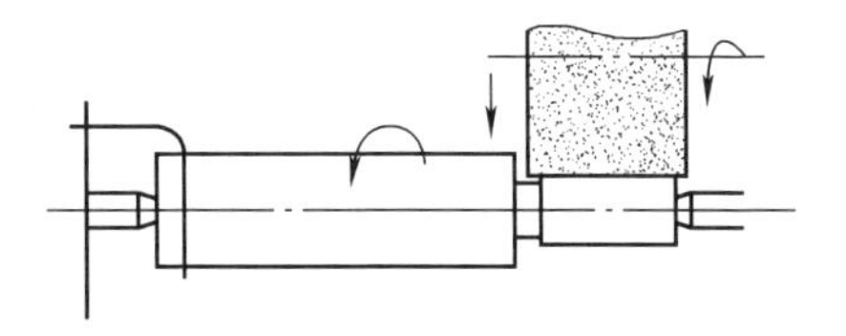

图 9-38　横磨法磨削外圆

（3）无心外圆磨　无心外圆磨是在无心外圆磨床上进行。磨削时，工件放置在两个砂轮之间，下方用托板托住而不用顶尖支承，如图 9-39 所示。两个砂轮中较小的一个是用橡胶结合剂制成，其磨粒较粗称为导轮；另一个是用来磨削的砂轮，称磨削轮。导轮轴线相对磨削轮轴线倾斜一定角度 $\alpha(1° \sim 5°)$，该轮以很低的速度转动，摩擦力带动工件旋转。导轮与工件接触点的线速度分解为两个速度分量，即 $v_{工}$ 和 $v_{进}$。$v_{工}$ 带动工件旋转实现圆周进给运动，$v_{进}$ 带动工件实现纵向进给运动。导轮一般都修整成双曲面形，以便导轮与工件保持线接触。

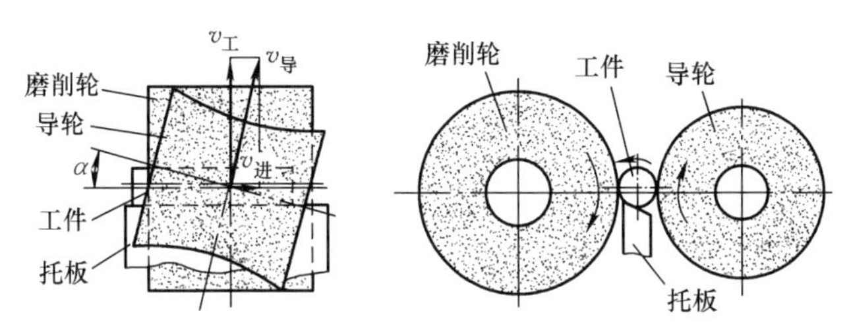

图 9-39　无心外圆磨削法

无心外圆磨削的生产率高，适于大批量生产轴类零件，特别适于加工细长光轴轴销和小套等，但机床调整比较麻烦。不适宜加工断续的外圆表面，如圆柱面上存在有较长的键槽、平面等，以防外圆产生较大的圆度误差。

2. 平面磨削方法

平面磨削常用来磨削齿轮端面、滚动轴承环、活塞环及大型工件的平面。它与平面铣类似，也可分为周磨和端磨两种方式。

（1）周磨　周磨是利用砂轮的外圆面进行磨削，如图 9-40a、d 所示，当周磨平面时，砂轮与工件的接触面积小，散热和排屑条件好，因此加工质量较高。

周磨平面采用卧轴矩形工作台平面磨床。由于周磨采用砂轮外圆磨削，磨削面积很小，故其生产率较低。它主要适合于加工质量要求高的工件。

（2）端磨　端磨是利用砂轮的端面磨削，如图9-40b、c所示。端磨平面一般用立轴平面磨床。当端磨平面时，磨削面积大，磨头伸出长度短，刚性较好，允许采用大的磨削用量，故其生产率较高。但是端磨发热量多，冷却条件差，排屑困难，故加工质量较低。它主要适用于要求不是很高的工件，或代替铣削作为精磨前的预加工。

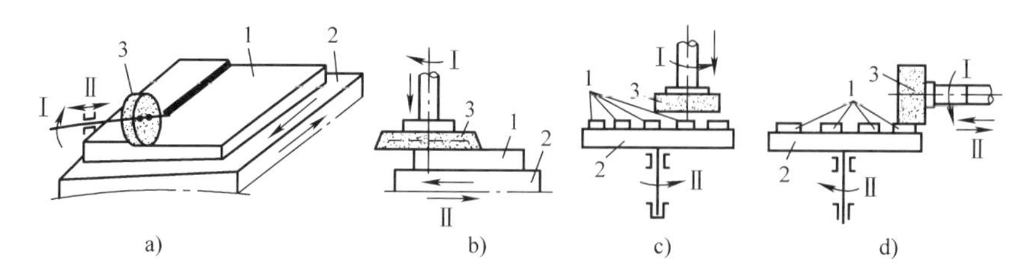

图9-40　平面磨削加加工
1—工件　2—工作台　3—砂轮

磨削铁磁性工件（钢、铸铁等），多利用电磁吸盘将工件吸住，装卸方便。

3. 内圆磨削方法

内圆磨削可以在内圆磨床上进行，也可在万能外圆磨床上进行。目前广泛应用的内圆磨床是卡盘式的。加工时，工件夹持在卡盘上，工件和砂轮按相反方向旋转，同时砂轮还沿被加工孔的轴线做直线往复运动和横向进给运动，如图9-41所示。这种磨床用来加工容易固定在机床卡盘上的工件，如齿轮上的孔、滚珠轴承环等，如把头架偏转一定角度还可磨削锥孔。与外圆磨削类似，内圆磨削也可分为纵磨法和横磨法。

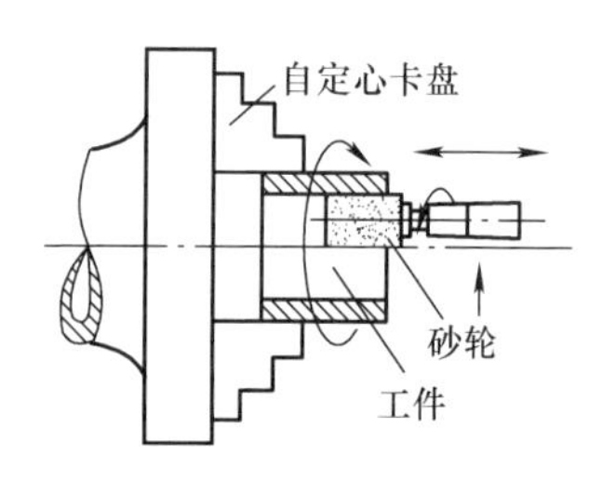

图9-41　磨削圆柱孔

内圆磨削的应用远不如外圆磨削应用广，其原因如下：

1）磨孔用的砂轮直径小（为孔径的0.6~0.9倍），磨削速度低，砂轮磨损快，需要修整和更换，因此生产率较低，被磨表面粗糙度值大。

2）砂轮轴的直径小，悬伸长，刚性差，不宜采用大的磨削深度和进给量，这也将使生产率低，表面粗糙。

由于上述原因，磨孔一般仅适用于淬硬工件孔的精加工。但是，磨孔适应性较好，在单件、小批量产生中应用较多。

4. 磨削的发展

磨削主要朝着两个方向发展：一个是高精度，小粗糙度磨削；另一个是高效磨削。

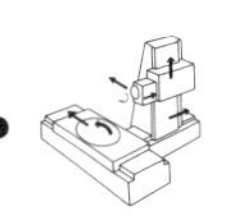

（1）高精度、小粗糙度磨削　高精度磨削包括精密磨削（Ra 为 0.05 ~ 0.1μm）、超精磨削（Ra 为 0.012 ~ 0.025μm）和镜面磨削（Ra < 0.008μm）。该加工方法可替代研磨加工，以节省工时并减轻劳动强度。

当进行高精度、小粗糙度磨削时，对磨床精度和运动平稳性要求较高。同时还要合理选用工艺参数，精细修整所用砂轮（保证砂轮表面的磨粒具有微刃和微刃等高性），以保证获得高的磨削精度及小的表面粗糙度值。

（2）高效磨削　磨削速度大于 50m/s 的磨削加工称为高速磨削。高速磨削的主要特点是：

1）生产率很高。砂轮速度的提高使单位时间内参与磨削的磨粒数目增加，从而使生产率大幅度提高。

2）加工精度高，表面粗糙度值低。当高速磨削时，每个磨粒的切削厚度变薄，工件残留面积的高度减小，磨粒刻划所形成的隆起高度也会减小，故表面粗糙度值小。同时磨削厚度的减小也将使径向分力减小，从而保证工件获得较高的加工精度。

（3）强力磨削　强力磨削是指大的切深缓慢进给的磨削。当强力磨削时，一次磨削深度可达几毫米至几十毫米，因此生产率很高。同时纵向进给速度低，仅为 10 ~ 30mm/min，又称缓进深切磨削。适用于加工各种成形面和沟槽，尤其能有效地磨削难以加工的材料。并且，它可以从铸、锻毛坯直接磨出合乎要求的零件，生产率大大提高。但由于磨削时磨削深度大，因而对磨床、砂轮及冷却方式的要求较高。

（4）砂带磨削　砂带磨削的设备比较简单。砂带回转为主运动，工件由输送带带动做进给运动，工件经过支承板上方的磨削区后即完成磨削加工，如图 9-42 所示。

砂带磨削的生产率高，加工质量好，能较方便地磨削复杂表面，因而成为磨削加工的发展方向之一，其应用范围越来越广。

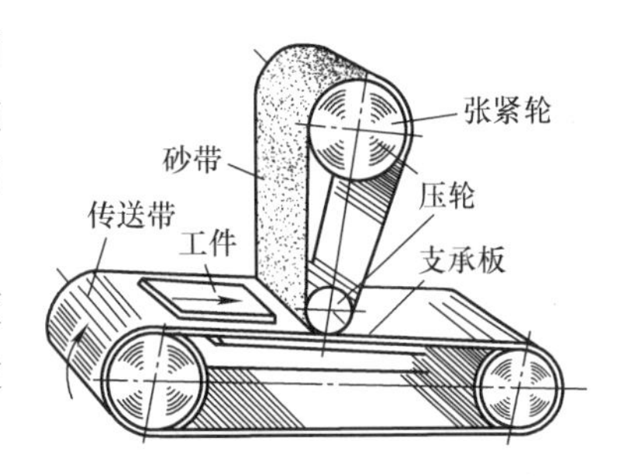

图 9-42　砂带磨削

9.6　光整加工

光整加工是生产中常用的精密加工。常用的光整加工方法有研磨、珩磨、超级光磨及抛光等，光整加工后工件可获得极低的表面粗糙度值（$Ra \leqslant$ 0.025μm）。

9.6.1 研磨

研磨是最常用的光整加工方法。

1. 加工原理

研磨是在研具与工件之间置以研磨剂，对工件进行光整加工的方法。研磨时，用比工件软的材料作为研具，在研具与工件之间加入研磨剂。在一定的压力作用下，研磨剂中的磨料嵌入研具表面，在研具相对于工件的运动过程中，工件表面被磨掉一层极薄的金属，从而达到光整加工的目的。

研具材料一般用软钢、铸铁、红铜、塑料等制造。最常用的是铸铁研具，它适于加工各种材料，并能保证研磨质量和生产率。

研磨剂由磨料、研磨液和辅助填料混合而成。磨料起切削作用，常用的是刚玉和碳化硅等，其粒度在粗研时为 F80 ~ F120，精研时为 150F ~ 240F。研磨液主要起冷却和润滑作用，并能使磨粒均匀分布在研具表面，通常用煤油、机油、汽油等。辅助填料可以使金属表面产生极薄的、较软的化合物薄膜，以便使工件表面的凸锋易被磨粒切除，最常用的是硬脂酸、油酸等化学活性物质。

2. 研磨方法

研磨可分为手工研磨和机械研磨两种，在单件小批量生产时常采用手工研磨，而在大批量生产时则用机械研磨。图 9-43 所示为在车床上研磨外圆示意图。

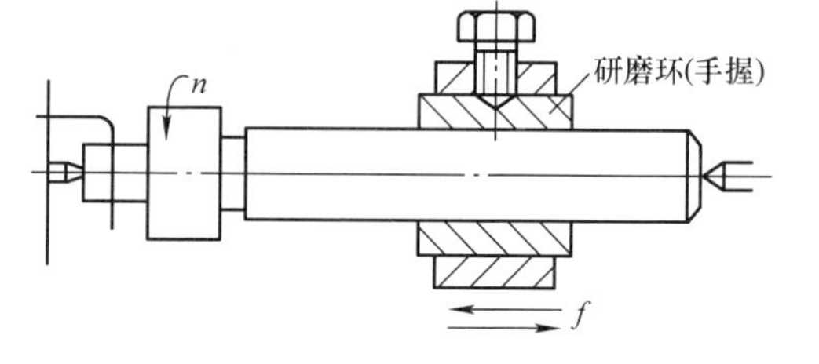

图 9-43　在车床上研磨外圆示意图

3. 研磨特点

研磨不但能提高工件的表面质量，还可以提高工件的尺寸精度和形状精度；研磨简便可靠，除可在专门研磨机进行外，还可在简单改装的车床（见图 9-43）、钻床上进行，成本较低。研磨的加工精度可达 IT6 ~ IT5，表面粗糙度值 Ra 为 0.2 ~ 0.012μm。但研磨的生产率较低，所有余量不应超过 0.01 ~ 0.03mm。

4. 研磨的应用

研磨的应用很广，常见的表面如平面、圆柱面、孔、锥面、齿轮面等都可用研磨进行光整加工。在现代工业中，常采用研磨作为精密零件的最终加工。

9.6.2 珩磨

珩磨是利用带有磨条的珩磨头对孔进行光整加工的方法，如图 9-44a 所示。当珩磨时，工件固定，珩磨头上的磨条以一定的压力作用在被加工表面上，珩磨头由机床主轴带动，一边旋转，一边做轴向往复运动。在相对运动的过程中，磨

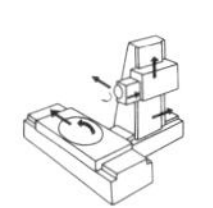

条从工件表面切除一层极薄的金属，加之磨条在工件表面的切削轨迹是交叉而不重复的网络，如图 9-44b 所示，因此，珩磨可获得很高的加工精度和很小的表面粗糙度值。

珩磨加工具有较高的生产率，这是由于珩磨时有多个磨条工作，并且经常连续变化切削方向，能长时间保持磨粒锋利。珩磨可提高孔的表面质量、尺寸精度和形状精度，但不能提高孔的位置精度。珩磨加工的尺寸精度可达 IT7 ~ IT6，表面粗糙度值 Ra 为 0.4 ~ 0.05μm，圆度和圆柱度约在 0.005mm 以下。

珩磨主要用于孔的光整加工，加工孔的直径范围很广，不但能加工直径为 15 ~ 1500mm 的孔，并能加工深径比大于 10 的深孔。但对有色金属不能采用珩磨加工。珩磨不仅在大批量生产中应用普遍，而在单件、小批量生产中应用也比较广泛。

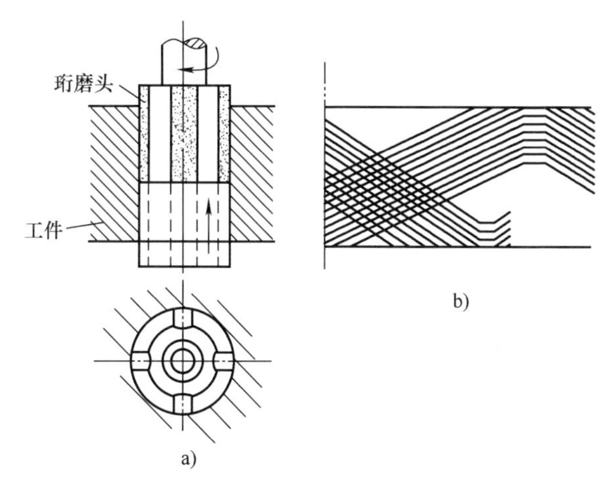

图 9-44　珩磨

9.6.3　超级光磨

超级光磨是用装有细磨粒、低硬度磨条的磨头，在一定压力下对工件进行光整加工的方法，如图 9-45 所示。加工时，工件旋转，磨条以一恒力轻压于工件表面，在轴向进给的同时，磨条做轴向低频振动（8 ~ 33Hz），对工件微观不平表面进行修磨。超级光磨时须加充分的切削液（煤油加锭子油），一方面是为了冷却、润滑及清除切屑，另一方面是为了形成油膜。工件表面不平的凸起会穿破油膜而露出，首先被磨条磨去，随着各处凸起高度的降低，磨条与工件的接触面积逐渐扩大，它们之间的单位压力随之减小。当被加工表面呈光滑状态时，在磨条和工件之间会形成连续的油膜。由于磨条的压力很小，不能将油膜压开时磨削作用会自动停止。

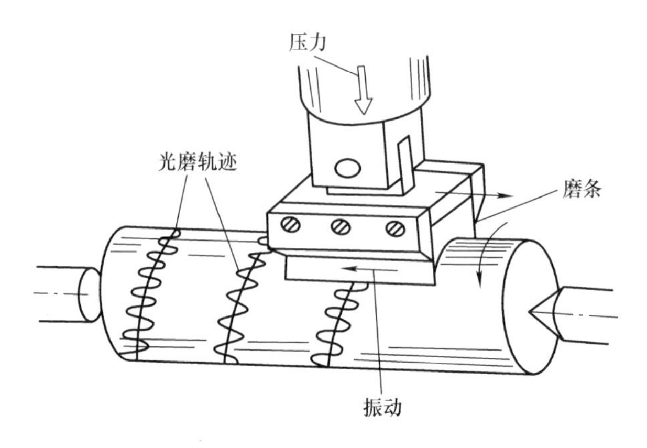

图 9-45　超级光磨外圆

超级光磨适用于轴类零件圆柱表面的光整加工，主要用于降低表面粗糙度值（可以获得 $Ra0.1 \sim 0.01\mu m$ 表面粗糙度值及良好的表面质量），但不能提高工件的尺寸精度和形状精度。

因此，前工序无须留出余量。超级光磨的加工余量极小，一般为 $3 \sim 10\mu m$，加工过程所需时间很短，一般为 30 ~ 60s，故生产率较高。

9.6.4　抛光

抛光是在高速旋转的抛光轮上涂以抛光膏，对工件表面进行光整加工的方法。抛光膏用油脂（硬脂酸、煤油、石蜡等）和磨料（氧化铁、氧化铬）混合调制而成。抛光轮由毛毡、皮革、尼龙等材料制成。

抛光时，将工件压于高速旋转的抛光轮上，抛光膏中的细小磨粒对工件表面的凸峰进行极弱的切削。此外，抛光的工作速度很高，带磨料的软轮与工件表面剧烈摩擦而产生高温，工件表面可能出现极薄的熔流层，从而对原来表面的微观不平起填平作用。

经过抛光的工件，一般 Ra 可达 $0.1 \sim 0.012\mu m$，从而显示出光亮的表面。但由于抛光轮与工件之间没有刚性运动联系，抛光轮又有弹性，所以切除金属不均匀，工件的原加工精度难以保持或提高。抛光仅能提高工件表面的光亮度，而对工件的表面粗糙度值的改善并无益处，故抛光主要用于表面装饰加工及电镀前的预加工。例如，一些不锈钢、塑料、玻璃等制品，为得到好的外观质量，要进行抛光处理。抛光零件表面的类型不限，可以加工外圆、孔、平面及各种成形表面。

9.6.5　光整加工方法对比

研磨、珩磨、超级光磨和抛光虽都属于光整加工，但它们对工件表面质量的

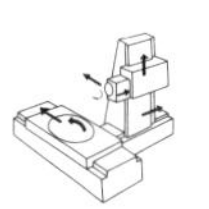

改善程度却不相同。抛光仅能提高工件表面的光亮程度，而对工件的表面粗糙度的改善并无益处。超级光磨仅能减小工件的表面粗糙度值，而不能提高其尺寸和形状精度。研磨和珩磨则不但可以减小工件的表面粗糙度值，也可以在一定程度上提高其尺寸和形状精度。

从应用范围来看，研磨、超级光磨和抛光可以用来加工各种各样的表面，而珩磨则主要用于孔的加工。

从所用工具和设备来看，抛光最简单，研磨和超级光磨稍复杂，而珩磨则较为复杂。

从生产率来看，抛光和超级光磨最高，珩磨次之，研磨最低。

实际生产中常根据工件的形状、尺寸和表面的要求，以及批量大小和生产条件等，选用合适的光整加工方法。

本 章 小 结

本章主要介绍常用的切削加工方法及其工艺特点。

1）车削是指以工件旋转为主运动，以刀具直线移动为进给运动的切削加工方法。其工艺特点是：易于保证工件各加工表面的位置精度；加工过程比较平稳；适合于有色金属零件的精加工；刀具简单。车削加工一般用来加工单一轴线的零件，如直轴及一般盘、套类零件等。

2）钻削指的是钻削刀具与工件做相对运动并做轴向进给运动，在工件上加工孔的切削方法。其工艺特点是：钻孔时容易产生“引偏”；排屑困难；散热条件差。在生产中，钻孔主要用于孔的粗加工。精度和表面质量要求较高的孔，一般以钻孔作为预加工工序。在钻床上除钻孔外，还可以进行扩孔、铰孔、攻螺纹、锪孔和锪凸台等工作。

镗削是指以镗刀旋转为主运动，工件或镗刀做进给运动的切削加工方法。其工艺特点是：镗床加工的位置精度和尺寸精度较高，因此是加工机床底座、箱体、支架等外形复杂的大型零件的主要设备；加工范围广泛；能获得较高的精度和较小的表面粗糙度值；生产率较低。

3）刨削、插削是指刨刀与工件做水平方向往复直线运动的切削加工方法。其工艺特点是：刨床与刨刀结构简单，通用性好，调整和操作简便；生产率一般较低。刨削加工主要用在单件、小批量生产中，在维修车间和模具车间应用较多。

拉削是指用拉刀在拉力作用下做轴向运动加工工件内、外表面的切削加工方法。其工艺特点是：生产率高；加工范围较广；加工精度较高，表面粗糙度值较小；拉床结构简单，操作方便；拉刀寿命长。故拉削加工只适用于大批量生产。

4）铣削是指以铣刀旋转为主运动，工件或铣刀做进给运动的切削加工方法。其工艺特点是：生产率高；刀齿散热条件好；铣削时，容易产生振动。铣削主要用来加工平面和各种沟槽、切断，也可加工一些成形面。与刨削相比，铣削机动灵活，适应性强，因此加工范围比刨削广泛。

5）磨削是指磨具以较高的线速度旋转，对工件表面进行加工的方法。其工艺特点是：加工精度高，表面粗糙度值小；径向分力较大；砂轮具有自锐性；磨削温度高。磨削是零件精加工的主要方法之一，它不仅能加工一般材料，如钢、铸铁等，还可加工一般刀具难以加工的材料，如淬火钢、硬质合金及陶瓷等。

6）光整加工是指不切除或从工件上切除极薄材料层，以减小工件的表面粗糙度值为目的的加工方法。常用的光整加工方法有研磨、珩磨、超级光磨及抛光等。光整加工后工件可获得极小的表面粗糙度值。

思考题与习题

1. 试述车削加工的工艺特点和应用范围。在普通车床上安装工件有哪些方法？适合加工哪些类型的零件？

2. 说明钻削加工的工艺特点和应用范围，为什么说钻－扩－铰工艺是提高未淬火材料孔的质量的典型工艺？

3. 试述钻削加工的工艺特点？何为“引偏”？如何防止？

4. 车床上镗孔和镗床上镗孔有什么差别？各应用于什么场合？

5. 拉削加工的工艺特点和应用范围是什么？

6. 试分析铣削加工过程中铣削力是如何变化的，为什么生产中常采用逆铣而不采用顺铣？

7. 铣削平面时，为什么端铣比周铣优越？

8. 试对比铣削加工与刨削加工。

9. 砂轮基本构成包括什么？其特性有哪些方面？不同硬度的材料磨削时，应如何选择砂轮？

10. 试述磨削加工的工艺特点？常用的磨削方法有哪些？

11. 研磨、珩磨、超级光磨和抛光有什么异同点？

第 10 章　机械加工工艺过程

［导读］　本章介绍主要表面加工方法的选择、机械加工工艺过程的基本概念、工件的安装和夹具、工艺规程的制订等内容，重点内容为不同表面的加工方案，工序、安装等基本概念，工艺规程的制订步骤、定位基准的确定、工艺路线的拟定和典型零件工艺规程的编写。通过学习，了解不同表面加工方案；掌握工序、安装、工步等基本概念；掌握安装方法；掌握六点定位原理和定位情况；掌握定位基准的类型及选择原则；掌握加工阶段划分及工序顺序安排原则；针对单件小批量生产的轴类、盘套类零件，制订其工艺规程。

10.1　主要表面加工方法的选择

机器零件的结构形状是多种多样的，但均是由外圆面、内圆面、平面和成形面等基本表面组成的，每一种表面又有许多加工方法，正确选择加工方法对保证质量、提高生产率和降低成本有着重要作用。本节将对组成零件的几种基本表面加工方案进行分析比较，为合理选择加工方法和拟定零件的加工工艺过程打下必要的基础。

10.1.1　外圆面的加工

外圆面是轴、套、盘类零件的主要表面之一，其技术要求一般包括尺寸公差、相应的圆度、圆柱度等形状公差，同轴度、垂直度等位置公差及表面粗糙度值。各种精度的外圆表面加工方案见表 10-1，供选用时参考。

对于一般的钢铁零件，外圆表面加工的主要方法是车削和磨削。要求表面粗糙度值小、精度高时，还需要进行研磨、超级光磨等光整加工。对于塑性较大的

表 10-1　各种精度的外圆表面加工方案

序号	加工方案	尺寸公差等级	表面粗糙度值 $Ra/\mu m$	适用范围
1	粗车	IT13 ~ IT11	50 ~ 12. 5	适用于各种金属（经过淬火的钢件除外）
2	粗车→半精车	IT10 ~ IT9	6. 3 ~ 3. 2	
3	粗车→半精车→精车	IT7 ~ IT6	1. 6 ~ 0. 8	

（续）

序号	加工方案	尺寸公差等级	表面粗糙度值 $Ra/\mu m$	适用范围
4	粗车→半精车→磨削	IT7～IT6	0.8～0.4	适用于淬火钢、未淬火钢、铸铁，不宜加工硬度低、塑性大的有色金属
5	粗车→半精车→粗磨→精磨	IT6～IT5	0.4～0.2	
6	粗车→半精车→粗磨→精磨→高精度磨削	IT5～IT3	0.1～0.008	
7	粗车→半精车→粗磨→精磨→研磨	IT5～IT3	0.1～0.008	
8	粗车→半精车→精车→精细车	IT6～IT5	0.4～0.1	适用于有色金属

有色金属（如铜、铝等）零件，由于其精加工不宜用磨削，故应采用精细车削；对于某些精度要求不高，仅要求光亮的表面，可以通过抛光来获得。

10.1.2　孔的加工

孔也是组成零件的基本表面之一，其技术要求与外圆表面基本相同，零件上的孔很多，常见的有紧固螺钉孔、套筒、法兰盘、齿轮等零件轴线上的孔及箱体零件上的轴承支承孔等。由于孔的作用不同，致使孔径、深径比及孔的精度和表面粗糙度值等方面的要求差别很大。为适应不同的需要和不同的生产批量，孔的加工方法很多。各种精度孔的加工方案见表10-2。

表10-2　各种精度孔的加工方案

序号	加工方案	尺寸公差等级	表面粗糙度值 $Ra/\mu m$	适用范围
1	钻	IT13～IT11	12.5	用于加工除淬火钢以外的各种金属的实心工件
2	钻→铰	IT9	3.2～1.6	同钻的适用范围，但孔径$D<10$
3	钻→扩→铰	IT9～IT8	3.2～1.6	同钻的适用范围，但孔径$\phi10$～$\phi80$
4	钻→扩→粗铰→精铰	IT7	1.6～0.4	
5	钻→拉	IT9～IT7	1.6～0.4	用于大批量生产
6	（钻）→粗镗→半精镗	IT10～IT9	6.3～3.2	用于除淬火钢以外的各种材料
7	（钻）→粗镗→半精镗→精镗	IT8～IT7	1.6～0.8	
8	（钻）→粗镗→半精镗→粗磨	IT8～IT7	0.8～0.4	用于淬火钢、不淬火钢和铸铁件。但不宜加工硬度低、塑性大的有色金属
9	（钻）→粗镗→半精镗→粗磨→半精磨	IT7～IT6	0.4～0.2	
10	粗镗→半精镗→精镗→珩磨	IT7～IT6	0.4～0.025	
11	粗镗→半精镗→精镗→精细镗	IT7～IT6	0.4～0.1	用于有色金属件的加工

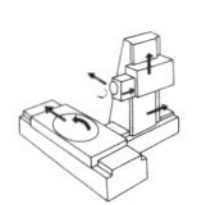

对于孔的加工，如果在实体材料上加工中小孔，则由钻孔开始，若是对已铸出或锻出的大中型孔，则可直接采用扩孔或镗孔。

孔的精加工，如果是未淬硬的中小直径的孔，可以采用铰孔和拉孔；中等直径以上的孔，则采用粗镗或精磨；淬硬的孔只能用磨削进行精加工。在孔的光整加工方法中，珩磨多用于直径稍大的孔，研磨则对大孔和小孔都适用。

由于拉刀制造成本高，只有大批大量生产且孔的精度要求又较高时才采用拉削的方法。

加工孔时，刀具处在工件材料的包围之中，散热条件差，切屑不易排除，切削液难以进入切削区。因此，加工同样精度和表面粗糙度值的孔，要比加工外圆面困难，成本也高。

10.1.3　平面的加工

平面是零件上常见的表面之一。平面本身没有尺寸精度要求，只有表面粗糙度值及平面度、直线度等形状精度要求。根据平面不同的技术要求及其所在零件的结构特点，可分别采用用车、铣、刨、磨、拉等加工方法。平面加工的常用方案见表 10-3。表中所列的尺寸公差等级是指平行平面之间距离尺寸的公差等级。

表 10-3　平面加工的常用方案

序号	加工方案	两平行平面之间尺寸公差等级	表面粗糙度值 $Ra/\mu m$	适用范围
1	粗车→半精车	IT10 ~ IT9	6.3 ~ 3.2	用于加工回转体零件的端面
2	粗车→半精车→精车	IT7 ~ IT6	1.6 ~ 0.8	
3	粗车→半精车→磨削	IT9 ~ IT7	0.8 ~ 0.2	
4	粗铣（粗刨）→精铣（精刨）	IT9 ~ IT7	6.3 ~ 1.6	用于加工不淬火钢、铸铁
5	粗铣（粗刨）→精铣（精刨）→刮研	IT6 ~ IT5	0.8 ~ 0.1	
6	粗铣（粗刨）→精铣（精刨）→宽刀细刨	IT6	0.8 ~ 0.2	
7	粗铣（粗刨）→精铣（精刨）→磨削	IT6	0.8 ~ 0.2	用于加工淬火钢、铸铁
8	粗铣（粗刨）→精铣（精刨）→粗磨→精磨	IT6 ~ IT5	0.4 ~ 0.1	
9	粗铣→精铣→磨削→研磨	IT5 ~ IT4	0.4 ~ 0.025	
10	拉	IT9 ~ IT6	0.8 ~ 0.2	用于大批大量生产除淬火钢以外的各种金属
11	粗铣→半精铣→高速精铣	IT7 ~ IT6	0.8 ~ 0.2	用于有色金属件的加工

铣削、刨削是平面加工的主要方法。加工精度要求不高的非配合平面，一般粗铣或粗刨即可；要求较高的平面常采用粗铣（粗刨）→精铣（精刨）→磨削的方案加工；要求更高时，可以用刮研、研磨等光整加工；回转体零件的端面，多采用车削和磨削加工；对于各种导向平面，由于有较高的直线度及较小的表面粗糙度值要求，需在粗刨、精刨之后采用宽刀细刨或磨削、刮研的方法。拉削仅适用于大批量生产中加工技术要求较高且面积不太大的平面。而塑性较大的有色金属不宜磨削，刨削也容易扎刀，宜采用粗铣→精铣→高速精铣的加工方案。

10.1.4　成形面的加工

成形面可以用车削、铣削、刨削等方法加工。使用成形刀具加工成形面方法简单，生产率高，但是刀具的主切削刃必须与零件的轮廓一致。因此，刀具制造难度大，成本高，工作时还容易产生振动。这种方法多用于在大批量生产中加工尺寸较小的成形面。尺寸较大的成形面常需要使用靠模加工（这里不做介绍）及数控加工。

10.2　机械加工工艺过程的基本概念

10.2.1　生产过程和工艺过程

1. 生产过程

机器的生产过程是指由原材料到成品之间各个相互关联的劳动过程的总和。它包括原材料的运输保存、生产的准备工作、毛坯制造、毛坯经机械加工而成为零件、零件装配成机器、检验及试车、机器的油漆和包装等。

2. 工艺过程

工艺过程是指直接改变生产对象的形状、尺寸、相对位置和机械性能等，使其成为成品或半成品的过程。它包括铸造工艺过程、压力加工工艺过程、焊接工艺过程、机械加工工艺过程和装配工艺过程等。

3. 机械加工工艺过程

在工艺过程中，用机械加工的方法，改变毛坯或原材料的形状、尺寸和表面质量，使之成为零件的过程称为机械加工工艺过程。

（1）工序　工序指在一个工作地点对一个或一组工件所连续完成的那部分工艺过程称为工序。一个零件往往是经过若干个工序才制成的。如图 10-1 所示的齿轮，在单件生产中可按表 10-4 的加工顺序，分为四道工序；在大批量生产中，可按表 10-5 的加工顺序，分为八道工序。由此可见，只有在连续完成的那

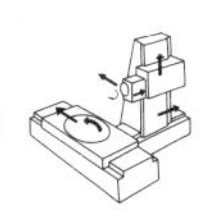

部分工艺过程之后，才能依次加工下一个工件，则该部分工艺过程称为一道工序。

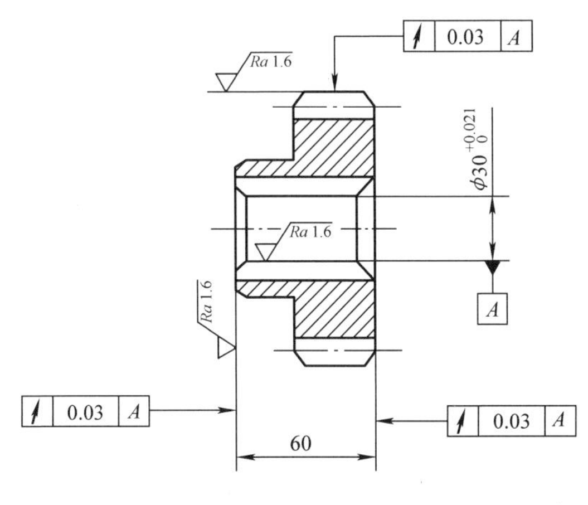

图 10-1　齿轮

表 10-4　单件小批生产加工齿轮的工序

工序号	工序内容	工作地点
1	粗车大端面、大外圆，钻孔；调头粗车小端面、小外圆、台阶端面。精车小端面、小外圆、台阶端面，倒角；调头精车大端面、大外圆，精镗孔，倒角	车床
2	滚齿	滚齿机
3	插键槽	插床
4	检验	检验台

表 10-5　大批量生产加工齿轮的工序

工序号	工序内容	工作地点
1	粗车大端面、大外圆，钻孔，内倒角	车床 1
2	粗车小端面、小外圆，台阶端面，内倒角	车床 2
3	拉孔	拉床
4	精车小端面、小外圆，台阶端面，外倒角	车床 3
5	精车大端面、大外圆，外倒角	车床 4
6	拉键槽	拉床
7	滚齿	滚齿机
8	检验	检验台

（2）安装　工件安装的实质，就是在机床上对工件进行定位和夹紧，一道工序可以包含一次或多次安装。如图 10-1 所示的齿轮在单件生产中的加工工序

1就有3次安装。

第1次安装：用自定心卡盘夹住小端外圆，粗车大端面、大外圆，钻孔。

第2次安装：调头用自定心卡盘夹住大端外圆，车小端面、小外圆、台阶端面，倒角。

第3次安装：调头夹住小端外圆，精车大端面、大外圆，精镗孔，倒角。

（3）工步　在加工表面和加工工具不变及切削用量不变的情况下，所连续完成的那一部分工序称为工步。如果改变其中的任意一个因素，即成为另一个新的工步。如图10-1所示的齿轮加工的工序1的第2次安装，就可以分为粗车小端面、精车小端面、粗车小外圆、精车小外圆、粗车台阶端面、精车台阶端面等若干工步。

10.2.2　生产类型

根据产品大小和生产纲领（也称为年产量）的不同，机械制造生产可分为三种不同的类型，即单件生产、成批生产和大量生产。

（1）单件生产　单个地制造某一种零件很少重复，甚至完全不重复的生产，称为单件生产，如重型机械制造、专用设备制造和新产品试制等都是单件生产。

（2）成批生产　成批地制造相同零件的生产，称为成批生产，如机床制造就是比较典型的成批生产。每批所制造的相同零件的数量称为批量，根据批量的大小、产品的特征，又可分为小批量生产、中批量生产和大批量生产。

（3）大量生产　当同一产品的制造数量很大时，在大多数工作地点经常是重复地进行零件某一工序的生产，称为大量生产，如汽车、拖拉机、轴承等制造通常都是大量生产。

当生产类型不同时，同一种零件所采用的加工方法、机床设备、工夹量具、毛坯及对工人的技术要求等都有所不同。因此，拟定的工艺过程也有很大不同，生产类型的划分及各种生产类型的工艺特征分别见表10-6和表10-7。

表10-6　生产类型的划分

生产类型		同一零件的年产量/件		
		重型	中型	轻型
单件生产		<5	<10	<100
成批生产	小批量生产	5～100	10～200	100～500
	中批量生产	100～300	200～500	500～5000
	大批量生产	300～1000	500～5000	5000～50000
大量生产		>1000	>5000	>50000

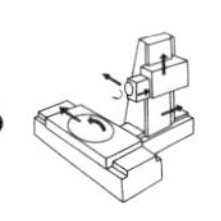

表 10-7　各种生产类型的工艺特征

	单件生产	成批生产	大量生产
机床设备	通用的（万能的）设备	通用的和部分专用的设备	广泛使用高效率专用设备
夹具	通用夹具，很少用专用夹具	广泛使用专用夹具	广泛使用高效率专用夹具
刀具和量具	一般刀具和通用量具	部分采用专用刀具和量具	高效率专用刀具和量具
毛坯	木模铸造和自由锻	部分采用金属模铸和模锻	机器造型，压力铸造，模锻，滚锻等
对工人的技术要求	需要技术熟练的工人	需要比较熟练的工人	要求调整工人技术熟练，操作工人熟练程度较低

10.3　工件的安装和夹具

10.3.1　工件的安装

工件在机床上安装，必须保证两个基本要求：首先，在加工之前，工件相对于刀具和机床要保持正确位置，即工件应正确定位；其次，在加工过程中，作用于工件上的各种外力不应破坏工件原有的正确定位，即工件应正确夹紧。安装工件的目的就是通过定位和夹紧使工件在加工过程中始终保持其正确的加工位置。根据定位的特点不同，一般工件在机床上的安装方法可分为两种。

（1）在夹具中安装　机床夹具是指在机械加工工艺过程中，用以装夹工件的机床附加装置。它能使工件迅速而且正确地定位与夹紧，不需找正就能保证工件与机床、刀具间正确的相对位置。在夹具中安装，由于能有效地保证加工精度、提高劳动生产率，所以一般在批量生产中广泛使用。

（2）找正安装　找正安装是指定位时根据待加工表面与其他表面间的尺寸或位置关系，使用指示表或测量仪器直接测量（或用划针目测判断），使工件处于正确位置。这种安装方法所用的支承表面，不一定是工件的定位基准，找正安装法的定位精度与所用量具、测量仪器的测量精度和工人技术水平有关，由于找正的时间长，找正结果也不稳定，因此只适于单件、小批量生产。

现举例说明两种安装方法的区别，如图 10-2 中的套筒，要求加工内孔 A。如果安装在自定心的卡盘上，外圆 B 是支承面（定位基准）的同时又是夹紧面，加工出孔的位置由 B、C 表面所确定，这是在夹具中安装。也可用单动卡盘根据 B、D 表面找正，加工出孔的位置取决于找正方法的精度，这是找正安装。此外，用单动卡盘夹紧，应根据内孔表面 A 来找正，此时定位基准是内孔表面 A，而外圆 B 只起支承作用，这种找正安装的定位基准与支承面就不是同一个表面。所以，找正安装法的支承面与工件的定位基准不一定是同一个表面。而在夹具中安装，支承面就是工件的定位基准。

10.3.2　夹具简介

夹具是加工工件时，为完成某道工序，用来正确而迅速地安装工件的装置。

1. 夹具的种类

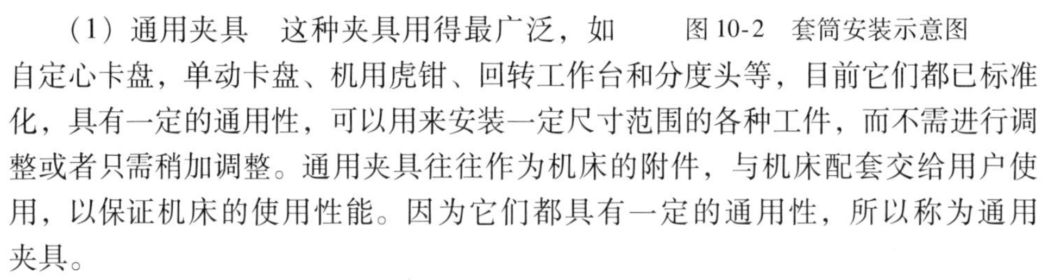

图 10-2　套筒安装示意图

（1）通用夹具　这种夹具用得最广泛，如自定心卡盘，单动卡盘、机用虎钳、回转工作台和分度头等，目前它们都已标准化，具有一定的通用性，可以用来安装一定尺寸范围的各种工件，而不需进行调整或者只需稍加调整。通用夹具往往作为机床的附件，与机床配套交给用户使用，以保证机床的使用性能。因为它们都具有一定的通用性，所以称为通用夹具。

（2）专用夹具　它是专门为某一工件的工序设计制造的夹具。如图 10-3 所示的钻床夹具，它只能用于该工件的钻、铰孔工序，所以称为专用夹具。

（3）组合夹具　它是由各种标准元件组（拼）装而成的一种专用性夹具。其设计和制造特点与上述专用夹具不同。除上述分类外，夹具还可按机床类型分类，如车床夹具、磨床夹具、钻床夹具等；按夹具结构特点分类，有回转式夹具、固定式夹具等；按夹具动力来源分类，有手动夹具、气动夹具、液压夹具、气液联动夹具、电磁夹具和真空夹具等。

2. 夹具的主要组成部分

图 10-3 所示是在套筒上钻、铰 ϕ6H8 孔用的钻床夹具。工件以内孔和端面在定位销上定位，拧紧螺母，通过开口垫圈即可将工件夹紧。加工时是由装在钻模板上的快换钻套、铰套引导钻头或铰刀进行钻孔或铰孔。定位销、钻模板等元件都装在夹具体上。钻套的位置保证了工件径向孔到端面的距离 37.5 ±0.02(mm)。

机床夹具的构造各不相同，通过对图 10-3 所示钻床夹具分析可知，任何一套完整的夹具概括起来都由以下几个部分组成：

（1）定位元件　它是与工件定位基准面接触使工件相对于机床、刀具有正确位置的夹具元件。图 10-3 所示夹具上的定位销属于定位元件。

（2）夹紧机构　它是用来紧固工件的机构，以保证在加工过程中不因外力和振动而破坏工件定位时所占有的正确位置。图 10-3 所示夹具上的夹紧螺母和

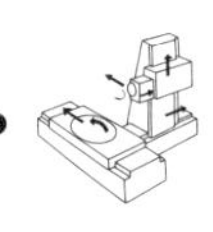

开口垫圈，就是夹紧机构中的一种。

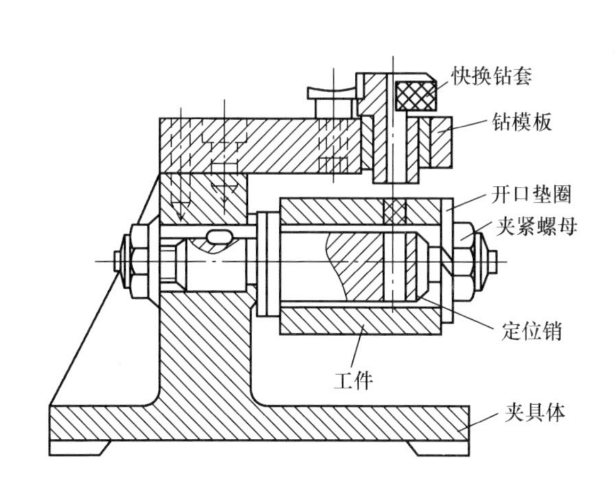

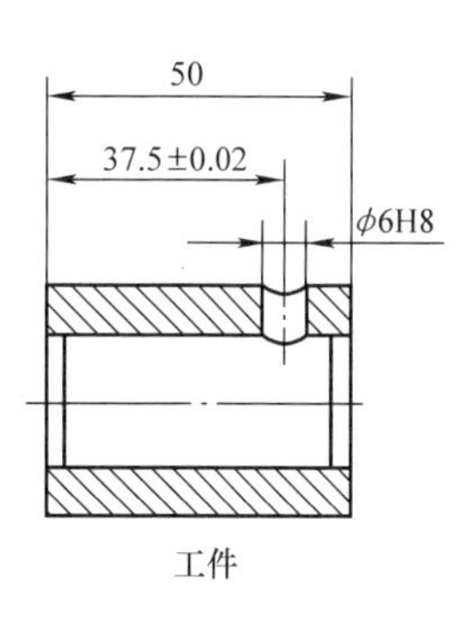

图 10-3　钻、铰 ϕ6H8 孔的钻床夹具

（3）对刀元件和导向元件　对刀元件是用来保证刀具相对于夹具具有准确位置的元件，如铣床夹具的对刀块等。导向元件能引导刀具并使刀具位置和方向都保持正确，如钻套、镗套等。图 10-3 所示夹具上的钻套就是导向元件，对刀元件和导向元件都是夹具中的精密元件，其公差值约为零件公差值的 1/3。

（4）夹具体　它是整个夹具的基础件，夹具的所有元件和机构都安装在它的上面，使其成为一个整体，如图 10-3 所示中的夹具体。

（5）其他元件和机构　除上述主要元件和机构外，有的夹具还有定向元件、分度机构、锁紧机构、连接件、弹簧、销子和衬套等。

工件的加工精度在很大程度上取决于夹具的精度和结构，因此，整个夹具及其零件都要具有足够的精度和刚度，并且结构要紧凑，形状要简单，装卸工件和清除切屑要方便。

10.4　工艺规程的制订

从现有生产条件出发，确定出最恰当的工艺并用文件形式固定下来，即是工艺规程，也称为工艺文件，工艺规程是企业生产中保证产品质量和提高生产率的技术文件，是企业指导生产、组织生产和管理生产的基本文件。

国内外已开始采用计算机辅助编制工艺规程，使工艺规程的制订工作进一步科学化、最优化和系统化。

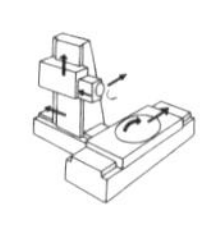

10.4.1　零件的工艺分析

制订工艺规程时，首先要做两方面的工作：一是了解零件在机器中的作用，对零件图进行工艺分析，即从工艺角度分析讨论零件的生产方法和难易程度，并调查研究工厂的生产条件；二是了解加工同类零件的工艺情况和先进经验。对零件进行工艺分析时，应考虑以下几个问题。

（1）检查零件图样的完整性和正确性　检查零件图样的完整性和正确性包括检查视图、尺寸标注、技术要求是否齐全与合理。若有问题应提出，并与有关设计人员共同研究，以采取适当的措施。

（2）检查零件材料的选择是否合理　材料的选择是否合理对零件的使用性能和加工工艺性有很大影响，因此要满足使用性要求和经济性要求。

（3）分析零件的技术要求　分析技术要求应着重分析零件图上的尺寸公差、几何公差及表面粗糙度值是否过高过严，重点是分析主要表面的加工要求，具体原则是，在能够满足使用性能要求的前提下，尽量减少加工量，简化工艺装备，缩短生产周期，降低成本。

10.4.2　毛坯的选择

毛坯制造是零件生产过程的一部分，是由原材料变为成品的第一步。毛坯的材料是由零件的结构、尺寸、用途和工作条件等因素决定的，毛坯的种类主要取决于毛坯材料，形状和生产性质等因素。因此，毛坯的选择对机械加工工艺过程和对零件的生产成本有显著的影响。

机械加工的毛坯种类很多，同一种毛坯又可能有不同的制造方法。常用的毛坯大致有下列几种。

（1）铸件毛坯　形状复杂、强度要求不高的零件毛坯，用铸造的方法比较适宜。铸件的材料可以是铸铁、铸钢或有色金属，根据零件的产量和精度要求，可以采用不同的铸造方法。

（2）锻件毛坯　强度要求很高的零件毛坯采用锻造最合适。主要材料是各种碳钢和合金钢。制造方法有自由锻、胎模锻、模锻和精密模锻造等。在大批量生产中，一般用模锻毛坯，这种锻件的精度和生产率都很高；单件、小批量生产用自由锻造；中批量生产，可部分采用胎模锻，部分采用模锻。

（3）轧制毛坯　轧制毛坯包括各种冷拉和热轧材料，其截面有圆形、六角形、方形和各种异形截面，自动车床上所用的各种截面棒料，均为冷拉钢。

（4）挤压件毛坯　用于塑性变形较好的某些有色金属和钢材。常用于齿轮类和壳罩类零件毛坯制作，适用于大批量生产。其中冷挤压（或热挤压）广泛用于各种螺栓、螺母、销钉等。

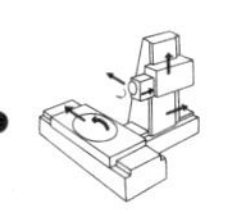

另外，还有冲压毛坯和非金属毛坯。

由于毛坯种类和制造方法不同，毛坯的精度也不同，正确选择零件的毛坯，对机床的选用，工艺装备的设计和选用，机械加工劳动量生产率，材料、工具、动力的消耗，加工成本、工艺方案的制订，以及工艺水平的提高等都有很大影响。目前，毛坯的发展前景很广泛，少、无切削加工的技术、新工艺越来越多地得到推广和应用，如精铸、精锻、粉末冶金及特种轧制等。这些新工艺具有效率高、质量好、用料省，成本低的优点。

10.4.3　加工余量的确定

毛坯尺寸与零件图的相应设计尺寸的差，称为总加工余量。相邻两工序的工序尺寸的差，称为工序余量。在工件上预留加工余量的目的，是为了切除上一道工序所留下来的加工误差和表面缺陷（例如，铸件表面的硬质层、气孔、夹砂层、锻件及热处理表面的氧化皮、脱碳层、表面裂纹、切削加工后的内应力和表面粗糙度值等），从而提高工件的精度和减小表面粗糙度值。

1. 工序余量及总余量

工序余量有最小余量、公称余量及最大余量之分。

（1）最小余量　它是保证该工序加工精度和表面质量所需切除金属层的最小厚度。对于外表面加工最小余量，是上工序最小工序尺寸和本工序最大工序尺寸之差。

（2）公称余量　它是相邻两工序基本尺寸之差。

（3）最大余量　它是上工序最大工序尺寸和本工序最小工序尺寸之差。

图 10-4 所示为外表面加工顺序图，从图中可以看出

$$Z = Z_{\min} + T_1$$

$$Z_{\max} = Z + T_2 = Z_{\min} + T_1 + T_2$$

式中　Z——本工序的公称余量；

$Z_{\min}$——本工序的最小余量；

T_1——上工序的工序尺寸公差；

T_2——本工序的工序尺寸公差。

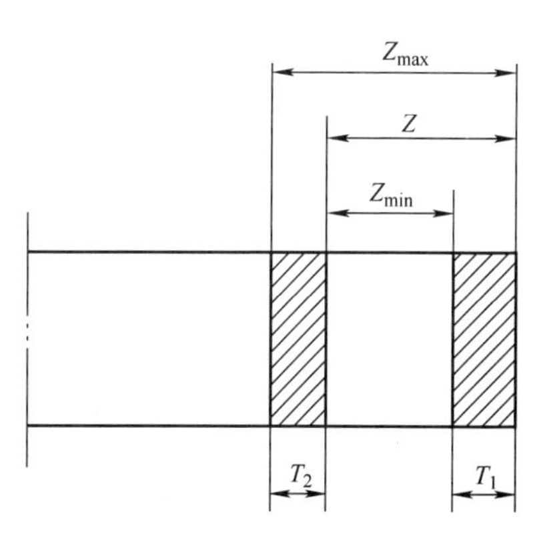

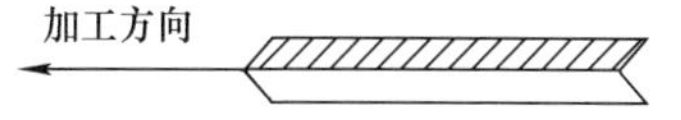

图 10-4　外表面加工顺序图

内表面的加工余量，其概念与外表面相同，但要注意，平面的余量是单边的，圆柱面的余量是双边的。余量是垂直于被加工表面计算的。在手册上查出的及通常所说的“余量”或“加工余量”这些术语，如无特殊说明，均指公称余量。

总余量等于各工序公称余量的总和。总余量不包括最后一道工序的公差。

2. 确定余量的方法

在毛坯上所留的加工余量不应过大或过小。如果余量过大，不仅会使材料的消耗增加，而且会降低生产率，增加机床和刀具的损耗及电能的消耗，从而增加成本；如果余量过小，也会造成加工时的困难而易出废品，所以要合理地确定加工余量。确定余量的方法有以下三种。

（1）估计法　这种方法是由具有丰富经验的技术人员和工人，估计确定工件表面的总余量和工序间余量。估计时可参考类似工件表面的余量大小。它适用于单件、小批量生产。

（2）查表法　根据各种工艺手册中的有关表格，结合具体的加工要求和条件，确定各工序的加工余量。这种余量的数值是统计资料，所以，对一般的加工余量均适用。

（3）计算法　它是通过对影响加工余量的因素逐项计算的。

10.4.4　定位基准的选择

1. 定位原则

工件安装的第一步是定位，定位的方法在理论上是依据六点定位原理来考虑的。

（1）六点定位原理　任何一个没有约束的物质，在空间都有六个自由度，即沿三个互相垂直的坐标轴的移动（用 $\vec{X}$、$\vec{Y}$、$\vec{Z}$ 表示）和绕这三个坐标轴的转动（用 $\widehat{X}$、$\widehat{Y}$、$\widehat{Z}$ 表示），如图10-5所示。因此，要使物体在空间占有确定的位置（即定位），就必须约束这六个自由度。

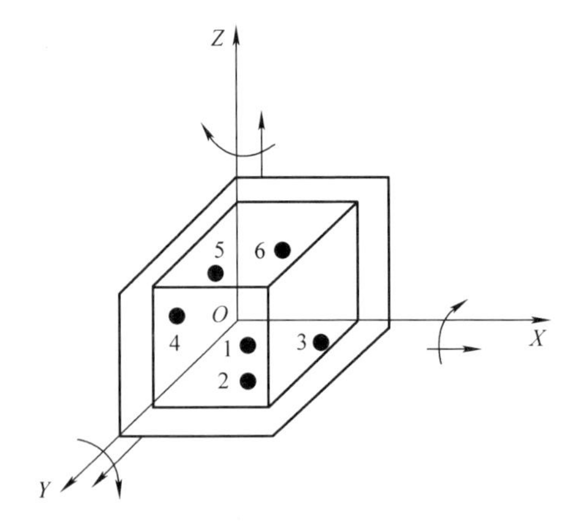

图10-5　物体的六个自由度

在工件定位以前，存在着六个自由度。六点定位原理是用合理布置的六个支承点来限制工件的六个自由度的，使工件在夹具中的位置完全确定。如图10-5所示，三个支承点1、2、3在坐标系 OXY 平面上，限制了 $\widehat{X}$、$\widehat{Y}$、$\vec{Z}$ 三个自由度。两个支承点4、5在坐标系 OYZ 平面上，限制了 $\vec{X}$、$\widehat{Z}$ 两个自由度。一个支承点6在坐标系 OXZ 平面上限制了 $\vec{Y}$ 一个自由度，因此，用这六个支承点就完全限制了六个自由度，即限制

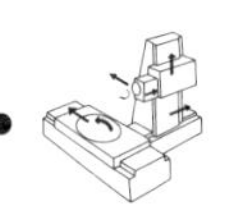

了 $\vec{X}$、$\widehat{X}$、$\vec{Y}$、$\widehat{Y}$、$\vec{Z}$、$\widehat{Z}$，称为六点定位，也称六点定则。

（2）限制自由度个数的选择　根据工件加工的具体要求，一般只要限制那些对加工精度有影响的自由度就行了。工件安装定位时并非必须限制六个自由度，这样可以简化夹具的结构。

现以图 10-6a 所示的例子来说明这个问题。在平面磨床上磨一板状工件的上平面，要求保证厚度 h，工件安装在平面磨床的电磁工作台上（被吸住）。从定位观点看，相当于三个定位支承点，限制了工件三个自由度，即 $\widehat{X}$、$\widehat{Y}$、$\vec{Z}$，剩下三个自由度 $\vec{X}$、$\vec{Y}$、$\widehat{Z}$ 未加以限制，因为这对保证厚度 h 毫无影响。

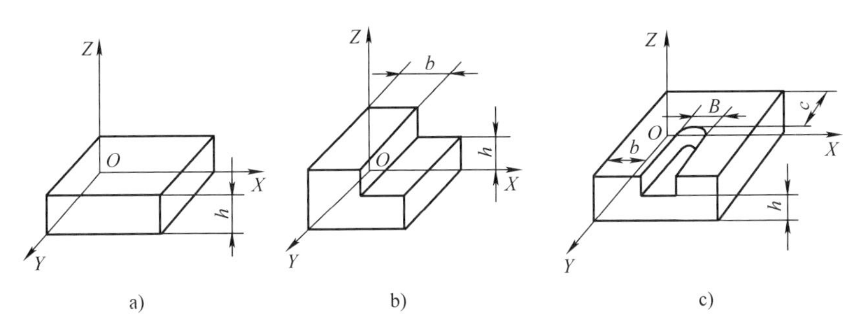

图 10-6　限制自由度的选择
a）磨平面　b）铣台阶　c）铣键槽

工件定位有以下四种情况：

（1）不完全定位　如图 10-6a 所示，在磨削上平面的加工中，影响加工尺寸 h 的自由度是 $\widehat{X}$、$\widehat{Y}$、$\vec{Z}$，因此只要限制这三个自由度即可。又如图 10-6b 所示，工件在铣削台阶面的加工中，影响尺寸 h 和 b 的自由度是 $\vec{X}$、$\vec{Z}$、$\widehat{X}$、$\widehat{Y}$、$\widehat{Z}$，故只要限制这五个自由度就可以了，工件沿 Y 轴的移动 $\vec{Y}$ 对加工质量并无影响。这种不需要限制工件六个自由度，即能满足加工要求的定位称为不完全定位。

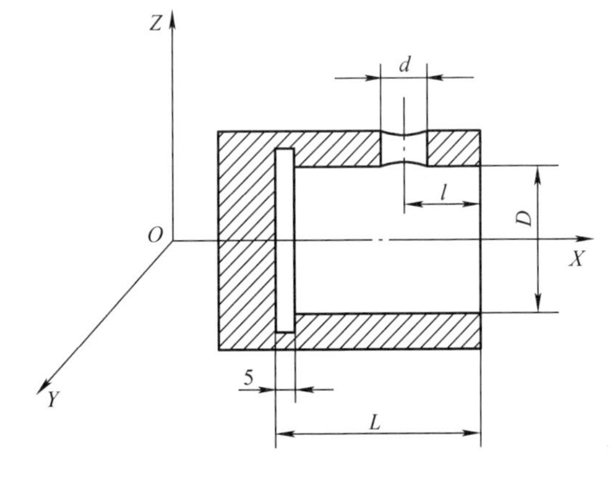

图 10-7　套筒加工时的定位

图 10-7 所示为套筒加工时的定位，当加工内孔 D 时，必须限

制 $\vec{X}$、$\vec{Y}$、$\vec{Z}$、$\widehat{Y}$、$\widehat{Z}$ 五个自由度，才能保证孔的中心线的位置和孔深 L。而当加工套筒上的小孔 d 时，因小孔是通孔，不必限制 $\widehat{X}$、$\vec{Z}$ 自由度，只要限制 $\vec{X}$、$\vec{Y}$、$\widehat{Y}$、$\widehat{Z}$ 四个自由度就能保证小孔中心线与内孔中心线正交及到端面的尺寸 l。

（2）完全定位　如图 10-6c 所示，工件除了有尺寸 h 和 b 的要求外，还有尺寸 c 的要求。因此必须限制工件的六个自由度才能满足加工要求。这种限制六个自由度的方法称为完全定位。

（3）欠定位　若根据加工要求，工件在夹具中应该限制的自由度没有得到限制，称为欠定位。在图 10-6 中，铣键槽少于六个支承点；磨平面少于三个支承点；台阶少于五个支承点都属于欠定位。

按欠定位方式进行加工，必然会导致工件的部分技术要求不能得到保证，因此，欠定位在加工工件时是不允许的。

（4）过定位　若安装工件的定位点多于应限制的自由度数目，或者说同一个自由度用了两个或两个以上定位点来限制时，这种重复限制的定位称为过定位或超定位。当定位基准是粗基准（指工件与支承点接触的表面为未加工的不规则毛面）时，若用四个支承点来支承工件的粗面，但实际上只能有三个支承点与工件接触，从而限制 $\widehat{X}$、$\widehat{Y}$、$\vec{Z}$ 三个自由度，如果强行使四个支承点与工作定位面接触，夹紧时势必会引起工件变形。在这种情况下，一个平面上布置四个支承点限制三个自由度的过定位是不允许的。如果工件的定位面是平面度较高的精基准（如经过磨削的平面），采用过定位是允许的。这时，工件支承在较多的点上反而使工件更稳定牢固，可以减少工件在加工时的受力变形，增加工艺系统的刚性。有时为了给工件的传递运动或传递动力，也可以使用过定位，如用顶尖－自定心卡盘装夹工件车削外圆表面等。

综上所述，六点定位原理是分析和决定工件定位方案所必须遵守的一般原则。

2. 工件的基准

在零件和部件的设计、制造和装配过程中，必须根据一些指定的点、线或面来确定另一些线、面的位置，这些指定的点、线或面称为基准。

按作用不同，基准的分类如下所示：

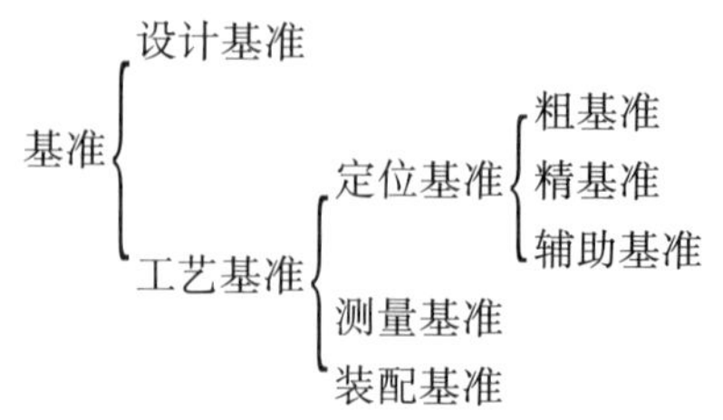

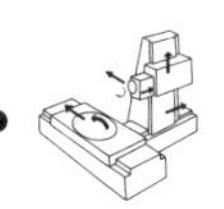

（1）设计基准　设计零件图上所使用的基准，如图 10-8 所示。齿轮的内孔 ϕ85H5 轴线是齿顶圆 ϕ227.5h11、分度圆 ϕ220.5 的设计基准，在轴线方向 *A* 端面是两端面的设计基准。

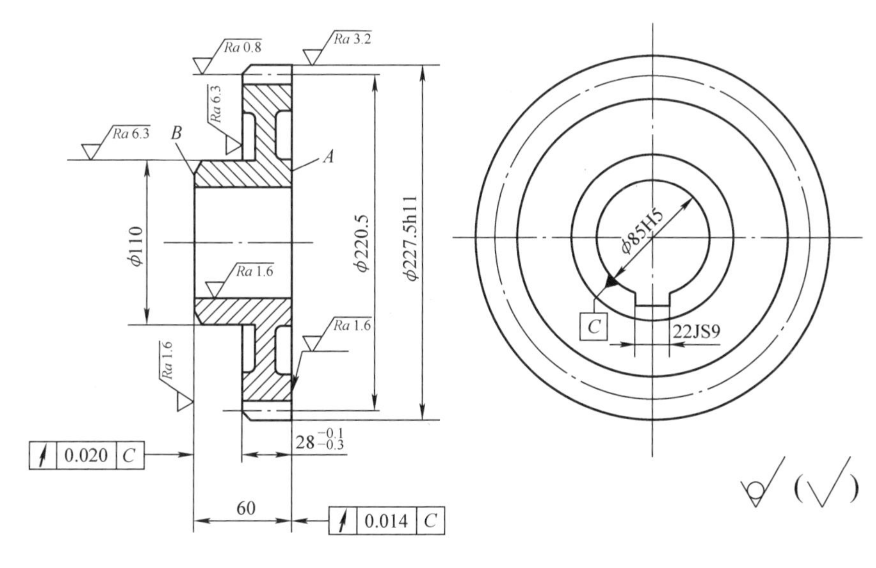

图 10-8　齿轮

（2）工艺基准　工艺基准是零件在加工、度量和装配过程中所使用的基准，其中包括：

1）定位基准。工件在机床或夹具中定位时所用的基准称为定位基准。如图 10-8 所示齿轮，在切齿加工中以孔轴线和 *A* 端面定位，孔轴线和 *A* 端面就是定位基准。

2）测量基准。测量工件尺寸和表面相对位置时所用的基准称为测量基准，如图 10-8 所示齿轮，在测量齿轮的径向跳动中，是相对于孔轴线而测量的，因此，孔轴线又是测量基准，表面 *A* 是长度尺寸 60 和 28 的测量基准。

3）装配基准。装配时，用来确定零件或部件在机器中位置的表面称为装配基准。在图 10-8 中，齿轮的孔轴线和 *A* 端面为装配基准。

应当指出，某些作为基准的点、线、面，在工件上并不是具体存在的，必须由某些具体表面来体现，这些表面称为基面。例如，齿轮的轴线是通过其孔的内表面来体现的，所以选择基准就是选择基面。

3. 定位基准的选择

定位基准分为粗基准和精基准。没有经过切削加工就用作定位基准的表面，称为粗基准。经过切削加工才用做基准的表面，称为精基准。从有位置精度要求的表面中选择工件的定位基准，是选择定位基准的总原则。

(1) 粗基准的选择原则

1) 选择非加工表面作为粗基准，可以使加工表面与非加工表面之间的位置误差最小。如图10-9所示套筒零件，外圆表面1是非加工表面，内圆表面2是加工表面。为保证镗孔后壁厚均匀，即内圆表面与外圆表面同轴，选择外圆表面为粗基准。

若工件上有几个表面不需要加工，则应选择其中与加工表面之间相互位置要求较高的表面作为粗基准。

2) 当毛坯的所有表面都需要加工时，应选择加工余量最小的毛坯表面作为粗基准。如图10-10所示，零件在大端单边余量为4，小端的单边余量为2.5，如果大端与小端轴心线偏离3，则以余量较小的小端外圆面为粗基准，当加工大端外圆面时就不会因余量不足而出现毛面。若以大端外圆为粗基准，则会因余量不足而出现部分毛面使零件报废。

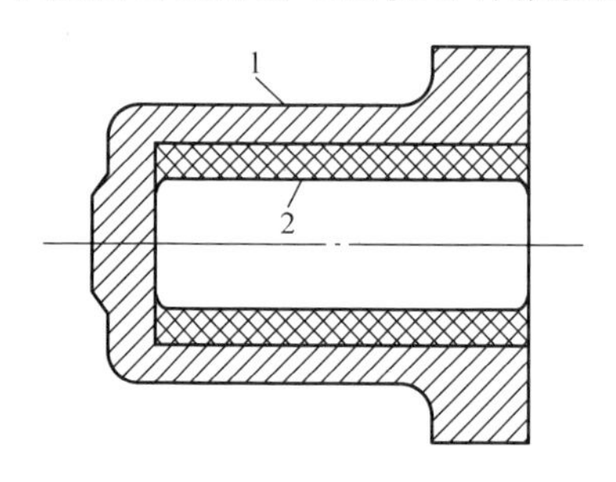

图10-9　非加工表面为粗基准

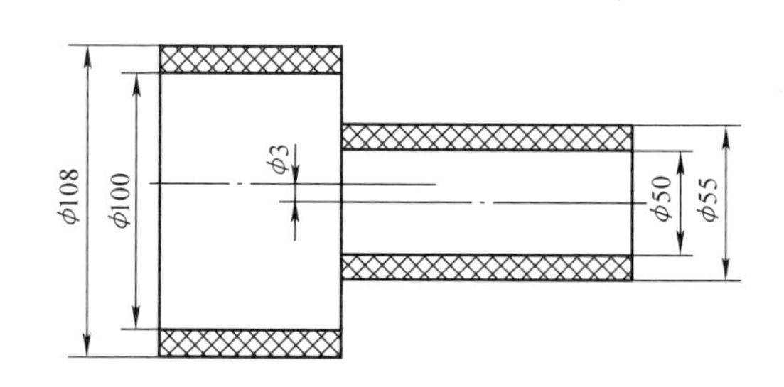

图10-10　余量小的表面为粗基准

3) 若工件必须首先保证某重要表面的加工余量均匀，则应选用该表面作为粗基准。如图10-11所示车床床身的加工，导轨面最为重要，要求硬度均匀，加工时，应使其表面层保留均匀的金相组织且具有较高而且一致的性能，以增加导轨的耐磨性。为此，先以导轨面 A 作为粗基准，加工底面 B，如图10-11a所示，然后，再以底面 B 作为精基准，加工导轨面 A，如果反之，先以底面 B 定位，加

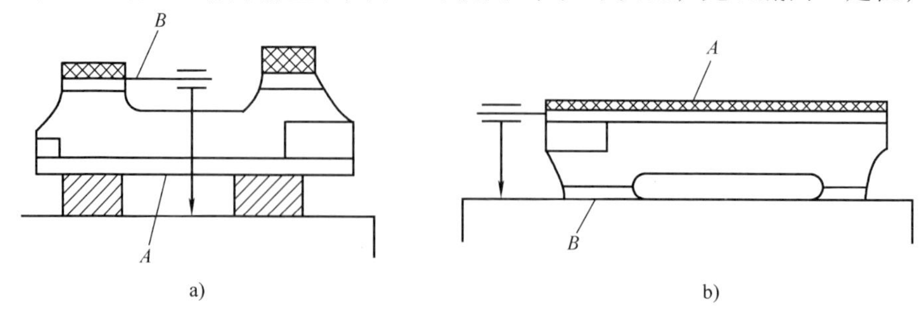

图10-11　床身加工的定位基准分析

a) 以导轨面 A 作为粗基准　b) 以底面 B 作为精基准

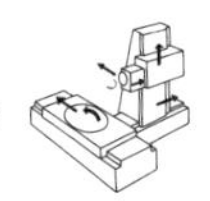

工导轨面，由于毛坯尺寸的误差，将使导轨面余量不均匀，不能获得较高的表面质量。

4）粗基准的表面应尽可能平整、光洁、有足够大的面积，不应有毛边、浇口、冒口或其他缺陷，使定位稳定，夹紧可靠。

5）由于毛坯上的表面都比较粗糙，所以同一尺寸方向上的粗基准表面只能使用一次，重复使用会使相应的加工表面间产生较大的位置误差，如图 10-12 所示，加工小轴表面 A 和 C，若重复使用表面 B 为粗基准，则必然使加工后的表面 A 和 C 产生较大的同轴度误差。

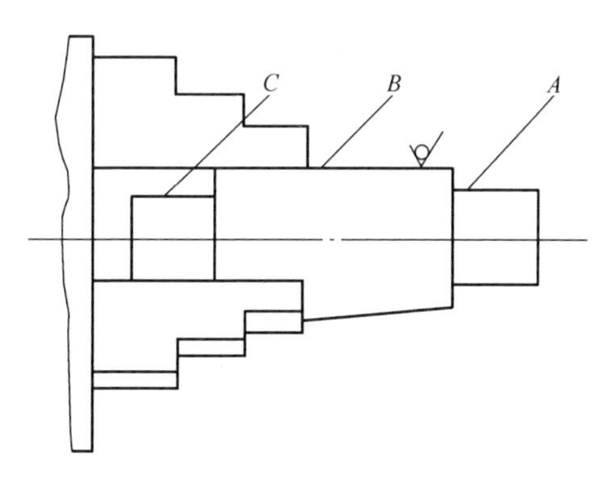

图 10-12　不应重复使用粗基准

在某些情况下，并不要求工件的定位必须保证加工表面对于零件的其他表面的位置精度，例如，无心磨削、珩磨、浮动铰刀铰孔等。此时是利用被加工表面本身作为定位基准的。

上述各项原则，实际应用时常常不能同时满足，应根据具体情况灵活掌握，以保证主要技术要求。

（2）精基准的选择原则

1）基准重合原则。确定精基准时，应尽量用设计基准作为定位基准，即定位基准与设计基准重合，以消除基准不重合误差，提高零件表面的位置精度和尺寸精度。例如，在图 10-13 所示机体示意图中，以底面 A 定位（高度方向上）加工孔 2，再以孔 2 轴线定位加工孔 1，这就符合基准重合原则。如果加工孔 1 时，以底面 A 作为定位基准，而孔 1 的设计基准是孔 2 轴线，这就是基准不重

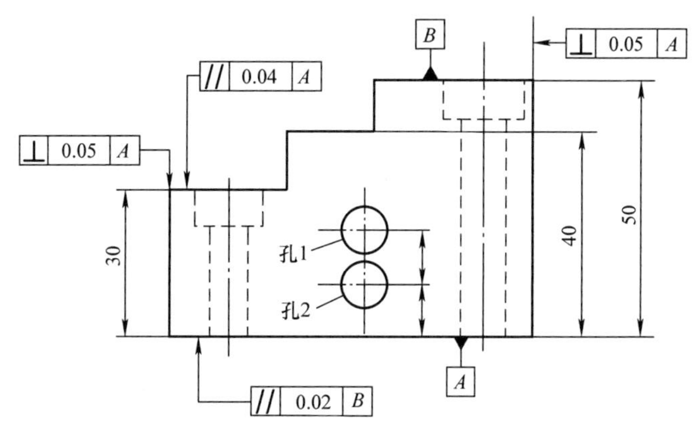

图 10-13　机体示意图

合，这样两孔距的公差，除了包括刀杆轴线到定位面A的加工误差外，还引入了一个从设计基准孔2轴线到定位基准A面之间的尺寸公差，这就是基准不重合误差。

2）基准同一原则。某些精确的表面，其相互位置精度有较高的要求，则这些表面的精加工工序最好能在同一定位基准上进行，即尽可能使基准单一化。

在加工较精密的阶梯轴中，往往以中心孔为定位基准车削各处表面，而在精加工之前再将中心孔加以修研，仍以中心孔定位磨削各表面。这样有利于保证各表面的位置精度，如同轴度、垂直度等。

3）互为基准。两个有位置精度要求的表面，可认为彼此互为设计基准，如齿轮的加工，在用高频火把齿面淬硬后须进行磨齿。因其硬化层较薄，磨削余量应小而且均匀，因此往往先以齿面为基准磨内孔，然后再以内孔为定位基准磨齿面以保证齿面余量均匀。

总之，选择的精基准，应能保证工件的安装可靠，且有较高的精确度。

（3）辅助基准　它是精基准中的一种特例，是专为加工时的定位而加工出来的表面，如轴类零件加工所使用的两端中心孔，也是辅助基准。它在零件工作和装配时均无作用，仅作加工定位用。

上述精基准的选择原则，有时是互相统一的，但要同时保证“重合”和“同一”等，有时是互相矛盾的。因此，要根据生产实际的具体情况，从解决最主要的问题考虑，应对整个加工工艺过程中的工艺基准做全面分析，然后选择较合理的定位基准。

10.4.5　工艺路线的拟定

工艺路线的拟定是制定工艺规程的总体布局，其主要任务是选择各个表面的加工方法和方案，确定各个表面的加工顺序及整个工艺过程中工序数目的多少等，以协调各工种成流水作业。

1. 选择加工方法及方案

在分析研究零件图的基础上，根据工件结构形状、尺寸精度、几何精度、表面粗糙度值、生产类型、零件材料及硬度，结合制造厂具体生产条件、加工方法及其组合加工后所能达到的加工精度和表面粗糙度值，最后选择合适的加工方法和方案。必要时，可通过技术经济分析来确定。

2. 工序的集中与分散

工序的集中是使每一工序中包含尽可能多的加工内容，而使总的工序数目减少。通常是采用多轴、多面、多工位和复合刀具等方法来集中工序，在一台机床上完成复杂的加工内容。其特点是缩短工艺路线，减少设备量，以保证各加工面之间相互位置精度，简化生产组织。

工序分散则相反，整个工艺过程的工序数目较多，而每道工序所完成的加工

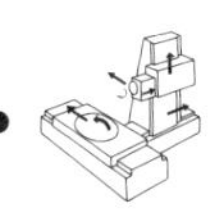

内容较少，其特点是采用的设备和工艺比较简单，对工人的技术要求也较低。

在制定工艺过程中，应恰当地选择工序集中与分散的程度，针对具体问题，具体分析。如箱体零件各面上有严格位置精度要求的孔系，精加工应集中在一台机床进行，粗加工最好也集中在一台机床上进行。这样，有位置精度要求的各表面加工是在一次安装时完成的，其位置精度取决于机床的精度。而要分散加工的话，箱体各表面的位置精度主要决定工件在加工过程中的定位精度，故应采用工序集中。如图 10-11 所示机床床身，因为安装搬运困难，应尽可能在不影响加工精度的前提下，减少安装次数和运输工作量，也应采用工序集中。单件、小批量生产因为不采用高生产率的专用设备和工艺装备，所以，工序集中程度受到限制，由于计算机控制的数控机床及加工中心的出现，使现代生产发展的趋势也是工序集中。

3. 工序顺序的安排

（1）加工阶段的划分　当安排各个工序的顺序时，常常把整个工艺过程划分成几个阶段来考虑，以确定各阶段的主要加工内容。

1）粗加工阶段。其主要任务是为各主要表面精加工提供一个合适的定位基准。根据所选定的粗基准，在前几道工序中把精基准加工出来。加工余量较大的表面粗加工，都应在这段完成。

2）半精加工阶段，它是为主要表面的精加工做好准备，以保证合适的精加工余量，同时完成一些次要表面的加工。

3）精加工阶段。其主要任务是进行为保证表面能获得所要求的尺寸、形状及位置精度的一些最终加工工序。

4）光整加工阶段。对某些要求特别高的零件表面（IT6 级以上精度，*Ra* 在 0.2μm 以下）还须进行光整加工。其主要任务是改善主要加工表面的表面质量，适当提高尺寸精度。光整加工一般不用于提高形状精度和位置精度。

（2）切削加工工序的安排　根据加工阶段的划分，一般零件大致的加工顺序如下：

1）精基准面的加工。主要加工表面的精基准应首先安排加工，以便后续工序使用它来定位。例如，齿轮类零件的精基准面一般为内孔和一端面，箱体类零件的精基准面一般为底面，轴类零件的精基准面一般为中心孔。这些精基准都应安排在第一道工序加工，并应对它们提出精度要求。

2）主要表面的粗加工。这里的主要表面是指装配表面、工作表面等。由于加工余量较大，需要的切削力很大，产生的切削热多，工件的内应力和变形较大，可选择精度低，刚性好、动力大的机床。

3）次要表面的加工。零件的次要表面一般是指键槽、紧固螺钉用的光孔、螺孔、润滑油孔等。因为次要表面的加工工作量较少，又常常与主要表面之间有位置精度要求，所以，次要表面的加工一般安排在主要表面加工之后或穿插在主要表面的加工过程中进行。

4）主要表面的精加工。精加工表面的工序排在最后，可保护这些表面少受损伤或不受损伤，并且可以选用精度高的机床进行精加工。

（3）热处理工序的安排　热处理的目的不同，其安排顺序也不同。

1）预先热处理。预先热处理的目的在于改善金属的切削加工性能，消除毛坯制造时的内应力，所以，应安排在切削加工工序的前面进行。例如，对于含碳质量分数超过0.5%的碳钢要用退火降低硬度，以保证刀具的使用寿命；对于含碳质量分数低于0.3%的碳钢，则采用正火提高硬度，以保证断屑顺利。因此，退火、正火一般安排在粗加工之前进行。

2）最终热处理。最终热处理主要指整体淬火、表面淬火、渗碳、氮化等。其目的在于提高零件的强度、硬度和耐磨性。通常安排在半精加工之后，磨削加工之前，以便减少磨削工作量。热处理会产生少量变形和表面氧化层，故需用磨削进行精加工予以去除。

3）中间热处理。中间热处理包括调质处理和时效处理，调质处理（淬火后再进行500～650℃的高温回火）的目的在于获得具有良好综合机械性能的回火索氏体组织。为使零件上保留尽可能多的优良组织，调质通常安排在粗加工之后，半精加工之前。时效处理的目的在于消除工件的内应力。对于大而复杂的铸件必须在粗加工、半精加工、精加工之前各安排一次时效处理。对于一般铸件，只需在粗加工前后进行一次时效处理即可。

热处理工序在加工顺序中的安排，如图10-14所示。

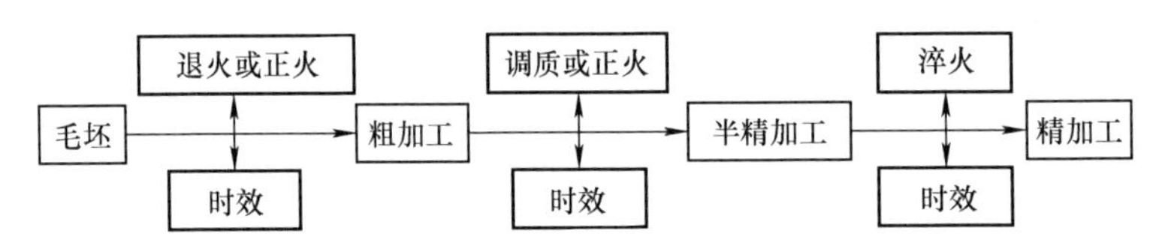

图10-14　热处理工序的安排

（4）检验工序的安排　合理安排各种检验工序是编制工艺规程重要内容之一，检验工序安排的原则如下：

1）因工艺或设备不稳定易产生废品的工序之后，应安排中间检验。

2）精加工一般应对工序尺寸和余量等进行检验。

3）对尺寸和位置精度有严格要求的大型关键零件，在加工前要进行某些检验。

4）工件加工结束之后，都要按照零件图样和技术要求，逐项进行全面的最后检验。

5）某些特殊的检验项目如磁力探伤、动平衡、渗漏等，一般安排在精加工之后进行。

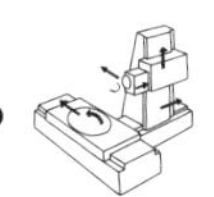

（5）其他辅助工序的安排　零件机械加工的每个工艺过程，编制零件工艺过程时不允许有遗漏，尤其是对一些辅助工序，如零件的表面处理、电镀、涂防锈油，还有去毛刺、倒棱边、去磁、清洗等非机械加工工序。这些工序都是在主要工艺过程确定之后，适当地穿插在各个阶段之间或安排在工艺过程最后，从而形成一个完整的工艺过程。

10.4.6　工艺文件的编制

把制订工艺过程的各项内容归纳起来，以图表或文字的形式写成的工艺文件，一般称为工艺规程。由于生产的多样性，所用的工艺文件的名称也不同，常见的工艺规程有三种：工艺过程卡片、工艺卡片和工序卡片。

1. 工艺过程卡片

工艺过程卡片是针对一个零件的全部加工过程编写的，它说明零件的加工路线，经过的车间、工段、列出工序名称、使用设备及主要的工艺装备等。其格式见表 10-8。主要用于单件、小批量生产。

表 10-8　机械加工工艺过程卡片

<table>
<tr><td rowspan="3"></td><td colspan="4">厂</td><td colspan="4" rowspan="3">机械加工工艺过程卡片</td><td colspan="2" rowspan="2">产品名称</td><td rowspan="2"></td><td rowspan="3">编号</td></tr>
<tr><td colspan="4">年　月　日编</td></tr>
<tr><td colspan="2">使用单位</td><td colspan="2">车间 工段</td><td colspan="2">零件名称</td><td></td></tr>
<tr><td rowspan="9">装订号（）</td><td rowspan="2">车间</td><td rowspan="2">工段</td><td rowspan="2">工序号</td><td rowspan="2">工序名称</td><td colspan="3">设备</td><td colspan="2">主要工艺装备</td><td rowspan="2">单件工时/min</td><td rowspan="2">准备与结束</td><td rowspan="2">备注</td></tr>
<tr><td>型号</td><td>名称</td><td>编号</td><td>编号</td><td>名称</td></tr>
<tr><td>1</td><td></td><td></td><td></td><td></td><td></td><td></td><td></td><td></td><td></td><td></td><td></td></tr>
<tr><td>2</td><td></td><td></td><td></td><td></td><td></td><td></td><td></td><td></td><td></td><td></td><td></td></tr>
<tr><td>3</td><td></td><td></td><td></td><td></td><td></td><td></td><td></td><td></td><td></td><td></td><td></td></tr>
<tr><td>4</td><td></td><td></td><td></td><td></td><td></td><td></td><td></td><td></td><td></td><td></td><td></td></tr>
<tr><td>5</td><td></td><td></td><td></td><td></td><td></td><td></td><td></td><td></td><td></td><td></td><td></td></tr>
<tr><td>6</td><td></td><td></td><td></td><td></td><td></td><td></td><td></td><td></td><td></td><td></td><td></td></tr>
<tr><td>7</td><td></td><td></td><td></td><td></td><td></td><td></td><td></td><td></td><td></td><td></td><td></td></tr>
<tr><td>装订页</td><td>8</td><td></td><td></td><td></td><td></td><td></td><td></td><td></td><td></td><td></td><td></td><td></td></tr>
<tr><td>总页</td><td>9</td><td></td><td></td><td></td><td></td><td></td><td></td><td></td><td></td><td></td><td></td><td></td></tr>
<tr><td>描图</td><td>10</td><td></td><td></td><td></td><td></td><td></td><td></td><td></td><td></td><td></td><td></td><td></td></tr>
</table>

<table>
<tr><td></td><td rowspan="3">修改</td><td>标记</td><td>修改依据</td><td>签字</td><td>日期</td><td>标记</td><td>修改依据</td><td>签字</td><td>日期</td><td>编制</td><td>校对</td><td>审核</td><td>会签</td><td>批准</td><td rowspan="3">第　页
共　页</td></tr>
<tr><td>描校</td><td></td><td></td><td></td><td></td><td></td><td></td><td></td><td></td><td></td><td></td><td></td><td></td><td></td></tr>
<tr><td></td><td></td><td></td><td></td><td></td><td></td><td></td><td></td><td></td><td></td><td></td><td></td><td></td><td></td></tr>
</table>

2. 工艺卡片

工艺卡片是针对整个零件全部加工过程所编写的，它比工艺过程卡片详细。工艺卡片既要说明工艺路线，又要说明各工序的主要内容，因此，工艺过程更加确定。成批生产中多采用它。

3. 工序卡片

工序卡片是按零件的每一道工序编制的，它说明该工序内的详细操作要求。工序卡片附有工序简图、注明基准、安装方法及注意事项等，以表示本工序完成后工件的形状、尺寸及技术要求。其格式见表10-9，主要用于大批量生产。

表 10-9 机械加工工序卡片

<table>
<tr><td rowspan="11">装订号（）</td><td colspan="3">厂</td><td colspan="3" rowspan="3">机械加工工序卡片</td><td colspan="2">产品名称</td><td colspan="2"></td><td rowspan="3">编号</td><td></td></tr>
<tr><td colspan="3">年 月 日编</td><td colspan="2" rowspan="2">零件名称</td><td colspan="2" rowspan="2"></td><td rowspan="2"></td></tr>
<tr><td>使用单位</td><td colspan="2">车间 工段</td></tr>
<tr><td rowspan="2">设备型号</td><td rowspan="2">设备名称</td><td rowspan="2">切削液</td><td rowspan="2">工时/min</td><td rowspan="2">工序名称</td><td rowspan="2">工序号</td><td colspan="6">工艺装备</td></tr>
<tr><td>种类</td><td>工步</td><td>编号</td><td>名称</td><td>规格</td><td>数量</td></tr>
<tr><td colspan="6" rowspan="10"></td><td>1</td><td></td><td></td><td></td><td></td><td></td></tr>
<tr><td>2</td><td></td><td></td><td></td><td></td><td></td></tr>
<tr><td>3</td><td></td><td></td><td></td><td></td><td></td></tr>
<tr><td>4</td><td></td><td></td><td></td><td></td><td></td></tr>
<tr><td>5</td><td></td><td></td><td></td><td></td><td></td></tr>
<tr><td>6</td><td></td><td></td><td></td><td></td><td></td></tr>
<tr><td>装订页</td><td>7</td><td></td><td></td><td></td><td></td><td></td></tr>
<tr><td>总页</td><td>8</td><td></td><td></td><td></td><td></td><td></td></tr>
<tr><td>描图</td><td>9</td><td></td><td></td><td></td><td></td><td></td></tr>
<tr><td>描校</td><td>10</td><td></td><td></td><td></td><td></td><td></td></tr>
</table>

<table>
<tr><td></td><td rowspan="3">修改</td><td>标记</td><td>修改依据</td><td>签字</td><td>日期</td><td>标记</td><td>修改依据</td><td>签字</td><td>日期</td><td>编制</td><td>校对</td><td>审核</td><td>会签</td><td>批准</td><td rowspan="3">第 页
共 页</td></tr>
<tr><td></td><td></td><td></td><td></td><td></td><td></td><td></td><td></td><td></td><td rowspan="2"></td><td rowspan="2"></td><td rowspan="2"></td><td rowspan="2"></td><td rowspan="2"></td></tr>
<tr><td></td><td></td><td></td><td></td><td></td><td></td><td></td><td></td><td></td></tr>
</table>

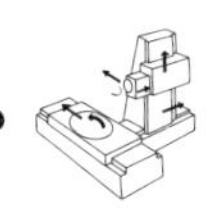

10.5　典型零件工艺过程

10.5.1　轴类零件

在机器中，轴类零件是用于支承传动零件（如齿轮、带轮等）和传递转矩的。按结构形状的不同，轴类零件可分为简单轴（见图 10-15a、d）、阶梯轴（见图 10-15b、e）和异形轴（见图 10-15c、f、g）。

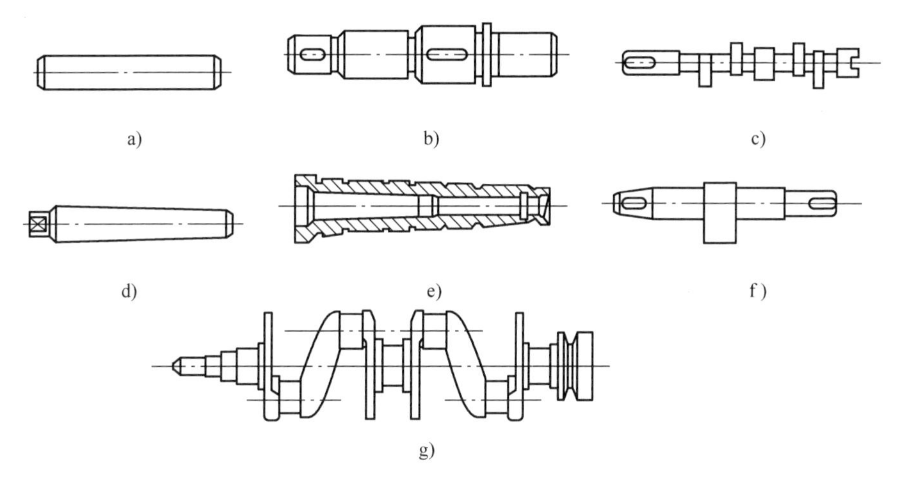

图 10-15　轴类零件举例

a）光滑轴　b）传动轴　c）凸轮轴　d）锥度心轴　e）立铣头主轴　f）偏心轴　g）曲轴

轴类零件的结构和使用条件不同，其毛坯可有不同的形式。例如，光滑轴的毛坯一般采用热轧圆钢；阶梯轴的毛坯根据各阶梯直径差，可选用圆钢或锻件；某些大型、结构复杂的异形轴，一般采用球墨铸铁铸件；当要求其具有较高的机械性能时，则采用锻件。

轴类零件在相同的生产条件下，都有相似的工艺过程。阶梯轴的加工过程较为典型，可以反映出轴类零件加工的基本规律。以图 10-16 所示车床的传动轴为例，说明在单件、小批量生产中一般轴类零件的工艺过程。

1. 零件各主要部分的作用及技术要求

1）在 $\phi30_{-0.014}^{\ 0}$ 和 $\phi20_{-0.014}^{\ 0}$ 的轴段上安装滑动齿轮，为传递运动和动力开有键槽；$\phi24_{-0.04}^{-0.02}$ 和 $\phi22_{-0.04}^{-0.02}$ 两段为轴颈，支承于箱体的轴承孔中。表面粗糙度值 Ra 均为 0.8μm。

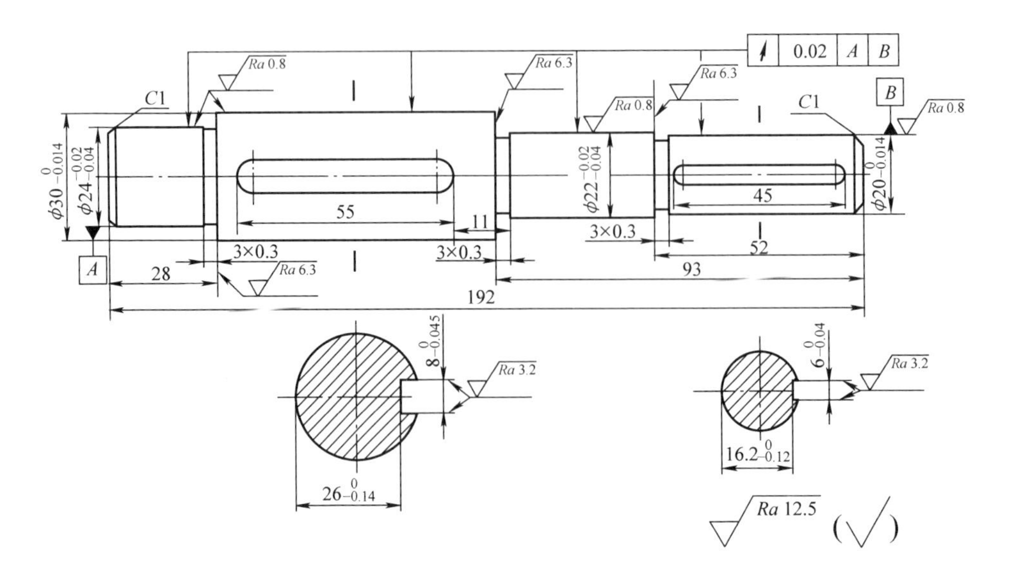

图 10-16　车床传动轴

2）各圆柱配合表面对轴线的径向圆跳动公差为 0.02mm。

3）工件材料为 45 钢，淬火硬度为 40 ~ 45HRC。

2. 工艺分析

该零件的各配合尺寸精度为 IT7，表面粗糙度值 *Ra* 为 0.8μm。因此各表面的加工方案为粗车→半精车→热处理→粗磨→精磨。

砂轮越程槽和倒角在半精车时加工到规定尺寸。

轴上的键槽可在热处理之前、划线之后，用键槽铣刀在立式铣床上铣出。

3. 基准选择

该零件各配合表面对轴线和径向圆跳动有一定要求。为了保证各配合表面的位置精度，以轴两端的中心孔作为粗、精加工的定位基准。这样既符合基准同一原则和基准重合原则，也有利于生产率的提高。为了保证定位基准的精度和表面粗糙度值，热处理后应修研中心孔。

4. 工艺过程

该轴的毛坯用 ϕ35 圆钢料。在单件、小批量生产中，其工艺过程可按表 10-10 安排。

一般轴的基本工艺过程如图 10-17 所示。图中有些内容如退火、正火、调质等应根据零件的具体要求决定取舍。在拟定轴的工艺过程中，应根据复杂程度和具体要求，在此基础上增减一些工序或作某些调整即可。

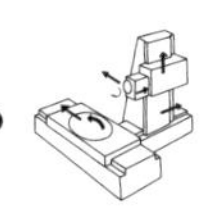

表 10-10　单件、小批量生产轴的工艺过程

工序号	工种	工序内容	加工简图	加工设备
10	车	（1）车一端面，钻中心孔 （2）切断长 194mm （3）车另一端面至长 192mm，钻中心孔	$\phi35$；192；Ra 12.5	卧式车床
20	车	（1）粗车一端外圆分别至 $\phi32$mm × 104mm，$\phi26$mm × 27mm （2）半精车该端外圆分别至 $\phi30.4^{+0.2}_{0}$ mm × 105mm、$\phi24.4^{+0.1}_{0}$mm × 28mm （3）切槽 $\phi23.4$mm × 3mm （4）倒角 $C1.2$ （5）粗车另一端外圆分别至 $\phi24$ mm × 92 mm、$\phi22$mm × 51mm （6）半精车该端外圆分别至 $\phi22.4^{+0.1}_{0}$mm × 93mm、$\phi20.4^{+0.1}_{0}$mm × 52mm （7）切槽分别至 $\phi21.4$mm × 3mm、$\phi19.4$mm × 3mm （8）倒角 $C1.2$	192；105；28；3；$\phi24.4^{+0.1}_{0}$；$\phi23.4$；$C1.2$；$\phi30.4^{+0.2}_{0}$；Ra 6.3 93；3；52；3；$\phi20.4^{+0.1}_{0}$；$\phi21.4$；$\phi19.4$；$C1.2$；$\phi22.4^{+0.1}_{0}$；Ra 6.3	卧式车床
30	钳	划键槽线		

（续）

工序号	工种	工序内容	加工简图	加工设备
40	铣	粗、精铣键槽分别至 $8_{-0.045}^{\ 0}$ mm × $26.2_{-0.02}^{\ 0}$ mm × 55mm、$6_{-0.04}^{\ 0}$ mm × $16.4_{-0.02}^{\ 0}$ mm × 45mm	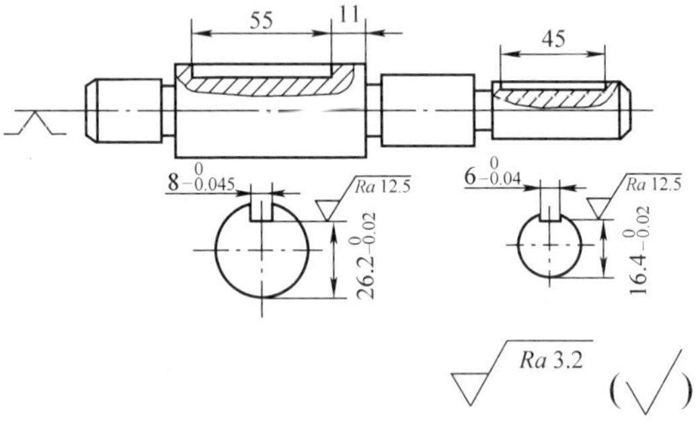	立式铣床
50	热	淬水、回火 40～50HRC		
60	钳	修研中心孔		钻床
70	磨	（1）粗磨一端外圆分别至 $\phi30_{\ 0}^{+0.1}$ mm、$\phi24_{\ 0}^{+0.1}$ mm （2）精磨该端外圆分别至 $\phi30_{-0.014}^{\ 0}$ mm、$\phi24_{-0.04}^{-0.02}$ mm （3）粗磨另一端外圆分别至 $\phi22_{\ 0}^{+0.1}$ mm、$\phi20_{\ 0}^{+0.1}$ mm （4）精磨该端外圆分别至 $\phi22_{-0.04}^{-0.02}$ mm、$\phi20_{-0.014}^{\ 0}$ mm	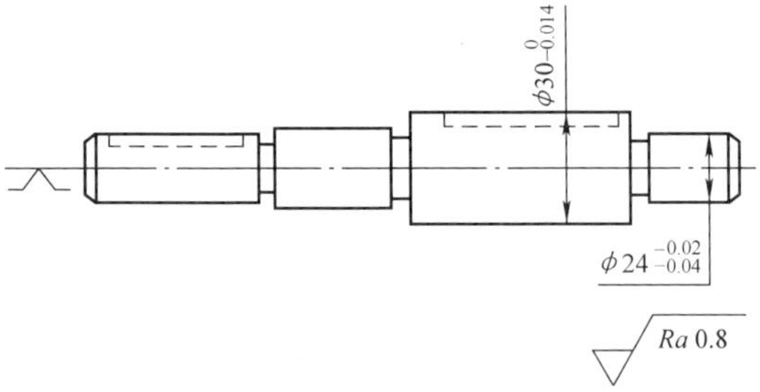 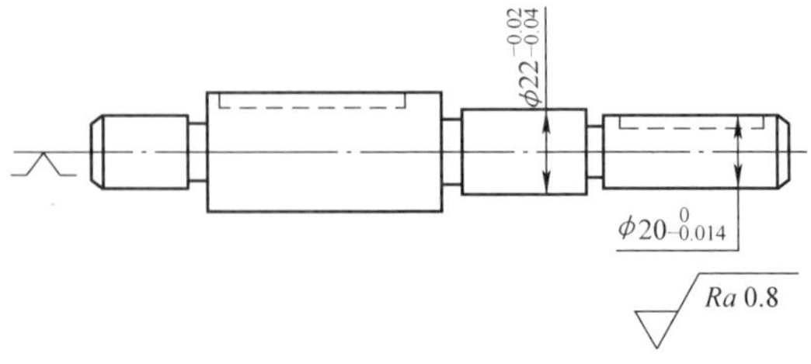	外圆磨床
80	检	按图样要求检验		

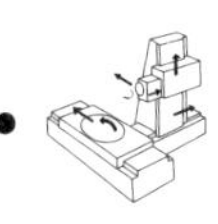

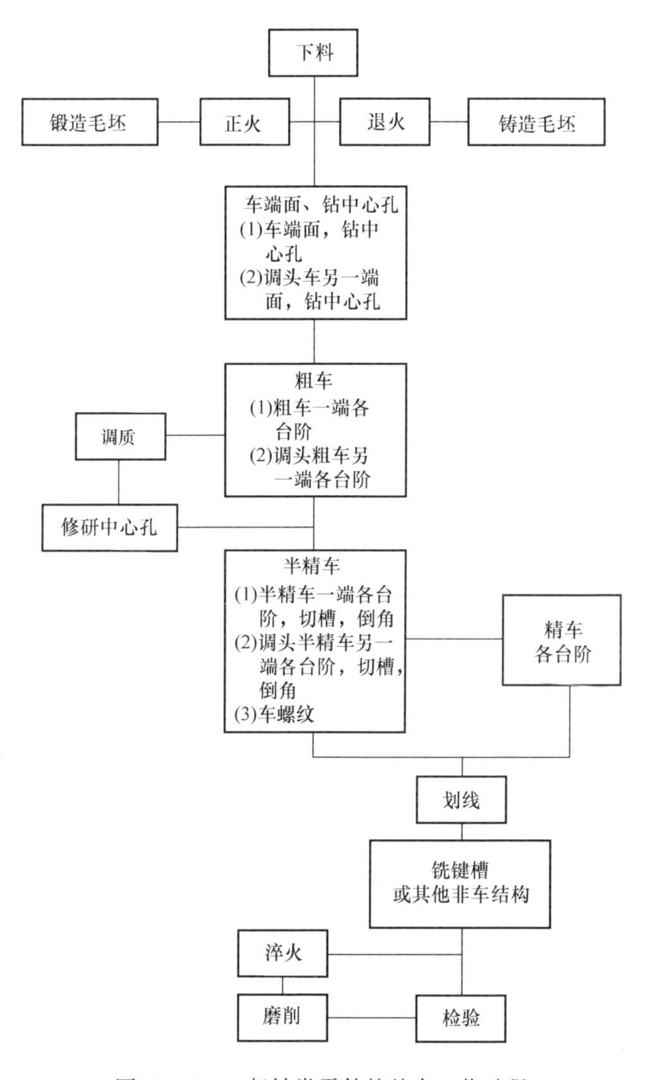

图 10-17　一般轴类零件的基本工艺过程

10.5.2　盘、套类零件

盘、套类零件在机器中用得最多，尤其在轴系部件中，除轴和键、螺钉等连接外几乎都属盘、套零件。

盘、套类零件的结构一般由孔、外圆、端面和沟槽等组成，其位置精度有外圆对内孔轴线的径向圆跳动或同轴度、端面对内孔轴线的端面圆跳动或垂直度等要求。

盘、套类零件的种类很多，最常见的有传动轮（如带轮、齿轮、蜗轮、链轮等)，轴承端盖和轴套等。图10-18所示为几种盘、套类零件。

盘、套类零件用途不同，所用材料也不同，常用的有钢、铸铁、青铜或黄铜等。毛坯的选择与材料、结构、尺寸和批量等因素有关。直径较小的盘、套一般选择热轧圆钢料、铜棒或实心铸件；直径较大的常采用带孔的锻件或铸件。大批量生产中某些盘、套类零件还可采用粉末冶金件，这样既可以提高生产率又能够节约金属材料。

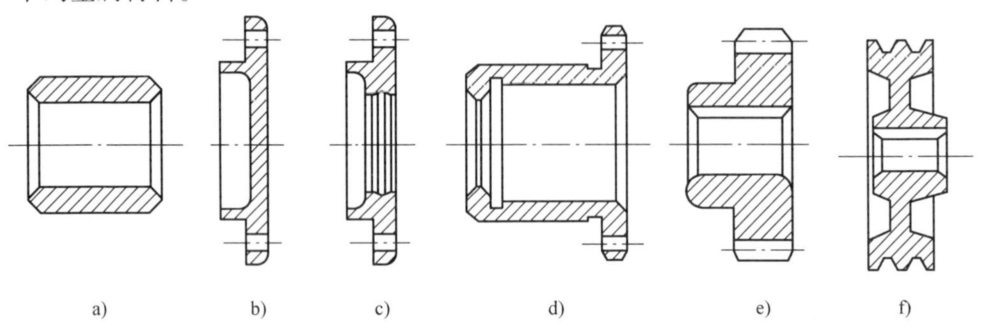

图10-18　几种盘、套类零件

a）轴套　b）闷盖　c）透盖　d）轴承套　e）齿轮　f）带轮

盘、套类零件的结构基本类似，但由于用途不同，技术要求也不完全一样，因此，工艺过程既有相似之处又有各自的特点。现以图10-19所示的法兰端盖为例，说明盘、套类零件的工艺过程。

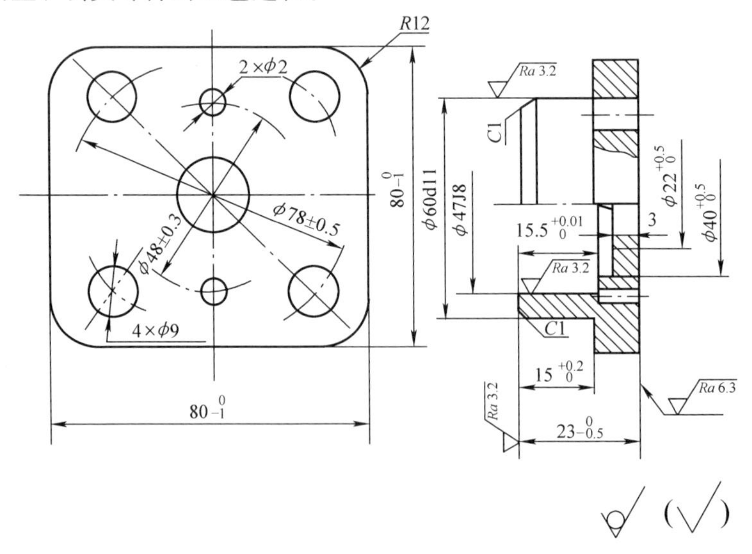

图10-19　法兰端盖

1. 零件各主要部分的技术要求

1）ϕ60d11外圆面为基孔制配合的轴，其基本偏差为d，公差等级为IT11，

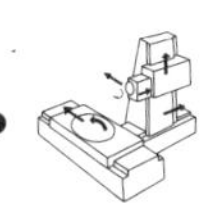

Ra 为 3.2μm。

2）ϕ47J8 内孔为基轴制配合的孔，其基本偏差为 J，公差等级为 IT8，表面粗糙度值 Ra 为 3.2μm。

3）工件材料为 HT150，单件、小批量生产，毛坯为铸件。

2. 工艺分析

根据图样技术要求，该零件要求的精度较低，采用一般的加工工艺即可保证。毛坯可采用整模砂型铸造，这就保证了外圆面的轴线与正方形底板中心的相对位置，不会在造型时因错箱而产生偏差。为保证要求的精度和表面粗糙度值，可用粗车、半精车进行加工。底板$80_{-1}^{\ 0}$mm ×$80_{-1}^{\ 0}$mm 的精度可直接由铸造保证，无须机械加工。

3. 基准选择

加工法兰端盖时，先以 ϕ60d11 处的毛坯面为粗基准，加工正方形底板的底平面，再以这个底平面和正方形底板的侧面为定位基准，采用单动卡盘夹紧，在一次安装中按工序集中原则，把所有外圆面、孔和端面加工出来，使之符合基准同一原则。4 ×ϕ9mm 和 2 ×ϕ2mm 孔，可以以 ϕ60d11 外圆面为基准划线，按划线找正钻孔。

4. 工艺过程

在单件、小批量生产条件下，法兰端盖的工艺过程可按表 10-11 安排。

表 10-11　单件、小批量生产法兰端盖的工艺过程

工序号	工序名称	工序内容	加工简图	设备
10	铸造	铸造毛坯、尺寸如附图所示，清理铸件	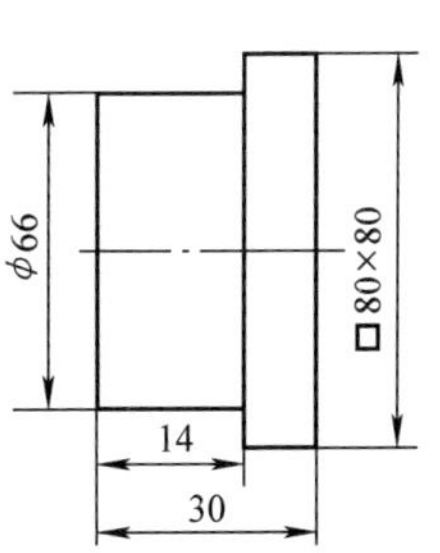	

（续）

工序号	工序名称	工序内容	加工简图	设备
20	车削	（1）车 80mm × 80mm 底平面，保证总长尺寸 26mm （2）车 ϕ60mm 端面，保证尺寸 $23_{-0.5}^{0}$ mm （3）车 ϕ60d11 及 80mm × 80mm 底板上端面，保证尺寸 $15_{0}^{+0.2}$ mm （4）钻 ϕ20mm 通孔 （5）镗 ϕ20 孔至 $\phi 22_{0}^{+0.5}$ mm，镗 $\phi 22_{0}^{+0.5}$ mm 至 $\phi 40_{0}^{+0.5}$ mm，保证总尺寸 3mm （6）镗 $\phi 40_{0}^{+0.5}$ mm 至 ϕ47J8，保证 $15.5_{0}^{+0.01}$ mm （7）倒角 *C*1	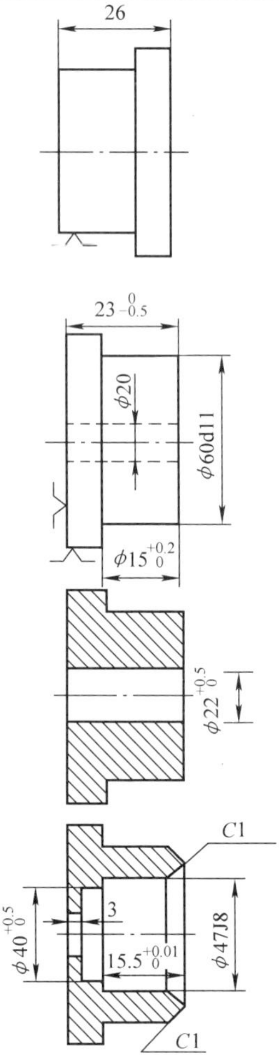 26 $23_{-0.5}^{0}$　ϕ20　ϕ60d11　$\phi 15_{0}^{+0.2}$ $\phi 22_{0}^{+0.5}$ *C*1　$\phi 40_{0}^{+0.5}$　3　$15.5_{0}^{+0.01}$　ϕ47J8　*C*1	卧式车床
30	钳工	按图样要求，划 4 × ϕ9mm 及 2 × ϕ2mm 孔的加工线		平台
40	钻孔	根据划线找正安装，钻 4 × ϕ9mm 及 2 × ϕ2mm 孔	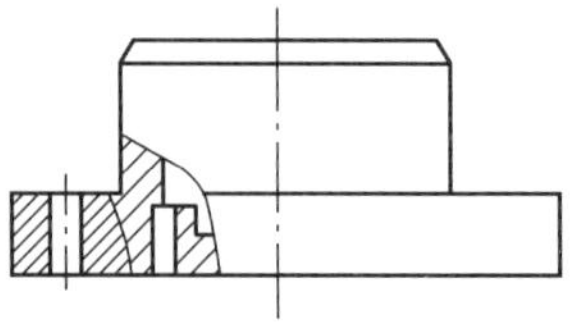	立式钻床
50	检验	按图样要求检测零件		

注：“⌐\/⌐”符号指定位基准。

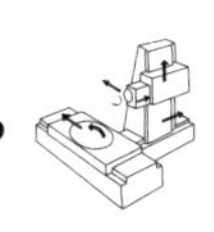

10.5.3　支架、箱体类零件

支架箱体类零件是机器的基础件之一，它将轴、套、传动轮等零件组装在一起，使各零件之间保持正确的位置关系，支架形状简单，一般成对使用。箱体结构比较复杂，可以看作是支架的组合，支架、箱体类零件举例如图 10-20 所示。

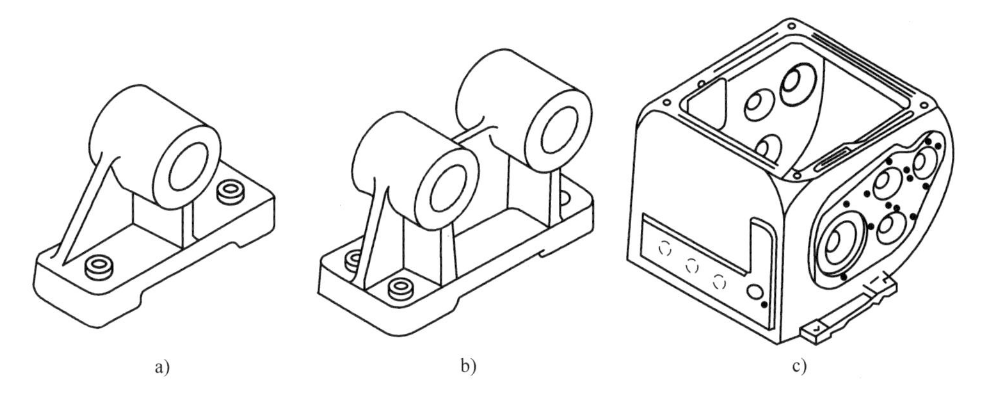

图 10-20　支架、箱体类零件举例
a）单孔支架　b）双孔支架　c）箱体

支架主要由安装轴承的支承孔和机座连接的主要平面所组成，其位置精度主要有支承孔轴线与主要平面平行度的要求。箱体主要由许多精度较高的支承孔和平面，以及许多精度较低的紧固孔、油孔和油槽等组成。其位置精度除要求支承孔轴线与底平面平行外，还应保证同一轴线支承孔的同轴度和各平行孔轴线的平行度。

根据支架、箱体类零件的结构特点，其材料通常为灰口铸铁（最常用的牌号为 HT200），采用铸造成件。单件生产时，也可采用碳素钢焊接件。

当拟定支架、箱体类零件的工艺过程时，一般应遵循“先面后孔”和“粗精分开”的加工原则。

（1）先面后孔原则　支架、箱体类零件应先加工主要平面（也可能包括一些次要的较大平面），后加工支承孔。以平面为精基准加工孔，可以为孔加工提供稳定可靠的定位基准面，容易保证孔的加工精度及有关技术要求。此外，主要平面是支架和箱体在机器上的装配基准，先加工主要平面可使定位基准与装配基准重合，从而消除因基准不重合而引起的定位误差。

（2）粗精分开原则　对于精度较高的、刚性较差的支架、箱体类零件，为了减少加工后的变形，一般要粗、精加工分开进行，即在主要平面和支承孔粗加工之后，再进行各表面的精加工。这样既有利于在粗、精加工之间进行时效处理，又有利于保证加工精度。对于精度不太高、刚性比较好的支架、箱体类零件，粗、精加工可不必分开。

根据上述两条原则，精度较高的箱体零件的工艺过程为铸造毛坯→退火处理→划线→粗加工主要平面→粗加工支承孔→时效处理→划线→精加工主要平面→精加工支承孔→加工其他次要表面→检验。表 10-12 所示为单件、小批量生产的工艺过程，箱体结构如图 10-20c 所示。

表 10-12 单件、小批量生产箱体的工艺过程

工序号	工序名称	工序内容	加工简图	设备
10	铸	清理、退火		
20	钳	划各平面加工线	以主轴轴承孔和与之相距最远的一个孔为基准，并照顾底面和顶面的余量	
30	刨	粗刨顶面；留精刨余量 2mm	Ra 12.5	龙门刨床
40	刨	粗刨底面和导向面，留精刨和刮研余量 2～2.5mm	Ra 12.5	龙门刨床
50	刨	粗刨侧面和两端面，留精刨余量 2mm	Ra 12.5	龙门刨床

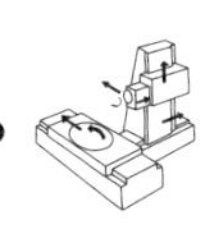

（续）

工序号	工序名称	工序内容	加工简图	设备
60	镗	粗加工纵向各孔、主轴轴承孔，留半精镗、精镗和精细镗余量 2～2.5mm，其余各孔留半精、精加工余量 1.5～2mm（小直径孔钻出，大直径孔用镗刀加工）	Ra 12.5	（镗模）卧式镗床
70	时效			
80	刨	精刨顶面至尺寸	Ra 1.6	龙门刨床
90	刨	精刨底面和导向面，留刮研余量 0.1mm	Ra 1.6	龙门刨床
100	钳	刮研底面和导向面至尺寸	25mm×25mm 内 8～10 个点	
110	刨	精刨侧面和两端面至尺寸	同工序 5（*Ra* 为 1.6μm）	龙门刨床
120	镗	（1）半精加工各纵向孔，主轴轴承孔留精镗和精细镗余量0.8～1.2mm，其余各孔留精加工余量 0.05～0.15mm。（小孔用扩孔钻，大孔用镗刀片加工） （2）精加工各纵向孔，主轴轴承孔留精细镗余量 0.1～0.25mm，其余各孔至尺寸。（小孔用铰刀，大孔用浮动镗刀片加工） （3）精细镗主轴轴承孔也至尺寸（用浮动镗刀片加工）	同工序 6（*Ra* 为 1.6～0.8μm）	卧式镗床

（续）

工序号	工序名称	工序内容	加工简图	设备
130	钳	（1）加工螺纹底孔、紧固孔及油孔等至尺寸 （2）攻螺纹、去毛刺	（底面定位）（Ra 为 12.5～6.3μm）	钻床
140	检	按图样要求检验		

本章小结

本章主要讨论零件不同表面的加工方案及工艺规程的制定。

1. 主要表面加工方法的选择

外圆面、孔和平面的加工，根据材料类型、表面尺寸、表面质量要求等确定加工方案。

2. 机械加工工艺过程的基本概念

工序指在一个工作地点对一个或一组工件所连续完成的那部分工艺过程。一个零件往往是经过若干个工序才制成的。

安装就是在机床上使工件在正确的位置上进行定位和夹紧。

工步指在加工表面和加工工具不变及切削用量不变的情况下，所连续完成的那一部分工序。

3. 工件的安装和夹具

工件在机床上安装，必须保证工件应正确定位、工件应正确夹紧两个基本要求。

根据定位的特点不同，一般工件在机床上的安装方法可分为在夹具中安装和找正安装两种。

4. 工艺规程的制订

零件毛坯材料的选择根据零件的结构、尺寸、用途和工作条件等因素综合确定。

六点定位原理是用合理布置的六个支承点来限制工件的六个自由度，使工件在夹具中的位置完全确定。

工件定位有不完全定位、完全定位、欠定位和过定位四种情况，其中欠定位在加工工件时是不允许的。

定位基准分为粗基准和精基准。

粗基准的选择原则包括选择非加工表面作为粗基准，可以使加工表面与非加工表面之间的位置误差最小；当毛坯的所有表面都需要加工时，应选择加工余量最小的毛坯表面作为粗基准；若工件必须首先保证某重要表面的加工余量均匀，则应选用该表面作为粗基准；粗基准的表面应尽可能平整、光洁、有足够大的面积，使定位稳定，夹紧可靠；同一尺寸方向上的粗基准表面只能使用一次。

精基准的选择原则包括基准重合原则、基准同一原则和互为基准。

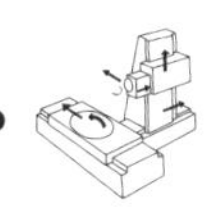

在制定工艺过程中，应恰当地选择工序集中与分散的程度。

安排各个工序的顺序时，常常把整个工艺过程划分成为粗加工、半精加工、精加工和光整加工阶段进行，并一般按照基准先行；先粗后精；先主后次；先面后孔的原则安排加工顺序。

单件、小批量典型零件工艺过程按工序集中进行制定。

思考题与习题

1. 外圆面、内圆面和平面常用的加工方法各有哪些？

2. 什么是工艺过程？什么是工序？

3. 生产类型有哪几种？不同生产类型对零件的工艺过程有哪些主要影响？

4. 什么是六点定位原理？工件常见的定位方式有哪几种？

5. 选择粗基准和精基准分别应遵循哪些原则？如何选择轴、盘套、箱体三类零件的精基准？简述理由。

6. 安排加工顺序时，为什么一般需进行加工阶段的划分，把加工阶段划分为粗、半精和精加工阶段？

7. 试制订图 10-21 所示的阶梯轴单件、小批量生产的机械加工工艺过程。

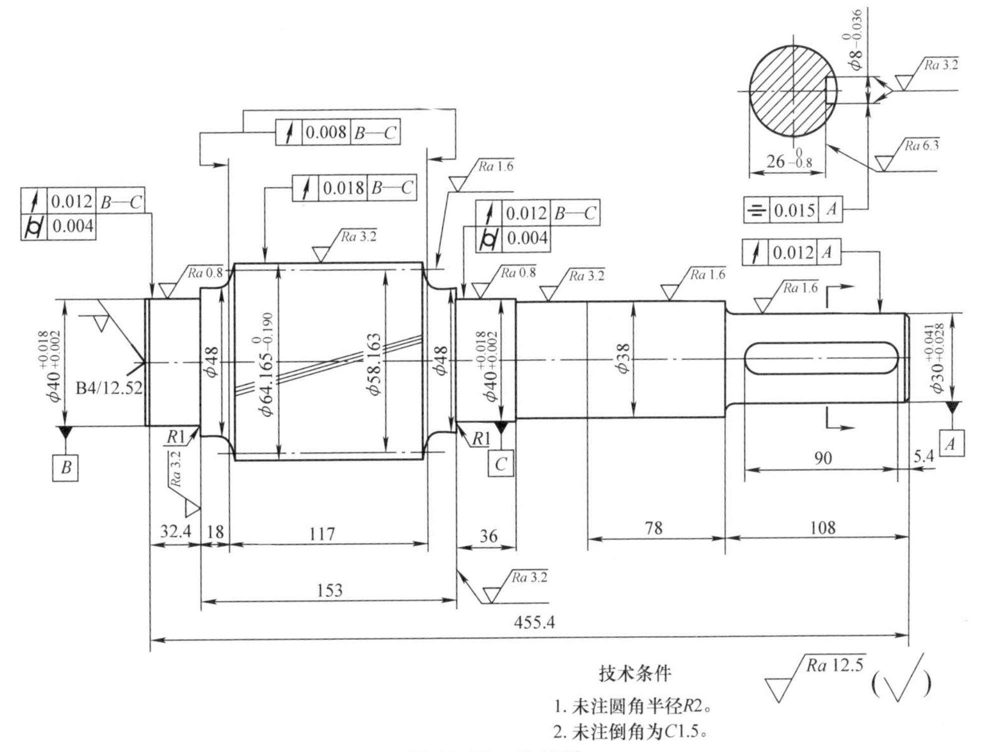

图 10-21　阶梯轴

轴采用45钢材料，要求淬火硬度45HRC。

8. 试制订图10-22所示的法兰盘的单件、小批量生产的加工工艺过程。

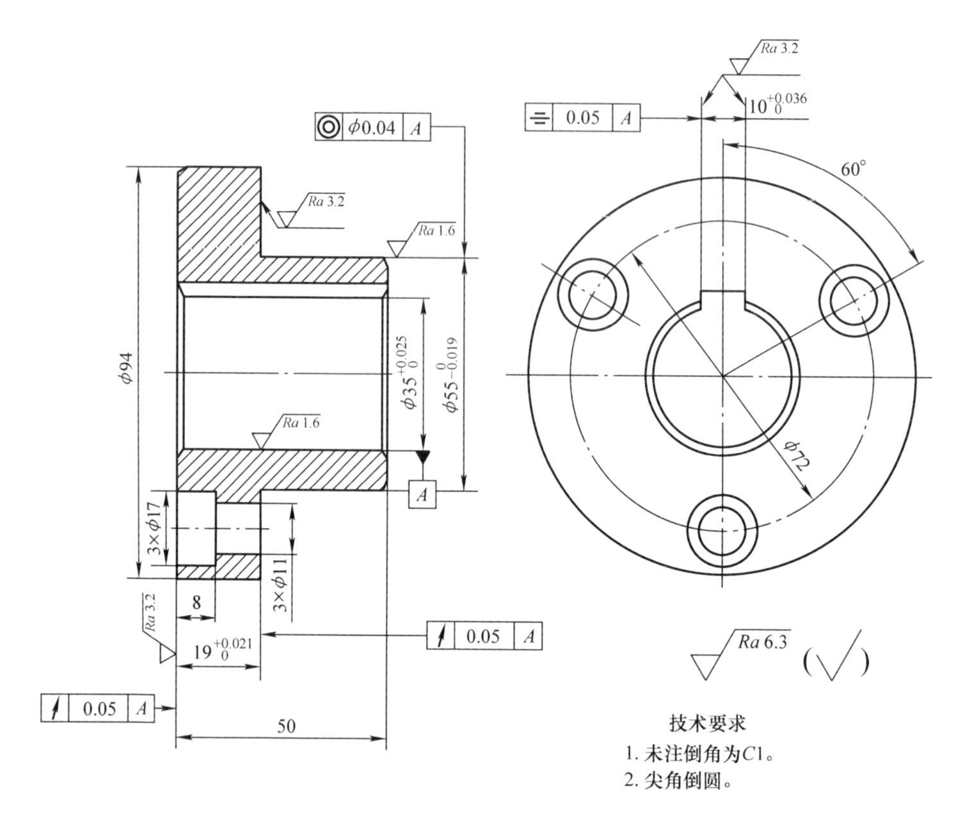

图10-22　法兰盘

9. 试分析图10-23所示零件的加工过程，以及保证A、B、C及H尺寸的定位方案。

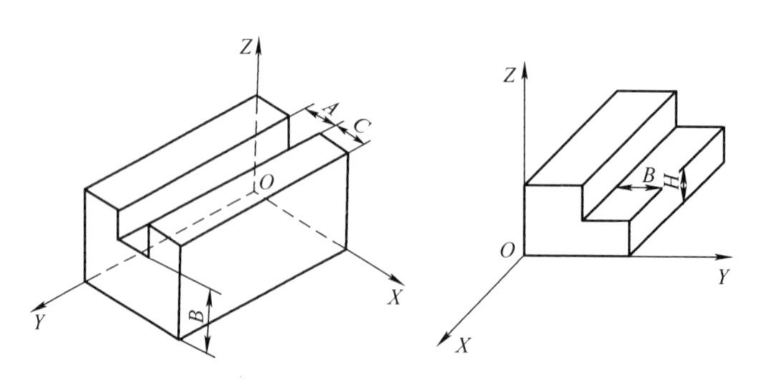

图10-23　加工零件

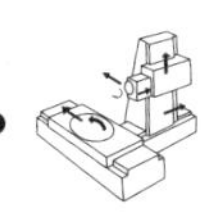

10. 图 10-24 所示的阶梯轴，其毛坯采用 45 钢，ϕ35mm 的型材，长 90mm 的棒料，已知其生产类型为单件或小批量生产，试制订该零件的机械加工工艺过程。图中未注倒角 C0.5；淬火硬度 40～45HRC。

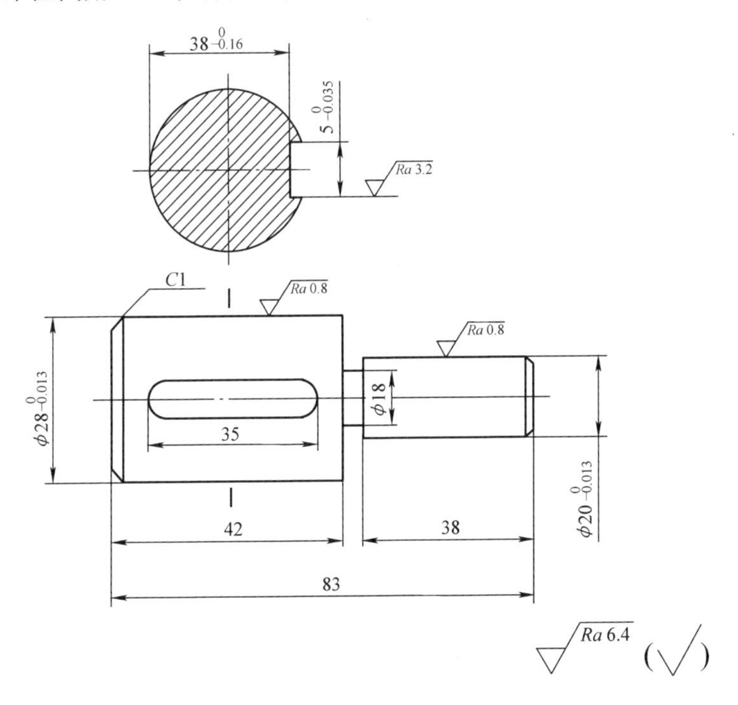

图 10-24　阶梯轴

第 11 章　零件的结构工艺性

［导读］　本章介绍零件结构工艺性的基本概念及要求，零件机械加工的结构工艺性，重点内容为零件机械加工的结构工艺性。通过学习，了解零件结构工艺性的基本概念及要求，了解零件机械加工的结构工艺性要求的基本原则。

11.1　零件结构工艺性的基本概念及要求

零件具有较好的结构工艺性是指在一定的生产条件下，能方便而经济地生产出来，并便于装配成机器这一特性。故零件的结构工艺性应从毛坯的制造、机械加工、装配等几个生产环节综合加以考虑。

零件结构设计首先应满足使用要求，这是设计、制造零件的根本目的，是考虑零件结构工艺性的前提，除要求零件的使用性能外，还要从工艺、经济、检修、维护等要求出发，保证所设计的零件用料最少，成本最低，制造、装配最容易，使用、检修、维护等方面最为方便。

在零件的整个制造过程中，切削加工过程所消耗的工时和费用最多，因此切削加工对零件的结构工艺性要求就显得特别重要。为了使零件在切削加工过程中具有良好的工艺性，对零件结构设计除满足使用要求外，提出以下要求：

1）合理地选择零件的精度和表面粗糙度值。不需要加工的表面或要求不高的表面，不要设计成加工面或高精度加工表面。

2）应能定位准确、夹紧可靠，便于安装和加工，易于测量。有相互位置精度要求的表面最好能在一次安装中加工，以保证质量。

3）零件结构尺寸应标准化和规范化，便于使用标准刀具和通用量具，以减少专用刀具、量具的设计与制造。

4）加工表面的几何形状应尽量简单，尽可能布局在同一轴线或同一平面上，以便于加工，提高生产率。

11.2　零件机械加工的结构工艺性

零件的结构工艺性与其加工方法对工艺过程有着密切的关系。在进行零件的结构设计中，设计人员要熟悉常见加工方法的工艺特点、典型表面的加工方案，

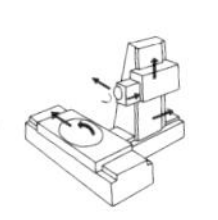

以及工艺过程的基本知识等，尽量满足零件的切削加工工艺性的一般原则。

11.2.1　减少机械加工的工作量

减少切削加工的工作量可以减少材料和刀具的消耗，降低生产成本和提高生产率。表 11-1 所示为减少加工表面面积的一些例子。

表 11-1　减少加工表面面积的一些例子

序号	改进前	改进后	说明
1	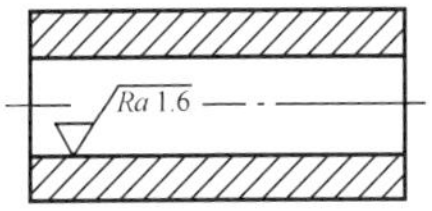	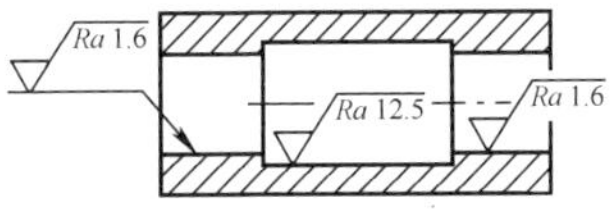	将中间部位多粗镗一些，以减少精镗长度
2	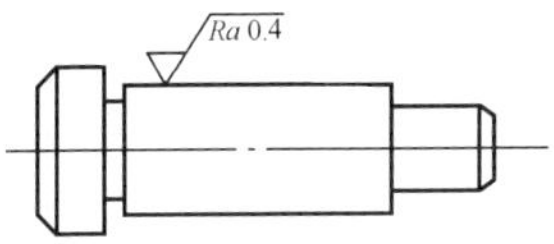	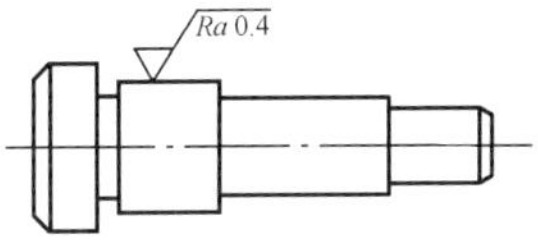	如只有一小段有公差要求，则可设计成阶梯形，以减少磨削面积
3	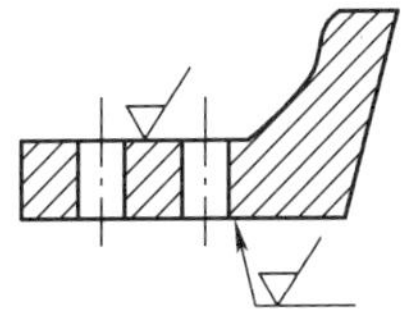	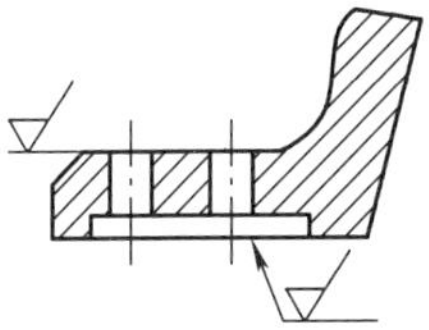	铸出凸台，以减少切去金属的面积

11.2.2　工件要有足够的刚度

工件要有足够的刚度，以承受夹紧力和切削力的作用而不致产生变形，从而减少加工误差，保证加工精度。表 11-2 所示为加强工件刚度的一些例子。

表 11-2　加强工件刚度的一些例子

序号	改进前	改进后	说明
1	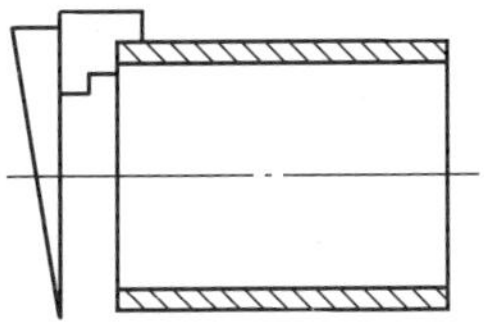	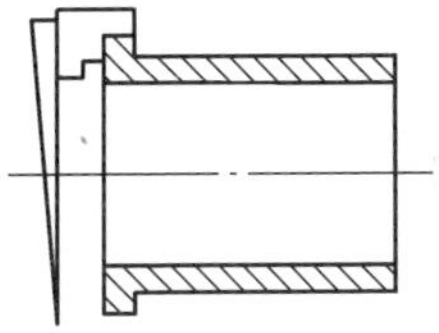	车床加工薄壁套筒时，应增加夹紧刚性

（续）

序号	改进前	改进后	说明
2	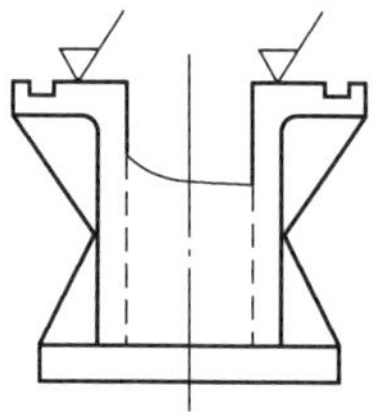	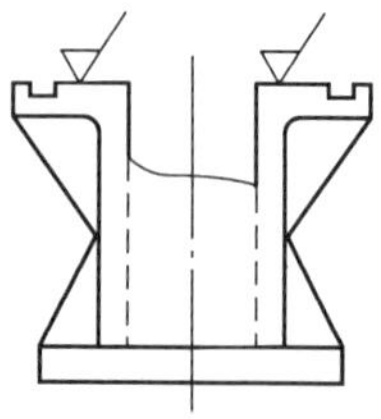	刨削加工时，增设加强肋板，以免工件的边缘损坏
3	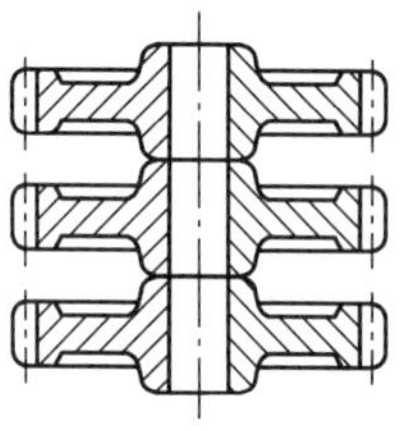	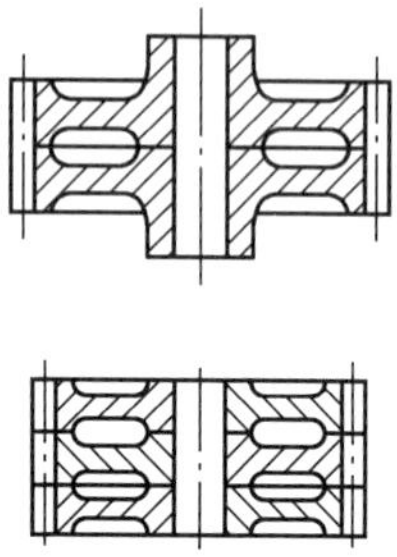	多件齿轮加工时，要增加连接刚度

11.2.3　工件要便于安装

设计零件时工件安装的稳定性必须加以考虑，同时还应减少安装次数以减轻劳动强度和提高生产率。表11-3、表11-4所示分别为使工件便于在机床或夹具上安装和减少工件安装次数的一些例子。

表11-3　使工件便于在机床或夹具上安装的一些例子

序号	改进前	改进后	说明
1	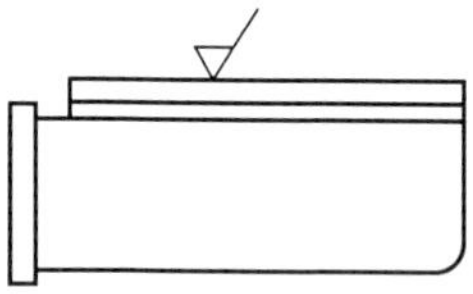	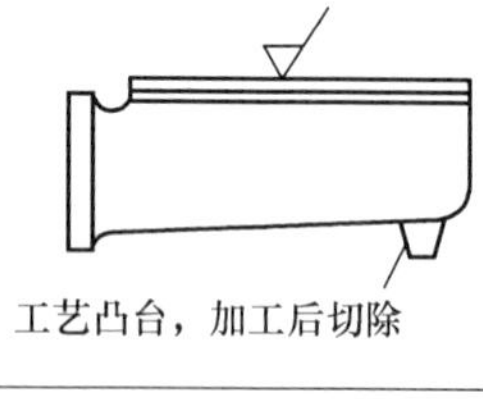 工艺凸台，加工后切除	为了安装方便，在零件上设计了工艺凸台，可在精加工后切除
2	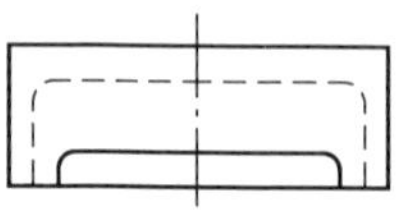	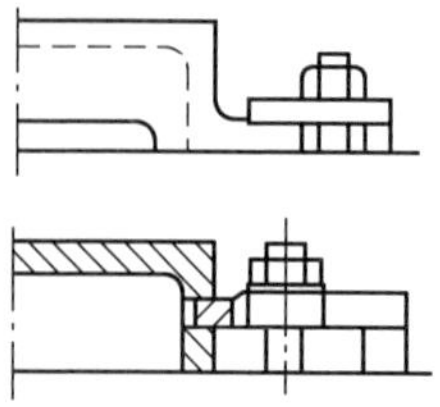	增加夹紧边缘或夹紧孔

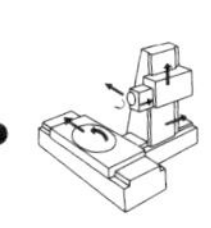

（续）

序号	改进前	改进后	说明
3		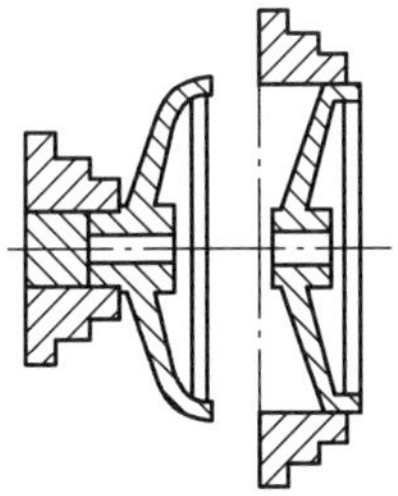	改进后，工件与卡爪的接触面积增大，安装容易

表 11-4　减少工件的安装次数的一些例子

序号	改进前	改进后	说明
1	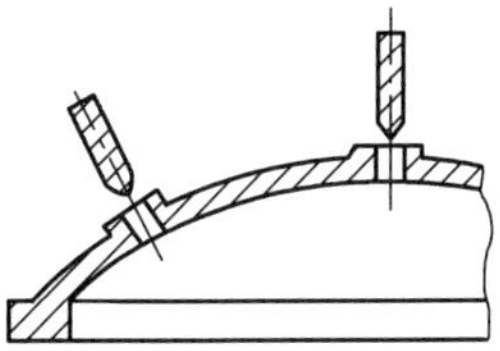	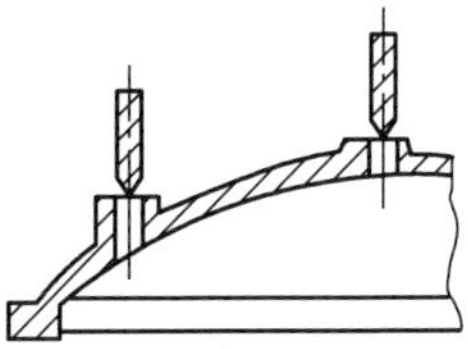	改进后只需一次安装
2	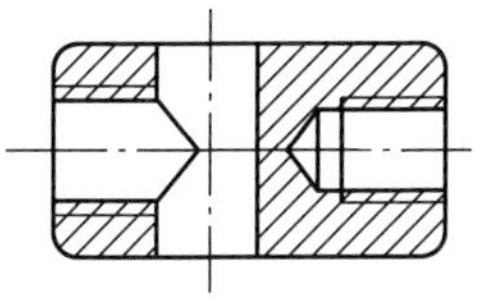	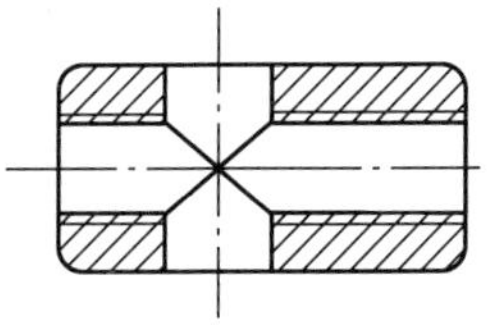	改为通孔，可减少安装次数，保证孔的同轴度
3	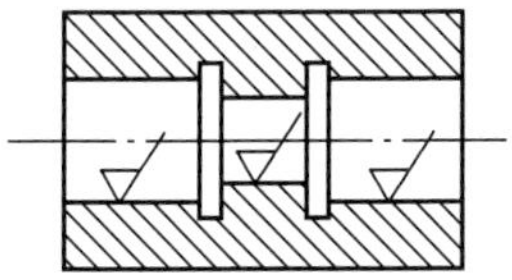	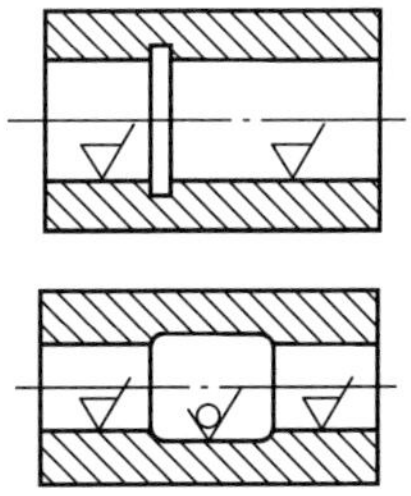	原设计须从两端进行加工，改进后可省去一次安装

11.2.4　工件要便于加工

零件上的孔和槽的形状要便于加工，孔的轴线应与其端面垂直，以提高钻头的刚性和寿命，保证钻孔质量。同时，刀具的引入和退出要方便，零件加工面的形状要设计得尽量简化，以使工件便于加工。表 11-5 ~ 表 11-8 所示为这四个方面的一些例子。

表11-5　孔和槽的形状便于加工的一些例子

序号	改进前	改进后	说明
1	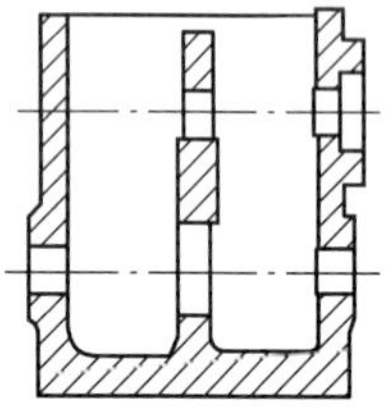	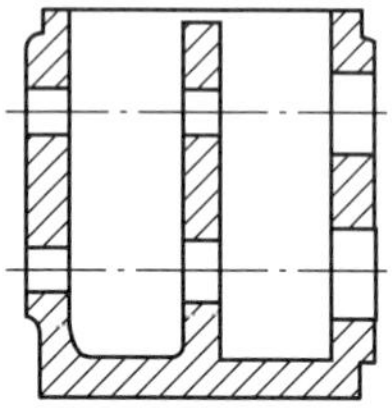	箱体上同一轴线的各孔应都是通孔、无台阶；孔径向同方向递减（也可以从两边向中间递减）；端面在同一平面上
2	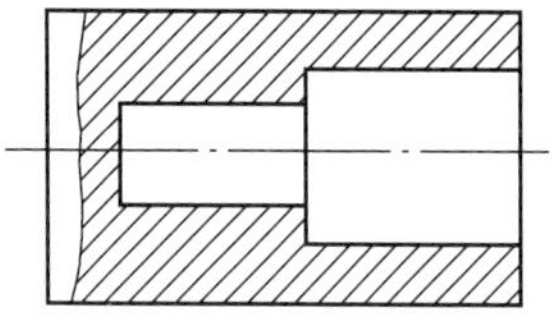	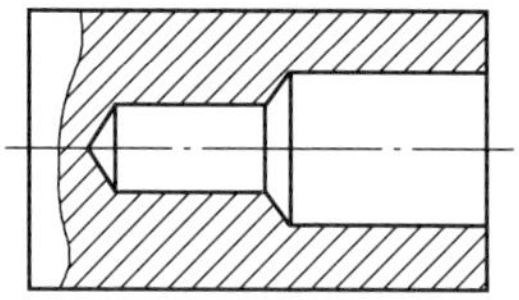	不通孔或阶梯孔的孔底形状，应与钻头形状相同
3	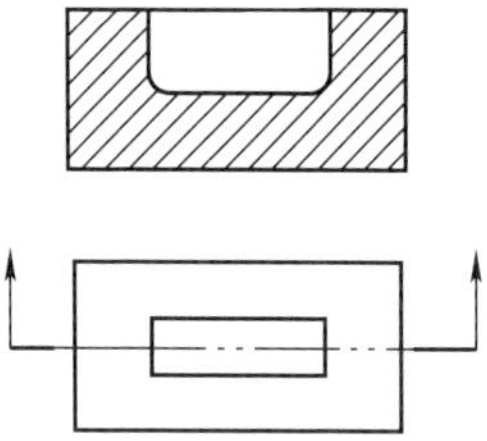	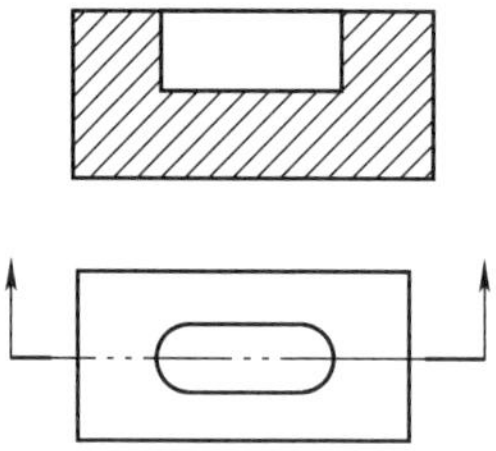	槽的形状（直角、圆角）和尺寸应与立铣刀形状相符

表11-6　简化零件的加工面形状的一些例子

序号	改进前	改进后	说明
1	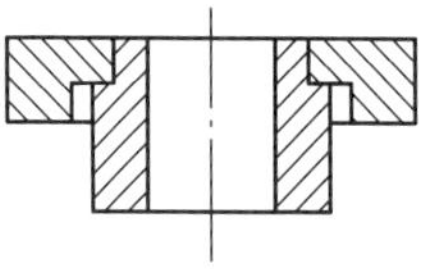	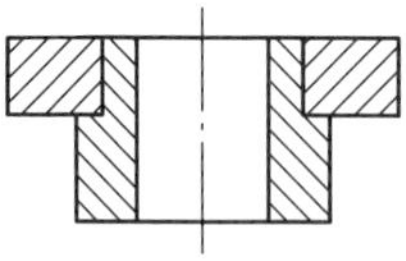	把阶梯孔改成简单的孔，减少了加工的劳动量
2	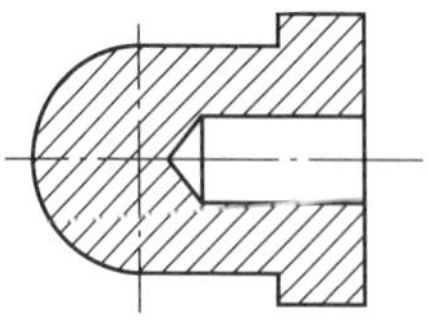	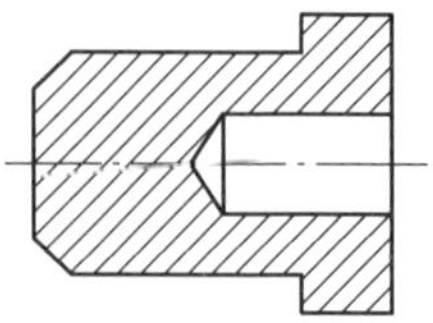	尽量避免和减少曲面的加工
3	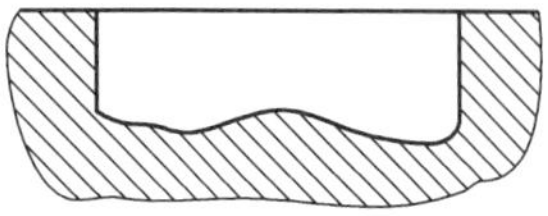	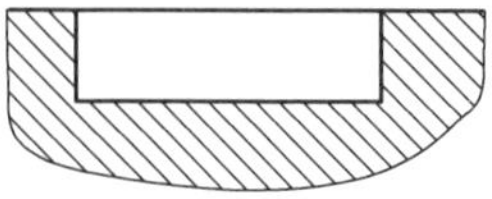	避免成形的槽底

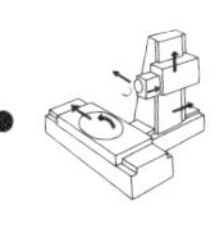

表 11-7　加工时便于进刀和退刀的一些例子

序号	改进前	改进后	说明
1			对车到头的螺纹，应设计出退刀槽
2	Ra 0.2 Ra 0.4	Ra 0.2 Ra 0.2 Ra 0.4	磨削时，各表面间的过渡部位应设计出越程槽
3			孔内中断的键槽，应设退刀孔或退刀槽
4		插齿刀	双联齿轮中间必须留有让刀槽
5			铣 T 形槽要便于刀具的引入

表 11-8　便于钻削加工的一些例子

序号	改进前	改进后	说明
1			避免在斜面上钻孔，钻头进出口处表面应与孔的轴线垂直

（续）

序号	改进前	改进后	说明
2	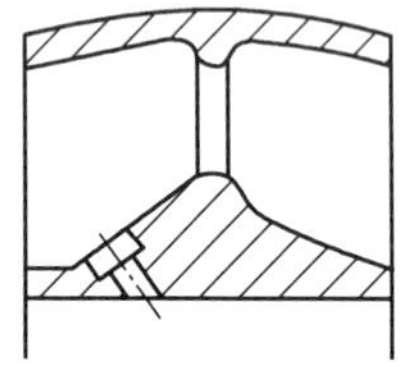	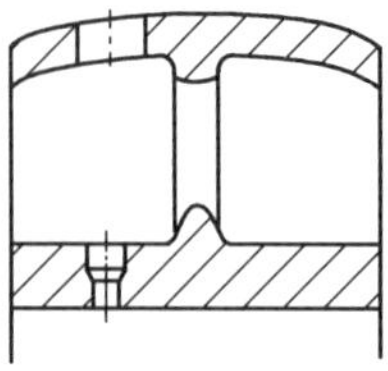	油孔最好设计成与工件的轴线垂直
3	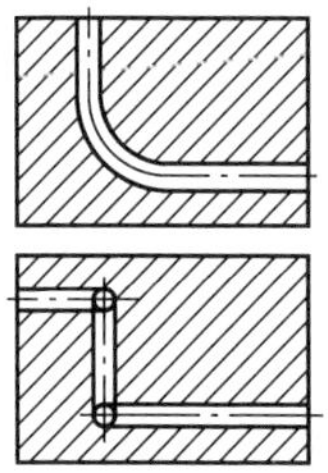	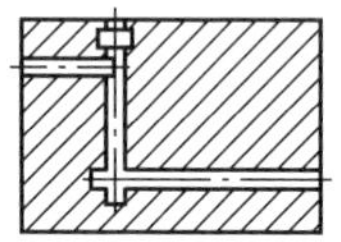	尽量避免弯曲的孔
4	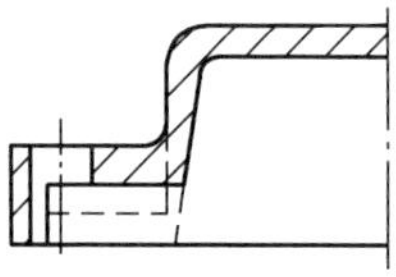	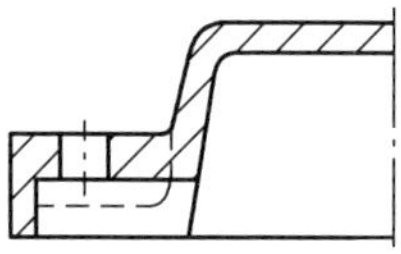	钻孔的地方要与铸件的壁离开一定的距离
5	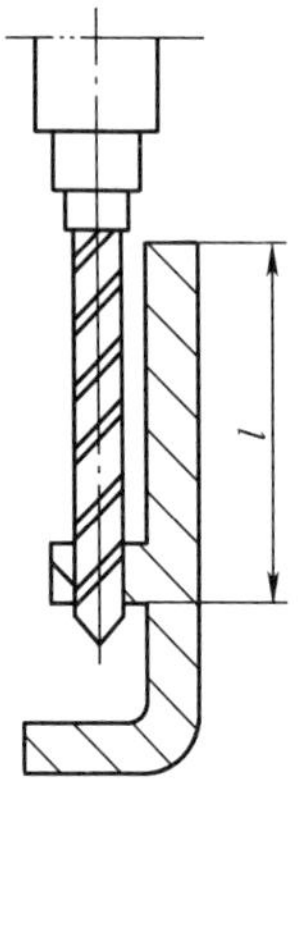	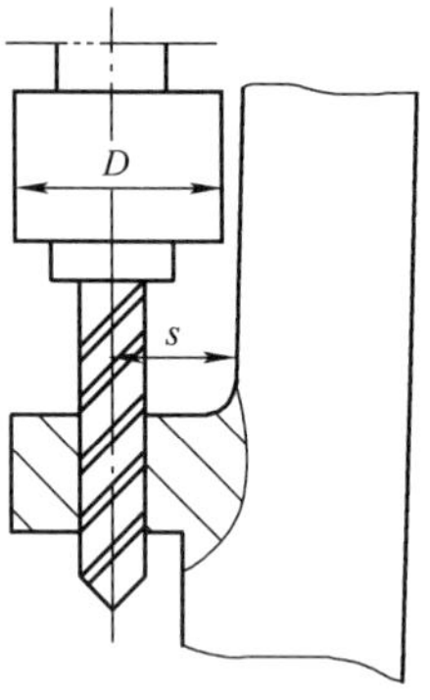	孔的位置应使标准长度的钻头可以工作

$$s > \frac{D}{2} + (2\sim5)\text{mm}$$

当$s > \frac{D}{2} + (2\sim5)$mm时，建议采用的$l$值

钻头类型	孔的直径/mm			
	6～10	10～15	15～25	25～35
标准长	25～35	35～45	45～65	65～70
加长	35～55	55～75	55～75	55～75

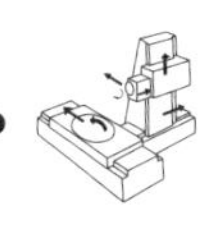

11.2.5　提高切削效率

表 11-9 所示为减少刀具种类、减少刀具调整次数以提高切削加工效率的一些例子。

表 11-9　减少刀具种类、减少刀具调整次数以提高切削加工效率的一些例子

序号	改进前	改进后	说明
1	2　2.5　3　6　8	2.5　2.5　2.5　6　6	轴的沉割槽或键槽的形状与宽度尽量一致，并设计在同一直线上
2	R3　R1.5　Ra 1.6	R2　R2　Ra 1.6	精车时，轴上的过渡圆角应尽量一致
3	Ra 1.6　Ra 1.6	Ra 1.6　Ra 1.6	距离远的凸台应尽量设计成同一高度，距离近的几个凸台可合为一个大凸台
4	Ra 1.6　Ra 1.6　8°　6°	Ra 1.6　Ra 1.6　6°　6°	锥度相同，只需进行一次调整

本 章 小 结

本章主要讨论零件结构工艺性的基本概念及零件机械加工的结构工艺性。

1. 零件结构工艺性的基本概念

零件具有较好的结构工艺性是指在一定的生产条件下，能方便而经济地生产出来，并便于装配成机器这一特性。

2. 零件机械加工的结构工艺性

结构设计要遵循基本原则，包括减少机械加工的工作量；工件要有足够的刚度；工件要便于安装；工件要便于加工；提高切削效率。

思考题与习题

1. 改进图 11-1 所示零件的结构，以利于加工和装配。

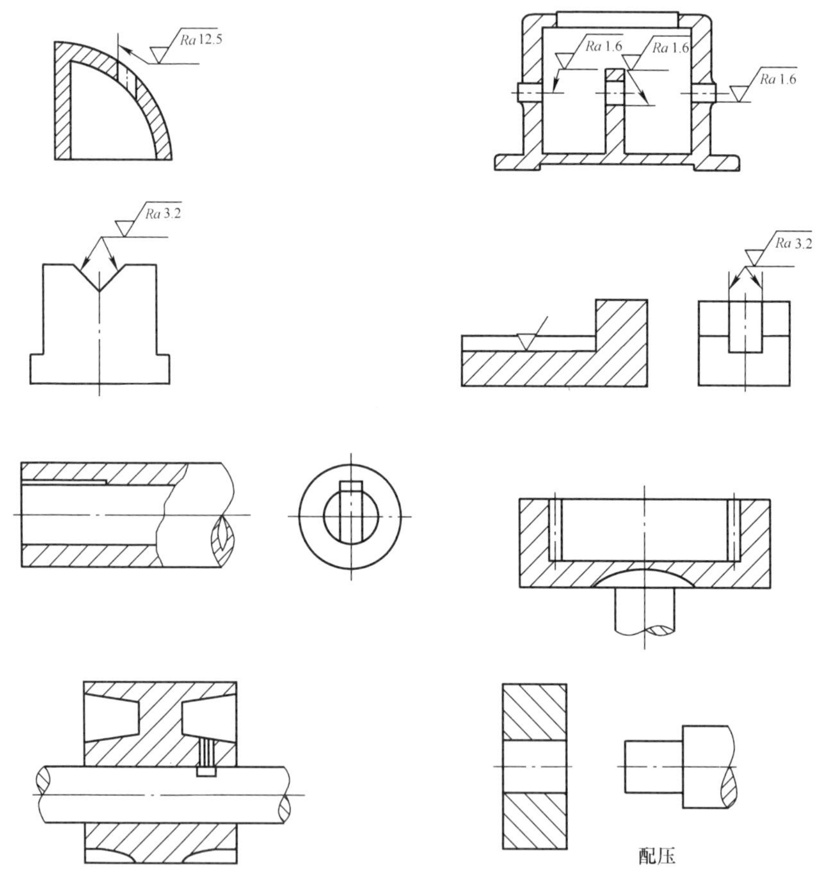

图 11-1　零件图

2. 分析图 11-2 所示零件的结构工艺性，将不合理之处改正过来，并说明理由。

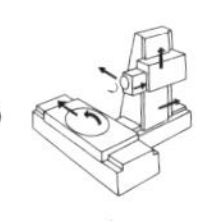

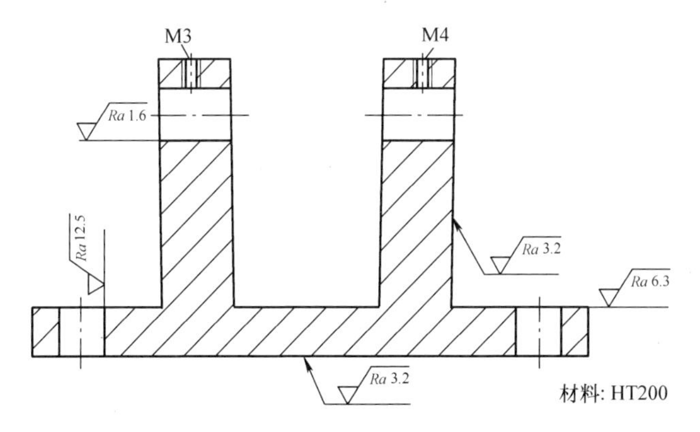

图 11-2　工艺性不合理的零件图

参考文献

[1] 宋绪丁，刘敏嘉．工程材料及成形技术［M］．北京：人民交通出版社，2003.

[2] 王文清，李魁盛．铸造工艺学［M］．北京：机械工业出版社，1998.

[3] 吴诗惇．冲压工艺学［M］．西安：西北工业大学出版社，1987.

[4] 付宏生．冷冲压成形工艺与模具设计制造［M］．北京：化学工业出版社，2005.

[5] 芮树祥，忻鼎乾．焊接工工艺学［M］．哈尔滨：哈尔滨工程大学出版社，2004.

[6] 李春峰．特种成形与连接技术［M］．北京：高等教育出版社，2005.

[7] 颜永年，单忠德．快速成形与铸造技术［M］．北京：机械工业出版社，2004.

[8] 刘全坤．材料成形基本原理［M］．2 版．北京：机械工业出版社，2005.

[9] 齐克敏，丁桦．材料成形工艺学［M］．北京：冶金工业出版社，2006.

[10] 刘建华．材料成型工艺基础［M］．4 版．西安：西安电子科技大学出版社，2021.

[11] 陶冶．材料成形技术基础［M］．北京：机械工业出版社，2002.

[12] 王盘鑫．粉末冶金学［M］．北京：冶金工业出版社，1997.

[13] 张华诚．粉末冶金使用工艺学［M］．北京：冶金工业出版社，2004.

[14] 刘军，佘正国．粉末冶金与陶瓷成型技术［M］．北京：化学工业出版社，2005.

[15] 王明华、徐端钧，等．普通化学［M］．5 版．北京：高等教育出版社，2002.

[16] 孙康宁，张景德．现代工程材料成形与机械制造基础［M］．北京：高等教育出版社，2005.

[17] 宋绪丁．机械制造技术基础［M］．4 版．西安：西北工业大学出版社，2019.

[18] 沈传亮，马骁远，于婧，等．车用智能材料发展现状综述［J］．吉林大学学报（工学版），2023，53（7）：1873－1891.

[19] 段东升．智能材料在航空工业中的应用和发展建议［J］．科技创新导报，2019，16（5）：12，14.